中　国　震　例
EARTHQUAKE CASES
IN CHINA
（2017）

主　编　周龙泉
副主编　易桂喜　王　琼

地震出版社

图书在版编目（CIP）数据

中国震例. 2017/周龙泉主编. —北京：地震出版社，2021. 11
ISBN 978-7-5028-5340-2

Ⅰ. ①中… Ⅱ. ①周… Ⅲ. ①地震报告—中国—2017 Ⅳ. ①P316. 2

中国版本图书馆 CIP 数据核字（2021）第 172936 号

地震版 XM4994/P（6141）

中国震例（2017）

主　编：周龙泉
副主编：易桂喜　王　琼
责任编辑：王　伟
责任校对：凌　樱

出版发行：地震出版社

北京市海淀区民族大学南路 9 号　　　　　邮编：100081
销售中心：68423031　68467991　　　　传真：68467991
总编办：68462709　68423029　　　　　传真：68455221
编辑二部（原专业部）：68721991
http://seismologicalpress.com
E-mail：68721991@sina.com

经销：全国各地新华书店
印刷：北京广达印刷有限公司

版（印）次：2021 年 11 月第一版　2021 年 11 月第一次印刷
开本：787×1092　1/16
字数：749 千字
印张：29. 25
书号：ISBN 978-7-5028-5340-2
定价：150. 00 元

编辑组成员

主　编　周龙泉

副主编　易桂喜　王　琼

编　委　王行舟　冯志生　孙小龙
　　　　邬成栋　吕　坚　周　斌
　　　　马　栋　冯建刚　王　博
　　　　郑建常　周峥嵘　贾晓东
　　　　邵志刚　武艳强　陈　石

内 容 提 要

　　《中国震例》系列丛书是研究地震和探索地震预测预报的重要科学资料。1988、1990、1999、2000、2002、2003、2008、2014、2018、2019、2021 年陆续出版了《中国震例》1~16 册，合计收录 1966~2016 年发生的 368 次地震共 314 篇震例总结研究报告。本册（第 17 册）收录 2017 年发生的 8 次地震共 8 篇震例总结报告。每个报告大体包括摘要、前言、测震台网及地震基本参数、地震地质背景、烈度分布及震害、地震序列、震源机制解和地震主破裂面、观测台网及前兆异常、前兆异常特征分析、应急响应和抗震设防工作、总结与讨论等基本内容。本书是以地震前兆异常为主的系统的、规范化的震例研究成果，文字简明、图表清晰，便于查询、对比和分析研究。

　　本书可供地震预测预报、地球物理、地球化学、地震地质、工程地震、震害防御等领域的科技人员、地震灾害管理专家学者、大专院校师生及关心地震监测、地震预测研究、地震直接和间接灾害防御等方面的读者使用和参考。

Synopsis

The multi-volume series book of 《Earthquake Cases in China》 contains important scientific data and information for seismological studies and researches on earthquake prediction and/or forecast. The volume 1 to volume 16 of this multi-volume series book were published in 1988, 1990, 1999, 2000, 2002, 2003, 2008, 2014, 2018, 2019 and 2021 with 314 case study reports on 368 earthquakes occurred from 1966 to 2016. The volume 17 includes 8 study reports on 8 earthquakes with $M_S \geqslant 5.0$, occurred in 2017. In general, each case report includes abstract, introduction, seismic network and basic parameters of mainshock, seismological background, seismic intensity distribution and earthquake damages, earthquake sequence, focal mechanism solutions and main fault plane, monitoring network and precursory anomalies, analyses on characteristics of precursory anomalies, measures of emergency response and earthquake protection, summary and discussions. This book is a collection of basic analyses and results of systematic and standardized studies on earthquake cases mainly based on the earthquake precursory anomalies. Simple and concise illustrations and distinct figures and tables are convenient for readers to get references, to make comparisons and analyses.

The book can be used and referred to by scientific and technical workers of earthquake prediction and forecast, geophysics, geochemistry, geology, engineering seismology, by earthquake disaster managers, by university and/or college teachers and students and by readers who are interested in seismic hazard reduction.

编 写 说 明

中国地震预测预报实践自 1966 年邢台地震开始，已走过 50 多年的历程，取得了显著的进展。地震预测预报是以观测为基础的科学，短临预测预报作为地震预测预报的主要目标，实现它的重要环节是获取可靠的地震前兆异常，综合分析多方面的资料，进而进行地震发生时间、地点和震级三要素的预测。因此，全面积累每次地震的地震地质、震害、地震参数、地震序列，尤其是地震前兆异常及预测预报和应急响应的经验教训等资料，对于地震科学研究、地震预测预报和防震减灾具有特别重要的科学价值。经过研究整理的一次或一组地震的上述系统资料，本书中称之为震例研究报告，它们是地震预测预报及其研究的基础。

《中国震例》的震例研究和报告编写工作基本按《震例总结规范》进行，以研究报告集的形式按地震发生日期顺序编辑成册。各总结研究报告按以下基本章节内容进行编写：

一、摘要

概述报告的主要内容。

二、前言

给出主震或重要地震的基本参数、震害、预测预报、宏观考察和研究历史等情况的概述。

三、测震台网和地震基本参数

给出地震前震中附近测震台网情况和主震或重要地震的基本参数。对同一地震，当不同单位给出不同参数时，则分别列出，编写人认为最合理的参数放在第一条。

四、地震地质背景

简要介绍震中附近地区的区域大地构造环境、深部构造条件、区域形变场概貌、历史地震活动及主要构造与断裂的活动性，以及与发震构造有关的资料。

五、烈度分布与震害

给出烈度分布图、宏观震中的地理位置。简要介绍等震线范围、重要地表破坏现象、烈度分布特征及震害评估结果。

六、地震序列

尽可能给出全序列资料（包括直接前震和余震的有关参数）、余震震中分布图、地震序列类型、应变释放曲线或能量衰减曲线图、序列 b 值、频度衰减系数及较大余震目录等。

七、震源机制解和地震主破裂面

分别给出震源机制解图和表。对同一地震，如有不同的解，则分别列出，编写人认为最合理的解列在表中第一条。综合分析地震主破裂面和发震构造。

八、观测台网及前兆异常

介绍地震前的定点前兆观测台网及其他有关观测情况。规定 $M_S \geq 7.0$ 级地震距震中 500km 以内，$6.0 \leq M_S < 7.0$ 级地震距震中 300km 以内，$5.0 \leq M_S < 6.0$ 级地震距震中 200km

以内，作为定点观测台网前兆观测资料的统计范围，给出此范围内测震台（项目）以外的其他地震前兆定点观测台站（点）或观测项目分布图，并在必要时给出前兆异常项目平面分布图。认为与此次地震孕育过程有关的全部前兆异常，包括非定点台网观测到的异常和上述规定距离以外的重要异常，均列入前兆异常登记表，并给出前兆异常图件。概述前兆异常的总体情况，以图表为主，必要时加以简要文字说明。对地震学项目以外所有定点观测台站（点）的所有观测项目或异常项目进行累加统计时，其统计学单位称为台项。对前兆异常登记表中的异常项目进行累加统计时其统计单位称为项次或条。

为保证资料的可靠性，要求所用数据的观测质量必须符合观测规范，且能够区别正常动态与异常变化。根据地震前兆观测资料清理和分析研究的结果把观测资料质量划分为三类：1类——符合上述要求；2类——基本符合；3类——不符合。规定只选用1、2类观测资料，3类资料不予使用，亦不进入统计。异常判定应经过全部资料和全过程的分析，经排除干扰和年变等因素后，根据一定的判据，认定与地震关系密切的变化才列入异常登记表。

规定按时间发展进程把异常分为L、A、B、C四个阶段类别：L——长期趋势背景异常，出现在地震前5年以上；A——中期趋势背景异常，出现在震前0.5~5年；B——短期趋势异常，震前延续1~6个月；C——临震异常，震前1个月内。另外，对远离规定的震中距范围以外，或据现有认识水平一时无法解释，以及非常规观测的、值得研究的其他可靠和较可靠的异常现象划为D类，在相应的异常阶段类别前冠以D字样，以留下资料和记录供后续研究。对各类异常，按照其可信程度，又区别为Ⅰ、Ⅱ、Ⅲ三个等级，以下角标标示：Ⅰ——可靠；Ⅱ——较可靠；Ⅲ——参考，留作记录。D类异常只取Ⅰ和Ⅱ两类。如：$C_Ⅱ$ 为较可靠的临震异常；$DA_Ⅰ$ 为可靠的中期D类异常。关于Ⅰ、Ⅱ、Ⅲ等级的确定，主要尊重总结研究报告作者的意见，编辑过程中仅作了个别调整，供读者参考。宏观异常在登记表中总的作为一项异常。异常登记表中各栏目，既是报告作者对异常研究的结果，亦是为了给读者提供使用、研究和参考的方便。对异常进行以上的认真审核和分类处理，既可达到去粗取精、去伪存真的目的，又可避免丢失可能有科学价值的异常记录，以利于进一步研究和资料积累。尽管如此，书中辑入的异常未必都恰当，读者可根据提供的资料和文献进一步做出判断。

九、前兆异常特征分析

简要给出对主要异常特征的综合分析与讨论，给出要点，提出有依据的看法和待研究的问题。

十、应急响应和抗震设防工作

简要介绍（记录）预测预报、应急响应和抗震设防等方面的重要情况和工作过程，包括对强余震的监测预报情况等。

十一、总结与讨论

从科学上讨论有技术和工作特色的经验、学术观点、教训和问题及启示。

十二、参考文献和资料

给出在震例研究和报告编写工作中研究过的全部文献和资料目录，同时也尽可能列出与该地震相关的但作者并未引用的文献资料。报告中直接引用已出版文献或未出版的参考资料、图件和工作结果时均应注明来源，以便读者进行核对或追踪研究。

在本系列书中，对于已发表有专著的强震，根据专著发表后的研究成果，亦按以上要求编写震例报告，并进行必要的资料补充，专著中发表过的异常图件一般从略，文字从简。

本书辑入的震例总结研究报告是前人和作者对该次震例资料整理和研究成果的集中表达，是以地震前兆异常为主的系统的、规范化的震例科研成果。《中国震例》编辑组工作的指导思想是：经过科学整理和分析研究，给出各次地震的基本资料，既可供读者使用、参考，又可供进一步追踪研究；既具有资料性，又要反映目前研究程度；文字力求简明，避免冗长的叙述和讨论，因此尽量使用了图表，便于对比。由于资料和研究程度的差异，各报告在坚持质量和科学性的前提下，根据实际情况编写和编辑，因此篇幅和章节编排不尽一致。

中国大陆地震前兆的观测与预测预报实践表明，地震孕育和发生是一个极其复杂的过程，影响因素很多，伴随这一过程有许多异常现象。我们把那些地震前出现的、与该地震孕育和发生相关联的现象称之为地震前兆，即采用了广义地震前兆的概念。本书辑录的地震前兆异常，是经过审核的、有别于正常变化背景的、可能与该地震孕育和发生相关联的异常变化，其中既可能有区域构造应力场增强引起的异常（"构造前兆异常"），又可能有来自震源的信息（"震源前兆异常"），具有不同的前兆指示意义，无疑包含着丰富的可能的前兆信息。因而震例研究报告是地震前兆研究和预测预报探索的宝贵财富，它既是进一步研究的基础资料，又可供在今后震情判定中借鉴。

需要指出的是，震例报告是震后经过若干年的资料收集、发掘、整理和总结研究之后编写的，从震后总结到实现震前的科学预测预报，还要经过一段艰难的路程。还需要指出的是，随着地震业务工作的发展及科学认识的深入，本册在严格遵循《震例总结规范》的基础上，力图在以下方面有所加强：

（1）强调震例的史料及档案性质。要求第八部分"观测台网及前兆异常"在对地震学及前兆异常进行系统梳理（震后总结）的前提下，着重震前预测主要科学依据、所得结论的叙述，着重当时论证过程实事求是的还原，包括不同观点的碰撞。要求尽可能提供震前预测及震后趋势判定全面的原始证据，包括预测依据及预报凭据。对有一定预测实效的震例，更要加强预测过程、预测依据的详细辑录，详细收集当时开展科学预测的原始凭据。

（2）进一步强化震例总结的科学性。第九部分"前兆异常特征分析"除已有内容的客观表达外，要求作者站在目前的角度、以当前的科学眼光，重点对当时预测过程的得失成败进行科学评述及原因分析。

（3）为突出地震预测预报这一震例总结工作的重点，并保证资料的权威性，对第五部分"烈度分布与震害"和第十部分"应急响应和抗震设防工作"两部分适当简化，对应急、震害等数据直接引用相关正式资料并列出参考文献即可。

本书所辑入的震例报告，基本以"属地原则"由发生地震所在的省（自治区、直辖市）地震局负责总结研究。各报告对前人或相关的研究工作成果，特别是地震前兆研究的成果，虽尽力作了反映，但由于人员变动和资料收集的困难，以及水平限制等原因，难免仍会有疏漏，对个别异常和资料的处理亦可能会有不妥之处。

《中国震例》（2017）编辑组仍遵循此前制订的2~3人分别把关评审与主编审定的工作

程序，确保每份报告至少都经历了初稿、修改稿（2次以上）等过程。编辑组在严格遵守作者"文责自负"的前提下，在不违背原则的情况下对每份报告的体例和分析结果等进行了适当的编辑处理。编辑组虽然作了很大努力，但由于水平和条件所限，书中可能还有不周或不足之处，望予谅解并提出宝贵意见。

编　者

2021 年 9 月　北京

About This Book

In China, practices in earthquake precursor observations and earthquake prediction and/or forecast have been carried out for more than 50 years since the Xingtai earthquake in 1966 and substantial progress has been achieved. Earthquake prediction and forecast is a science that mainly based on observations. The short term and imminent prediction or forecast of the time, magnitude and place of an earthquake is the principal goal of earthquake prediction or forecast. Successful forecast or prediction can only be achieved on the basis of acquisition of reliable data of earthquake precursory anomalies and comprehensive analyses of all data. Therefore, for earthquake research, prediction, protection and hazard mitigation it is of particularly important scientific value to accumulate extensive data of seismogeology, earthquake disasters, earthquake parameters, earthquake sequence and especially earthquake precursor anomalies and lessons of prediction and emergency response of an earthquake. The above mentioned systematic data of an earthquake or a group of earthquakes obtained through researches and classification are treated as research reports of earthquake cases in this book. They are the foundation data for earthquake prediction or forecast and related researches.

The book is compiled in the form of collection of reports on earthquake cases and arranged according to occurrence dates of the earthquakes. All reports of earthquake cases were written with the reference standards and requirements of 《Specification for Earthquake Case Summarization》. Each report contains the following basic components:

Abstract is a summary of the major contents.

Introduction gives a brief description of the occurrence time of the main shock or main earthquakes, its or their damages, the status of prediction or forecast, the macroscopic investigations and the history of earthquake studies, etc.

Seismic Network and Basic Parameters of the Earthquake gives the distribution of seismic network near the epicenter before the event (s) and the basic parameters of the main shock or main earthquakes. When the different parameters of an earthquake were given by different agencies, they are listed separately, but the first one on the list is the parameters that the authors deem most reasonable.

Seismogeological Background gives a brief description of the location of the regional geotectonic structures, deep structures, general picture of the regional deformation field, historical earthquake activity, activities of main structures and faults and other data associated with the seismogenic structures around the hypocenter.

Distribution of Seismic Intensity and Damages illustrates the distribution of seismic intensity, the geographic location of the macroseimic epicenter. The range of isoseismal lines and significant phenomena of surface destruction are described, the features of intensity distribution and the estimated earthquake damages are outlined.

Earthquake Sequence provides the whole sequence (including the relevant parameters of all direct foreshocks and aftershocks), the distribution of aftershock epicenters, the type of the sequence, the strain release curve or the energy attenuation curve, b value of the sequence, the frequency attenuation coefficient, and the catalogue of major aftershocks.

Focal Mechanism Solution and Main Rupture Plane gives figures and tables of the focal mechanism solutions. When there are different solutions, they are given separately, with the most appropriate one is listed as the first one by the authors. Comprehensive analyses are made for the earthquake rupture plane and the seismogenic structure.

Monitoring Network and Precursory Anomalies describes the precursor monitoring network and other related observations. Statistical analyses are made on the precursory anomalies obtained from the networks within or more than the distance of 500km from the epicenters of the $M_S \geq 7.0$ earthquakes, within 300km from the epicenters of earthquakes of $6.0 \leqslant M_S < 7.0$, and within 200km from the epicenters of the earthquakes of $5.0 \leqslant M_S < 6.0$. Maps of fixed observation stations (points) or observation items (except seismic observation items) within such distances and maps of distribution of precursory anomalies (only indicating precursory items of fixed observations except seismic anomalies) are also provided. All anomalies that are assumed to be closely linked with the process of the earthquake preparation, including the important anomalies at non-fixed observation points and outside the defined distances, are listed in the summary table of precursory anomalies with corresponding figures. The overall situation of the precursory anomalies is outlined, mainly with figures and tables and with concise illustrations if necessary. The statistic unit of observation items or anomaly items of all stations (points) is called station-item.

In order to ensure the reliability of the data, the observation quality of the data must meet the observation specifications and the normal variations and anomalous changes can be distinguished. According to the result of the sorting out and analyses of the precursor observations, the quality of the observation data are classified into three classes: Type 1 — the data meet the above mentioned quality requirements; Type 2 — the data meet the quality standards in general and the normal variations and anomalies can be distinguished; Type 3 — the data don't meet the requirements. It is decided that only the first two types of data can be used, while the data of the third type will not be selected for statistical analyses. The anomalies are identified on the basis of result of analyses on all data during the whole process after eliminating contaminations, annual variations, and other contamination factors. Thereafter, only anomalies identified to be closely associated with earthquakes are listed in the summary table of precursory anomalies.

The anomalies are divided into four classes L, A, B and C according to the time development of the anomalies: Class L indicates the long-term trend anomalies that appear five years or more before the earthquake; Class A is the mid-term trend anomalies which occur about six months to five years before the earthquake; Class B denotes the short-term anomalies which last for about one to six months before the earthquake; Class C means the imminent anomalies that occur within approximately one month before the impending earthquake. In addition, class D is introduced to include certain reliable or fairly reliable anomalies that deserve further studies. They might appear at observation stations that are even further away from the epicenter than the defined distance, they could not be explained with present knowledge, or they are not obtained by conventional observations. The anomalies are further classified according to their reliability into degrees I, II and III, with I — reliable; II — fairly reliable; and III — for reference. But the anomalies of class D are only classified in degrees I and II. The reliability degree is marked by subscript to the bottom right of the class symbols. For example, C_{II} is a fairly reliable imminent anomaly; DA_I is a reliable mid-term anomaly of Class D. They are usually determined by the opinions of the authors, except a few are revised by the editors for reader's reference. The macroscopic anomalies registered in the summary table of precursory anomalies are regarded as one item of anomalies. Various items of anomalies registered in the table are the research results obtained by many authors and are provided to the readers to utilize, study and refer to with convenience. The stringent evaluation and classification of the anomalies not only serves the purpose of selecting the high quality data, but also helps to avoid the possibility of losing any scientifically valuable records of anomalies that are useful in further scientific analyses. However, the anomalies included in the book are not necessarily correct for all of them and readers should make further judgment based on the data and references provided.

Analyses of Features of Precursory Anomalies gives comprehensive analyses and discussions on features of the main anomalies with interpretation based on facts and opinions on problems for future study.

Measures of Emergency Response and Earthquake Prevention gives brief introduction on important situations and procedures of the work in earthquake forecast or prediction, emergency response and earthquake prevention, including the monitoring of strong aftershocks and so on.

Discussions and Concluding Remarks explores scientifically the experience, academic ideas, lessons, problems and revelations that are characteristic in technology and practical work.

References and Information lists all references and data catalogues which have been studied during the case study and report compilation. References that are related with the earthquake but not quoted by the author (s) are listed as many as possible. The origins of published and unpublished data, figures and results, which are directly quoted in the reports, were given also.

Some strong earthquakes that have been studied in published monographs are also compiled with earthquake case reports, with necessary data supplemented. However, the published figures of anomalies are usually deleted and illustrations are simplified.

Each of the earthquake case reports contained in this book is the manifestation of the achievement gained by the predecessors and authors in sorting out and studying the earthquake case. They are the fruit of a systematic and standardized scientific research on earthquake cases with emphasis on precursor anomalies. The Editorial Board of Earthquake Cases in China has been worked under the guide line that this book will provide readers for their use, reference and future research with basic data of each earthquake obtained through scientific sorting out and analyses. Therefore, all reports are designed to have abundant information and clearly indicate the current research level. The literal illustrations are as simple as possible without lengthy descriptions and discussions, so available figures and tables are given for comparison. Each report is compiled and written to the highest possible quality and scientific soundness. However, owing to differences in data and research extent and the actual situations, the length and format for all reports are not exactly the same.

The earthquake precursor observations and forecast or prediction practices in Chinese mainland have shown that the preparation and occurrence of an earthquake is a rather complicated process influenced by many factors and accompanied by various anomalous phenomena. We call the anomalies appeared before an earthquake that are closely linked with the process of the preparation and occurrence of the earthquake and distinct from the normal background of variations as earthquake precursor anomalies, or as precursor anomalies in general sense. The earthquake precursory anomalies included in the book are examined to be relevant phenomena associated possibly with the process of earthquake preparation and occurrence. Among them there may be anomalies caused by intensification of regional tectonic stress field (referred to as "tectonic precursor anomalies") and the information from a single earthquake focus (called as " focal precursor anomalies ") . They have different precursory implications, undoubtedly with possible and rich precursory information. Therefore the earthquake case reports are the valuable accumulations for studies on earthquake precursors and forecast or prediction. They provide not only basic data for further investigations, but also contribute references for future assessment of the development of earthquake activity.

However, it should be noted that those earthquake case reports have been compiled through several years of collection, analysis and exploration, and summarizing of the data after the earthquakes, and there is still a long and arduous way from the post-earthquake summarization to scientific earthquake prediction or forecast. It also should be pointed out that besides following the 《Specification for earthquake case summarization》 strictly, some new demands have been proposed for this volume:

1. Emphasizing the historical and dossier properties of the earthquake cases. Following the systemic study on the seismogeological and precursory anomalies, a scientific and real description on evidences and conclusions are needed, especially for decision-making process before the mainshock. The original proofs for earthquake forecast or judgment of aftershock tendency are asked to provide.

2. Emphasizing the scientific properties of the earthquake cases. In " **Analyses of Features of Precursory Anomalies**", besides something mentioned above, the authors also have been asked to comment on the successful or unsuccessful earthquake prediction, on the side of present scientific point of view. The analysis on reasons of successful or unsuccessful earthquake prediction are the key points of this part.

3. For projecting the earthquake forecast or prediction, which is the emphases of the 《Earthquake Case in China》, as well as to ensure the reliability of the book, two parts mentioned above,

"Distribution of Seismic Intensity and Damages" and **"Measures of Emergency Response and Earthquake Prevention"**, should be simplified felicitously. It is feasible that the correlative data could be quoted directly and references be listed.

The research reports of earthquake cases collected in this book were prepared by Earthquake Administrations of the provinces, autonomous regions and metropolitan cities according to the principle of the earthquake location. All efforts were made to ensure that the reports reflect the achievement of researches obtained by the predecessors or in related researches and particularly the achievement of researches on precursors to earthquakes. However, due to personnel changes and limited data accessibility, there might be inappropriate omissions or improper processing of individual anomalies and data.

For every report there had to be a manuscript, a revised manuscript (revised once or several times) and the manuscript had to be examined and accepted by the institution that participated the project. Under the prerequisite that "the author is responsible for his own report or paper" the editorial board made some appropriate editing of the format and the results of analyses without violation of the principles. Though great efforts were made by the editorial board, there might still be some improper aspects in the book due to our limited scientific knowledge and work conditions. Therefore, any comments and corrections are greatly appreciated.

The Editorial Board
September 2021, Beijing

地震前兆异常项目名称一览表

学 科	异 常 项 目 名 称
地 震 学	地震条带，地震空区（段），空区参数 σ_H，地震活动分布（时间、空间、强度），前兆震群，震群活动，有震面积数 A 值，地震活动性指标（综合指标 A 值，地震活动熵 Q^t、Q^N、Q^Σ，地震活动度 γ、S（模糊地震活动度 Sy）），地震强度因子 M_f 值，震级容量维 D_0 值，地震节律，应变释放，能量释放，地震频度，b 值，h 值，地震窗，缺震，诱发前震，前震活动，震情指数 $A(b)$ 值，地震空间集中度 C 值，η 值，D 值；地震时间间隔，小震综合断层面解，P 波初动符号矛盾比，地震应力降 τ，环境应力值 τ_0，介质因子 Q 值，波速，波速比，S 波偏振，地震尾波（持续时间比 τ_H / τ_V、衰减系数 a、衰减速率 p），振幅比，地脉动，地震波形；断层面总面积 $\Sigma(t)$，小震调制比，地震非均匀度 GL 值，算法复杂性 $C(n)$、AC
地 形 变	定点水准（短水准），流动水准；定点基线（短基线），流动基线；测距；地倾斜；断层蠕变；GPS
应力-应变	钻孔应变（体积应变，分量应变），压容应变，电感应力，伸缩应变
重 力	定点重力，流动重力
地 电	视（地）电阻率 ρ_s；自然电位 V_{SP}；地电场
地 磁	Z 变化，幅差，日变低点位移，日变畸变；总场（总强度），流动地磁；磁偏角；感应磁效应（地磁转换函数）；电磁扰动（电磁波）
地下流体	氡(水、气、土)，总硬度，水电导，气体总量，pH 值，CO_2、H_2、痕量 H_2、He、N_2、O_2、Ar、H_2S、CH_4、Hg（水、气）、SiO_2、Ca^{2+}、Mg^{2+}、SO_4^{2-}、HCO_3^-、Cl^-、F^- 含量；地下水位，井水位；水（泉）流量，水温
气 象	气温，气压；干旱，旱涝
其他微观动态	油气井动态；地温；长波辐射（OLR）
宏观动态	宏观现象
综 合	前兆信息熵（H）；异常项数

The List of Earthquake Precursory Items

Subject	Precursory items
seismology	seismic band, seismic gap (segment), parameter of seismic gap σ_H, earthquake distribution (temporal, spatial, magnitude), precursory earthquake swarm, earthquake swarm activity, number of areas of earthquake occurrence (A value), index of seismic activity (comprehensive index A, seismic entropy Q^t, Q^N and Q^Σ, degree of seismic activity γ and S, fuzzy degree of seismic activity Sy), seismic intensity factor M_f value, fractal dimension of magnitude capacity D_0, earthquake rhythm, strain release, energy release, earthquake frequency, b value, h value, seismic window, earthquake deficiency, induced foreshock, foreshock activity, exponential of eathquake situation ($A(b)$ value), degree of seismic concentration C value, η value, D value of seismicity; time interval between earthquakes, composite fault plane solution of small earthquakes, sign-contradiction ratio of P-wave first motions, co-seismic stress drop τ, ambient stress τ_0, quality factor (Q value), wave velocity, wave velocity ratio, S-wave polarization, seismic coda wave (sustained time ratio τ_H/τ_V, attenuation coefficient a, attenuation rate p), amplitude ratio, microtremor, seismic waveform; total area of fault plane ($\Sigma(t)$), regulatory ratio of small earthquakes, degree of seismic inhomogeneity (GL value), Algorithmic Complexity ($C(n)$, AC)
deformation	fixed leveling (leveling of short route), mobile leveling; fixed baseline (short baseline), mobile baseline; ranging; tilt; fault creep; GPS
strain stress	borehole strain (volumetric strain, 4-components strain), piezo-capacity strain, electric induction stress, extensor strain
gravity	fixed-point gravity, roving gravity
geoelectricity	apparent resistivity (ρ_s); spontaneous potential (V_{SP}); geoelectric field
geomagnetism	Z variation of geomagnetism, amplitude difference of geomagnetism, low-point drift of daily variation of geomagnetism, distortion of daily variation of geomagnetism; total intensity of geomagnetism, roving geomagnetism; magnetic declination; induced magnetic effects (geomagnetic transfer functions); electromagnetic disturbance (electromagnetic wave radiation)

Subject	Precursory items
ground water	radon content in (groundwater, air, soil), total water hardness, water conductivity, total amount of gas in groundwater, pH value; CO_2, H_2, Trace hydrogen, He, N_2, O_2, Ar, H_2S, CH_4, Hg (groundwater, air), SiO_2, Ca^{2+}, Mg^{2+}, SO_4^{2-}, HCO_3^-, Cl^- and F^- content in groundwater; ground water level, well water level, (spring) water-flow quantity, water temperature
meteorology	atmospheric temperature, atmospheric pressure; drought, waterlogging
other microscopic variation	variation of oil well; ground temperature; outgoing longwave radiation (OLR)
macroscopic variation	macroscopic phenomena
comprehensive	precursor information entropy (H); anomalous item number

图件中的常用图例
Legend

微观震中
instrumental epicenter

宏观震中
macroscopic epicenter

地震台站（不分观测项目时使用）
earthquake-monitoring station

测震台
seismic station

初动向上
first motion（up）

初动向下
first motion（down）

水　准
leveling

基　线
baseline

断层蠕变
fault creep

地倾斜
tilt

地　电
geoelectricity

视（地）电阻率
apparent resistivity

大地电场（自然电位）
spontaneous potential

地　磁
geomagnetism

垂直磁场强度
vertical magnetic intensity

磁偏角
magnetic declination

重　力
gravity

具体标示的地球化学项目（圆内
符号用相应化学组分符号标示）
marked geochemical item

不做具体标示的或一个
以上的地球化学项目
unmarked geochemical items

水电导度
conductivity of groundwater

水流量
water-flow quantity

水　位
water level

应力应变
stress strain

验潮站
tidal gauge station

电磁扰动（电磁波）
electromagnetic disturbance

水　温
water temperature

地　温
ground temperature

目　　录

Contents

2017 年 3 月 27 日云南省漾濞 5.1 级地震

云南省地震局

钱晓东　赵小艳　李利波　刘　翔　刘　强　罗睿洁　贺素歌

摘　要

2017 年 3 月 27 日，云南省漾濞县发生 M_S4.7、M_S5.1 地震，两次地震时间间隔 15 分钟，宏观震中位于漾濞县漾江镇、洱源县炼铁乡一带，微观震中位于漾江镇。地震极震区烈度Ⅵ度，呈 NW 向椭圆形，地震造成 1 人受伤，直接经济总损失 17200 万元。

地震序列为震群型，最大余震 M_L4.3。余震呈 NW 向优势分布，与极震区烈度分布相吻合。震源机制结果显示：M_S4.7 地震的节面Ⅰ：走向 140°、倾角 82°、滑动角 -168°，节面Ⅱ：走向 221°、倾角 90°、滑动角 -13°，节面Ⅰ与余震分布、烈度分布走向一致，为发震构造的可能性大，断裂性质为右旋走滑错动；M_S5.1 地震的节面Ⅰ走向 131°、倾角 77°、滑动角 -180°，节面Ⅱ走向 131°、倾角 77°、滑动角 -180°，节面Ⅰ与余震分布走向一致，为发震构造的可能性大，断裂性质为右旋走滑错动。漾濞 M_S4.7、M_S5.1 两次地震的发震断裂可能是维西—乔后断裂。

震中周围 200km 范围内共有固定地震台站 30 个，其中测震台 14 个，定点前兆观测台站 29 个。震前共出现 12 个测项 21 条异常，其中测震学和定点前兆分别出现了 8、13 条异常，绝大多数为短期异常。宏观异常 2 起。前兆异常台站百分比为 24.14%，异常台项比为 8.39%。

M_S4.7、M_S5.1 地震位于云南省地震局划定的 2017 年度滇西到滇西北重点危险区内，有较好的年度预测；云南省地震局还对这次地震作出了震前的短期预测，预测的时间、地点正确，强度存在偏差。

前　言

据云南地震台网测定，2017 年 3 月 27 日 7 时 40 分 28 秒，漾濞发生 M_S4.7 地震。15 分钟后的 7 时 55 分 00 秒，在 M_S4.7 地震北西方向约 4.5km 又发生 M_S5.1 地震。漾濞 M_S5.1 地震微观震中位置为 25.90°N、99.80°E，震源深度 12km，宏观震中位于漾濞县漾江镇、洱源县炼铁乡一带。极震区烈度Ⅵ度，等震线形呈北西向的椭圆分布。地震造成 1 人受伤，直接经济总损失 1.7 亿元。

地震处于兰坪—思茅褶皱系中的兰坪—思茅坳陷，震中附近以燕山第一、第二亚构造层为主，在这一构造单元上历史上无 $M \geqslant 7.0$ 级地震，震中附近最大地震为 1901 年邓川 $M_S6.5$ 地震。近年来震中附近发生了 2013 年洱源 $M_S5.5$、$M_S5.0$ 地震（距此次地震约 2km），2016 年 5 月 18 日云龙 $M_S5.0$ 地震一系列 5 级地震。震前震中 200km 范围共有固定地震台 30 个，其中测震台 14 个、前兆台 29 个，震前共出现 21 条异常，其中地震活动性异常 8 条，前兆异常 13 条，此外，还出现宏观异常 2 起。

漾濞 $M_S5.1$ 地震发生在云南省地震局 2017 年度确定的地震危险区内部。震前云南省地震局曾提出 3 个月的短期预测意见，对漾濞地震前云南地区地震形势发展趋势基本把握正确，但震级存在偏差。漾濞 $M_S5.1$ 后，对地震类型和强余震作出了准确的判定。

在此次漾濞 $M_S5.1$ 地震 50km 范围进行了 2013 年 3 月 3 日洱源 $M_S5.5$ 和 2016 年 5 月 18 日云龙 $M_S5.0$ 2 次震例总结，其中洱源 $M_S5.5$ 地震距离此次漾濞 $M_S5.1$ 地震仅 5km。随着对这一地区震例总结的增多，使我们对本区地质构造、震后地震序列规律、震前地震活动、前兆和宏观现象特征等的认识逐步深入。

此次漾濞 $M_S5.1$ 地震发生后，云南省地震局立刻派出地震现场工作组赶赴震区开展现场震害调查评估、震情跟踪监视工作，其中，由 15 名专家组成的灾害评估组于 2017 年 3 月 27~30 日累计派出 27 个调查组次，累计行程 5500km，完成 149 个调查点的调查。

本研究报告是在有关文献和资料的基础上[1~5；1~9]，经过重新整理和充分分析之后完成的，报告严格按《震例总结规范（DB/T 24—2007）》要求编写，力求全面和客观。本报告重点讨论地震预测预报这一科学问题，尊重事实、实事求是还原地震前我们得到的各类异常，以及依据这些科学依据我们能够做出的判断。

一、地质构造和地震烈度

1. 地质构造

漾濞 $M_S4.7$、$M_S5.1$ 地震位于 I 级大地构造分区唐古拉—昌都—兰坪—思茅褶皱系。地震东侧为维西—乔后断裂、红河断裂分界的扬子地台，西侧边界为澜沧江断裂带。该区区域地质构造复杂，主要发育活动断裂有 NW 向和 NE 向两组（图 1）。NE 向的龙蟠—乔后断裂和鹤庆—洱源断裂为晚第四纪活动断裂，以左旋走滑兼正断性质为主，沿断裂历史上发生多次 6 级左右地震。NW 向大型活动断裂有红河断裂、维西—乔后断裂，其中红河断裂是云南地区著名的全新世活动断裂，规模宏大，同时它作为川滇菱形块体的西部边界断裂，沿断裂历史上发生多次 7 级左右地震，最大地震为 1925 年大理 $M_S7.0$ 地震。

维西—乔后断裂总体走向 NW，倾向 NE 或 SW，倾角 50°~70°，早期活动性质以挤压为主，晚第四纪以来则以右旋走滑为主兼张性正断，控制了维西、马登、乔后等第四纪盆地的发育，为晚更新世—全新世活动断裂。该断裂历史上发生过 1948 年上兰 $M_S6.3$ 地震[1]。云龙—永平断裂 NW 端交于维西—乔后断裂，该断裂带是由几条近于平行延伸的次级断裂组成，带宽 20~30km。总长度约 150km，总体走向 NW—NNW，倾向西或东，倾角较陡，一般 60°~80°[2]，该断裂在航卫片上线性影像较清晰，断裂控制了兰坪地区古近系云龙组成盐盆

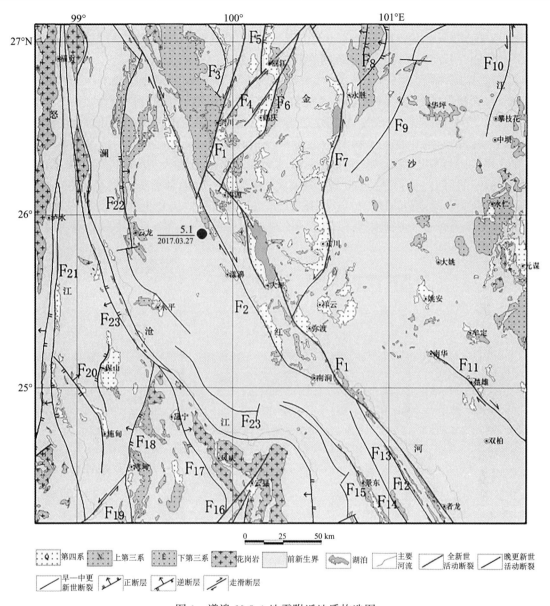

图 1　漾濞 M_S5.1 地震附近地质构造图

Fig. 1　Map of fault structure around area of the M_S5.1 Yangbi earthquake

F_1. 红河；F_2. 维西—乔后；F_3. 中甸—龙蟠—乔后；F_4. 丽江—小金河；F_5. 丽江—大具；

F_6. 鹤庆—洱源；F_7. 程海—宾川；F_8. 宁蒗；F_9. 金河—箐河；F_{10}. 攀西；F_{11}. 楚雄—南华；

F_{12}. 哀牢山；F_{13}. 把边江；F_{14}. 阿墨江；F_{15}. 无量山；F_{16}. 南汀河；F_{17}. 昌宁；

F_{18}. 柯街；F_{19}. 晚町；F_{20}. 保山—施甸；F_{21}. 怒江；F_{22}. 兰坪—云龙；F_{13}. 澜沧江

地的东、西边界。断裂第四纪以来活动较强烈，断裂沿线断层崖、断错山脊、断错水系等地貌发育，并见断错中更新统地层，该断裂历史上发生过 $M_S5\sim6$ 地震，地震活动集中在中南段。澜沧江断裂可能起自藏北羌塘地区，自藏滇边界梅里雪山崖口附近进入云南，基本上沿澜沧江河谷延伸，南端于勐宋附近延入缅甸，分北、中、南三段，省内长度约800km[3]。北段走向NNW，西倾，倾角陡近于直立；中段总体走向320°；南段总体呈弧度不大的"S"形南北向延伸，断面陡倾至直立，该断裂发生过M_S5.0~5.5地震。

漾濞M_S5.1地震震中50km范围内，有历史地震记录以来共发生$M \geqslant 5.0$级地震25次，其中M5.0~5.9地震21次，M6.0~6.9地震4次，最大地震为1901年邓川M_S6.5地震，距离最近的是2013年洱源M_S5.5、M_S5.0地震（距此次地震序列约2km），时间最近为2016年5月18日云龙M_S5.0地震（图2）。漾濞M_S5.1地震所处的维西—乔后断裂历史地震活动水平并不高，1900年以来以5、6级地震活动为主，最大地震为1948年剑川M_S6.3地震。而震区周边断裂历史上均发生过$M \geqslant 7$级大震，如NE方向的程海—宾川、丽江—小金河、丽江—大具断裂，活动强度为M6~7；SE方向的红河断裂，历史上也多次发生6、7级地震，如1925年大理M_S7.0地震。

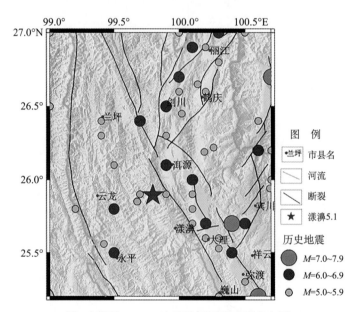

图2　漾濞M_S5.1地震附近历史地震分布图

Fig. 2　Map of distribution of historical earthquakes around area of the M_S5.1 Yangbi earthquake

2. 地震烈度

1）地震影响场和震害

（1）地震灾害调查、烈度评定和损失评估工作按照《中国地震烈度表》（GB/T 17742—2008）、《地震现场工作　第3部分：调查规范》（GB/T 18208.3—2011）》和《地震现场工作　第4部分：灾害直接损失评估》（GB/T 18208.4—2011）》的要求进行。

据震区的考察资料[4)]，灾区最高烈度为Ⅵ度，宏观震中位于漾濞县漾江镇阿家村、普坪村—洱源县炼铁乡翠屏村一带，等震线长轴方向总体呈NW向（图3），Ⅵ度区总面积约

810km²。东起漾濞县漾江镇垮子河、李子坪一带，西至洱源县西山乡漆登村，南自漾濞县苍山西镇背阴坡村，北到洱源县炼铁乡三家村。

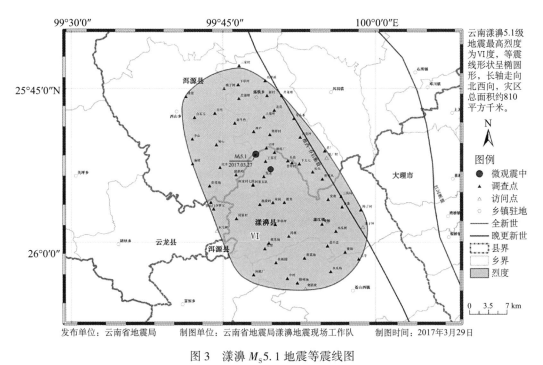

图 3　漾濞 M_S5.1 地震等震线图

Fig. 3　Isoseimal map of the M_S5.1 Yangbi earthquake

（2）灾区房屋建筑按结构类型可分为土木结构、砖木结构、砖混结构、框架结构四类。

①土木结构：为灾区传统民房，数量较多。穿斗木构架承重，土坯墙或夯土墙围护，部分夯土墙土质含砂量高，粘结力差，人字形瓦屋顶。破坏占 22.54%，毁坏占 0.66%。

②砖木结构：砖墙承重或穿斗木构架承重，少数墙体为空心砖砌筑而成，人字形木屋架，数量较少。破坏占 14.93%，无毁坏。

③砖混结构：砖砌墙体承重，设置钢筋混凝土圈梁、构造柱和现浇楼（屋）盖的混合结构。轻微破坏占 10.59%，无中等以上破坏。

④框架结构：主要为经过正规设计的由钢筋混凝土梁柱组成的框架体系承重，现浇楼板（屋）盖。主要用于学校、医院、政府办公等公共建筑，抗震性能好。轻微破坏占 9.01%，无中等以上破坏。

（3）地震造成房屋建筑和工程结构不同程度破坏。

①房屋震害：

Ⅵ度区：框架结构房屋极个别填充墙体细微开裂；砖混结构个别房屋墙体剪切裂缝，少数墙体细微裂缝；砖木结构房屋与土木结构房屋少数墙体开裂、梭掉瓦，个别局部倒塌。

②工程结构震害：

交通系统：道路边坡塌方，挡墙受损、路基下沉、路面轻微开裂等。

水利工程结构：水窖开裂渗漏，基础沉降、涵管受损，灌溉沟渠开裂、渗水。

地震灾区涉及大理州漾濞县漾江镇、苍山西镇、富恒乡，洱源县西山乡、炼铁乡以及云龙县团结乡，共 3 个县（区）6 个乡（镇）32 个行政村（社区）；灾区人口 47211 人，14054 户。此次地震造成 1 人受轻伤，直接经济总损失 17200 万元。

3. 强震动观测

据云南强震动台网资料[5]，云南数字强震台网获取的最大加速度记录的台站为：M_S4.7 是牛街台，震中距 44.97km，最大峰值加速度为 −19.0cm/s²；M_S5.1 是乔后台，震中距 22.11km，最大峰值加速度为 14.8cm/s²；M_S4.1 是漾濞台，震中距 24.40km，最大峰值加速度为 −15.0cm/s²。强震台网分布图如图 4，参数结果见表 1，反应谱值见图 5。

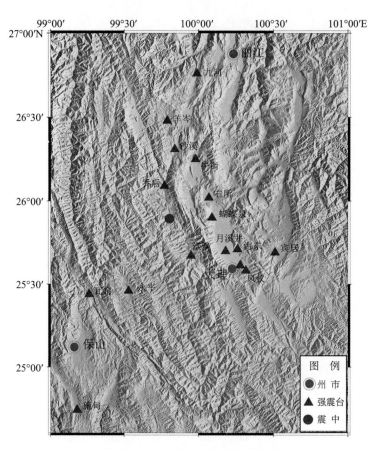

图 4　漾濞 M_S5.1 地震震中附近强震台站分布

Fig. 4　Distribution of strong motion observation stations around the epicentral area of the M_S5.1 Yangbi earthquake

表 1 强震动台记录结果

Table 1 Recordings of strong motion observation stations

震例	台站名称	震中距（km）	峰值加速度/（cm/s²）			主要频率/Hz		
			东西	北南	垂直	东西	北南	垂直
$M_S4.7$	月溪井	40.10	4.7	-6.2	4.2	3.479	3.467	18.750
	永平	54.45	9.8	8.1	5.6	5.762	4.761	9.595
	右所	29.41	5.0	3.3	2.9	2.039	2.039	2.112
	沙溪	49.03	-2.3	-1.8	-1.5	4.138	4.016	2.686
	羊岑	68.03	-2.7	-4.7	-1.5	6.763	7.275	8.044
	九河乡	100.35	2.2	-1.4	0.9	2.673	4.175	2.478
	漾濞	25.28	7.9	-7.4	-6.2	2.832	2.539	2.869
	蝴蝶泉	26.39	8.1	7.3	-4.5	13.245	13.257	13.232
	凤仪	58.47	-2.5	2.2	-2.3	2.856	5.151	6.921
	海东	46.70	-3.0	-6.5	-2.0	2.332	2.869	7.031
	牛街	44.97	-19.0	11.3	8.5	5.798	5.859	5.896
	乔后	25.24	10.8	-9.9	8.8	1.819	2.441	11.304
	大理州政府	52.77	2.3	1.7	1.8	2.307	5.225	2.979
$M_S5.1$	永平	55.47	10.6	-9.3	-5.3	1.270	1.135	2.234
	月溪井	43.56	6.5	6.6	-4.9	1.672	1.257	18.604
	漾濞	28.84	-11.1	9.2	7.0	1.599	1.685	3.845
	右所	30.10	11.8	6.6	3.1	1.294	1.367	1.331
	沙溪	46.45	-2.3	2.5	-2.0	1.282	1.172	1.233
	羊岑	65.23	-4.3	-6.3	2.9	5.151	5.310	9.473
	九河乡	98.12	-2.5	2.4	-1.5	1.306	1.208	1.636
	施甸	142.77	-4.4	4.3	1.3	0.684	0.708	1.746
	蝴蝶泉	28.64	-6.6	5.9	-3.3	12.195	3.418	13.013
	凤仪	62.01	4.6	-4.4	-1.7	1.758	1.392	2.100
	海东	50.02	4.9	5.7	-2.1	1.855	1.392	1.904
	牛街	43.37	11.0	-10.6	5.9	2.063	1.306	1.819
	乔后	22.11	14.4	14.8	11.6	2.246	2.356	12.610
	宾居乡	74.24	2.4	-4.6	-1.6	1.831	2.002	1.184
	瓦窑乡	74.25	-2.9	5.8	1.8	7.043	6.055	10.437
	大理州政府	56.33	3.30	1.70	-3.30	2.209	9.180	1.624

续表

震例	台站名称	震中距（km）	峰值加速度/（cm/s²）			主要频率/Hz		
			东西	北南	垂直	东西	北南	垂直
$M_S4.1$	永平	52.6	-3.7	-4.3	-3.2	5.286	1.257	8.777
	海东	46.65	3.3	-6.1	1.9	2.393	5.847	4.077
	蝴蝶泉	27.32	5.9	-8.1	-3.5	13.440	12.817	14.575
	漾濞	24.40	-14.3	-15.0	8.3	2.820	2.612	3.857
	风仪	58.73	5.0	-5.1	-2.4	4.382	4.346	4.382
	月溪井	40.58	-5.5	-6.3	4.6	5.066	4.834	18.591
	大理州政府	52.35	-4.1	1.8	4.0	6.250	5.200	4.279

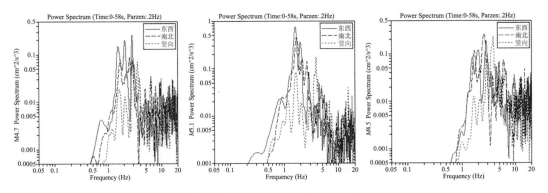

图 5　漾濞地震反应谱（漾濞台）

Fig. 5　Acceleration response spectra of the Yangbi earthquake（Yangbi Station）

二、地震基本参数

　　图 6 为漾濞 $M_S5.1$ 地震震中 200km 范围内的测震台站分布。震中 200km 范围内共有 14 个测震台，其中：0~100km 有 5 个；101~200km 有 9 个。由图可见，测震台主要分布在腾冲—云龙—丽江北东方向。漾濞 $M_S5.1$ 地震后，震中架设了 3 个流动数字测震台。由此，$M_S5.1$ 地震后震区 200km 范围内共有 17 个地震台站进行震区地震观测。2017 年 3 月 27 日至 4 月 10 日，地震序列中 79% 震中定位精度主要为 1~3 类，地震序列定位误差主要在 30km 范围内，震区及周围地区地震台网地震监测能力一般，能较准确的测定震区地震参数。对比增加流动台前后的地震定位精度，由于漾濞地震所处的滇西实验场区域的监控能力较高，约为 $M_L1.6$ 左右，增加 3 个流动台后，定位精度并没有改善，完整性地震震级也没有明显变化。

　　根据中国地震台网中心、云南地震监测中心测定结果，漾濞 $M_S5.1$ 地震基本参数见表 2。本震例研究报告主震的三要素参数采用的是中国地震台网中心测定的参数。

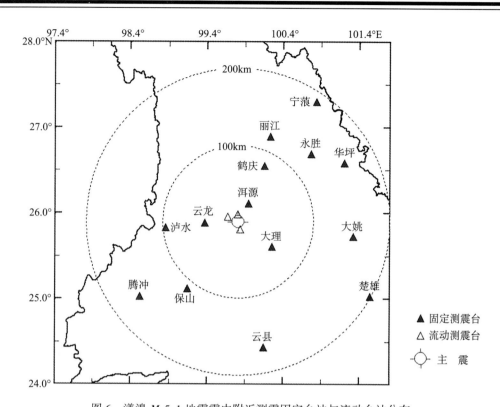

图 6　漾濞 M_S5.1 地震震中附近测震固定台站与流动台站分布

Fig. 6　Distribution of earthquake-monitoring stations around the epicentral area of the M_S5.1 Yangbi earthquake

表 2　2017 年漾濞 M_S5.1 地震基本参数

Table 2　Basic parameters of the M_S5.1 Yangbi earthquake

编号	发震日期 年.月.日	发震时刻 时：分：秒	震中位置（°）		震级		震源深度（km）	震中地名	结果来源
			φ_N	λ_E	M_S	M_L			
1	2017.03.27	07：55：00	25.90	99.80	5.1	5.5	12	云南漾濞县	云南局[1)]
2	2017.03.27	07：55：00	25.89	99.80	5.1		12	云南漾濞县	中国地震台网中心[2)]
3	2017.03.26	23：55：06 （utc）	25.94	99.83	5.0		28.7		美国（USGS）[3)]

采用双差定位方法[7]对此次漾濞地震序列进行精确定位分析，定位所使用的观测报告为全国编目网上下载的速报观测报告（观测报告的时间和空间范围为 2017 年 3 月 27 日至 4 月 4 日，北纬 25.5°~26.5°，东经 99.5°~100.5°，震级范围 0~6 级，深度范围 0~50km），最终获得了 75 个地震的重定位结果，如图 7 所示。震中分布图中 AA^* 和 BB^* 为辅助线，互相垂直。此次地震序列的大部分地震都发生在 3 月 27 日，由震中分布图可以看出，此次漾濞地震序列余震分布为 NW—SE 走向，与震区 NW 向的维西—乔后断裂走向一致。序列长

约10km，宽约2km。

重定位结果分布在0~20km的深度范围内，优势分布为7~17km，大多数较大地震分布在15km左右的深度上。此次地震序列在BB^*深度剖面上为近垂直向分布，表明该地震的发震断层为近纯走滑型断层，与震源机制结果一致，并且余震序列随时间增加震源深度逐渐变浅。

利用云南数字地震台网记录到的波形数据，采用CAP方法[5]求解得到3次$M_S \geqslant 4$级地震的震源机制解，其参数列在表3，图8为吴尔弗网图解。由表3可以看出，3次地震的错断类型均为走滑型，节面Ⅰ走向为NW向，节面Ⅱ走向为NE向。结合精定位结果余震优势分布、震区构造和烈度优势分布方向等，分析认为NW向节面Ⅰ为其发震断层。结合该地区主压应力分布方向，分析认为此次漾濞地震序列是NW向维西—乔后断裂在NE向构造应力作用下，右旋走滑活动的结果。

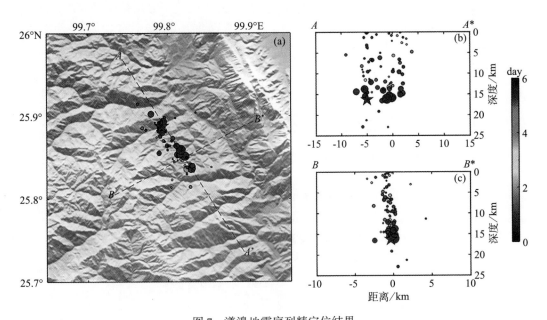

图7　漾濞地震序列精定位结果

Fig. 7　Distribution map of precise epicenter location of the Yangbi earthquake sequence

（a）震中分布图；（b）AA^*深度剖面；（c）BB^*深度剖面

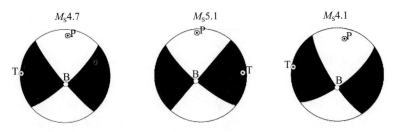

图8　漾濞M_S4.7、M_S5.1、M_S4.1地震震源机制解

Fig. 8　Focal mechanism solution of the M_S4.7、M_S5.1、M_S4.1 Yangbi earthquaks

表3 漾濞 M_S4.7、M_S5.1、M_S4.1 地震震源机制解
Table 3 Focal mechanism solution of the M_S4.7、M_S5.1、M_S4.1 Yangbi earthquak

地震事件	节面 I（°）			节面 II（°）			P 轴（°）		T 轴（°）		最佳拟合深度（km）
	走向	倾角	滑动角	走向	倾角	滑动角	方位	俯角	方位	俯角	
2017.03.27 07：40 M_S4.7	140	82	−168	48	78	−8	5	14	274	3	3.8
2017.03.27 07：55 M_S5.1	131	77	−180	221	90	13	355	9	87	9	7.2
2017.03.27 09：10 M_S4.1	148	77	−161	54	72	−14	12	23	280	4	4.3

三、地 震 序 列

据中国地震台网（CENC）测定，2017 年 3 月 27 日 7 时 40 分 28 秒，在云南省漾濞县发生 M_S4.7 地震，之后于 7 时 55 分 00 秒，在其北西向 4.5km 处再次发生漾濞 M_S5.1 地震。美国 USGS 也给出了这两次地震的震源参数（表4）。此次漾濞 M_S4.7、M_S5.1 地震发生在阴历二月三十日，处于月相朔望日调制时段，因此，漾濞 M_S4.7、M_S5.1 地震均为调制地震。

表4 漾濞 M_S5.1 地震参数
Table 4 Parameters of the M_S5.1 Yangbi earthquake

序号	发震时刻	震中位置（°）		震源深度（km）	震级	来源
		东经	北纬			
1	2017.03.27 07：40：28.0	99.83	25.87	12	M_S4.7	CENC
	2017.03.27 07：40：34.0	99.917	25.87	33.1	M_b4.6	USGS
2	2017.03.27 07：55：00	99.80	25.89	12	M_S5.1	CENC
	2017.03.27 07：55：06.0	99.833	25.935	27.4	m_b5.0	USGS

据云南区域地震台网测定，自 2017 年 3 月 27 日漾濞 M_S4.7 地震开始，截至 4 月 5 日 8 时，漾濞序列共记录到 M_L≥1.0 级地震 109 次，其中 M_L1.0～1.9 地震 85 次，M_L2.0～2.9 地震 16 次，M_L3.0～3.9 地震 5 次，M_L4.0～4.9 地震 2 次，M_L≥5.0 地震 1 次。3 月 27 日 M_S5.1 地震后发生的最大余震为 3 月 27 日 9 时 M_S4.1 地震。序列 M-T、日频次 N-T 和 N-M 图（图9）显示：1 级以上余震最大日频次出现在主震当日，达 81 次，其后余震频次迅速衰减；序列最小完整性震级为 M_L1.6。此次序列中最大地震 M_S5.1 与次大地震 M_S4.7 的震级差仅 0.4。

漾濞地震序列发生在云南滇西试验场地震监测能力相对较强的区域，50km 范围内有洱源和云龙台 2 个测震台（图10），距离此次地震序列最近的洱源台震中距约为 28km。因此，前期序列中多数地震为洱源单台记录，基本可保证 M_L1.0 以上地震完整。为了改善余震监测与定位能力，云南省地震局在震区增设了 3 个流动台（图10 中蓝色三角），分别位于此次序列的东、西两侧，震中距约 10km，并于震后第 3 天正式运行。截至 2017 年 4 月 5 日 8

时，此次漾濞序列中云南区域台网能给出震中经纬度的地震为 85 个，其震中分布图显示：余震密集区呈近 NW 向分布在一个长轴约 15km、短轴约 6km 的区域。

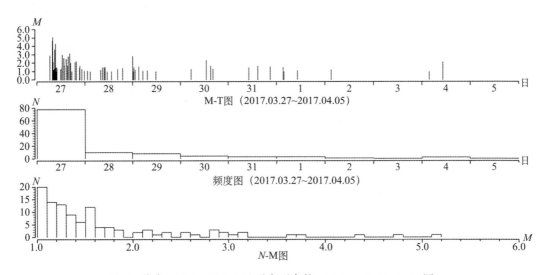

图 9　漾濞 M_S4.7、M_S5.1 地震序列参数（M-T，N-T，N-M 图）

Fig. 9　Seismicity parameters of the M_S4.7, M_S5.1 Yangbi earthquake sequence

（M-T，N-T，N-M diagram）

2017.03.27~2017.04.05，$M_L \geqslant 1.0$ 级

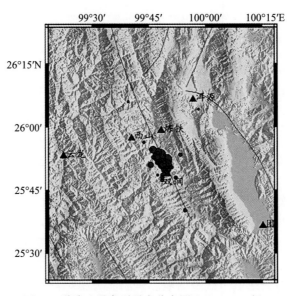

图 10　漾濞地震序列震中分布图（$M_L \geqslant 1.0$ 级）

Fig. 10　Spatial distribution of the Yangbi earthquake sequence

蓝色三角为流动台；黑色三角为云南地震台网固定台

此次漾濞地震序列中最大地震为 $M_S5.1$，与次大地震 $M_S4.7$ 地震之间的震级差为 0.4，$\Delta M<0.6$，且最大地震 $M_S5.1$ 地震仅占整个序列能量（主震后 7 天）的 76.88%<90%，上述均表明此次漾濞地震序列为震群型。

根据区域地震台网监测能力和此次序列震级–频度关系（图 11a），取序列最小完整性震级 $M_L1.6$ 为起算震级、时间步长 24 小时，计算此次漾濞地震序列参数 b 值、h 值和 p 值，计算结果为：b 值为 0.43，h 值为 3.47（图 11b），p 值为 1.29（图 12），序列参数 h 值、p 值计算结果显示该序列为非前兆序列。历史地震序列类型也没有 5 级左右双震为前震的震例，因此，分析认为该序列后续发生更大地震的可能性小。参数计算结果序列衰减较快，余震序列 b 值低于区域背景值（0.76），表明漾濞序列不属于前震序列[4]，原震区后续发生更大地震的可能性小。

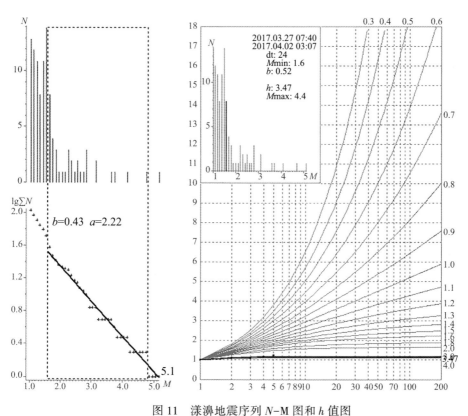

图 11　漾濞地震序列 N-M 图和 h 值图

Fig. 11　N-M and h-value diagram of of the Yangbi earthquake sequence

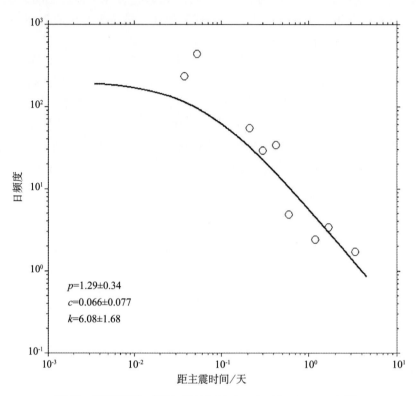

图 12　漾濞序列 p 值图（2017. 03. 27～04. 02，$M_L \geqslant 1.6$ 级）

Fig. 12　*p*-value diagram of of the Yangbi earthquake sequence

四、地震前兆异常特征及综合分析

1. 地震前兆异常概述

漾濞 $M_S 5.1$ 地震震中 200km 范围内共有地震台站 30 个，其中含有测震观测 14 个，前兆观测 29 个（图 13，表 5），有测震、水位、水温、水质、水（气）氡、地电场、地倾斜、应变、磁偏角 D、垂直分量 Z、地磁总强度 F 等 32 个定点观测项目，短水准和短基线 2 个流动形变观测项目，共计 169 个台项。其中 0～100km 有 5 个测震台、12 个定点前兆观测台和 2 个流动形变观测台，101～200km 有 9 个测震台、17 个定点前兆观测台和 3 个流动形变观测台。

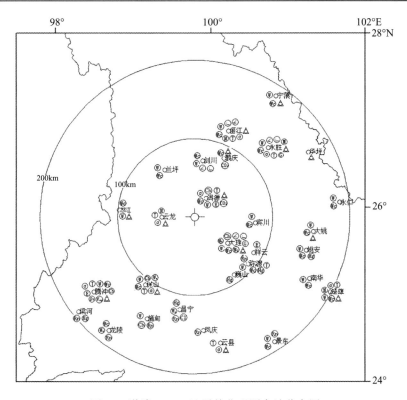

图 13　漾濞 M_S5.1 地震前兆观测台站分布图

Fig. 13　Distribution of the precursor observation stations before the M_S5.1 Yangbi earthquake

表 5　漾濞 M_S5.1 地震定点前兆观测项目登记表

Table 5　Summary table of precursory monitoring items on the fixed observation points before the M_S5.1 Yangbi earthquake

编号	前兆观测台站	观测项目	编号	前兆观测台站	观测项目
1	洱源	测震、水管倾斜、洞体应变、垂直摆、地电场、水温、静水位、水氡、水汞、pH 值、碳酸氢根、氟离子、钙离子、镁离子、二氧化碳	2	云龙	测震、水管倾斜、洞体应变、水平摆、垂直摆、磁偏角 D、垂直分量 Z、地磁总强度 F
3	大理	静水位、水温	4	下关	测震、短水准、短基线、重力仪、静水位、水温、电导率、气汞、水汞、气氡、水氡、二氧化碳、pH 值
5	剑川	短水准、短基线、静水位、水温	6	兰坪	动水位、水温

编号	前兆观测台站	观测项目	编号	前兆观测台站	观测项目
7	宾川	静水位、水温	8	鹤庆	测震、水温、二氧化碳
9	祥云	地电场	10	弥渡	水管倾斜、动水位、水温、气汞、气氡
11	怒江	测震、静水位、水温	12	巍山	气汞
13	保山	测震、水管倾斜、洞体应变、动水位、流量、水温、气汞、水汞、气氡、水氡、碳酸氢根、硫酸根、氟离子、钙离子、镁离子、pH 值	14	丽江	测震、短水准、短基线、水管倾斜、洞体应变、水平摆、体应变、动水位、水温、磁偏角 D、磁倾角 I、垂直分量 Z、地磁总强度 F
15	昌宁	流量、水氡、气氡、气汞、氯离子	16	永胜	测震、短水准、短基线、水管倾斜、洞体应变、垂直摆、钻孔应变、重力仪、磁偏角 D、垂直分量 Z、地磁总强度 F、静水位、水温
17	施甸	动水位、流量、水氡、碳酸氢根、氟离子、钙离子、镁离子、pH 值	18	姚安	静水位、水温、气汞
19	大姚	测震、静水位、水温	20	凤庆	气氡
21	腾冲	测震、水平摆、钻孔应变、地电阻率、自然电位、地电场、静水位、水温、气氡、水氡、气汞、pH 值、碳酸氢根、钙离子、镁离子	22	华坪	测震
23	云县	测震、水管倾斜、洞体应变、水平摆、垂直摆	24	南华	静水位、水温
25	龙陵	流量、水温、水氡	26	宁蒗	测震、静水位、水温
27	永仁	静水位、水温	28	梁河	气氡、气汞
29	景东	静水位、水温、水氡	30	楚雄	测震、短水准、短基线、水管倾斜摆、洞体应变、垂直摆、磁偏角 D、磁倾角 I、垂直分量 Z、地磁总强度 F、动水位、水温

此次地震前共出现 21 条异常，其中地震活动性出现了 8 条异常，为震前 5 级地震平静、4 级地震平静后打破、洱源、漾濞—洱源 4 级地震群活动等；前兆观测手段有 7 个台站出现了 13 条异常（图 14），包括地倾斜、地磁、水温、水位、水汞、气汞和氟离子等，异常台站百分比为 24.14%，异常台项百分比为 8.39%。宏观异常有 2 项，为宾川县平川镇安石桥万寿泉干涸后出水和昌宁县鸡飞澡堂岩子脚温泉水发浑。各项异常情况如表 6 和图 15 至图 31 所示。

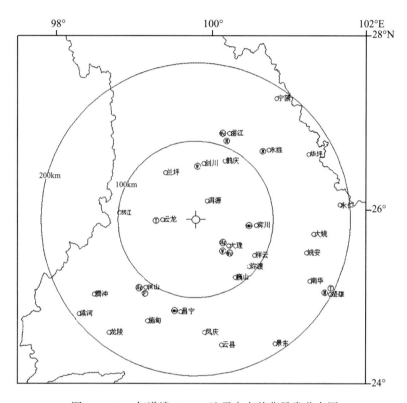

图 14　2017 年漾濞 M_S5.1 地震定点前兆异常分布图

Fig. 14　Distribution of the precursory anomalies of the Yangbi M_S5.1 earthquake

on the fixed observation points in 2017

表6 2017年漾濞 M_S5.1地震前兆异常登记表

Table 6 Summary table of precursory anomalies before the Yangbi M_S5.1 earthquake in 2017

序号	异常项目	台站（点）或观测区	分析办法	异常判据及观测误差	震前异常起止时间	震后变化	最大幅度	震中距 Δ/km	异常类别及可靠性	图号	异常特点及备注
1	地震空区	滇西北 M_L3 地震空区	M_L≥3.0 地震震中和 M-T 作图法	平静超过 180 天	2015.11.17~2017.02.22	恢复正常	461 天	空区西南侧	M_2	图15	2000 年以来该空区内 3 级地震最长时间间隔，震前提出
2	地震窗	2016.11.17漾濞 4 级双震	震例统计	M_L≥4	2015.11.17~2017.02.22			12km	M_2	表7	震前提出
3		昌宁	M_L≥3 级地震及其历史震例统计	M_L≥3 级超过 3 次	2016.08.15		6 次	130km	M_2		震前提出
4	显著增强	洱源—漾濞一带 4 级活动	M≥4 级地震 M-T 及其历史震例统计	M≥4	2015.01~2016.11.17			震中区	M_2	图16	震前提出
5	地震频度	云南地区 20°~30°N 96°~107°E	M_L≥3.5 级地震 30 日滑动度图	月频度 1 倍方差线	2017.01	恢复正常	13		S_2	图17	震前提出
6	地震平静	云南省内	M_L≥4 级地震 dT-T图	平静超过 90 天	2016.08.12~11.17	恢复正常	97 天		S_1	图18	震前提出

续表

序号	异常项目	台站（点）或观测区	分析办法	异常判据及观测误差	震前异常起止时间	震后变化	最大幅度	震中距 Δ/km	异常类别及可靠性	图号	异常特点及备注
7	地震平静	云南地区 21°~29°N 97°~106°E	M≥5 级地震 du-t 图	平静超过 200 天	2016.05.18~2017.03.27		313 天		S_2	图 19	震前提出
8		滇西北	M≥5.7 级地震 M-T 图	平静超过 3 年	2013.08.31~2017.03.27		3.5 年		S_2	图 20	震前提出
9	水位	下关	分钟值	下降*	2016.11.15~2017.01.15	恢复正常	0.444m	52	S_3	图 21	受洱海湖潮影响，震后总结
10		剑川	分钟值	上升≥100cm	2016.11.01~2017.02.20	未恢复	2.02m	71	S_2	图 22	受雨季降雨影响，后期受地热钻井抽水影响，震前识别[10]
11	水温	下关	分钟值	上升*	2016.11.15~2017.01.15	恢复正常	0.073℃	52	S_2	图 23	受洱海湖潮影响，震后总结
12		丽江	分钟值	年变幅度≥120%	2016.06.01~07.25	高值持续	0.021℃	120	M_2	图 24	高值异常，震前识别[11]
13	水汞	下关	日均值	≥200ng/L	2017.02.15~03.15	恢复正常	259ng/L	52	S_1	图 25	高值异常，震前识别[12]

续表

序号	异常项目	台站（点）或观测区	分析办法	异常判据及观测误差	震前异常起止时间	震后变化	最大幅度	震中距 Δ/km	异常类别及可靠性	图号	异常特点及备注
14	气汞	保山	整点值	≥1.5ng/L	2016.09.14~11.10	恢复正常	3ng/L	108	M_2	图26	高值异常，震前识别[13]
15	F⁻	隆阳	日均值	下降≥1.0mg/L	2016.03.15~2017.01.04	恢复正常	1.26mg/L	108	M_2	图27	持续下降异常，震前识别[13]
16	水管倾斜	云龙	分钟值	NS向加速南倾*	2016.04.01~	未恢复	0.554角秒	43	M_2	图28	有干扰，震前识别[14]
17			分钟值	EW向加速东倾*	2016.09.01~12.27	恢复正常	0.072角秒	43	S_2	图29	有干扰，震前识别[15]
18		楚雄	分钟值	EW向加速东倾*	2017.01.01~	未恢复	0.058角秒	198	S_2	图30	受公路施工影响，震前识别[16]
19	地磁加卸载响应比	楚雄	日均值	≥3.0	2016.11.19	恢复正常	3.00	198	S_2		震前识别[17]
20		丽江	日均值	≥3.0	2016.11.19	恢复正常	3.59	120	S_2	图31	震前识别[17]
21		永胜	日均值	≥3.0	2016.11.19	恢复正常	3.22	133	S_2		震前识别[17]

续表

序号	异常项目	台站（点）或观测区	分析办法	异常判据及观测误差	震前异常起止时间	震后变化	最大幅度	震中距 Δ/km	异常类别及可靠性	图号	异常特点及备注
22	宏观异常	宾川平川镇万寿泉	破坏正常动态	干涸一年多后涌水	2017.03.18 ~	未恢复	—	99	I_3	—	开始出水，震前识别[18]
23		昌宁鸡飞澡堂温泉	破坏正常动态	水发浑	2017.03.14~22	恢复正常	—	132	I_3	—	水发浑，震前识别[19]

注：＊映震情况较少，难以提取异常指标。

2017年3月27日漾濞 M_S4.7和 M_S5.1地震序列发生在中国地震局、云南省地震局2017年度所圈定的滇西到滇西北6.5地震危险区内，我们系统清理了震前出现的测震学和前兆异常，简述如下：

（1）滇西北3级地震空区。2011年以来云南 M_S≥4.5级地震活动沿主要构造形成有序分布，沿四川芦山至滇西北再到小滇西盈江一带的NE向条带和滇西北NW向的弧形条带交会于滇西红河断裂北段及附近地区，在交汇区域存在半径约110km的 M_L≥3.0级圆形空区（图15）。自2015年11月17日姚安 M_L3.7地震以来，空区内 M_L≥3.0级地震开始平静，2017年2月22日祥云 M_L3.9地震打破了空区内长达461天的 M_L3平静。从M-T图可以看

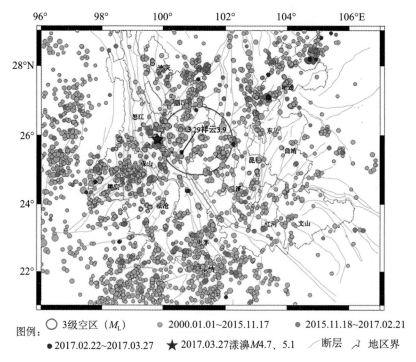

(a)

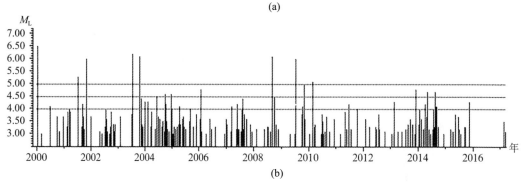

(b)

图15　滇西北 M_L≥3.0级地震空区

Fig. 15　seismic gap with M_L≥3.0 earthquakes in the northwest Yunnan area

（a）2000年以来云南 M_L≥3.0级地震空间分布；（b）空区内 M_L≥3.0级地震M-T图

出，此次 2015 年 11 月以来的 $M_L \geqslant 3.0$ 级地震平静时间为 2000 年以来该空区内 $M_L \geqslant 3.0$ 级地震最长间隔时间。空区平静打破 32 天后，于 2017 年 3 月 27 日在空区边缘发生漾濞 $M_S4.7$、$M_S5.1$ 地震。该地区类似的平静异常还对应了 2003 年 7 月 21 日大姚 $M_S6.2$ 和 2009 年 7 月 9 日姚安 $M_S6.0$ 地震。

（2）洱源—漾濞一带 4 级活动显著增强。洱源—漾濞一带 $M_L \geqslant 4.0$ 级地震活动对西南地区 $M_S \geqslant 6.0$ 级地震有一定指示意义。统计 2007 年以来洱源—漾濞一带 $M_L \geqslant 4.0$ 级地震活动，共发生了 7 组（13 次），其后均在 4 个月内时间对应了西南地区 $M_S \geqslant 6.0$ 级地震上地震。2016 年以来云龙、洱源、漾濞一带已陆续发生了 2 月 8 日洱源 $M_L4.9$、$M_L4.6$，5 月 18 日云龙 $M_S5.0$、$M_S4.6$，11 月 17 日漾濞 $M_S4.2$、$M_S4.4$，以及此次漾濞 $M_S4.7$、$M_S5.1$ 地震从 2015 年以来的 M-T 图看（图 16），震级有逐步增加的趋势。

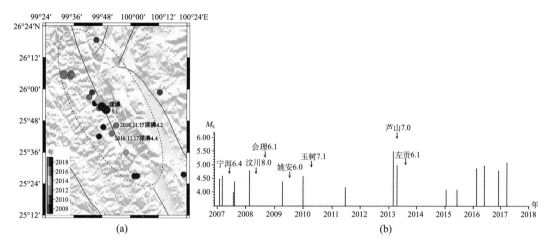

图 16　漾濞 $M_L \geqslant 4.0$ 级地震活动显著增强

Fig. 16　Significantly increased of Yangbi seismic activity with $M_L \geqslant 4.0$ earthquakes

（a）漾濞附近 $M_L \geqslant 4.0$ 级空间分布；（b）漾濞附近 $M_L \geqslant 4.0$ 级地震 M-T 图

（3）昌宁窗。自 1985 年以来，昌宁震群先后出现 3 次 3 级震群活动，分别是：1995 年 11 月、1999 年 7 月和 2014 年 3 月。震例研究显示（表 7），昌宁窗口地震对滇西地区中强震具有一定的指示意义，均对应 1 年内滇西地区 $M_S \geqslant 6.0$ 级内滇西地震，对应率达 100%。2016 年 8 月 15 日昌宁地区发生 3 级震群活动，7 个月后发生漾濞 $M_S5.1$ 地震，距离昌宁震群 130km，但相比以往对应地震，此次对应地震震级偏小。因此，昌宁震群的指示作用依然存在，滇西地区仍需注意 $M_S \geqslant 6.0$ 级地震的发生。

表 7　昌宁 $M_L \geqslant 3.0$ 级震群与附近区域后续强震的对应

Table 7　Relation between the Changning earthquake swarm and

the subsequent strong earthquakes nearby area

序号	3级震群	附近区域后续强震	时间间隔
1	1995. 11. 07 3. 1 1995. 11. 07 3. 0 1995. 11. 07 3. 8	1996. 02. 03 丽江 7. 0	2 个月
2	1999. 07. 17 4. 2 1999. 07. 18 3. 1 1999. 07. 18 3. 5 1999. 07. 18 3. 2	2001. 01. 05 姚安 5. 9 2001. 01. 15 姚安 6. 5 2001. 06. 08 缅甸 7. 0	5 个月 5 个月 11 个月
3	2014. 03. 12 3. 6 2014. 03. 12 3. 1 2014. 03. 17 3. 6	2014. 05. 31 盈江 6. 1 2014. 10. 07 景谷 6. 6	2 个月 7 个月
4	2016. 08. 15 3. 6 2016. 08. 15 3. 5 2016. 08. 15 3. 4 2016. 08. 15 3. 5 2016. 08. 15 3. 6 2016. 08. 15 3. 9	2017. 3. 27 漾濞 5. 1 ?	7 个月 ?

　　（4）云南地区中等地震月频度异常。在 $M_S \geqslant 5.0$ 级地震平静的背景下，云南地区 $M_L \geqslant$ 3.5 级地震相对活跃，先后在 2016 年 7~8 月出现 $M_L \geqslant 3.5$ 级地震 30 日滑动频次 19 次的高值异常（图 17），2016 年 12 月 17 日至 2017 年 2 月 3 日再次出现 13 次的高值异常。研究表明，云南地区中等地震月频度显著增强出现高值异常后，未来 3 个月内云南将发生 $M_S 6$ 以上地震的可能性较大。2017 年 3 月 27 日漾濞 $M_S 5.1$ 地震的发生打破了云南地区长时间的 $M_S \geqslant 5.0$ 级地震平静，但震级大小不足以解释云南地区中等地震月频度高值异常现象。

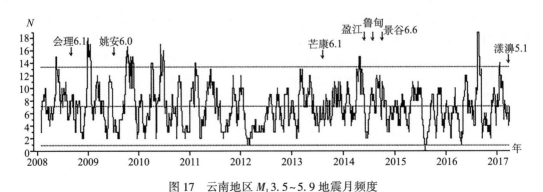

图 17　云南地区 $M_L 3.5~5.9$ 地震月频度

Fig. 17　Monthly frequency of $M_L 3.5-5.9$ earthquakes in Yunnan

（5）云南地区 M_L4 平静。2016 年 8 月 13 日云南鲁甸 $M_L4.0$ 地震后，云南省内出现 M_L4 地震平静现象，2016 年 11 月 17 日漾濞 $M_L4.7$、$M_L4.8$ 地震的发生，打破了云南省内 96 天的平静。历史震例研究表明，$M_L≥4.0$ 级地震超过 90 天的平静打破后，云南地区未来 3 个月存在发生 $M_S≥5.0$ 级地震的危险（图 18），若 3 个月内无地震对应，且在平静打破后 3、4 级地震活跃，则会在 4 个月左右的时间有地震对应。2016 年 11 月 17 日漾濞 $M_L4.7$、$M_L4.8$ 地震打破 4 级地震平静异常后，连续 3 个月云南地区 3 级地震频度不断上升，且 2017 年 1 月以来 4 级地震频度也显著回升，之后在 2017 年 3 月 27 日发生了漾濞 $M_S5.1$ 地震，分析认为该次 4 级地震平静对应了漾濞 $M_S5.1$ 地震。

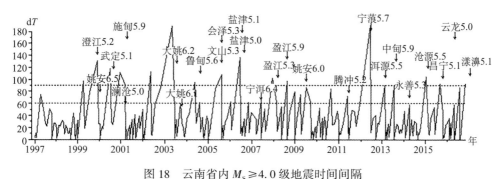

图 18 云南省内 $M_S≥4.0$ 级地震时间间隔

Fig. 18 Time interval curve of $M_S≥4.0$ earthquakes in Yunnan province

（6）云南地区 5 级平静。2017 年 3 月 27 日漾濞 $M_S5.1$ 级地震的发生，打破了云南地区自 2016 年 5 月 18 日云龙 $M_S5.0$ 级地震以来的 313 天 $M_S≥5.0$ 级地震平静。在此之前，云南地区已存在连续两次超过 200 天的 $M_S≥5.0$ 级平静时间（图 19）。历史震例研究表明，地震活跃期内 $M_S≥5.0$ 级地震连续长时间平静打破后，云南地区存在发生强震的危险，如 1966 年 10 月 11 日永善 $M_S5.1$ 地震后，出现 3 次连续超过 200 天的 $M_S≥5.0$ 级平静，其后直接被 1970 年 1 月 5 日通海 $M_S7.8$ 地震打破，1985 年 9 月 6 日盈江 $M_S5.8$ 地震后，连续 3 次超过 200 天的 $M_S≥5.0$ 级平静被 1988 年 11 月 6 日澜沧 $M_S7.6$、耿马 $M_S7.2$ 地震打破。因此，云南地区仍需注意强震的发生。

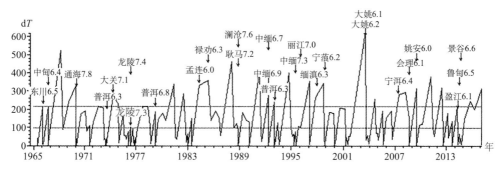

图 19 云南地区 $M_S≥5.0$ 级地震时间间隔

Fig. 19 Time interval curve of $M_S≥5.0$ earthquakes in Yunnan province

（7）滇西北 $M \geqslant 5.7$ 级缺震。滇西北地区 $M_S \geqslant 5.7$ 级地震具有活跃—平静韵律变化（图20），1920 年来经历 5 个活跃期，目前处于第 5 活跃期中，前 4 个活跃期持续时间 38.3 年，发生地震 18 次，平均 2.1 年发生 1 次 $M_S \geqslant 5.7$ 级地震，漾濞 $M_S5.1$ 地震前平静时间达 3.5 年，超过 3.0 年的异常指标。

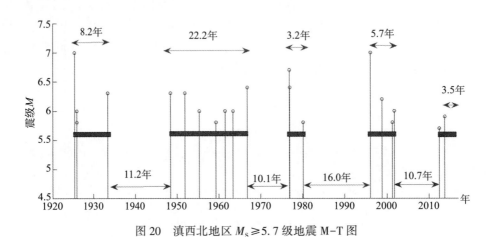

图 20　滇西北地区 $M_S \geqslant 5.7$ 级地震 M-T 图

Fig. 20　M-T map of $M_S \geqslant 5.7$ earthquakes in northwest Yunnan province

（8）下关水位。2001 年 7 月 1 日开始使用 LN-3 型水位仪观测，2014 年 12 月 26 日改用 ZKGD3000-NL 型水位仪观测。年变特征清晰，雨季上升，旱季下降。距离洱海南岸约 15m，易受洱海湖潮影响。2016 年 11 月 15 日开始下降，破坏正常上升趋势，至 2017 年 1 月 15 日下降幅度达 0.444m（图21）。

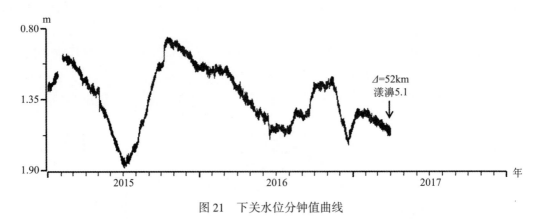

图 21　下关水位分钟值曲线

Fig. 21　Curve of minutely mean value of water level at Xiaguan station

（9）剑川水位。从 1982 年 3 月 21 日开始使用 SW40-1 型水位仪"模拟"观测，至 1999 年 10 月 1 日起改为数字化观测，采样率为整点值。2006 年 11 月 23 日改造为"十五"数字化观测，改用 LN-3A 型数字化水位仪观测，采样率为分钟值。水位无固体潮效应，日变形态为直线型。2009 年 8 月以来呈趋势下降动态，2016 年 11 月 1 日开始转折上升，2017 年 2 月 20 日后受观测井东侧地热钻井抽水影响，上升幅度＞2.02m（图 22）。

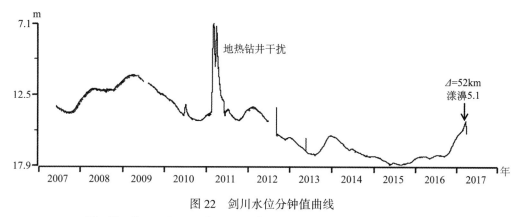

图 22　剑川水位分钟值曲线

Fig. 22　Curve of minutely mean value of water level at Jianchuan station

（10）下关水温。2001 年 7 月 1 日开始使用 SZW-1A 型水温仪观测，2014 年 12 月 26 日改用 ZKGD3000-NT 型水温仪观测。年变特征清晰，呈夏高冬低型，与水位呈负相关。2016 年 11 月 15 日开始上升，与水位发生同步变化现象，至 2017 年 1 月 15 日上升幅度达 0.073℃（图 23）。

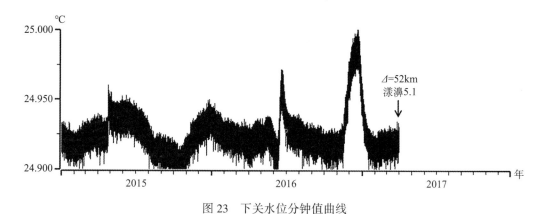

图 23　下关水位分钟值曲线

Fig. 23　Curve of minutely mean value of water temperature at Xiaguan station

（11）丽江水温。1992 年 3 月 1 日开始使用 SZW-1A 型水温仪观测，2015 年 7 月 18 日增加 ZKGD3000-NT 型水温仪观测。年变特征明显，幅度为 0.015℃。当年变幅度变大(≥正常年变幅度 120%) 时，主要对应滇西北地区 M_S≥5.0 级地震。从 2012 年开始趋势上升，2016 年 6 月 1 日再次上升，至 7 月 25 日上升幅度达 0.021℃，震后未恢复（图 24）。

（12）下关水汞。1989 年 1 月 1 日开始使用 RG-BS 观测，2006 年 1 月 1 日更换仪器，观测值多在 35~175ng/L 间波动。其异常指标为测值≥200ng/L，主要对应滇西地区 M_S≥5.0 级地震。2017 年 2 月 15 日至 3 月 15 日持续高值现象，最大幅度为 259ng/L（图 25）。

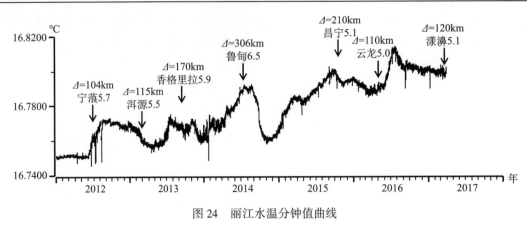

图 24   丽江水温分钟值曲线

Fig. 24   Curve of minutely mean value of well water temperature at Lijiang station

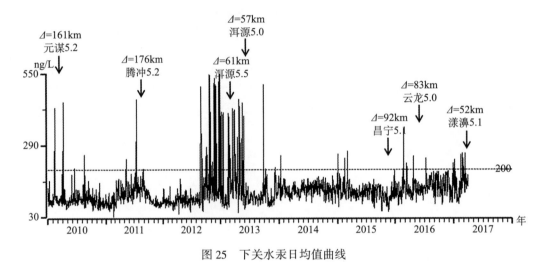

图 25   下关水汞日均值曲线

Fig. 25   Curve of daily mean value of Hg content in groundwater at Xiaguan station

（13）保山气汞。2007 年 12 月 14 日开始使用 ATG-6138M 观测，观测值多在 0~0.5ng/L 间波动。其异常指标为测值 ≥1.5ng/L，主要对应滇西地区及邻区 M_S≥5.0 级地震。2016 年 9 月 14 日至 11 月 10 日持续高值突跳现象，最大幅度为 3ng/L（图 26）。

（14）隆阳 F⁻。2000 年 6 月 1 日开始使用氟电极观测，观测值多在 2.60~3.30mg/L 间波动。2008 年以来呈趋势上升动态，2015 年 10 月 4 日转折下降，滇西地区发生了昌宁 M_S5.1 和云龙 M_S5.0 地震。2016 年 3 月 15 日突降，之后持续下降，至 2017 年 1 月 4 日幅度达 1.26ng/L（图 27）。

（15）云龙水管倾斜 NS 向。1989 年 1 月 1 日开始模拟观测，2001 年 6 月 15 日改为九五数字化观测，2012 年 12 月 15 日改为"十五"数字化观测，仪器为 DSQ-3 型。年变特征清晰，2016 年 4 月 1 日开始破年变加速南倾，与 2013 年洱源 M_S5.5 地震前类似，幅度 >0.554 角秒，震后未恢复（图 28）。

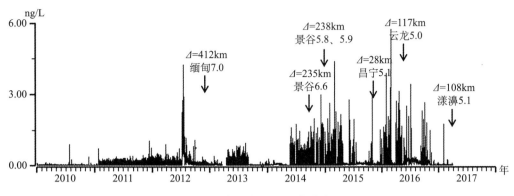

图 26　保山气汞日均值曲线

Fig. 26　Curve of daily mean value of Hg content at Baoshan station

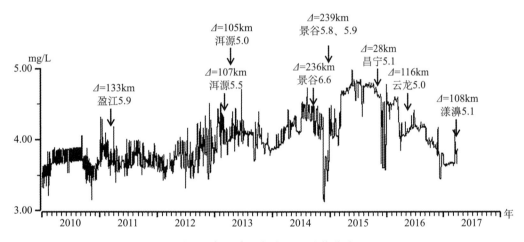

图 27　保山隆阳氟离子日均值曲线

Fig. 27　Curve of daily mean value of F⁻ in groundwater at Longyang station

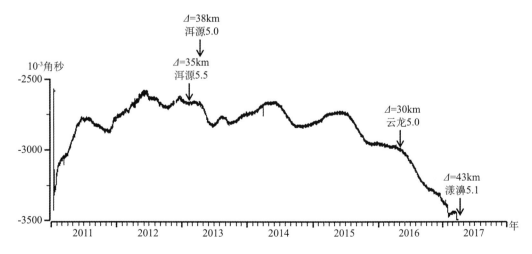

图 28　云龙水管倾斜 NS 向日均值曲线

Fig. 28　Curve of daily mean value of NS-ward water tube tiltmeter at Yunlong station

（16）云龙水管倾斜 EW 向。1989 年 1 月 1 日开始模拟观测，2001 年 6 月 15 日改为"九五"数字化观测，2012 年 12 月 15 日改为"十五"数字化观测，仪器为 DSQ-3 型。年变形态清晰，2016 年 9 月 1 日开始破年变加速东倾，至 12 月 27 日幅度达 0.554 角秒，与 2013 年洱源 M_S5.5 地震前类似（图 29）。

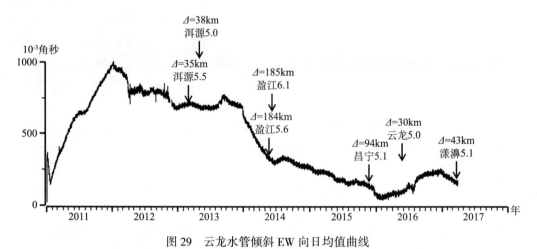

图 29　云龙水管倾斜 EW 向日均值曲线

Fig. 29　Curve of daily mean value of EW-ward water tube tiltmeter at Yunlong station

（17）楚雄水管倾斜 EW 向。1982 年 1 月 1 日开始模拟观测，2001 年 6 月 15 日改为"九五"数字化观测，2013 年 10 月 16 日改为"十五"数字化观测，更换仪器为 DSQ-3 型。年变形态清晰，2017 年 1 月 1 日开始加速东倾，受台站西侧公路施工影响，幅度>0.058 角秒，震后未恢复（图 30）。

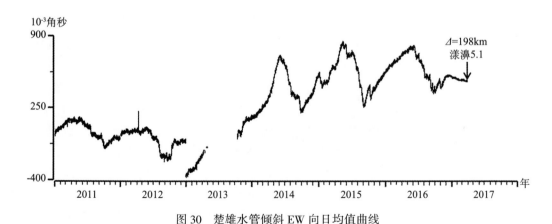

图 30　楚雄水管倾斜 EW 向日均值曲线

Fig. 30　Curve of daily mean value of EW-ward water tube tiltmeter at Chuxiong station

（18）楚雄、丽江、永胜地磁加卸载响应比。楚雄台于 2007 年 4 月 23 日开始使用 dIDd 磁力仪观测；丽江台于 2015 年 8 月 1 日开始使用 dIDd 磁力仪观测；永胜台在 1985 年开始使用 CB-3 三分量磁力仪观测，2006 年台站进行环境改造停测，2007 年 5 月 1 日使用 dIdD 磁力仪开始观测。2016 年 11 月 19 日同步出现高值异常，最大值分别为 3.00、3.59 和 3.22，达到其异常指标：日值≥3.00（图 31）。

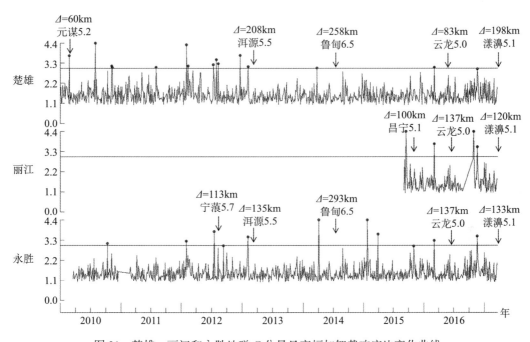

图 31 楚雄、丽江和永胜地磁 Z 分量日变幅加卸载响应比变化曲线

Fig. 31 Curve of daily mean value of Z component geomagnetic loading-unloading response ratio at Chuxiong，Lijiang and Yongsheng station

（19）宾川县平川镇万寿泉。2017 年 3 月 18 日干涸一年半左右后涌出大量清澈的泉水现象。

（20）昌宁县鸡飞澡堂温泉。2017 年 3 月 14 日开始变色（俗称翻底子）、水位同时下降，大蒸塘水色 3 月 22 日上午也同时出现米汤色，下午 12 点以后变清。

2. 前兆异常特征及综合分析

1）地震学异常

云南 5 级地震平静 300 天。漾濞 $M_S 5.1$ 地震前，云南 5 级平静长达 313 天，超过了 300 天云南中强地震短期指标。1925 年来云南地区 5 级平静超过 300 天的情况出现过 19 次，发震时段在 300~390 天的比例达 10/19＝53%，发生在滇西地区的比例为 8/19＝42%。可见，震前云南 5 级地震 300 天平静与未来 3 个月云南（尤其是滇西地区）发生中强地震具有较好关联性。

滇西北中强地震显著平静。滇西北自 2012 年 6 月 24 日宁蒗 $M_S 5.7$ 地震开始进入中强地震活跃期。从 2013 年 8 月 31 日中甸 $M_S 5.9$ 地震至此次漾濞 $M_S 5.1$ 地震前，平静达 3.5 年，远远超过了滇西北活跃期平均 0.6 年的发震时间间隔。

滇西北洱源—漾濞一带中等地震显著活跃。2013 年以来，在洱源、漾濞、云龙一带密集发生 M_S≥4.0 级地震 13 次，中等地震十分活跃，此次漾濞 M_S5.1 地震是该区活跃过程中的一次地震。

窗口地震反复出现。2016 年 8 月 15 日昌宁窗口发生 3 级震群活动，距离此次漾濞 M_S5.1 地震 30km。震例研究表明，昌宁窗口地震对滇西地区中强震具有一定的指示意义，均对应 1 年内滇西地区 M_S≥5 级地震，对应率达 100%。之后，2016 年 11 月 17 日漾濞窗口又发生 4 级双震，震例统计结果显示该地区中等震群后多对应滇西北东条带 M_S≥5.0 级地震。这种针对特定地区的窗口地震多次出现的现象是此次漾濞 M_S5.1 地震前的地震活动特征之一。

震前有较强地震活动。漾濞 M_S5.1 地震前 15 分钟，震区发生了一次 M4.7 地震，震前较短时间震区有较强的地震活动。

2）前兆异常

异常数量多。地震前共出现前兆异常 13 项较为显著，震前 8 个台站观测到了水温、水位、水质、地倾斜和地磁等中短临异常。地下流体异常有 7 个，主要特征表现为水化学高值异常、水温高值等，形变异常有 3 个，都是水管加速倾斜，地磁 Z 分量加卸载响应比有 3 个，为高值异常。

短临异常突出。此次地震前的前兆项异常中，临震异常（震前 1 月内）有 2 项，主要为宏观异常，短期异常（震前 1～6 个月）有 11 项，中期异常（震前 0.5～5 年）有 5 项，短临异常占到总异常数量的 72%。从时间进程来看，距离震中最近的云龙水管倾斜、下关地下流体等异常出现的较早，距离较远的地下流体和地磁等异常多在震前 3 个月出现，临震前的宏观异常多在外围，从空间上异常由震中向外围迁移的特征。

震中区异常较为集中。震前距震中 0～100km 范围内出现 4 个台站 7 个测项的异常变化；101～200km 范围出现 6 个台站 8 个测项的异常变化。其中震中距较近的下关台有 3 项异常，云龙台有 2 项异常，保山有 2 项异常，出现的 2 项宏观异常均在较近的宾川和昌宁地区，这些异常现象的发生说明地震前兆异常主要分布在震中区及附近地区。

漾濞 M_S5.1 地震后，定点前兆除了剑川水位、云龙水管 NS 向和楚雄水管 EW 向等异常未恢复外，其他异常在震后均已恢复正常动态。

3）宏观异常

震前震中附近出现的宏观异常主要是宾川县平川镇安石桥万寿泉干涸一年多后突然涌水和昌宁县鸡飞澡堂岩子脚温泉水发浑现象。一般而言，宏观异常集中地区的地下水体交换较为剧烈，能在一定程度上反映出区域介质的应力调整信息，对未来强震有地点指示意义。

五、震前预测回顾总结

2017 年漾濞 M_S5.1 地震前，云南省地震局做出过一定程度的中期和短期预测。在中长期预测方面，云南省 2017 年度地震趋势预测意见报告中[6] 指出 2017 年滇西到滇西北剑川—永胜—施甸—腾冲—永平一带存在发生 6.5 级左右地震的危险，为我省第一危险区。2017

年 3 月 27 日漾濞 M_S5.1 地震发生在该危险区内。

在对该危险区的中长期震情跟踪工作方面，组织成立了滇西重点危险区震情跟踪工作组，由危险区辖区内各单位的监测预报研究专家组成。各专家都分别负责对危险区内的监测项进行专门跟踪研究，或负责用进一步的预测预报研究方法对危险区内的地震趋势进行跟踪研究分析；每周进行周报，每年开展两次专题会商。2017 年工作组由中国地震局滇西地震预报实验场牵头。2017 年 3 月 9 日，滇西重点危险区跟踪组填报了一张预测卡，预测时间为 2017 年 3 月 10 日至 6 月 10 日，预测震级 M_S5.0 ~ 5.9，预测第一地点为以 26.5°N、100.3°E 点为中心的宾川—永胜—华坪—宁蒗—香格里拉—丽江—剑川—洱源—鹤庆一带，三要素都较好的对应了此次漾濞 M_S5.1 地震。

2017 年 3 月 2 日，云南省地震预报研究中心代表云南省地震局向中国地震局提交预测卡一份[9]，预测时间为 2017 年 3 月 3 日至 6 月 3 日，震级 5.5 ~ 6.4 级，第一预测地点为滇西大理、云龙、剑川、永胜、宁蒗、德钦一带。该预测意见的主要依据包括：①由云南地区 5 级平静接近 300 天、云南 3.5 级以上地震平静后显著增强、云南省内 4 级平静被打破等现象研判出短期内云南存在发生 6 级左右地震危险；②在云南地区短期内发生 6 级地震可能性的背景下，滇西北地区是最为关注的危险区，主要依据包括滇西北进入活跃期目前到了发震时段、洱源、漾濞一带 4 级活动显著增强、2017 年 3 月昌宁震群的指示意义、滇西地区是缅甸弧中深源地震震直接影响的地区、滇西调制比异常、滇西地区前兆异常数量多且新异常多、滇西地磁异常突出、云龙形变同步异常、滇西北突出的水温水位异常等，详细的叙述和图件见预测卡[9]。预测卡提交后，中国地震局拟定强化跟踪方案，由中国地震台网中心和云南省地震预报研究中心每周加密联合会商，持续跟踪预测依据变化动态。3 月 27 日发生了漾濞 M_S5.1 地震。

此次漾濞地震在中长期和短临预测方面都取得了较好的效果，中长期预测方面，在年度报告中已有详细的论述将滇西危险区划为我省 2017 年的第一危险区，说明在趋势判断上对该危险区的地震危险性已有较准确的认识。同时，此次漾濞 M_S5.1 地震的发生还不能缓解该危险区的强震危险性，对滇西危险区的震情监视跟踪将仍是我们今后工作的重点。在短临预测方面，共有四份单位（个人）预测卡较好的进行了短临预测（详见附表 3），各单位（专家）的预测卡中有很多相同的依据，如云南地区 5 级平静 300 天的指标、4 级平静打破后短期内的指示意义、窗口地震、区域构造关联地区的小震群活动、震中周边的前兆异常等等。说明在各专家对此次地震研判的认识较为一致，这些依据和指标都是我们多年工作中反复研究论证积累下来的，是让我们看到地震预测有迹可循的宝贵经验。与此同时，我们也需要进一步分析研究预测中与实际不符的情况：在向台网中心提交的预测卡中震级偏高，表明这次地震并不是我们预期中将发生的地震，滇西地区的强震危险性还不能缓解。同时预测卡中提到的一些前兆异常震后仍然持续发展，如丽江水温、迪庆水温水位、云龙水管等，这些异常与此次地震的关系以及后续的指示意义仍待进一步的跟踪和研究。

六、结论与讨论

1. 主要结论

漾濞 M_S5.1 地震极震区烈度Ⅵ度，地震宏观震中位于漾濞县漾江镇、洱源县炼铁乡一带，等震线形呈 NW 向的椭圆分布。主震震源机制解表明此次地震为右旋走滑错动，与维西—乔后断裂的断裂性质一致；节面Ⅰ走向 131°，与余震分布走向、等震线椭圆长轴方向一致，节面Ⅰ为发震构造的可能性大，此次地震的发震构造为北西向的维西—乔后断裂的可能性较大。地震造成 1 人受伤。地震灾区主要涉及云南省漾濞县和洱源县的 6 个乡镇，灾区人口 4.7 万人，地震直接经济总损失 1.7 亿元。地震序列截至 2017 年 4 月 5 日共发生地震 109 次，其中 M_L1.0~1.9 地震 85 次，M_L2.0~2.9 地震 16 次，M_L3.0~3.9 地震 5 次，M_L4.0~4.9 地震 2 次，M_L≥5.0 级地震 1 次。3 月 27 日漾濞 M_S5.1 地震后发生的最大余震为 3 月 27 日 9 时 M_S4.1 地震。地震类型为震群型。震前共出现 12 个项目，21 条异常，其中地震活动性 5 个项目 8 条异常，前兆 7 个项目 13 条异常，此外还出现宏观异常 2 起。

2. 讨论

（1）短期预测分析。在漾濞 M_S5.1 地震的追踪监视中，预测的地点和时间正确、强度有偏大。2017 年 2 月底，云南 5 级地震平静接近 300 天，云南省地震局会商会分析认为，未来 3 个月云南地区发生 6 级左右地震的危险性较大，并于 2017 年 3 月 2 日进行短临预测。考虑到滇西已进入新一轮强震活跃期，跨断层形变异常突出、云南前兆异常大多集中在滇西北，且漾濞 4 级震群又位于对滇西北强震有指示意义，因而云南省地震局将预测的危险区确定为滇西北地区，漾濞 M_S5.1 地震发生在预测的时间和范围内，但预测强度有偏大。

（2）前兆机理认识。该区域内应力不断积累的加载作用，加剧了地下深部物质活动和构造活动。距震中较近的下关水位和水温表现为同步转折、水质离子的高值突跳、剑川水位的持续上升，以及地形变加速倾斜现象，表明构造应力场的变化引起岩石裂隙的开启、闭合或重新分布，一方面驱动地下流体活动，促使水岩作用或混合作用加强，水质离子浓度发生变化；另一方面使断层封闭性发生改变，小地震活动增多，地表形变发生变化。截至 2017 年 12 月 31 日，丽江水温仍在持续上升，不能交代给该地震；剑川水位后期受地热机井施工影响，不考虑后期的上升变化；其它测项的异常变化均可交代给漾濞 M_S5.1 地震。

（3）加强地震平静研究。此次地震前最主要异常为云南 5 级平静 300 天，但我们仍不能确定何时发生地震。云南平静时间超过 400 天的地震仍然较多，如 1978 年 5 月 19 日下关 M_S5.1 地震前平静 429 天、1994 年 9 月 19 日景谷 M_S5.2 地震前平静 401 天等。一些地震前平静甚至超过了 600 天，如 2003 年 7 月 21 日大姚 M_S6.2 地震前平静 633 天。因此，如何提高利用地震平静异常进行强震预测的准确性仍然是值得深入研究的课题。

（4）加强前震的研究和识别。漾濞 M_S5.1 主震发生前 15 分钟，在主震东南方向约 5km 处发生一次 M_S4.7 地震，M_S4.7 地震到 M_S5.1 之间共记录到 M_L3.2 地震 1 次、M_L2.8 地震 1 次、M_L1.0~1.4 地震 3 次。由于记录到的地震数量较少，用于判断 M_S4.7 地震序列是否为前震序列的方法计算的结果极不可靠，也无有效的数字地震学前震识别方法可以使用。因此在这种情况下只能依靠历史地震活动性来对 $M_S4.7$ 地震序列类型进行判定。从漾濞、洱源一带的历史地震活动来看，该区以双震、震群较多为主要特征，最明显的例子为 2013 年 3 月 3 日在距离此次地震仅 5km 的洱源发生一次 $M_S5.5$ 地震，其后 2013 年 4 月 17 日又在震区发生一次 $M_S5.0$ 地震，形成双震。因此，我们在漾濞 $M_S4.7$、5.1 地震发生后的紧急会商会明确给出该区序列为震群序列，$M_S5.1$ 地震后又在 $M_S4.7$ 地震位置发生一次 $M_S4.1$ 地震。

（5）加强维西—乔后断裂研究力度。该断裂位于川滇菱形块体西部边缘，北接金沙江断裂，南连红河断裂，是连接南北两条活动断裂的枢纽，因历史记载地震不显著，长期以来人们对其关注不多。近年来，在其附近连续发生 2013 年 3 月 3 日、4 月 17 日洱源 $M_S5.5$、5.0，2016 年 5 月 18 日云龙 $M_S5.0$，2017 年 3 月 27 日漾濞 $M_S5.1$ 地震 4 次地震，使维西—乔后断裂逐渐被人关注。而近年来研究发现[6]，维西—乔后断裂与红河断裂毗邻，二者近乎平行，维西—乔后断裂走向及性质均与红河断裂相似，二者均又表现为右旋走滑运动特征，平均右旋水平滑动速率 1.8~2.4mm/a，维西—乔后断裂可能是红河断裂的北延部分，是红河断裂和一条分支。维西—乔后断裂受 NNW—近 SN 向水平挤压作用，呈右旋张性裂陷带。受断裂的控制，沿断裂走向线性发育维西、通甸、马登、乔后、巍山等断陷盆地。维西—乔后断裂与红河、金沙江以及德钦—中甸—大具等断裂一起，共同构成了川滇菱形块体的西部边界。作为川滇菱形块体西边界的重要组成部分，维西—乔后断裂近年来地震活动增强，未来地震危险性值得密切关注。

参 考 文 献

[1] 常祖峰、张艳凤、周青云等，2014，2013 年洱源 $M_S5.5$ 地震烈度分布及震区活动构造背景研究，中国地震，30（4）：560~570

[2] 毛玉平、韩新民、谷一山等，2003，云南地区强震（$M_S \geq 6$）研究，昆明：云南科技出版社，30~33

[3] 云南省地质矿产局，1990，云南省区域地质志，北京：地质出版社，598~609

[4] 刘正荣、钱兆霞、王维清，1979，前震的一个标志——地震频度的衰减，地震研究，2（4）：1~9

[5] 郑勇、马宏生、吕坚等，2009，汶川地震强余震（$M_S \geq 5.6$）的震源机制解及其与发震构造的关系，中国科学，39：413~426

[6] 常祖峰、常昊、李鉴林等，2016，维西—乔后断裂南段正断层活动特征，地震研究，39（4）：579~586

[7] Felix Waldhauser，William L Ellsworth，2000，A Double-Difference Earthquake Location Algorithm：Method and Application to the Northern Hayward Fault，California [J]. Bulletin of the Seismological Society of America，90（6）：1353-1368.

参 考 资 料

1）云南省地震局，云南地震速报目录（区域台网），2017

2）中国地震台网中心，地震速报目录，2017

3）USGS，Search Earthquake Archives. http：//earthquake. usgs. gov/earthquakes/search/

4）云南省地震局，2017 年 3 月 27 日云南漾濞 5.1 级地震灾害直接经济损失评估报告，2017

5）云南省地震局，2017 年 3 月 27 日云南漾濞 5.1 级地震现场强震动应急观测工作报告，2017

6）云南省地震预报研究中心，云南省 2017 年度地震趋势研究报告，2016

7）云南省地震局，关于 2017 年度云南地区地震趋势及短期震情分析意见的报告（云震发〔2017〕3 号），2017

8）云南省地震局，关于 2017 年 2 月 8 日鲁甸 4.9 级地震分析的报告（云震发〔2017〕163 号），2017

9）云南省地震预报研究中心，短临预测卡，2017

10）李利波，异常核实报告，2017 年 3 月 23 日云南剑川水位，2017

11）宋先月，异常核实报告，2015 年 8 月 14 日云南丽江党校井水温，2015

12）高文斐，异常核实报告，2017 年 3 月 22 日云南下关台水汞，2017

13）赵家本、姚休义，异常核实报告，2016 年 6 月 1 日保山气汞、氟离子，2016

14）王永安，异常核实报告，2017 年 2 月 27 日云南云龙水管北南向分量，2017

15）李智蓉，异常核实报告，2017 年 1 月 12 日云南云龙水管东西向分量，2017

16）李智蓉，异常核实报告，2017 年 2 月 20 日云南楚雄台水管倾斜，2017

17）胡小静，异常核实报告，2017 年 1 月 12 日云南楚雄、永胜、丽江台地磁，2017

18）宾川县地震局，异常核实报告，宾川县平川镇安石桥万寿泉出现断流，2017

19）昌宁县地震局，异常核实报告，2017 年 3 月 22 日保山昌宁鸡飞澡堂异常调查，2017

The M_S 5.1 Yangbi Earthquake on Marth 27, 2017 in Yunnan Province

Abstract

On Marth 27, 2017, the earthquakes of M_S4.7 and M_S5.1 occurred in Yangbi County, Yunnan province. The interval between the two earthquakes was 15 minutes. The macroscopic epicenter was located in the area of Yangjang town in Yangbi country and Liantie town in Eryuan country. The seismic intensity in the meizoseismal area was Ⅵ. The shape of the isoseismic line was elliptic with major axis in NW direction. 1 person was injured during the earthquakes. The direct economic loss was 172 million Yuan.

The earthquake sequence was swarm type, and the biggest aftershock was M_L4.3. The spatial distribution of aftershocks was northwestward, which was consistent with the spatial distribution of seismic intensity in the meizoseismal area. The focal mechanism solution shows that the strike of nodal plane Ⅰ of M_S4.7 was 140°, which was consistent with the distributions of aftershocks and seismic intensity, was more likely the seismogenic structures with right−lateral strike-slip. The strike of nodal plane Ⅰ of M_S5.1 was 131°, accordant with the distributions of aftershocks, was more likely the seismogenic structures with right-lateral strike-slip. The seismogenic fault of the two earthquakes could be the Weixi-Qiaohou fault.

There were 30 seismic stations within the distance of 200km from epicenter: 14 of them were seismometric stations and 29 of them were precursory observation stations. Before this event there were 21 anomalies in 12 observation items including 8 seismometric anomalies and 13 precursor anomalies. Most of them were short−term anomalies. There was only 2 macroscopic anomalies. Yunnan Earthquake Agency has made appropriate short-term predictions for the earthquakes but with a deviation in magnitude.

报 告 附 件

附表 1　固定前兆观测台（点）与观测项目汇总表

序号	台站（点）名称	经纬度（°）		测项	资料类别	震中距 Δ/km	备注
		φ_N	λ_E				
1	洱源	26.12	99.97	测震△ 水管倾斜 洞体应变 垂直摆 地电场 水温 静水位 水氡 水汞 pH 值 HCO_3^- F^- Ca^{2+} Mg^{2+} CO_2	I	30	
2	云龙	25.88	99.37	测震△ 水管倾斜 洞体应变 水平摆 垂直摆 磁偏角 D 垂直分量 Z 地磁总强度 F	I	43	
3	大理	25.69	100.18	静水位 水温	III	44	
4	下关	25.55	100.16	测震△ 短水准 短基线	I	52	

续表

序号	台站（点）名称	经纬度（°）		测项	资料类别	震中距 Δ/km	备注
		φ_N	λ_E				
4	下关	25.55	100.16	重力仪	I	52	
				静水位			
				水温			
				气汞			
				水汞			
				气氡			
				水氡			
				电导率			
				CO_2			
				pH 值			
5	剑川	26.50	99.88	短水准	II	68	
				短基线			
				静水位			
				水温			
6	兰坪	26.28	99.25	动水位	III	70	
				水温			
7	宾川	25.82	100.58	水温	II	78	
				静水位			
8	鹤庆	26.55	100.17	测震△	II	82	
				水温			
				CO_2			
9	祥云	25.51	100.58	地电场	II	89	
10	弥渡	25.35	100.49	水管倾斜	II	91	
				动水位			
				水温			
				气汞			
				气氡			
11	怒江	25.95	98.85	测震△	II	95	
				水温			
				静水位			

续表

序号	台站（点）名称	经纬度（°）		测项	资料类别	震中距 Δ/km	备注
		φ_N	λ_E				
12	巍山	25.17	100.32	气汞	Ⅲ	96	
13	保山	25.10	99.17	测震△ 水管倾斜 洞体应变 动水位 流量 水温 气汞 水汞 气氡 水氡 HCO_3^- SO_4^{2-} F^- Ca^{2+} Mg^{2+} pH 值	Ⅱ	108	
14	丽江	26.90	100.23	测震△ 短水准 短基线 水管倾斜 洞体应变 水平摆 体应变 动水位 水温 磁偏角 D 磁倾角 I 垂直分量 Z 地磁总强度 F	Ⅱ	120	

序号	台站（点）名称	经纬度（°）		测项	资料类别	震中距 Δ/km	备注
		φ_N	λ_E				
15	昌宁	24.70	99.70	流量	Ⅱ	133	
				Cl^-			
				气氡			
				水氡			
				气汞			
16	永胜	26.70	100.77	测震△	Ⅰ	133	
				短水准			
				短基线			
				水管倾斜			
				洞体应变			
				垂直摆			
				钻孔应变			
				重力仪			
				磁偏角 D			
				垂直分量 Z			
				地磁总强度 F			
				静水位			
				水温			
17	施甸	24.77	99.17	动水位	Ⅱ	140	
				流量			
				水氡			
				pH 值			
				Ca^{2+}			
				Mg^{2+}			
				F^-			
				HCO_3^-			
18	姚安	25.50	101.23	静水位	Ⅱ	150	
				水温			
				气汞			

序号	台站（点）名称	经纬度（°）		测项	资料类别	震中距 Δ/km	备注
		φ_N	λ_E				
19	大姚	25.74	101.33	测震△	Ⅱ	154	
				静水位			
				水温			
20	凤庆	24.49	100.09	气氡	Ⅲ	159	
21	腾冲	25.03	98.52	测震△	Ⅰ	160	
				水平摆			
				钻孔应变			
				地电阻率			
				自然电位			
				地电场			
				静水位			
				水温			
				气氡			
				水氡			
				气汞			
				Ca^{2+}			
				Mg^{2+}			
				HCO_3^-			
				pH 值			
22	华坪	26.59	101.20	测震△	Ⅱ	160	
23	云县	24.40	100.13	测震△	Ⅱ	169	
				水管倾斜			
				洞体应变			
				水平摆			
				垂直摆			
24	南华	25.18	101.28	水温	Ⅱ	168	
				静水位			
25	龙陵	24.65	98.68	流量	Ⅱ	178	
				水温			
				水氡			

序号	台站（点）名称	经纬度（°）		测项	资料类别	震中距 Δ/km	备注
		φ_N	λ_E				
26	宁蒗	27.30	100.85	测震△	Ⅲ	188	
				静水位			
				水温			
27	永仁	26.06	101.67	静水位	Ⅱ	188	
				水温			
28	梁河	24.85	98.32	气氡	Ⅲ	189	
				气汞			
29	景东	24.43	100.83	静水位	Ⅱ	193	
				水温			
				水氡			
30	楚雄	25.03	101.53	测震△	Ⅰ	198	
				短水准			
				短基线			
				水管倾斜			
				洞体应变			
				垂直摆			
				磁偏角 D			
				磁倾角 I			
				垂直分量 Z			
				地磁总强度 F			
				动水位			
				水温			

续表

分类统计	0<Δ≤100km	100<Δ≤200km	总数
测项数 N	26	30	56
台项数 n	59	108	167
测震单项台数 a	0	1	1
形变单项台数 b	0	0	0
电磁单项台数 c	1	0	1
流体单项台数 d	1	1	2
综合台站数 e	10	16	26
综合台中有测震项目的台站数 f	5	8	13
测震台总数 $a+f$	5	9	14
台站总数 $a+b+c+d+e$	12	18	30
备注			

附表 2　测震以外固定前兆观测项目与异常统计表

序号	台站名称	测项	资料类别	震中距 Δ/km	按震中距 Δ 范围进行异常统计									
					0<Δ≤100km					100<Δ≤200km				
					L	M	S	I	U	L	M	S	I	U
1	洱源	水管倾斜	Ⅲ	30	—	—	—	—	—					
		洞体应变	Ⅲ		—	—	—	—	—					
		垂直摆	Ⅲ		—	—	—	—	—					
		地电场	Ⅱ		—	—	—	—	—					
		水温	Ⅱ		—	—	—	—	—					
		静水位	Ⅱ		—	—	—	—	—					
		水氡	Ⅱ		—	—	—	—	—					
		水汞	Ⅱ		—	—	—	—	—					
		pH 值	Ⅱ		—	—	—	—	—					
		HCO_3^-	Ⅱ		—	—	—	—	—					
		F^-	Ⅱ		—	—	—	—	—					
		Ca^{2+}	Ⅱ		—	—	—	—	—					
		Mg^{2+}	Ⅱ		—	—	—	—	—					
		CO_2	Ⅱ		—	—	—	—	—					
2	云龙	水管倾斜	Ⅱ	43	—	√	√	—	—					
		洞体应变	Ⅱ		—	—	—	—	—					
		水平摆	Ⅱ		—	—	—	—	—					
		磁偏角 D	Ⅱ		—	—	—	—	—					
		垂直分量 Z	Ⅱ		—	—	—	—	—					
		地磁总强度 F	Ⅱ		—	—	—	—	—					
3	大理	静水位	Ⅲ	44	—	—	—	—	—					
		水温	Ⅲ		—	—	—	—	—					

序号	台站名称	测项	资料类别	震中距 Δ/km	按震中距 Δ 范围进行异常统计									
					$0<\Delta\leqslant100km$					$100<\Delta\leqslant200km$				
					L	M	S	I	U	L	M	S	I	U
4	下关	短水准	Ⅱ	62	—	—	—	—	—					
		短基线	Ⅱ		—	—	—	—	—					
		重力仪	Ⅱ		—	—	—	—	—					
		静水位	Ⅲ		—	—	√	—	—					
		水温	Ⅱ		—	—	√	—	—					
		电导率	Ⅱ		—	—	—	—	—					
		水汞	Ⅰ		—	—	√	—	—					
		气汞	Ⅲ		—	—	—	—	—					
		水氡	Ⅰ		—	—	—	—	—					
		气氡	Ⅲ		—	—	—	—	—					
		CO_2	Ⅱ		—	—	—	—	—					
		pH 值	Ⅰ		—	—	—	—	—					
5	剑川	短水准	Ⅱ	68	—	—	—	—	—					
		短基线	Ⅱ		—	—	—	—	—					
		静水位	Ⅱ		—	—	√	—	—					
		水温	Ⅱ		—	—	—	—	—					
6	兰坪	动水位	Ⅲ	70	—	—	—	—	—					
		水温	Ⅲ		—	—	—	—	—					
7	宾川	静水位	Ⅲ	78	—	—	—	—	—					
		水温	Ⅲ		—	—	—	—	—					
8	鹤庆	水温	Ⅱ	82	—	—	—	—	—					
		CO_2	Ⅱ		—	—	—	—	—					
9	祥云	地电场	Ⅱ	89	—	—	—	—	—					
10	弥渡	水管倾斜	Ⅱ	91	—	—	—	—	—					
		动水位	Ⅱ		—	—	—	—	—					
		水温	Ⅱ		—	—	—	—	—					
		气氡	Ⅲ		—	—	—	—	—					
		气汞	Ⅲ		—	—	—	—	—					
11	怒江	静水位	Ⅱ	95	—	—	—	—	—					
		水温	Ⅱ		—	—	—	—	—					

续表

序号	台站名称	测项	资料类别	震中距 Δ/km	按震中距 Δ 范围进行异常统计									
					$0 < \Delta \leq 100$km					$100 < \Delta \leq 200$km				
					L	M	S	I	U	L	M	S	I	U
12	巍山	气汞	Ⅲ	96										
13	保山	水管倾斜	Ⅱ	109						—	—	—	—	—
		洞体应变	Ⅱ							—	—	—	—	—
		体应变	Ⅱ							—	—	—	—	—
		动水位	Ⅱ							—	—	—	—	—
		流量	Ⅱ							—	—	—	—	—
		水温	Ⅱ							—	—	—	—	—
		气汞	Ⅱ							—	—	√	—	—
		水汞	Ⅰ							—	—	—	—	—
		气氡	Ⅱ							—	—	—	—	—
		水氡	Ⅰ							—	—	—	—	—
		pH 值	Ⅰ							—	—	—	—	—
		HCO_3^-	Ⅰ							—	—	—	—	—
		SO_4^{2-}	Ⅰ							—	—	—	—	—
		F^-	Ⅰ							—	√	—	—	—
		Ca^{2+}	Ⅰ							—	—	—	—	—
		Mg^{2+}	Ⅰ							—	—	—	—	—
14	丽江	短基线	Ⅱ	120						—	—	—	—	—
		短水准	Ⅱ							—	—	—	—	—
		水管倾斜	Ⅱ							—	—	—	—	—
		洞体应变	Ⅱ							—	—	—	—	—
		水平摆	Ⅱ							—	—	—	—	—
		体应变	Ⅱ							—	—	—	—	—
		动水位	Ⅱ							—	—	—	—	—
		水温	Ⅱ							—	√	—	—	—
		磁偏角 D	Ⅱ							—	—	—	—	—
		磁倾角 I	Ⅱ							—	—	—	—	—
		垂直分量 Z	Ⅱ							—	—	√	—	—
		地磁总强度 F	Ⅱ							—	—	—	—	—

序号	台站名称	测项	资料类别	震中距 Δ/km	按震中距 Δ 范围进行异常统计									
					0<Δ≤100km					100<Δ≤200km				
					L	M	S	I	U	L	M	S	I	U
15	昌宁	流量	Ⅲ	133						—	—	—	—	—
		气氡	Ⅲ							—	—	—	—	—
		水氡	Ⅱ							—	—	—	—	—
		气汞	Ⅲ							—	—	—	—	—
		Cl⁻	Ⅱ							—	—	—	—	—
16	永胜	短水准	Ⅱ	133						—	—	—	—	—
		短基线	Ⅱ							—	—	—	—	—
		水管倾斜	Ⅱ							—	—	—	—	—
		洞体应变	Ⅱ							—	—	—	—	—
		垂直摆	Ⅱ							—	—	—	—	—
		钻孔应变	Ⅱ							—	—	—	—	—
		重力仪	Ⅱ							—	—	—	—	—
		磁偏角 D	Ⅱ							—	—	—	—	—
		垂直分量 Z	Ⅱ							—	—	√	—	—
		地磁总强度 F	Ⅱ							—	—	—	—	—
		静水位	Ⅱ							—	—	—	—	—
		水温	Ⅱ							—	—	—	—	—
17	施甸	动水位	Ⅱ	140						—	—	—	—	—
		流量	Ⅱ							—	—	—	—	—
		水氡	Ⅱ							—	—	—	—	—
		HCO_3^-	Ⅱ							—	—	—	—	—
		Ca^{2+}	Ⅱ							—	—	—	—	—
		Mg^{2+}	Ⅱ							—	—	—	—	—
		F^-	Ⅱ							—	—	—	—	—
		pH 值	Ⅱ							—	—	—	—	—
18	姚安	静水位	Ⅱ	150						—	—	—	—	—
		水温	Ⅱ							—	—	—	—	—
		气汞	Ⅲ							—	—	—	—	—

序号	台站名称	测项	资料类别	震中距 Δ/km	按震中距 Δ 范围进行异常统计									
					0<Δ≤100km					100<Δ≤200km				
					L	M	S	I	U	L	M	S	I	U
19	大姚	静水位	Ⅱ	154						—	—	—	—	—
		水温	Ⅱ											
20	凤庆	气氡	Ⅲ	159						—	—	—	—	—
21	腾冲	水平摆	Ⅱ	160							—			
		钻孔应变	Ⅱ								—			
		地电阻率	Ⅱ								—			
		自然电位	Ⅱ								—			
		地电场	Ⅱ								—			
		静水位	Ⅱ								—			
		水温	Ⅱ								—			
		气氡	Ⅱ								—			
		水氡	Ⅰ											
		气汞	Ⅱ											
		Ca^{2+}	Ⅱ								—			
		Mg^{2+}	Ⅱ								—			
		HCO_3^-	Ⅱ								—			
		pH 值	Ⅱ								—			
22	云县	水管倾斜	Ⅱ	169							—	—	—	—
		洞体应变	Ⅱ								—	—	—	—
		水平摆	Ⅱ											
		垂直摆	Ⅱ								—	—	—	—
23	南华	水温	Ⅱ	169										
		静水位	Ⅱ								—	—	—	—
24	龙陵	流量	Ⅱ	178										
		水温	Ⅰ								—	—	—	—
		水氡	Ⅰ								—	—	—	—
25	宁蒗	静水位	Ⅲ	188										
		水温	Ⅲ								—	—	—	—

续表

序号	台站名称	测项	资料类别	震中距 Δ/km	0<Δ≤100km					100<Δ≤200km				
					L	M	S	I	U	L	M	S	I	U
26	永仁	静水位	Ⅱ	188						—	—	—	—	—
		水温	Ⅱ							—	—	—	—	—
27	梁河	气氡	Ⅲ	186						—	—	—	—	—
		气汞	Ⅲ							—	—	—	—	—
28	景东	水温	Ⅱ	193										
		静水位	Ⅱ											
		水氡	Ⅱ											
29	楚雄	短水准	Ⅱ	198						—	—	—	—	—
		短基线	Ⅱ							—	—	—	—	—
		水管倾斜	Ⅱ							—	—	√	—	—
		洞体应变	Ⅱ							—	—	—	—	—
		垂直摆	Ⅱ							—	—	—	—	—
		磁偏角 D	Ⅱ							—	—	—	—	—
		磁倾角 I	Ⅱ							—	—	—	—	—
		垂直分量 Z	Ⅱ							—	—	√	—	—
		地磁总强度 F	Ⅱ							—	—	—	—	—
		动水位	Ⅱ							—	—	—	—	—
		水温	Ⅱ							—	—	—	—	—
分类统计	台项	异常台项数			0	1	5	0	0	0	2	5	0	0
		台项总数			53	53	53	53	53	102	102	102	102	102
		异常台项百分比/%			0	2	9	0	0	0	2	5	0	0
	观测台站（点）	异常台站数			0	1	3	0	0	0	2	4	0	0
		台站总数			12	12	12	12	12	17	17	17	17	17
		异常台站百分比/%			0	8	42	0	0	0	12	24	0	0
	测项总数（155）				53					102				
	观测台站总数（29）				12					17				
	备注													

附表 3   年度预测预报情况登记表

序号	填报单位或个人	预测三要素			判定依据	映震情况	收卡日期	处置情况
		时间（年.月.日）	纬度、经度、地点	震级				
001	蒋洪彪（东川区防震减灾局）	2017.01.15～04.15	N26.2°，E 100.8°，兰坪—永胜—剑川—洱源—鹤庆—大姚—姚安一带 N24.6°，E98.2°，江川—华宁—红河—墨江—思茅一带	5.0～6.9		第一项对应2017.03.27漾濞5.1	2016.11.15	11.16周会商
002	滇西跟踪组	2017.03.10～06.10	N26.5°，E100.3°，宾川—永胜—华坪—宁蒗—中甸—丽江—剑川—洱源—鹤庆 N25.5°，E98.5°，盈江—梁河—腾冲—泸水—云龙—永平—保山—昌宁—施甸	5.0～5.9		第一项对应2017.03.27漾濞5.1	2017.03.17	03.22周会商
003	预报中心	2017.03.03～06.03	N26.27°，E99.91°，保山—大理—洱源—丽江 N23.45°，E101.57°，思茅—元江—建水	5.5～6.4		第一项对应2017.03.27漾濞5.1	2017.03.03	上报台网中心
004	昆明市防震减灾局	2017.03.22～06.22	N99.42°，E25.21°，滇西泸水—洱源—昌宁—腾冲 N22.71°，E100.64°，滇西南 普洱—景洪—澜沧	5.0～5.9		第一项对应2017.03.27漾濞5.1	邮戳03.24	04.05周会商

2017 年 5 月 11 日新疆维吾尔自治区塔什库尔干 5.5 级地震

新疆维吾尔自治区地震局

宋春燕　高　歌　向　元　李　金

摘　　要

2017 年 5 月 11 日，新疆维吾尔自治区塔什库尔干县发生 5.5 级地震。中国地震台网中心测定的微观震中为 37.58°N、75.25°E，震源深度 8km。宏观震中为 37.58°N、75.25°E，位于塔什库尔干乡库孜滚村，极震区地震烈度为Ⅷ度，地震造成 8 人死亡、31 人受伤，造成房屋及设施破坏，直接经济损失 20.05 亿元。

此次地震的最大余震为 5 月 11 日 4.5 级地震。该地震序列类型为主余型，震源机制为正断型，节面Ⅰ走向 184°、倾角 37°、滑动角 -48°，节面Ⅱ走向 316°、倾角 64°、滑动角 -117°，发震构造为走向 N—NNW 的塔什库尔干断裂，该断裂向东陡倾，主要表现为走滑正断层或正断层性质。

此次地震震中 200km 范围内有 4 个测震台、3 个定点地球物理观测台及流动重力、流动 GPS、流动地磁观测网。震前出现 4 级地震平静、3 级地震活跃、流动 GPS、流动重力 4 个异常项目，共 4 条前兆异常，没有定点地球物理观测异常，该地震的前兆异常数量少。

新疆地震局对塔什库尔干 5.5 级地震做出了较好的年度预测，地震发生后，新疆地震局立即启动地震应急Ⅲ级响应，全国地震系统 6 个单位在现场开展了地震流动监测、震情趋势判定、烈度评定、灾害调查评估等现场应急工作，对此次地震序列类型做出了准确的判断。

前　　言

2017 年 5 月 11 日 5 时 58 分，新疆维吾尔自治区塔什库尔干塔吉克自治县发生 5.5 级地震。中国地震台网中心测定的微观震中为 37.58°N、75.25°E，震源深度 8km。震源机制类型为正断型，发震构造为塔什库尔干断裂，序列类型为主震—余震型。

此次地震震中附近的喀什地区塔什库尔干县、英吉沙县、阿克陶县、疏勒县、疏附县、喀什市有震感，宏观震中位于塔什库尔干乡库孜滚村，极震区地震烈度为Ⅷ度，等震线呈大致椭圆形，长轴方向为 NNW。受灾地区涉及塔什库尔干县 9 个乡镇。灾区面积 3288km²，受灾人口 26486 人，地震造成 8 人死亡、31 人受伤，造成房屋及设施破坏，直接经济损失 20.05 亿元，是新疆地区 2004 年以来人员死亡最多的一次地震[1]。

塔什库尔干 5.5 级地震位于帕米尔高原塔什库尔干断陷谷地，发震构造为塔什库尔干断裂，属于全新世发震构造，该地区受欧亚板块和印度洋板块的挤压碰撞，构造活动剧烈。1600 年以来，震中邻区 100km 范围内共发生 14 次 5 级以上地震，最大地震为 1895 年塔干 7.0 级，距离此次地震 24km。地震发生在监测能力较弱的地区，地震前出现 4 级地震平静、3 级地震活跃、GPS、流动重力等共 4 条中期异常，没有定点地球物理观测异常，该地震的前兆异常数量较少。

地震位于新疆地震局划定的 2017 年度"乌恰—塔什库尔干地区 6.5 级左右地震危险区"内部，但比预测震级偏小，新疆地震局做出了较好的中期预测。此次 5.5 级地震位于新疆地震监测能力较弱的地区，测震、地球物理观测测项均较为稀少，因此震前并未提出较为有效的短临预报。震后趋势判定认为"这次地震为主—余型地震的可能性较大"，该判定结果与实际地震序列类型一致。

此外，与此次地震有关的文献和资料较少。本报告中给出的结果和认识更多代表了作者的观点。

一、测震台网及地震基本参数

塔什库尔干 5.5 级地震震中 200km 范围内共有 4 个固定测震台。其中 100km 范围内有塔什库尔干 1 个测震台，100~200km 有马场、英吉沙、叶城 3 个测震台（图 1）。该区监测能力较弱，仅为 $M_L \geqslant 2.4$ 级[1]，定位精度为 10~20km，震后没有架设流动台。表 1 列出新疆地震台网、中国地震台网、USGS 和 HVR 对该地震的定位结果，新疆地震台网和中国地震台网定位结果一致，与 USGS 的差别不大。本文采用中国地震台网的定位结果。

表 1　塔什库尔干 5.5 级地震基本参数

Table 1　Basic parameters of the M_S5.5 Taxkorgan earthquake

| 编号 | 发震日期 | 发震时刻 | 震中位置（°） | | 震级 | | 震源深度 | 震中地名 | 结果来源 |
	年．月．日	时：分：秒	φ_N	λ_E	M_S	M_W	（km）		
1	2017.05.11	05：58：20.0	37.58	75.25	5.5		8	新疆塔什库尔干县	新疆地震台网[1]
2	2017.05.11	05：58：20.0	37.58	75.25	5.5		8	新疆塔什库尔干县	中国地震台网[2]
3	2017.05.11	05：58：21.0	37.64	75.31		5.4	7.6	新疆南部	USGS[3]
4	2017.05.11	05：58：22.3	37.73	75.40	5.4	5.5	12	塔吉克斯坦与新疆交界	Global CMT[4]

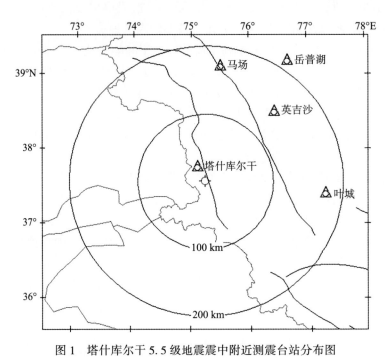

图 1　塔什库尔干 5.5 级地震震中附近测震台站分布图

Fig. 1　Distribution of earthquake-monitoring stations around the epicenters
of the M_S5.5 Taxkorgan earthquake

二、地震地质背景[5)；[2]

　　震区位于帕米尔高原塔什库尔干断陷谷地，该谷地是由青藏高原西北帕米尔构造结内部塔什库尔干拉张系晚新生代以来的拉张作用形成的盆地，其南北狭长，东西分布海拔为4000～5000m 的高山。震区内塔什库尔干断裂成型于华力西时期，有长期的演化发育史。大部分在喜马拉雅期重新复活，这条断裂控制着塔什库尔干盆地的形成与演化，此次塔什库尔干 5.5 级地震就发生在塔什库尔干断裂带上（图 2）。历史上震源区周围发生了 18 次 5 级以上地震，最大地震为 1895 年 7 月的 7.0 级地震，2016 年 11 月 25 日阿克陶 6.7 级地震也发生在同一断裂的西北端。

　　在新构造运动分区上，震区所在的西昆仑隆起区新近纪以来隆起幅度为 2～7km，第四纪以来的隆起幅度达 1200～1700m，第四纪隆升速率约 10～13mm/a。在帕米尔、昆仑山高原隆起的同时，木吉河、布伦口张性断陷盆地发育，其断陷幅度达 1400m，现今仍在不断沉降。

　　震中所在的塔什库尔干构造系分布于帕米尔东北—西昆仑上。该区域地壳新构造运动极为强烈，向北的运动速率可达 20mm/a。在强烈的南北向挤压环境下，地壳强烈隆升，并发育出近南北向分布的裂谷。这些裂谷地貌表现为串联盆地系，断层构造呈现正断构造系。沿地裂谷主要发育 5 个首尾相连的断陷盆地，自北向南分别为木吉盆地、布伦口盆地、苏巴什

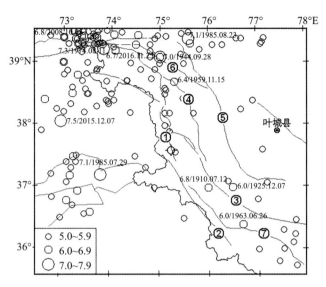

图 2　塔什库尔干 5.5 级地震附近地震构造与历史地震

Fig. 2　Major faults and historical earthquakes around the M_S5. 5 Taxkorgan earthquake

①塔什库尔干断裂；②喀喇昆仑断裂；③康西瓦断裂；④公格尔断裂；⑤克孜勒陶—库拉斯普断裂；
⑥奥依塔克断裂；⑦天山达坂断裂

盆地、塔合曼盆地和塔什库尔干盆地，相应也伴生 5 条次级断裂，这些断裂在平面上由小规模的构造阶区和转折相连，共同组成塔什库尔干断裂带，各分支断层运动性质相似，主要表现为走滑正断层或正断层性质，走向 N—NNW，向西陡倾，总长度约 260km。该断裂 1985 年曾发生 7 级地震，形成 27km 长地震地表破裂带。

此次地震震中位于塔什库尔干断裂带上，为塔什库尔干盆地的西界断裂，塔什库尔干盆地西缘山前可见该断裂断错不同时期的晚第四纪冰碛物和冰水堆积物，形成不同高度的断层陡坎和小型地堑。在库孜滚村西南的冰川沟谷中可见断层正断错新、老两期冰碛物，形成坡向 NEE 的断层陡坎。

三、地震影响场和震害

1. 地震影响场[5)]

震中距塔什库尔干县城约 24km，震中附近的喀什地区英吉沙县、阿克陶县、疏勒县、疏附县、喀什市有震感，地震造成塔什库尔干县 8 人死亡、31 人受伤。

现场工作队依照《地震现场工作：调查规范》（GB/T 18208. 3—2011）、《中国地震烈度表》（GB/T 17742—2008），通过灾区震害调查和遥感震害解译等工作，确定了此次地震的烈度分布（图 3）。

此次地震宏观震中位于塔什库尔干乡库孜滚村，极震区烈度为Ⅶ度，等震线长轴总体呈 NNW 走向，Ⅵ度区及以上总面积为 3288km²。

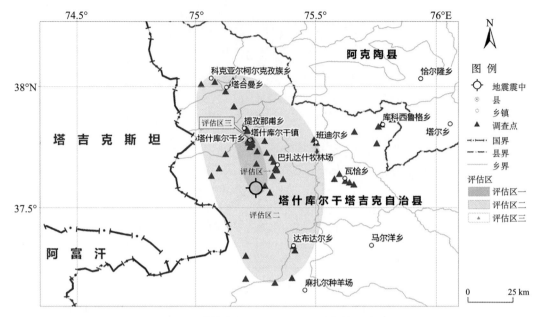

图 3　塔什库尔干 5.5 级地震烈度等震线

Fig. 3　Isoseimal map of the M_S5. 5 Taxkorgan earthquake

Ⅶ度区面积 227km²，长轴 28km，短轴 8km，涉及塔什库尔干镇（含县城）和塔什库尔干乡。

Ⅵ度区面积 3061km²，长轴 100km，短轴 43km，涉及科克亚尔柯尔克孜民族乡、塔合曼乡、提孜那普乡、塔什库尔干乡、班迪尔乡、巴扎达什牧林场（行政隶属班迪尔乡）、瓦恰乡、达布达尔乡等 8 个乡（场）。

2. 地震灾害[5]

此次地震涉及房屋结构类型包括土石木结构、砖木结构、砖混结构及框架结构。倒塌房屋主要为土石木结构房屋，该类房屋乡镇Ⅶ度区毁坏达 39%，县城区达 24%。砖木结构房屋在乡镇为近年新建居住用房，设有构造措施，抗震能力好；老旧砖木房屋未经抗震设防，严重破坏现象为房屋承重墙体大面积剪切裂缝或外闪，局部屋顶塌落，Ⅶ度区严重破坏以上达 24%，但无整体倒塌房屋，该类结构房屋未造成人员伤亡。砖混结构房屋主要是乡（镇）公用房屋，县城多为居住用房。2010 年后建设的砖混结构房屋抗震能力较好，地震后出现一定数量墙体细微开裂；2000 年前建设砖混结构办公楼设防烈度低，地震中造成一定数量严重破坏。框架结构多为 2010 年后新建办公用房，抗震能力好，未产生结构性破坏，出现大面积填充墙开裂，修复量大；同时框架房屋的吊顶震落普遍，需及时处理，存坠落伤人安全隐患。

此次地震灾区主要涉及喀什地区塔什库尔干县科克亚尔柯尔克孜民族乡、塔合曼乡、提孜那普乡、塔什库尔干乡、班迪尔乡、巴扎达什牧林场（行政隶属班迪尔乡）、瓦恰乡、达布达尔乡等 9 个乡镇。灾区面积 3288km²，受灾人口 26486 人，9285 户，房屋毁坏和较大程度破坏造成失去住所人数共计 16194 人，4753 户。地震造成 8 人死亡、31 人受伤，造成房屋及设施破坏，直接经济损失共 20.05 亿元，是新疆地区 2004 年以来人员死亡最多的一次地震[5]。

此次地震附近没有强震台，无法获得强震动数据，因此不做分析。

四、地 震 序 列

1. 地震序列时间分析

根据新疆地震台网定位结果，截至 2017 年 8 月 11 日，共记录 $M_L \geqslant 1.0$ 级余震 93 次，其中 M_L 1.0~1.9 地震 46 次，M_L 2.0~2.9 地震 37 次，M_L 3.0~3.9 地震 8 次，M_L 4.0~4.9 地震 2 次。最大余震为 M_L 4.9，发生在震后 2 分钟。$M_L \geqslant 3.0$ 级地震序列目录见表 2。

表 2   塔什库尔干 5.5 级地震序列目录（$M_L \geqslant 3.0$ 级）

Table 2   Catalogue of the M_S 5.5 Taxkorgan earthquake sequence（$M_L \geqslant 3.0$）

编号	发震日期	发震时刻	震中位置（°）		震级		深度（km）	震中地名	结果来源
	年．月．日	时：分：秒	φ_N	λ_E	M_L	M_S			
1	2017.05.11	05：58：20	37.58	75.25	5.8	5.5	8		
2	2017.05.11	06：00：55	37.63	75.27	4.9	4.5	5		
3	2017.05.11	06：05：30	37.58	75.27	3.2	2.5	6		
4	2017.05.11	06：29：37	37.60	75.28	3.6	3.0	7		
5	2017.05.11	07：02：17	37.67	75.22	3.2	2.5	12		
6	2017.05.11	07：41：19	37.63	75.18	3.1	2.4	12	塔什库尔干	新疆地震台网[1]
7	2017.05.11	07：53：31	37.57	75.27	3.7	3.1	8		
8	2017.05.11	12：03：40	37.60	75.30	4.7	4.2	14		
9	2017.05.11	21：35：32	37.63	75.15	3.4	2.8	11		
10	2017.05.13	15：59：13	37.65	75.20	3.2	2.5	7		
11	2017.05.19	16：24：00	37.63	75.23	3.6	3.0	6		

从地震序列 M-T 曲线来看（图 4），余震衰减较快。$M_L \geqslant 4.0$ 级强余震都发生在主震当天；$M_L \geqslant 3.0$ 级较强余震主要发生在主震当天，截至 2017 年 8 月 11 日共记录 $M_L \geqslant 3.0$ 级余震有 10 次，主震当天即发生 8 次 $M_L \geqslant 3.0$ 级地震，其中最大余震 M_L 4.9 地震发生在震后 2 分钟，5 月 19 日之后 $M_L \geqslant 3.0$ 级余震平静。$M_L \geqslant 2.0$ 级余震主要发生在 5 月 11 日至 6 月 16 日，6 月 16 日之后 $M_L \geqslant 2.0$ 级余震平静。

从地震序列 N-T 曲线来看（图 4），余震主要发生在 5 月 11~15 日，日频次均在 5 次以上。7 月 15 日后，日频次有所降低，日频次仍然在 2 次左右。

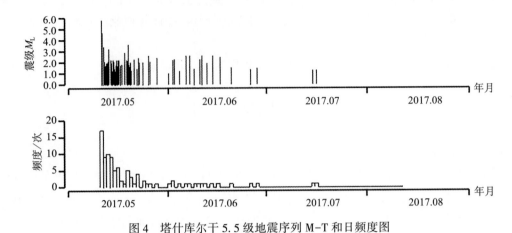

图 4　塔什库尔干 5.5 级地震序列 M-T 和日频度图

Fig. 4　M-T chartand daily frequencyof the M_S5.5 Taxkorgan earthquake sequence

　　基于 lg$N$-M 图确定该地震的完备震级下限为 M_L2.2，由 G-R 关系确定地震序列的 b 值为 0.62（图 5），低于该区 0.74 的背景值。序列 h 值 1.2（图 6），主震与最大余震的震级差 ΔM 为 1.0，主震能量占整个地震序列能量的 95.13%。根据序列类型判别指标，塔什库尔干 5.5 级地震为"主震—余震型"。

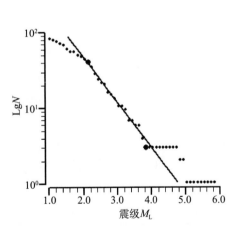

图 5　塔什库尔干 5.5 级地震序列 lg$N$-M 图

Fig. 5　lg$N$-M chart of the M_S5.5 Taxkorgan earthquake sequence

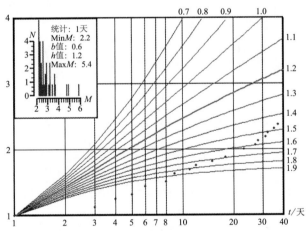

图 6　塔什库尔干 5.5 级地震序列 h 值

Fig. 6　h value of the M_S5.5 Taxkorgan earthquake

2. 地震序列空间分布

　　该地区台站较为稀疏，监测能力较低，无法进行精定位。图 7 是利用新疆地震台网定位结果绘制的序列 M_L≥1.0 级地震震中分布图。从图中可以看出，余震主要集中分布在主震以北和以东地区，主震后第一天的余震在主震以北，沿塔什库尔干断裂呈北北西走向，且

$M_L \geq 3.0$ 级余震均分布在主震以北的这一区域，推测此次塔什库尔干 5.5 级地震破裂过程自初始点沿断层北北西向的单侧破裂，之后在断裂以东区域触发了一些余震。

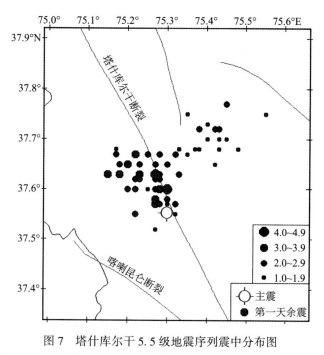

图 7　塔什库尔干 5.5 级地震序列震中分布图

Fig. 7　Epicenter distribution of the M_S5.5 Taxkorgan earthquake sequence

五、震源参数和地震破裂面

1. 震源参数

塔什库尔干 5.5 级地震位于新疆西部接近边境地区，新疆测震台站基本均位于该地震以东地区，而以西地区位于境外，没有地震台站分布，震区处于监测能力相对薄弱地区。CAP 方法利用地震波形记录反演震源机制解，即使在台网相对稀疏、数据资料有限的情况下也能得到较可靠的结果[3~5]。

根据震中周围 500km 范围内的新疆 9 个地震台的波形资料，采用 CAP 方法中 P 波初动和波形拟合联合反演的算法，反演了这次 5.5 级地震的震源机制解。结果显示（表 3，图 8），该地震为正断型地震，断层节面Ⅰ：走向 169°、倾角 44°、滑动角-38°；节面Ⅱ：走向 339°、倾角 46°、滑动角-97°。P 轴方位角 178°，仰角 85°；T 轴方位角 74°，仰角 1°。该结果与国内、外其他研究机构和个人给出的震源机制解较为接近（表 3）。

由于此次塔什库尔干 5.5 级地震震中位于监测能力较弱区，波形资料记录不是很理想，我们利用 CAP 方法只能计算序列中的 4.2 级地震的震源机制解（图 9）。结果显示，该地震为正断型地震，与主震类型一致，断层节面Ⅰ：走向 332°、倾角 42°、滑动角-111°；节面Ⅱ：走向 179°、倾角 51°、滑动角-71°。P 轴方位角 148°，仰角 75°；T 轴方位角 257°，仰角 5°。

表 3　塔什库尔干 5.5 级地震震源机制解

Table 3　Focal mechanism solutions of the M_S5.5 Taxkorgan earthquake

编号	节面Ⅰ（°）			节面Ⅱ（°）			P 轴（°）		T 轴（°）		N 轴（°）		矛盾比	结果来源
	走向	倾角	滑动角	走向	倾角	滑动角	方位	仰角	方位	仰角	方位	仰角		
1	169	44	−83	339	46	−97	178	85	74	1	344	5		新疆地震局
4	184	37	−48	316	64	−117	183	62	65	14	328	24		Global CMT[4]
5	169	31	−79	336	60	−97	229	74	71	15	339	6		USGS（W-phase）[3]
6	167	67	−82	327	25	−108	92	68	251	21	343	8		CENC[6]

图 8　塔什库尔干 5.5 级地震震源机制

Fig. 8　Focal mechanism solutions of the M_S5.5 Taxkorgan earthquake

表 4　塔什库尔干 5.5 级地震矩张量解

Table 4　Complete moment tensor solutions of the M_S5.5 Taxkorgan earthquake

节面Ⅰ（°）			节面Ⅱ（°）			矩张量（×10^18 N·m）						地震矩 M_0/（N·m）	矩震级 M_W	结果来源
走向	倾角	滑动角	走向	倾角	滑动角	M_{xx}	M_{yy}	M_{zz}	M_{xy}	M_{yz}	M_{zx}			
184	37	−48	316	64	−117	−1.490	−0.166	1.650	1.060	−0.547	−0.786	2.1386q^{24}	5.5	global cmt[4]

2. 地震破裂面与发震构造

此次地震的较大余震展布方向为 NNW 向（图7），与震源机制解节面Ⅰ的走向一致，塔什库尔干断裂走向 NNW，且余震展布具有明显的 S 倾特征，也与该断裂倾向符合，而且地震烈度等震线长轴呈 NNW 向分布，综合分析认为，此次地震的发震构造为塔什库尔干断裂，主破裂面为节面Ⅰ。

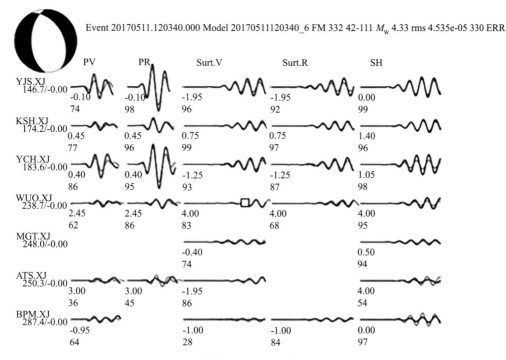

图 9　塔什库尔干 4.2 级余震震源机制

Fig. 9　Focal mechanism solutions of the M_S4.2 Taxkorgan after shocks

六、地震前兆异常特征及综合分析

1. 地球物理观测台网

震中附近定点地球物理观测台站及观测项目分布见图 10。该区域属于监测能力较弱的区域。震中 200km 范围内只有 3 个定点地球物理观测台站，包含地倾斜、体应变、水温、岩石地温 4 个观测项目，共 5 个观测台项。其中震中 0~100km 范围有塔什库尔干 60 泉 1 个定点地球物理观测台；100~200km 范围有马场台、乌帕尔台 2 个定点地球物理观测台，共 3 个观测项目。

新疆流动地球物理观测网由流动重力、GPS 和地磁 3 个子网组成。震中附近区域（73°~84°E，36°~42°N）共有 84 个流动重力观测点，32 个流动 GPS 观测点以及 32 个流动地磁观测点（图 11）。塔什库尔干 5.5 级地震前出现 2 条测震学异常、1 条流动重力异常、1 条 GPS 异常。

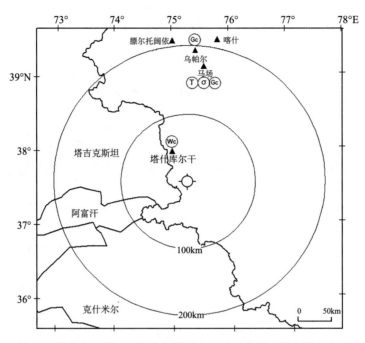

图 10　塔什库尔干 5.5 级地震附近定点地球物理观测台站分布图

Fig. 10　Distribution of precursory-monitoring stations around the M_S5.5 Taxkorgan earthquake

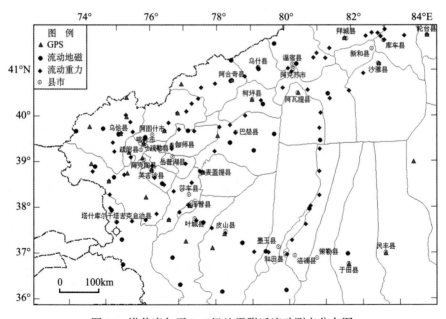

图 11　塔什库尔干 5.5 级地震附近流动测点分布图

Fig. 11　Distribution of roving observation sites around the M_S5.5 Taxkorgan earthquake

表 5　塔什库尔干 5.5 级地震异常情况登记表

Table 5　Anomalies catalog of the M_S5.5 Taxkorgan earthquake

序号	异常项目	台站（点）或观测区	分析办法	异常判据及观测误差	震前异常起止时间	震后变化	最大幅度	震中距 Δ/km	异常类别及可靠性	图号	异常特点及备注
1	地震平静	乌恰—叶城南—塔什库尔干	$M_S \geqslant 4.0$ 级地震空间分布	4 级地震平静超过 2 倍均方差（421 天）	2014.07.09~2017.01.19	正常		平静区边缘	M_1	12	震前 4 个月平静打破，震前发现[2]
2	地震集中活动	叶城—于田	$M_S \geqslant 3.0$ 级地震空间分布	地震频度增强	2016.11~2017.05	正常		集中区边缘	M_1	14	震前半年地震频度增强震前发现[2]
3	流动重力	75°~83°E 37°~41°N	重力变化空间分布	重力变化高梯度带	2016.08~2017.04	震后异常区消失	50μGal		M_1	15	重力变化高梯度带，震前发现[4]
4	GPS（水平）	73°~84°E 36°~42°N	最大剪应变空间分布	高值异常	2015~2016	震后高值区向北迁移	26×10^{-8}		M_1	16	剪应变高值区，震前发现[2]

2. 地震前兆异常[7];[6]

1）交会区南—西昆仑 4 级地震平静

自 2014 年 7 月 9 日以来，乌恰—叶城南—塔什库尔干地区 4 级地震处于平静状态，期间平静区边缘发生了 2015 年 7 月 3 日皮山 6.5 级地震，但平静区内 4 级地震平静状态仍然持续；2017 年 1 月 20 日莎车 4.7 级地震发生在平静区内部，打破了该区 925 天的 4 级地震平静。该平静时长是该区历史上最长的一次（图 12），根据统计 1970 年以来该区 4 级地震平静超过 2 倍均方差（即 421 天）的共 4 次，其中 3 次异常结束后平静区内有 5 级地震对应发生，对应率为 75%（图 13b），优势发震时间为 3.5~8 个月，优势区域喀喇昆仑构造带；平静区周边 50km 范围内有 6 级地震发生的 3 组，对应率为 75%（图 13c），优势区域为南天山西段—乌恰交会区。2017 年 5 月 11 日塔什库尔干 5.5 级地震即发生在该平静区内。

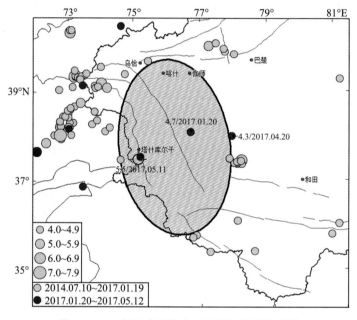

图 12　2014 年以来西昆仑 4 级以上地震分布图

Fig. 12　Distribution of $M \geqslant 4.0$ earthquakes in west Kunlun

2）西昆仑地区 3 级以上地震活跃

对西昆仑地区 2010 年以来 3 级以上地震活动进行回顾性分析（图 14），以 1 月为步长、5 月为窗长计算频度，结果显示该区 3 级以上地震出现明显的"低值—高值"现象后，后续 6 个月内增强区及周边均有 5 级以上地震发生。2016 年 2~10 月该区 3 级以上地震活动较弱，2016 年 11 月以后 3 级以上地震频度显著增强，塔什库尔干 5.5 级地震即发生在地震频度增强现象出现后 6 个月。

3）流动重力变化

2016 年 8 月至 2017 年 4 月南疆地区半年尺度重力场变化结果显示（图 15），整个测区出现重力正值变化，变化最大量达到 $70 \times 10^{-8} \mathrm{m} \cdot \mathrm{s}^{-2}$，出现在乌恰至塔什库尔干地区，其他

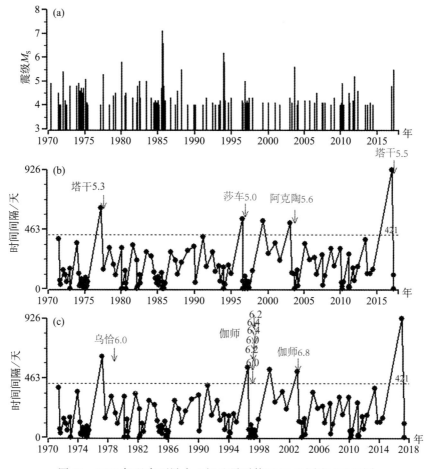

图 13 1970 年以来西昆仑 4 级地震平静区 M-T 图和 ΔT-T 图

Fig. 13 The M-T and ΔT-T of $M \geqslant 4.0$ earthquakes in west Kunlun

地区的重力变化分布比较均匀，没有出现很明显的异常区[8]。在乌恰至塔什库尔干之间地区出现的重力异常中，乌恰及塔什库尔干附近分别出现重力高梯度带，其中乌恰—喀什地区出现的重力梯度带与该地区的断裂分布比较吻合，该变化可能是 2016 年 11 月 25 日阿克陶 6.7 级地震的同震影响；而塔什库尔干地区出现的重力异常与该地区断裂分布呈现垂直分布特征。2017 年 5 月 11 日塔什库尔干 5.5 级地震就发生在塔什库尔干地区出现的重力异常区附近。

4) GPS 观测

研究表明，剪应变高值异常区可能是未来强震活动的危险区域，2003 年巴楚—伽师 6.8 级，2005 年乌什 6.3 级和 2012 年新源、和静 6.6 级地震前，震区附近曾出现剪应变高值异常（最大值 35×10^{-8}）[7]。2016 年度南疆地区 GPS 观测结果显示，乌恰—塔什库尔干地区为剪应变高值区，最大值为 26×10^{-8}（图 16）。2016 年 11 月 25 日在剪应变高值区西北缘发生了阿克陶 6.7 级地震。2017 年 5 月 11 日塔什库尔干 5.5 级地震发生在该高值区的南缘。

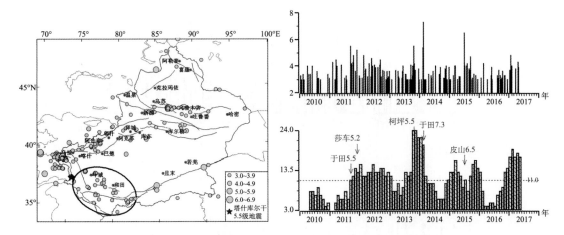

图 14　2017 年以来西昆仑 3 级以上地震分布图及 M-T、频度图

Fig. 14　Distribution and M-T、frequency of $M \geqslant 3.0$ earthquakes in west Kunlun

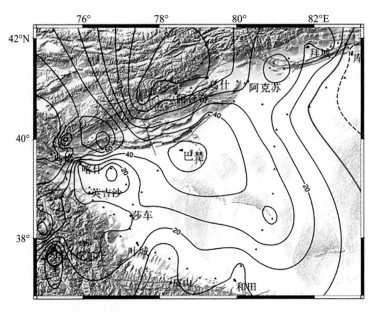

图 15　2016.08~2017.04 南疆流动重力变化图

Fig. 15　Contour map of roving gravity variation from August, 2016
to April, 2017 in the southern part of Xinjiang

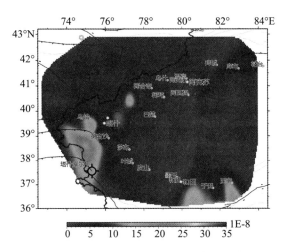

图 16　2015~2016 年南疆地区剪应变分布图

Fig. 16　Contour map of roving GPS observation variation from 2015 to 2016 in the southern part of Xinjiang

七、地震前兆异常特征分析

塔什库尔干 5.5 级地震的前兆异常特征如下：

1. 地震学异常

塔什库尔干 5.5 级前，新疆境内大区域范围异常不明显，新疆境内 2 级地震频度有"弱活动—增强"现象，但震区有明显异常现象，包括乌恰—叶城南—塔什库尔干地区 4 级地震平静、叶城—于田地区 3 级地震增强，对发震地点预测具有指示意义。

2. 前兆异常数量较少

塔什库尔干 5.5 级地震 200km 范围内有 3 个定点地球物理观测台站，共 5 个台项地球物理观测，地震所在的西昆仑地区前兆监测能力较弱，震前没有出现定点地球物理观测异常。南疆地区半年尺度重力场变化在塔什库尔干地区形成重力高梯度带，流动 GPS 变化的异常幅度 $26×10^{-8}$，总体而言，该地震的前兆特征为异常数量少，异常幅度小。

八、震前预测、预防和震后响应

1. 震前预测[7]

2017 年度新疆地震趋势预测认为"2017 年度新疆地震活动水平可能为 6.5 级左右，优势发震区域为乌恰—塔什库尔干"，乌恰—塔什库尔干危险区内发生 2016 年 11 月 25 日阿克陶 6.7 级和 2017 年 5 月 11 日塔什库尔干 5.5 级地震。塔什库尔干 5.5 级地震前做出了较好的年度预测，但该地震位于监测能力较弱地区，震前异常数量少，未填报短临预报卡。

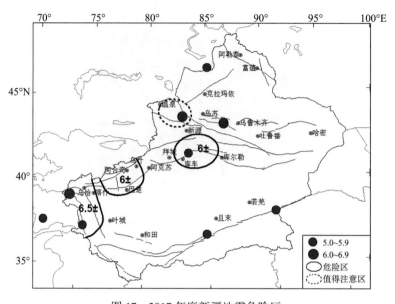

图 17　2017 年度新疆地震危险区

Fig. 17　Seismic hazard zoning map of Xinjiang in 2017

2. 震后响应[5)]

塔什库尔干 5.5 级地震发生后，新疆地震局立即启动地震应急Ⅲ级响应，地震系统共 6 家单位组成现场联合工作队会同地方政府及相关行业部门按照《地震现场工作　第 4 部分：灾害直接损失评估》（GB/T 18208.4—2011），在现场开展了地震流动监测、震情趋势判定、烈度评定、灾害调查评估、科学考察等现场应急工作。

地震发生后，新疆地震局于当日召开紧急会商会，根据 1970 年以来震区 100km 范围内 5 级以上地震序列类型特征及余震情况，判断此次地震序列类型为主—余型，做出了准确的判断。并多次召开震后趋势会商会，与中国地震局台网中心召开了联席视频会商会，分析研判了 5.5 级地震震后趋势和新疆未来强震形势。

九、结论与讨论

（1）塔什库尔干 5.5 级地震发生在帕米尔构造结内部公格尔拉张系晚新生代以来的拉张作用形成的盆地，震中所在的塔什库尔干构造系（串联盆地系）分布于帕米尔东北—西昆仑上。据余震的空间分布、震源机制解、地震烈度分布等的分析结果，此次地震的发震断层为 NNW 走向、具有走滑兼正断层或正断层性质塔什库尔干断裂带。塔什库尔干 5.5 级地震及其 4.2 级余震的震源机制均为正断型，极震区烈度为Ⅷ度，等震线长轴总体呈 NNW 走向。

（2）塔什库尔干 5.5 级地震序列类型为主—余型，震后 3 个月共记录 $M_L \geqslant 1.0$ 级余震 93 次，其中 M_L 1.0～1.9 地震 46 次，M_L 2.0～2.9 地震 37 次，M_L 3.0～3.9 地震 8 次，

$M_L4.0 \sim 4.9$ 地震 2 次。最大余震为 $M_L4.9$。对比该区历史震例，5 级以上地震序列类型均为主—余型。综合分析历史震例、序列参数特征认为，塔什库尔干 5.5 级地震序列类型为主—余型。

（3）塔什库尔干 5.5 级地震前出现 2 条测震学异常、1 条流动重力异常、1 条 GPS 异常。其中测震学异常为 4 级地震平静和 3 级地震活跃，无定点地球物理观测异常，该地震前兆异常的数量和幅度都不显著。

（4）新疆地震局在年度预测中，对西昆仑地震带可能的危险区域做出较准确判定。总体来讲，对塔什库尔干 5.5 级地震做出了较好的年度预测。震前地震平静、集中活动、流动 GPS 和流动重力等 4 条异常是准确做出地点预测的关键。此次 5.5 级地震位于新疆地震监测能力较弱的地区，测震、地球物理观测测项较为稀少，因此震前并未提出较为有效的短临预报。西昆仑地震带的观测资料较少，研究不够深入，在今后的震情跟踪工作中，需全面考虑各地震带的震情形势变化，同时需要进一步加强西昆仑地震带的研究。

参 考 文 献

［1］尹光华等，新疆数字测震台网的监测能力及其构造意义，内陆地震，24（2）：97~106，2010

［2］马淑田、姚振兴、纪晨，1996 年 3 月 19 日新疆伽师 $M_S6.9$ 地震的震源机制以及相关问题研究，地球物理学报，40（6）：782~790，1997

［3］许力生、陈运泰，从全球长周期波形资料反演 2001 年 11 月 14 日昆仑山地震失控破裂过程，中国科学（D 辑）：地球科学，34（3）：256~264，2004

［4］Kanamori H，Given J W，Use of long period surface waves for rapid determination of earthquake source parameters，Phys Earth Planet Inter，27（1）：8-31，1981

［5］Thio H K，Kanamori H，Moment-tensor inversions for local earthquakes using surface waves recorded at TERRAscope，Bull Seism Soc Am，85（4）：1021-1038，1995

［6］地震国家地震局监测预报司，测震学分析预报方法，北京：地震出版社，1~204，1997

参 考 资 料

1）新疆维吾尔自治区地震局，新疆地震目录（区域台网），2017

2）中国地震局，全国地震目录（正式），2017

3）USGS，https：//earthquake.usgs.gov/earthquakes/eventpage/us10008rah#executive

4）http：//www.globalcmt.org/CMTsearch.html

5）新疆维吾尔自治区地震局，新疆塔什库尔干 5.5 级地震灾害损失评估报告，2017

6）中国地震台网中心，http：//www.cenc.ac.cn/cenc/_300651/index.html

7）新疆维吾尔自治区地震局，新疆维吾尔自治区 2017 年度地震趋势研究报告，2017

8）艾力夏提·玉山等，2017 年年中新疆南天山地区重力变化特征及趋势分析，2017 年中新疆地震趋势会商会部分震情研究报告汇编，2017

The M_S 5.5 Taxkorgan Earthquake on May 11, 2017 in Xinjiang Uygur Autonomous Region

Abstract

An earthquake of M_S5.5 occurred in the Taxkorgan county, Xinjiang Uygur Autonomous Region on May 11, 2017, with a micro epicenter at 37.58°N, 75.25°E. Its macroscopic epicenter was located Kuzhlok village, Taxkorgan county. The intensity in the meizoseismal area was Ⅶ. There were 8 people died and 31 people injured in this earthquake, and it was estimated that the direct economic loss caused by the earthquake was 2.005 billion Yuan.

The earthquake was of the mainshock-aftershock type, the focal mechanism was normal type. The seismogenic structure of this earthquake is Taxkorgan fault in the N−NNW direction. The fault is mainly characterized by the nature of strike−slip normal fault or normal fault.

There were 4 earthquake−monitoring stations, 3 precursor stationary observation, and GPS, roving gravity, roving geomagnetism observation network within 200km from epicenter. 4 precursory observation items appear before the earthquake witch including the magnitude 4 seismic quiescence, magnitude 3 seismic increasing, GPS, roving gravity, and there were 4 anomalies. There have few number of earthquake precursor anomalies.

Xinjiang Earthquake Administration made annual forecasting for the earthquake of M_S5.5 in Taxkorgan. After the earthquake, China Earthquake Administration immediately launched level Ⅲ earthquake response, and set up Field command composition. 6 units carry out the post−earthquake emergency response, site visits and aftershock rend analysis and other related work.

After the earthquake, China Earthquake Administration immediately launched level Ⅲ earthquake response, and set up Field command composition. more than 100 field team members from the 18 units carry out the post-earthquake emergency response, site visits and aftershock rend analysis and other related work, the sequence types of the earthquake are accurately judged.

报 告 附 件

附表 1 固定地球物理观测台（点）与观测项目汇总表

序号	台站（点）名称	经纬度（°）		测项	资料类别	震中距 Δ/km	备注
		φ_N	λ_E				
1	塔什库尔干（60 井）	37.78	75.17	测震	Ⅱ类	50	
				水温	Ⅲ类	50	
2	英吉沙	38.52	76.49	测震	Ⅰ类	151	
3	马场（喀什测震）	39.15	75.57	测震	Ⅰ类	176	
				地倾斜（摆式）	Ⅱ类	176	仪器型号 CZB-Ⅱ
				体积应变	Ⅲ类	176	仪器型号 TJ-Ⅱ
				地温	Ⅲ类	176	
4	叶城	37.39	77.36	测震	Ⅰ类	187	
5	乌帕尔	39.36	75.42	地温	Ⅲ类	197	

分类统计	$0<\Delta\leq100km$	$100<\Delta\leq200km$	总数
测项数 N	2	4	
台项数 n	2	7	
测震单项台数 a	0	2	
形变单项台数 b	0	0	
电磁单项台数 c	0	0	
流体单项台数 d	0	1	
综合台站数 e	1	1	
综合台中有测震项目的台站数 f	1	1	
测震台总数 $a+f$	1	3	
台站总数 $a+b+c+d+e$	1	4	
备注			

附表2　测震以外固定地球物理观测项目与异常统计表

序号	台站（点）名称	测项	资料类别	震中距 Δ/km	按震中距 Δ 范围进行异常统计									
					0<Δ≤100km					100<Δ≤200km				
					L	M	S	I	U	L	M	S	I	U
1	塔什库尔干60井	水温	Ⅲ类	50	—	—	—	—	—					
2	马场	地倾斜（摆式）	Ⅱ类	176						—	—	—	—	—
		体积应变	Ⅲ类	176						—	—	—	—	—
		地温	Ⅲ类	176						—	—	—	—	—
3	乌帕尔	地温	Ⅲ类	197						—	—	—	—	—
分类统计	台项	异常台项数			0	0	0	0	0	0	0	0	0	0
		台项总数			1	1	1	1	1	4	4	4	4	4
		异常台项百分比/%			0	0	0	0	0	0	0	0	0	0
	观测台站（点）	异常台站数			0	0	0	0	0	0	0	0	0	0
		台站总数			1	1	1	1	1	2	2	2	2	2
		异常台站百分比/%			0	0	0	0	0	0	0	0	0	0
	测项总数				1					3				
	观测台站总数				1					2				
备注														

2017 年 6 月 3 日内蒙古自治区阿拉善左旗 5.0 级地震

内蒙古自治区地震局

李　娟　韩晓明　张　帆　陈立峰　裴东洋

摘　要

2017 年 6 月 3 日 18 时 11 分 00 秒，内蒙古自治区阿拉善左旗 (37.99°N，103.56°E) 发生 5.0 级地震，震源深度 9km，宏观震中位于阿拉善左旗额尔克哈什哈苏木乌尼格图嘎查，未造成明显地表破坏。地震极灾区烈度为Ⅵ度，等震线长轴呈北东走向分布，长轴为 29km，短轴为 16km，面积 350.7km²，直接经济损失 3000 余万元。震中区人口密度较小，未造成人员伤亡。

此次 5.0 级地震为孤立型，最大余震 $M_L3.1$，余震存在两个优势方向，分别为近 EW 向和 NS 向。震源机制解结果为，节面Ⅰ走向 89°、倾角 82°、滑动角 8°；节面Ⅱ走向 358°、倾角 82°、滑动角 172°；P 轴方位 43°、仰角 0°、T 轴方位 313°、仰角 11°。NS 向的节面Ⅱ为此次地震的主震破裂面，震源机制解为左旋走滑型，主压应力 P 轴的方位为 NE。

阿拉善左旗 5.0 级地震发生在内蒙古西部，200km 范围内共有地震台站 22 个，其中单项观测台 15 个 (含 1 个流动测震台)，综合观测台 7 个 (其中有 3 个台有测震观测项目)，共计有 20 个测项 49 个台项。震中 0~100km 范围的异常台站、异常台项百分比分别为 0 和 0%，100~200km 范围的异常台站、异常台项百分比分别为 0 和 0%。此次研究共确定 5.0 级地震前兆异常 6 条，其中测震学异常 5 条，前兆异常 1 条，未见明显定点前兆异常及宏观异常现象。此次震例总结梳理了震中周围 200km 台站测项以及地震活动性方面的情况，对该地区地震活动的基本情况有了系统性的了解，为今后震情研判提供依据。

阿拉善左旗 5.0 级地震发生前，内蒙古地震局 2017 年度和 2017 年中地震趋势研究报告中做出过一定程度的预测，报告中判定的临河—蒙宁交界危险区距离此次地震震中 130km。2017 年 3 月 12 日距离此次 5.0 级地震 60km 处发生阿拉善左旗 $M_L3.9$ 地震，内蒙古地震局紧急会商会意见提出："需要密切关注阿拉善左旗地区发生中强地震的危险性"，对此次 5.0 级地震做出了一定程度的预测。

阿拉善左旗 5.0 级地震发生后，内蒙古地震局迅速启动Ⅰ级应急响应，地震现场联合工作队赶赴震区开展震情监测、地震烈度圈定、科学考察和防震减灾知识的宣传等工作。在震区布设地震流动监测台，对震区进行 24 小时连续监测。内蒙古自治区地震局预测研究中心根据序列的多项指标分析研判震后趋势。

前　言

北京时间 2017 年 6 月 3 日，内蒙古自治区阿拉善左旗发生 5.0 级地震，震源深度 9km，微观震中为 37.99°N、103.56°E，宏观震中为 38.20°N、103.67°E，位于阿拉善盟阿拉善左旗额尔克哈什哈苏木乌尼格图嘎查。极灾区烈度为Ⅵ度，等震线长轴呈北东走向分布，面积 350.7km²。此次地震主要造成内蒙古自治区阿拉善左旗额尔克哈什哈苏木受灾[1)]，直接经济损失 3000 余万元，未造成人员伤亡。

地震发生前，内蒙古地震局根据地震活动和前兆异常测项，对这次地震做出了一定程度的预测。2017 年度和 2017 年中地震趋势研究报告中确定临河至蒙宁交界（N38.87°~41.15°，E104.53°~107.24°）为 6 级危险区，此次地震距离上述预测地点为西南侧 130km[2,3)]（附件二、三）。2017 年 3 月 12 日距离此次地震 60km（N38.42°，E103.91°）处发生阿拉善左旗 M_L3.0 地震，内蒙古地震局紧急会商会意见提出："该区仍具有发生中强地震的可能"（附件四）。

地震发生后，内蒙古自治区党委书记李纪恒、自治区主席布小林、分管副主席刘新乐做出重要指示和批示，内蒙古地震局迅速启动Ⅰ级应急响应，全面部署各项地震应急响应工作，组成 30 人的地震现场联合工作队赶赴震区开展震情监测、地震烈度圈定、科学考察和防震减灾知识的宣传等工作[1)]。内蒙古自治区地震局选派 10 名台网业务骨干人员，24 小时对震区余震进行监测。针对震区附近监测台网稀疏，密度不够的情况，在震区布设地震流动监测台，对震区进行 24 小时连续监测。内蒙古自治区地震局预测研究中心根据序列的多项指标计算结果综合分析认为，序列衰减正常，主余型地震的可能性较大，震源机制解为纯走滑，近期发生更大地震的可能性较小（附件五）。

阿拉善左旗 5.0 级地震是继 2015 年 4 月 15 日阿拉善左旗 5.8 级地震后的又一次区域重复地震，且两次地震震源机制结果较为一致，主压应力方向均为 NE 向，表明阿拉善块体构造应力背景场一致，推测两次地震可能具有相同的动力来源。2015 年阿拉善左旗 5.8 级地震呈双侧破裂，余震深度 4~18km 分布，而 2017 年阿拉善左旗 5.0 级地震余震分布位置和深度都较集中，呈单侧破裂特征，这主要是由于此次地震震级较小，产生的余震数量较少，考虑此次地震未出现地表破裂带，因此此次地震产生的深部破裂较小。

通过对阿拉善左旗 5.0 级地震前后的地震观测资料进行重新整理甄选和对比分析，确定阿拉善左旗 5.0 级地震的地震前兆异常 6 条，其中测震学异常 5 条，前兆异常 1 条，未见明显定点前兆异常及宏观异常现象。震后也未见地表破裂带。通过梳理 6 条地震前兆异常信息及对比研究该区震例，发现研究区多次历史地震前，均出现过相同的地震前兆异常项，将为深入研究 5.0 级地震的孕震机理和科学判定未来震情趋势提供参考依据。

阿拉善左旗 5.0 级地震发生后，部分机构和研究人员着重从地质构造、地震活动背景、震源机制解和应力场、地壳形变等方面开展了广泛研究，产出了丰富的研究成果，本研究报告是在有关文献[1~15]和资料[1~6)]的基础上，经过重新整理和分析研究而完成的。

一、地质构造和地震烈度

阿拉善左旗 5.0 级地震发生在 I 级构造单元西域地块的次级地块阿拉善块体西南边界[1]。阿拉善块体与青藏北部块体的分界线为河西走廊的南缘断裂，向东与宁夏的中卫、中宁地区 EW 向断裂相连，与鄂尔多斯块体的分界线为临河—磴口—黄河断裂，西界为雅布赖山西麓断裂。在南缘和东缘，存在一个较宽的断裂构造带，毗邻祁连构造块体[2]。

阿拉善块体的主体是晋宁期从华北古陆上分离出的一个小块体，地块四周为断裂带围绕。块体上层间滑动断裂和推覆构造发育。喜马拉雅运动时期，在青藏高原向 NNE 方向推挤作用下，阿拉善块体内部和边缘深大断裂重新活动。新构造活动奠定了阿拉善块体的总体构造格局，南缘的龙首山断裂挤压左旋走滑，东侧的银川—临河断裂带右旋剪切，块体内部及西缘断裂为左旋剪切走滑性质[2~4]。

1. 活动构造

该区域附近的主要活动断裂有河西堡—四道山断裂、海原断裂、天桥沟—黄羊川断裂、老虎山断裂等（图 1）。

河西堡—四道山断裂：该断裂带沿河西堡、红崖山、阿古拉山、青山、头道山、四道山等低山丘北缘通过，连续延伸约 100km，走向近 EW，倾向南，倾角 60°~80°，属高角度俯冲断层，是一条逆倾滑为主兼左旋走滑性质的活动断层，该断裂为晚更新世以来的活动断裂[5]，1954 年 7 月 31 日腾格里沙漠北 7 级地震被证实与该断裂活动有关[6]。

天桥沟—黄羊川断裂：西起红腰岘，向东经天桥沟、磨台子、关家台、黄羊川，东至横梁以东的夹皮沟，全长 86km。该断层西段走向 NWW，中段走向近 SE，东段走向 NEE，中段总体呈微向南凸的弧形。断裂连续性好，在关家台附近形成一小阶区，分为东西两个次级断层，西为天桥沟断裂，东为黄羊川断裂。地貌上，西段为中高山区，中、东段发育在中低山丘陵及黄土丘陵区，该断裂晚更新世以来活动强烈，断错地貌明显，表现为走滑性质，晚更新世早起以来平均滑动速率达 4.6~5.1mm/a[7]。

海原断裂：以左旋走滑为主的断裂带，西起古浪附近，东起乌鞘岭、毛毛山、老虎山、马厂山、米家山，向东越过黄河经哈思山、水泉尖山、西华山、南华山，全长约 500km，宽约 20km，总体走向北西 70°，至海原以东走向转为北西 50°。1920 年海原 8.5 级地震发生在该断层东段。断层主要由 7 条长度不等，倾向不同和性质各异的左旋不连续断层组成。全新世断层滑动速率为平均 5.46mm/a，1920 年海原大地震是海原断层滑动的结果，并在地表形成了长达 215km 的破裂带[8]。

毛毛山断裂：为北祁连山活动断裂带东段的重要组成部分，东段在天祝县与老虎山断裂相连，长约 58km，总体走向 NW。自中更新世以来，断裂性质由压性转变为以左旋走滑为主的压扭性。中晚更新世以来，断层平均滑动速率约为 2.3~3.9mm/a[9]。

老虎山断裂：东起西集水盆地南缘，穿过红灌沟、阿门岘至黑马圈河口，长 70.5km，整体走向 NW，断裂东段与海原断裂相连。该断裂为全新世以来的活动断裂，且为以左旋走滑为主的深断裂，平均滑动速率约为 4.5mm/a。1990 年景泰 6.1 级地震发生在老虎山断裂的东段，且为此次地震的发震断层[10]。

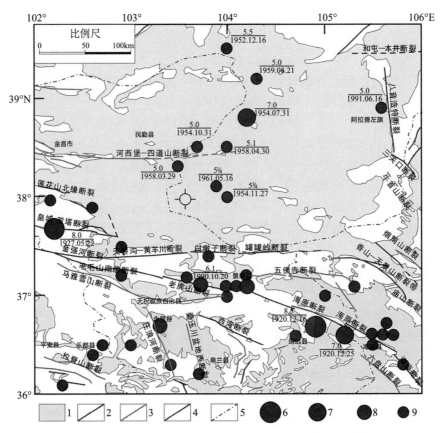

图 1　阿拉善左旗 5.0 级地震区域构造和历史地震图（据徐锡伟等）

Fig. 1　Map of geological structure and distribution of historical earthquakes around
the M_S5.0 Alxa Left Banner earthquake（according to Xu Xiwei）

1. 第四系；2. 全新世断层；3. 晚更新世断层；4. 早中更新世断层；5. 省界；
6. $M_S \geqslant 8.0$；7. $7.0 \leqslant M_S < 8.0$；8. $6.0 \leqslant M_S < 7.0$；9. $5.0 \leqslant M_S < 6.0$

　　震中 200km 范围内，阿拉善块体内部仅一条断裂通过，其余断裂多分布于相邻的祁连块体。阿拉善块体作为一个相对稳定的块体，20 世纪 50 年代中强地震较为活跃，此次 5.0 级地震是进入 21 世纪以来，首个中强地震，这可能是河西堡—四道山断裂及该区隐伏未知断裂再次活动的标志。

2. 深部构造条件

　　阿拉善块体处于负布格重力异常背景下，异常等值线呈北西向展布，且由北东向南西逐渐降低，北部异常值为 -140mGal，南部下降为 -190mGal，再由南进入甘肃境内，异常值降为 -300mGal。航磁异常表现为北东向负异常带，异常值达 -200nT，在低磁异常背景下，局部分布零星高磁异常，最大值为 100nT。该区地壳厚度由北东向西南逐渐增厚，变化范围在 45~53km[11]。

此次阿拉善左旗 5.0 级地震发生在布格重力负梯度带内，处于航磁异常零值线附近，且地壳厚度约 51km。

3. 历史地震活动

距此次阿拉善左旗 5.0 级地震震中 200km 范围内，发生 5.0 级以上地震共计 56 次，其中，5.0~5.9 级地震 41 次，6.0~6.9 级地震 11 次，7.0~7.9 级地震 2 次，8.0~8.9 级地震 2 次，最大地震为 1920 年 12 月 10 日海原 8.5 级地震；距此次阿拉善左旗 5.0 级地震震中 100km 范围内，发生 5.0 级以上地震共计 12 次，均为 5.0~5.9 级地震，最大地震为 1954 年 11 月 22 日腾格里沙漠 5¾ 级地震；空间距离此次地震震中最近的一次地震为 1961 年 5 月 16 日阿拉善左旗 5¼ 级地震。该区历史上较为著名几次地震还有：1954 年 7 月 31 日腾格里沙漠北 7.0 级地震、1927 年 5 月 23 日古浪 8.0 级地震。从空间分布上看，地震主要集中分布在蒙甘交界西侧一带和海原断裂带。

4. 发震构造

5.0 级地震震中位于河西堡—四道山断裂南侧 40km 处，天桥沟—黄羊川断裂北侧 60km 处。空间上距离河西堡—四道山断裂较近，该断层西起河西堡、红崖山、阿古拉山、青山，东至头道山、四道山，连续延伸约 100km，走向近 EW，倾向南，倾角 60°~80°，是一条逆倾滑为主兼左旋走滑性质的活动断层。震中附近活断层研究水平较弱，且此次地震震级较小，没有造成明显的地表破裂带，根据已掌握的震源机制解、余震序列分布、烈度图及强震动记录等信息无法明确判定此次阿拉善左旗 5.0 级地震的发震断裂。

5. 地震影响场和震害特征分析[1]

此次 5.0 级地震的烈度考察以《地震现场工作 第三部分：调查规范》（2011）为主要技术指导，以《中国地震烈度表》（GB/T 17742—2008）为烈度评定依据，并根据震区特点选择代表性建筑，对烈度区的破坏标准作具体规定，制定出烈度区划的具体标志。Ⅴ度区及以下的烈度调查以人的震感为主、以房屋震害为参考；Ⅵ度及以上的烈度调查以房屋震害为主、以人的感觉为参考。

此次阿拉善左旗 5.0 级地震极灾区烈度为Ⅵ度，主要位于阿拉善左旗额尔克哈什哈苏木乌尼格图嘎查以南地区，等震线长轴呈北东走向分布，长轴为 29km，短轴为 16km，面积 350.7km² （图 2）。需要说明的是：该区居民点稀疏，房屋零散，微观震中所在地属于无人区，调查点主要集中于宏观震中以北，宏观震中以南地区未见居民房屋，无法准确判断烈度情况，烈度图参考实际调查情况以及宏微观震中位置得出。根据调查，阿拉善左旗南部和巴彦浩特震感明显，乌海市有轻微震感；宁夏银川市、石嘴山市、吴忠市和甘肃兰州、武威市普遍有感。

Ⅵ度区内建筑结构主要为土木结构和砖木结构两种。土木结构大多建成年代较早，土坯墙抬梁，抗震性能较差，震害主要表现为旧有裂缝扩大，其中最大裂缝宽度达 3~4cm；部分房屋产生新裂缝，新裂缝宽度为 2~5mm，裂缝一般出现在纵横墙连接处及墙体与木梁交接部位，其中在乌尼格图嘎查调查点有一处附属房屋和一处棚圈出现墙体局部倒塌现象，一处废弃无顶房屋一面墙体整体倒塌。灾害损失共计 3000 余万元，由于地震造成的影响较小，未统计受影响人数。

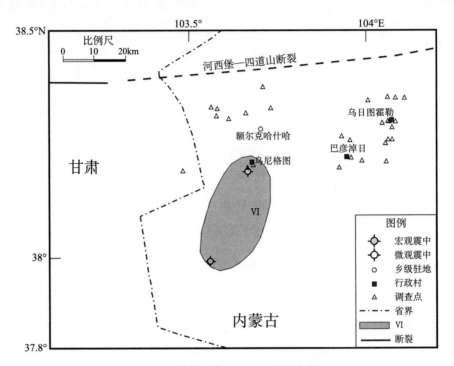

图 2　阿拉善左旗 5.0 级地震烈度图

Fig. 2　Isoseismic map of the M_S5.0 Alxa Left Banner earthquake

6. 强震动记录

阿拉善左旗 5.0 级地震发生后，截至 2017 年 6 月 3 日 22 时，共记录到 50 组强震动记录，其中：甘肃地震局 26 组（图 3）；宁夏地震局 22 组；内蒙古地震局 2 组强震动记录事件，分别为巴彦浩特台和吉兰泰台，巴彦浩特台（震中距 212.8km）东西、南北和垂直向获得的地震动加速度峰值分别为 1.101、−0.993 和 0.554Gal，吉兰泰台（震中距 273.2km）东西、南北和垂直向获得的地震动加速度峰值分别为−1.156、1.000 和 0.497Gal。由于内蒙古和宁夏所触发强震台站距震中较远，未绘制强震动分布。甘肃海子滩台震中距最小，为 45km，东西、南北和垂直向获得的地震动加速度峰值分别为−17.9、−23.5 和−13.0Gal（图 4）。

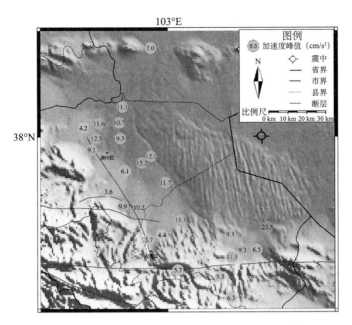

图 3　阿拉善左旗 5.0 级地震加速度峰值分布图[4)]

Fig. 3　Distribution of peak ground acceleration of the M_S5.0 Alxa Left Banner earthquake[4)]

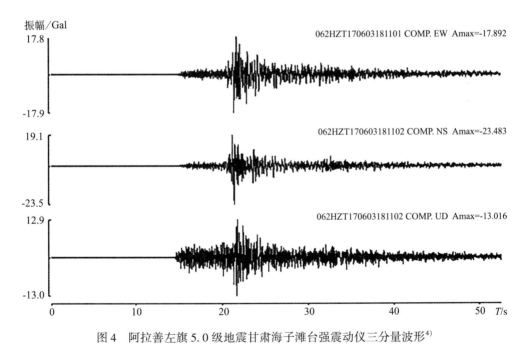

图 4　阿拉善左旗 5.0 级地震甘肃海子滩台强震动仪三分量波形[4)]

Fig. 4　Three component waveform of strong vibration instrument in Gansu Haizitan station
of the M_S5.0 Alxa Left Banner earthquake[4)]

二、地震基本参数

1. 测震台网分布及监测能力情况

阿拉善左旗 5.0 级地震发生在内蒙古西部，该区数字测震台分布稀疏、布局不均匀。震中 100km 范围内，有四个山、石岗和红崖山 3 个测震台；震中 100~200km 范围有景泰、河西堡、民勤、中卫、香山、白银 6 个测震台。根据已有研究[12~15]表明，该区监测能力为 $M_L \geqslant 2.0$ 级，地震定位精度为 Ⅰ 类。震前未架设流动测震台，震后为加强观测，架设流动测震台 1 个（图 5），布设流动测震台之前，该地区地震监测能力为 $M_L \geqslant 2.5$ 级，流动测震台布设之后，该区的地震监测能力可达 $M_L 2.0$。

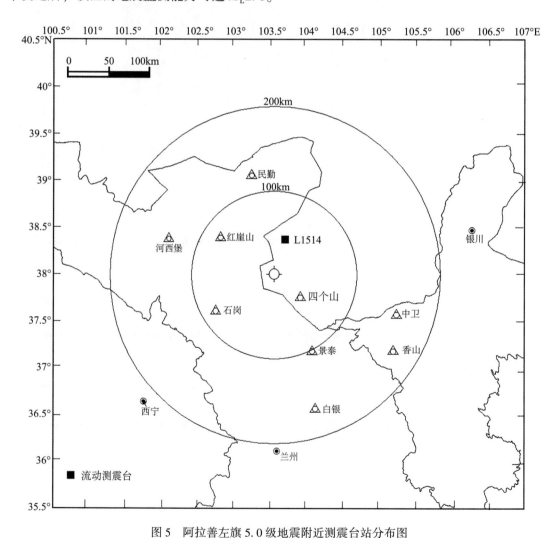

图 5 阿拉善左旗 5.0 级地震附近测震台站分布图

Fig. 5 Distribution of earthquake-monitoring stations around the epicenter area in the $M_S 5.0$ Alxa Left Banner earthquake

2. 阿拉善左旗 5.0 级地震基本参数

表 1 列出了不同来源给出的这次地震基本参数, 经对比分析, 认为内蒙古地震局修订后的震中位置更为准确, 因此, 此次地震基本参数取表 1 中编号 1 结果。

表 1   阿拉善左旗 5.0 级地震基本参数
Table 1   Basic parameters of the M_S5.0 Alxa Left Banner earthquake

| 编号 | 发震日期 年. 月. 日 | 发震时刻 时：分：秒 | 震中位置（°） | | 震级（M） | | 震源深度（km） | 震中地名 | 结果来源 |
			φ_N	λ_E	M_S	M_W			
1	2017.06.03	18：11：00	37.99	103.56	5.0		9	阿拉善左旗	内蒙古地震局修订[5)
2	2017.06.03	18：11：00	37.99	103.56	5.0		15	阿拉善左旗	中国地震台网中心[6)
3	2017.06.03	10：11：10	37.97	103.58	4.9	5.0	19.3	Gansu,China	GCMT[①]
4	2017.06.03	10：11：10	38.00	103.31		4.9	10	Gansu,China	USGS[②]
5	2017.06.03	10：11：12	38.02	103.41		4.6	10	Gansu,China	GFZ[③]

注：①：GCMT 为全球质心矩张量；②：USGS 为美国地质调查局；③：GFZ 为德国波兹坦地球科学研究中心；以上机构发震时刻采用国际标准时相当于北京时间减去 8 小时。

3. 阿拉善左旗 5.0 级地震震源机制解

利用基于波形拟合的矩张量反演方法（CAP 法）, 选取震中距在 50～350km 范围的 15 个台站的波形记录, 测定了阿拉善左旗 5.0 级地震的震源机制解。结果显示（表 2）, 5.0 级地震的最佳双力偶震源机制解参数分别为：节面 I 走向 89°、倾角 82°、滑动角 8°；节面 II 走向 358°、倾角 82°、滑动角 172°；P 轴方位 43°、仰角 0°, T 轴方位 313°、仰角 11°。矩心深度在 8.6km 处残差最小, 即最佳反演深度为 8.6km（图 6）, 结合内蒙古地震局修订的发震深度以及序列重新定位的震源深度结果, 表明此次 5.0 级地震震源深度在 8～9km 范围内。

GCMT、中国地震局地球物理研究所、台网中心均发布了此次阿拉善 5.0 级地震的震源机制解（表 2, 图 7）, 其中 GCMT 与中国地震局地球物理研究所的结果与本文基本一致, 震源机制表现为左旋走滑特征, 这与阿拉善块体应力场背景一致, 且内蒙古地震局计算结果与重新定位结果中的深度较为一致, 因此, 这里采用内蒙古地震局计算结果测定的震源机制解进行讨论。

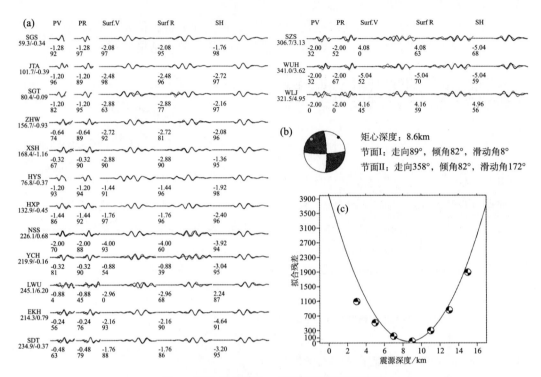

图6　阿拉善左旗5.0级地震的震源机制解

Fig. 6　The focal mechanism solution of the M_S5.0 earthquake

（a）为理论地震图（红线）和观测地震图（黑线）的波形拟合效果，每行波形最左侧为台站代码和震中距，拟合曲线下方第一行数字为理论地震图相对观测地震图的移动时间，第二行数字为理论地震图和观测地震图的相关系数（%）；PV、PR分别为体波垂直分量和径向分量；Surf.V、Surf.R、SH分别为面波的垂直分量、径向分量和切向分量；（b）为震源深度为8.6km时的最佳双力偶解（下半球投影）；（c）为不同震源深度下的拟合残差分布，其中深度为8.6km时对应的残差值最小

表2　阿拉善左旗5.0级地震的震源机制解

Table 2　Focal mechanism solutions of the M_S5.0 Alxa Left Banner earthquake

序号	节面Ⅰ（°）			节面Ⅱ（°）			P轴（°）		T轴（°）		B轴（°）		X轴（°）		Y轴（°）		结果来源
	走向	倾角	滑动角	走向	倾角	滑动角	走向	仰角	走向	仰角	走向	仰角	走向	仰角	走向	仰角	
1	89	82	8	358	82	172	43	0	313	11	133	78					内蒙古地震局计算结果
2	89	90	17	359	73	180	222	11	315	11	89	73					中国地震局地球物理研究所结果
3	89	84	9	358	81	174	223	2	313	10	122	79					GCMT
4	175	79	179	265	89	11	39	7	130	8	270	78					中国地震台网中心

序号	节面 Ⅰ （°）			节面 Ⅱ （°）			P 轴（°）		T 轴（°）		B 轴（°）		X 轴（°）		Y 轴（°）		结果来源
	走向	倾角	滑动角	走向	倾角	滑动角	走向	仰角	走向	仰角	走向	仰角	走向	仰角	走向	仰角	
5	267	82	−20	360	70	−171	222	20	315	8	65	68	177	8	270	20	文献 ［12］

注：序号 1~4 为 2017 年 6 月 3 日阿拉善左旗 5.0 级地震震源机制解，序号 5 为 2015 年 4 月 15 日阿拉善左旗 5.8 级地震震源机制解。

　http：//www. cea-igp. ac. cn/tpxw/275796. html，中国地震局地球物理研究所；http：//www. globalcmt. org/CMT-search. html 全球质心矩张量；http：//10. 5. 109. 26：8080/csds/pages/column_ special/ball. html 中国地震台网中心。

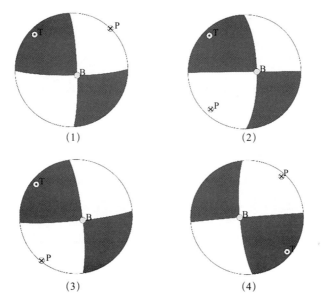

（1）　　　　　　　　　　　　　（2）

（3）　　　　　　　　　　　　　（4）

图 7　阿拉善左旗 5.0 级地震的震源机制解

Fig. 7　The focal mechanism solution of the M_S5. 0 earthquake

（1）内蒙古地震局计算结果；（2）中国地震局地球物理研究所结果；（3）GCMT；（4）中国地震台网中心

三、地 震 序 列

1. 序列概况

根据内蒙古地震台网测定，截至 2017 年 6 月 20 日，阿拉善左旗 5.0 级地震共发生余震 92 次（含单台记录 61 次），其中 M_L0. 0~0. 9 地震 48 次，M_L1. 0~1. 9 地震 34 次，M_L2. 0~2. 9 地震 8 次，M_L3. 0~3. 9 地震 2 次，最大余震为 6 月 3 日 18 时 54 分 M_L3. 1 地震。余震的震级主要集中分布在 M_L0. 0~1. 0，时间上主要集中在 6 月 3~5 日，余震主要发生在震后 2 天，自 6 月 5 日序列开始衰减到该区震前地震活动水平，在 6 月 7 日略有回升，但地震活动频次呈整体下降趋势（图 8，表 3）。

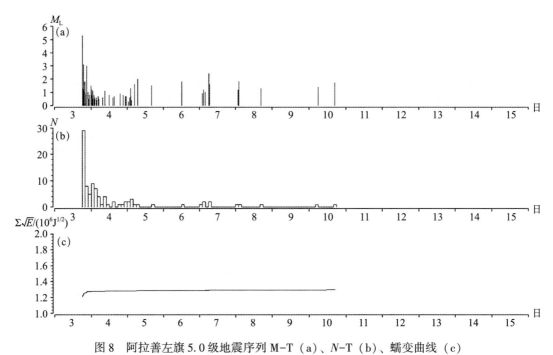

图 8　阿拉善左旗 5.0 级地震序列 M-T（a）、N-T（b）、蠕变曲线（c）

Fig. 8　M-T diagram（a），N-T diagram（b）and creep curve（c）

of the M_S5. 0 Alxa Left Banner earthquake sequence

表 3　阿拉善左旗 5.0 级地震序列目录（M_L≥2. 0 级，不含单台记录）

Table 3　The catalogue of the M_S5. 0 Alxa Left Banner earthquake sequence

（M_L≥2. 0，exclusive of single station records）

| 编号 | 发震日期 | 发震时刻 | 震中位置（°） | | 震级 | | 深度 | 震中地名 | 结果来源 |
	年. 月. 日	时：分：秒	φ_N	λ_E	M_L	M_S	（km）		
1	2017. 06. 03	18：11：10	37. 99	103. 55		5. 0	9	内蒙古阿拉善左旗	内蒙古地震局修订[4]
2	2017. 06. 03	18：15：21	38. 00	103. 58	2. 2		2	内蒙古阿拉善左旗	内蒙古地震局修订[4]
3	2017. 06. 03	18：18：08	37. 96	103. 54	2. 7		22	内蒙古阿拉善左旗	内蒙古地震局修订[4]
4	2017. 06. 03	18：52：13	37. 98	103. 55	2. 3		18	内蒙古阿拉善左旗	内蒙古地震局修订[4]
5	2017. 06. 03	18：54：48	37. 93	103. 51	3. 1		4	内蒙古阿拉善左旗	内蒙古地震局修订[4]
6	2017. 06. 03	20：59：50	37. 97	103. 53	2. 3		4	内蒙古阿拉善左旗	内蒙古地震局修订[4]
7	2017. 06. 03	21：01：10	37. 97	103. 54	3. 0		2	内蒙古阿拉善左旗	内蒙古地震局修订[4]
8	2017. 06. 05	06：59：36	37. 97	103. 54	2. 0		5	内蒙古阿拉善左旗	内蒙古地震局修订[4]
9	2017. 06. 07	06：20：39	37. 96	103. 54	2. 4		6	内蒙古阿拉善左旗	内蒙古地震局修订[4]

2. 序列重新定位

综合利用数字测震台站的观测资料，运用共轭梯度算法对地震序列进行 HypoDD 双差定位，挑选能被 4 个以上台站记录的共计 23 个余震参与重新定位。重新定位结果显示，此次阿拉善 5.0 级地震震中位置为 37.99°N、103.56°E，震源深度 9.34km，重定位定位结果与原始数据基本一致；余震序列分布较原始数据收敛，存在两个优势方位，分别为 SE 向（AA'）和 NEE（BB'）向，NEE（BB'）分布优势更加明显，余震主要分布在主震东南侧，呈单侧破裂特征，重新定位后，序列震源深度主要在 10km 左右处集中，破裂深度主要集中在主震震源周围，未产生较大破裂，这与此次 5.0 级地震震级有较大关系。从震源深度随经纬度的变化特征来看，序列重定位的深度随纬度和经度的增大而增大，即此次阿拉善左旗 5.0 级地震余震序列具有向东北向震源深度逐渐增大的特征（图 9）。

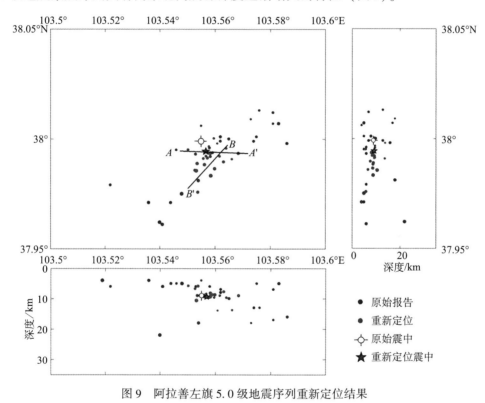

图 9　阿拉善左旗 5.0 级地震序列重新定位结果

Fig. 9　The relocated results of the M_S5.0 Alxa Left Banner earthquake sequence

3. 序列类型判定

阿拉善左旗 5.0 级地震序列中没有 4.0 级以上余震，最大余震为 6 月 3 日 18 时 54 分 M_L3.1（M_S2.4）地震，序列发震强度和频度随时间推移衰减形态明显（图 8）。主震与最大余震的震级差为 2.6，主震释放能量占全序列能量的 99.97%。h 值计算结果为 1.14（图 10），根据 $h>1$ 判定序列为主余震型；序列最小完整性震级为 $M_C=1.8$，b 值为 0.64（图 11），截距法获取最大余震震级为 3.7 级，与实际最大余震 3.1 级相差 0.6 级。与震中区 1970 年以来的中强地震序列（表 4）对比发现，处于同一构造块体的 1991 年 6 月 16 日阿拉善左旗 5.0 级地震为孤立型，主震与最大余震震级差仅 3.0，余震个数仅为 5 次，孤立型特征较为明显。此次地震虽余震个数较多，但能量衰减较快，余震震级普遍偏小，主震基本一次性释放全序列能量。根据地震类型的判定指标，综合分析认为，此次地震类型为孤立型。

表 4   震中区 1970 年以来 5 级以上地震类型统计

Table 4   Type statistics of $M_S \geqslant 5.0$ earthquakes in epicenter area since 1970

序号	发震时刻 年.月.日	北纬（°）	东经（°）	震级 M_S	序列类型	地点
1	1984.01.06	102.17	37.96	5.2	主—余型	甘肃武威
2	1986.08.26	101.63	37.78	6.2	主—余型	甘肃肃南
3	1990.10.20	103.72	37.11	6.2	主—余型	甘肃天祝—景泰
4	1991.10.01	101.40	37.80	5.2	主—余型	青海门源
5	1991.06.16	38.90	105.60	5.0	孤立型	阿拉善左旗
6	1995.07.22	103.00	36.50	5.8	前—主—余型	甘肃永登
7	1996.06.01	102.90	37.20	5.4	前—主—余型	甘肃天祝、古浪县
8	2000.06.06	104.00	37.10	5.9	前—主—余型	甘肃景泰
9	2008.03.30	102.00	38.00	5.0	主—余型	甘肃肃南
10	2013.09.20	101.53	37.73	5.1	主—余型	青海门源
11	2016.01.21	101.62	37.68	6.4	主—余型	青海门源

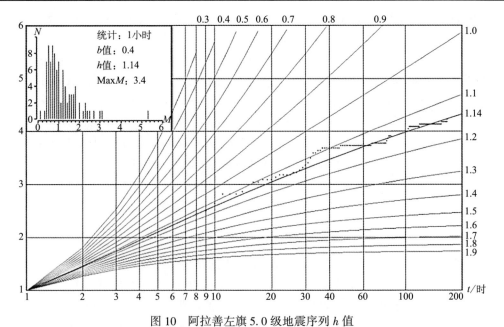

图 10   阿拉善左旗 5.0 级地震序列 h 值

Fig. 10 h value of the M_S5.0 Alxa Left Banner earthquake sequence

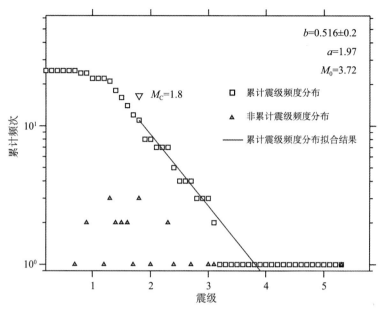

图 11　阿拉善左旗 5.0 级地震序列 lg$N$-M 图

Fig. 11　lg$N$-M diagram of the M_S5.0 Alxa Left Banner earthquake sequence

4. 阿拉善左旗 5.0 级地震主破裂面判断

根据震源机制解和余震序列重新定位结果，此次阿拉善左旗 5.0 级地震 NS 向节面与余震分布 BB' 优势方向分布相近，且接近于等震线长轴 NNE 向分布。另外，根据强震动记录，加速度峰值等值线长轴呈 NW 向的椭圆状分布，也接近于 NS 向节面。因此综合震源机制解、余震序列分布、烈度图及强震动记录等信息判定为 NS 向节面为此次地震的主震破裂面。

5. 阿拉善左旗 5.0 级地震发震构造判断

空间距离此次阿拉善左旗 5.0 级地震最近的断裂为河西堡—四道山断裂带，相距 50km，该断裂带走向近 EW，倾向南，倾角 60°~80°，属高角度俯冲断层，是一条逆倾滑为主兼左旋走滑性质的活动断层。震中附近活断层研究水平较弱，且此次地震震级较小，没有造成明显的地表破裂带，根据已掌握的震源机制解、余震序列分布、烈度图及强震动记录等信息无法明确判定此次阿拉善左旗 5.0 级地震的发震断裂。

四、地震前兆异常特征及综合分析

1. 前兆台网分布

图 12 为阿拉善左旗 5.0 级地震震中附近地区定点前兆观测台站分布图，地震震区自然地理条件较差，震中以北为腾格里沙漠，前兆观测台站分布稀疏，目前前兆观测台站主要分布在震中以南。200km 范围内共有地震台站 22 个，其中：测震台 6 个；流动测震台 1 个，

监测范围为震中 50km 范围内；其他前兆台 8 个；综合观测台 7 个；包括水位、水温、气氡、地倾斜、应力应变、地磁、地电、自然电位、电阻率、电磁扰动等共计有 20 个测项 49 个台项。这些定点前兆观测项目大多具有 5 年以上连续可靠的观测资料。

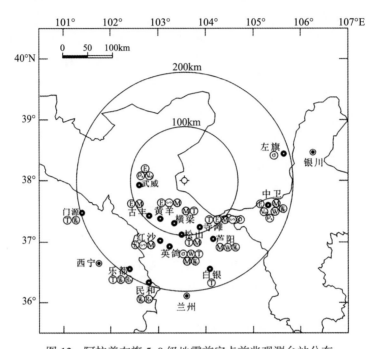

图 12　阿拉善左旗 5.0 级地震前定点前兆观测台站分布

Fig. 12　Distributions of precursory monitoring stations before the M_S5.0 Alxa Left Banner earthquake

　　此次 5.0 级地震前共出现 6 条前兆异常，其中测震学异常 5 条，1 条前兆异常，未见定点前兆异常，此次地震前后及现场考察期间均未收到宏观异常上报（表 5）。

2. 测震学异常

1）区域重复

　　内蒙古临河至蒙宁交界地区所在的鄂尔多斯块体西北缘，中强地震具有区域重复的活动特征（图 13）。统计 1958 年以来该地区的中强地震，可以发现区域重复的活动规律共计重演过 5 次，第一次发生在 1958 年 4 月 30 日至 1959 年 11 月 28 日，阿拉善左旗重复 8 次 5 级地震（图中绿色），经历时间 1.58 年，地震最大距离间隔约 290km；第二次发生在 1961 年 5 月 16 日至 1962 年 12 月 18 日，经历时间 1.61 年，阿拉善左旗至宁夏灵武重复 3 次 5 级地震（图中粉色），震中最大间隔不到 208km；第三次发生在 1987 年 8 月 10 日至 1988 年 1 月 10 日，经历时间 0.42 年，宁夏灵武重复 3 次 5 级地震（图中灰色），震中最大间隔不到 10km，几乎是区域重复；第四次发生在 1991 年 1 月 13 日至 9 月 14 日，重复 3 次 5 级地震（图中蓝色），经历时间 0.67 年，地震最大距离间隔约 170km。继 2015 年 4 月 15 日阿拉善左旗 5.8 级地震后，2017 年 6 月 3 日阿拉善左旗再次发生 5.0 级地震，两次地震间隔 312km，区域重复的特征再次重演（图中红色）。

表 5 地震前兆异常登记表

Table 5 Summary table of earthquake precursory anomalies

序号	异常项目	台站或观测区	分析办法	异常判据及观测误差	震前异常起止时间	震后变化	最大幅度	震中距（km）	异常类别	图号	异常特点及备注	异常发现
1	区域重复	鄂尔多斯西北缘	地震活动图像	内蒙古临河至蒙宁交界地区所在的鄂尔多斯块体西北缘，中强地震具有区域重复的活动特征	1958.04～2017.06	正常			L_1	13	继 2015 年 4 月 15 日阿拉善左旗 5.8 级地震后，2017 年 6 月 3 日阿拉善左旗再次发生 5.0 级地震，两次地震间隔 312km，区域重复特征再次重演	震前
2	中等地震活动异常	蒙甘交界	地震活动图像	蒙甘交界形成近似三角形的空段，在空段形成过程中，东部边缘的 $M_L \geqslant 4.0$ 级地震活动水平显著增强	2009.12～2017.06	正常			L_1	14、15	2017 年 6 月 3 日阿拉善左旗 5.0 级地震发生在增强区域边缘	震前
3	地震条带	阿拉善左旗	地震活动图像	$M_L3.0$ 以上地震活动图像	2013.01～2017.06	消失		50	M_1	16	条带方向为北北西向，长度约 400km，宽度约 50km，阿拉善 5.0 级地震发生在距条带西端部西侧 50km 处	震前

续表

序号	异常项目	台站或观测区	分析办法	异常判据及观测误差	震前异常起止时间	震后变化	最大幅度	震中距（km）	异常类别	图号	异常特点及备注	异常发现
4	b值	31°~41°N 98°~110°E	最大似然法计算b值	出现低b值异常	2007.06~2017.06	低值		震中周围	L_1	17	38°~39°N, 103.5°~104.5°E范围存在低b值异常，5.0级地震发生在低值区域内部	震后
5	应变释放曲线	震中周围60km	Benioff'应变时空特征	出现加速释放	2009.06~2017.06	正常		60	L_1	18		震后
6	地磁	全国	地磁低点位移	低点差异分界区	2017.04.21	消失			S_1	19	异常出现后43天（预测的第二时间点），在低点位移分界线附近发生阿拉善左旗5.0级地震	震前

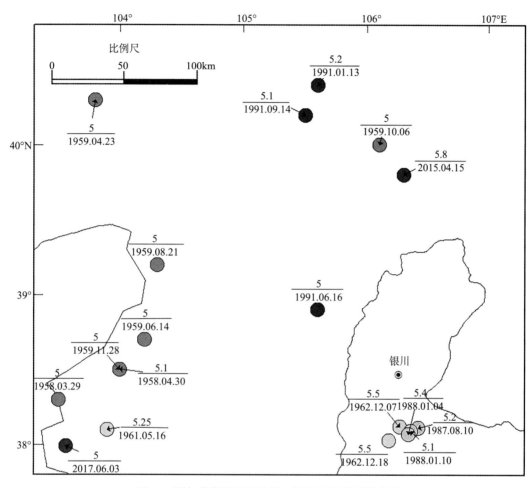

图 13 鄂尔多斯地块西北缘 5 级以上地震区域重复

Fig. 13 $M_S \geqslant 5.0$ earthquakes region continues to occur in the northwest margin of the Ordos Block

2) 蒙甘交界中等地震活动异常

2009 年 12 月 17 日阿拉善右旗 $M_L4.0$ 地震之后，蒙甘交界形成近似三角形的 $M_L4.0$ 以上地震空段，展布方向北西，形成时段为 2009 年 12 月 18 日至 2012 年 9 月 28 日（图 14）。在空段形成过程中，东部边缘的 $M_L \geqslant 4.0$ 级地震活动水平显著增强，无论从时间上还是空间上都表现出了"集中"活跃特征，从 2010 年 9 月 6 日阿拉善左旗 $M_L4.0$ 地震开始，已累计发生 8 次 $M_L \geqslant 4.0$ 级地震，对该区的中等地震增强活跃具有一定的震兆意义，2017 年 6 月 3 日阿拉善左旗 5.0 级地震发生在增强区域边缘。

根据 1970 年以来的时序分布可以明显看出（图 15），阿拉善左旗 5.0 级地震发生在阿拉善左旗西南部长达 14 年的 $M_L \geqslant 4.0$ 级地震平静后增强活跃的背景下，且该区域位于 1954 年腾格里沙漠 7.0 级地震的原震区，具有中强地震发震背景。

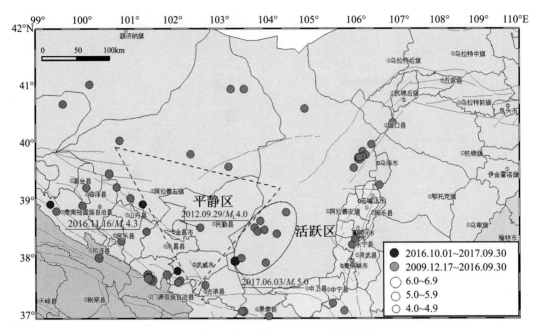

图 14　内蒙古西部及邻区 $M_L \geqslant 4.0$ 级地震分布

Fig. 14　Distribution of $M_L \geqslant 4.0$ earthquakes around west Inner Mongolia

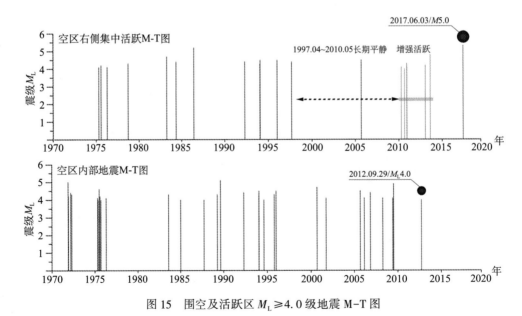

图 15　围空及活跃区 $M_L \geqslant 4.0$ 级地震 M-T 图

Fig. 15　M-T diagram of $M_L \geqslant 4.0$ earthquakes in seismic gap and active region

3) 阿拉善左旗地震条带

研究发现，阿拉善左旗 5.0 级地震发生前 4 年，震中区北东侧出现地震条带。条带形成时间为 2013 年 1 月至 2014 年 6 月，条带方向为北北西向，构成震级下限 $M_L3.0$，形成的条带长度约 400km，宽度约 50km，震级下限为 $M_L \geqslant 3.0$ 级（图 16）。2017 年 6 月 3 日内蒙古阿拉善左旗发生 5.0 级地震，此次地震发生在距条带端部西侧 50km 处。

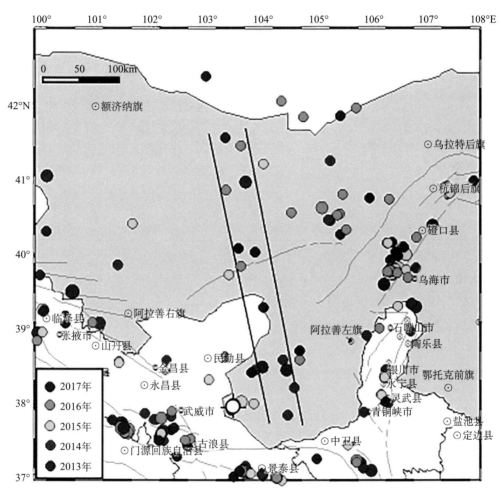

图 16　2013 年以来内蒙古西部 $M_L \geqslant 3.0$ 级地震

Fig. 16　$M_L \geqslant 3.0$ earthquakes since 2013 in west of Inner Mongolia

1976 年 9 月 23 日巴音木仁 6.2 级地震以及 1979 年 8 月 25 日五原 6.0 级等地震前 1~3 年，震中附近均出现地震条带。因此，地震条带作为地震活动图像演化具有很好的映震效果（表 6）。

表 6　历史地震前出现的地震条带

Table 6　Seismic band before historic earthquakes

震中	地震时间	震级	条带出现地点	条带震级下限	震前异常起止时间	异常类别	异常特点及备注
巴音木仁	1976.09.23	6.2	巴音木仁地区	$M_S \geqslant 1.0$	1974.01~1976.09	A_I	条带呈 NNE 东向展布
五原	1979.08.25	6.0	五原地区	$M_S \geqslant 2.0$	震前一年	A_{II}	条带呈 NW 向展布
海原	1982.04.14	5.5	西海固地区	$M_S \geqslant 2.8$	1981.07~1982.04	A_{II}	条带呈 NE 和 NW 向交会分布
天祝—景泰	1990.10.20	6.2	白银—山丹	$M_S \geqslant 3.0$	1989.09~1990.03	A_I	条带呈 NW 向展布
永登	1995.07.22	5.8	共和—银川一带	$M_L \geqslant 3.6$	1993.01~1994.12	A_I	条带呈 NE 向展布
天祝—古浪	1996.06.01	5.4	35°~40°E 99°~107°N	$M_L \geqslant 3.6$	1993.01~1995.12	A_I	条带呈 NE 向展布
金塔	2012.05.03	5.4	阿尔金断裂地区	$M_L \geqslant 3.9$	2011.12~	A_I	条带呈近 EW 向展布

4）b 值

使用震前 10 年（2007 年 6 月 2 日至 2017 年 6 月 2 日）的 $M_L \geqslant 2.0$ 级地震目录，运用最大似然法计算 b 值，得到震中区近 10 年的 b 值空间分布图（图 17），发现震中区近 10 年存在低 b 值异常。

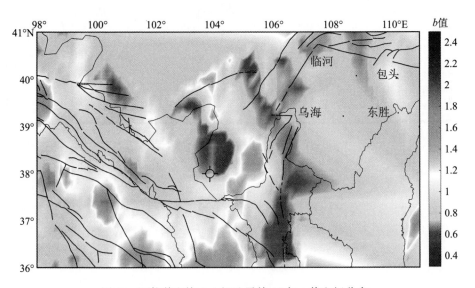

图 17　阿拉善左旗 5.0 级地震前 10 年 b 值空间分布

Fig. 17　Distribution of b value before 10 years old of the $M_S 5.0$ Alxa Left Banner earthquake

为了解 b 值在阿拉善左旗 5.0 级地震震中范围内的映震效果，通过分析历史震例，发现，在 1979 年 9 月 23 日巴音木仁 6.2 级、1991 年 9 月 14 日阿拉善左旗 5.0 级等地震之前，在时间扫描曲线上均出现过震前 4 个月至 3 年时间长度不等的低 b 值异常，因此，b 值对该区地震具有一定的指征作用（表 7）。

表 7　历史地震前出现的低 b 值异常

Table 7　Low b value anomalies before historical earthquakes

震中	地震时间	震级	台站或观测区	分析方法	异常判据及观测误差	震前异常起止时间	异常类别	异常特点及备注
巴音木仁	1976.09.23	6.2	磴口—阿拉善	时间扫描曲线	低 b 值	1970.05~1976.09	A_I	低 b 值在回升过程中发震
阿拉善左旗	1991.09.14	5.0	38°~41°N 103°~107°E	时间扫描曲线	低 b 值	1989.09~	A_{II}	低 b 值在回升过程中发震
永登	1995.07.22	5.8	37°~39°N 101°~104°E	时间扫描曲线	低 b 值	1994.02~1995.07	A_I	震前有所发现
天祝—古浪	1996.06.01	5.4	震中 200km 范围内	时间扫描曲线	低 b 值	1996.02~1996.12	B_I	地震在 b 值下降过程中发生
景泰	2000.06.06	5.9	祁连山中东段	事件扫描曲线	低 b 值	1999.12~2000.12	B_I	地震在低值下降过程中发生

5）Benioff' 应变特征

使用以震中为中心，半径 60km 范围内震前 8 年（2009 年 6 月 2 日至 2017 年 6 月 2 日）M_L≥2.4 级的地震目录，得到 5.0 级地震震中区附近的 Benioff' 应变时间变化特征，震中区震前 8 年表现为地震矩持续加速释放特征（图 18）。

为研究震中区附近应力释放对历史中强地震的映震效果，统计了震源区震例（表 8），结果发现，有 6 次历史地震前，均出现过震前 1~4 年时间的应变释放累计上升的情况。历史地震中应变释放的研究多采用 $\sqrt{E}$-T 图传统方法，Benioff' 应变特征可更加直观的反映应变释放速率（表 8）。

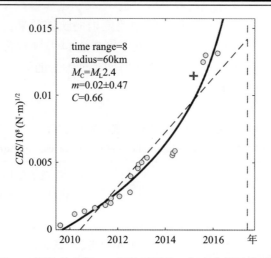

图 18　阿拉善左旗 5.0 级地震震前 8 年应变累计曲线

Fig. 18　Strain accumulative curve before 8 years old of the M_S5.0 Alxa Left Banner earthquake

表 8　历史地震前出现的应变释放

Table 8　Strain release before historical earthquakes

震中	地震时间	震级	台站或观测区	分析方法	异常判据及观测误差	震前异常起止时间	异常类别	异常特点及备注
武威	1984.01.06	5.3	武威山丹地区	$\sqrt{E}$-T 图	曲线累计上升	1983.08～1984.01.05	A_I	据应变释放曲线，该区有 5.5 级左右地震
天祝—景泰	1990.10.20	6.2	34°～39°N 101.5°～106.5°E	月滑动年能量释放	曲线累计上升	1989.01	A_{II}	年释放量下降
阿拉善左旗	1991.06.16	5.2		$\sqrt{E}$-T 图	非线性机制出现	1989.02～	A_I	释放加速
阿拉善左旗	1991.09.14	5.0		$\sqrt{E}$-T 图	非线性机制出现	1989.02～	A_I	释放加速
天祝—古浪	1996.06.01	5.4	36.5°～39.5°N 101.5°～104.5°E	$\sqrt{E}$-T 图	曲线累计上升	1992.04～1995.12	A_I	大于正常值 2 倍以上

6）地磁低点位移

2017 年 4 月 21 日中国大陆地磁场垂直分量出现低点位移异常梯度带（图 19a），类似异常在 1979 年五原 6.0 级等地震前出现过。此次异常以 13 时等值线为分界线，沿南北方向展布。分界线以东地区低点时间约为 11～12 时，以西地区低点时间约为 13～15 时左右，分界线两侧低点时间相差在 2 个小时以上。异常出现后 43 天，位于低点位移分界线附近发生阿拉善左旗 5.0 级地震。对比全国地磁低点分布图（图 19b）正常状态（以 4 月 7 日地磁垂直分量低点分布为例）可以看到，由东至西低点时刻逐渐升高，没有出现明显梯度带现象，震前出现的低点时间梯度带现象是非常显著的。

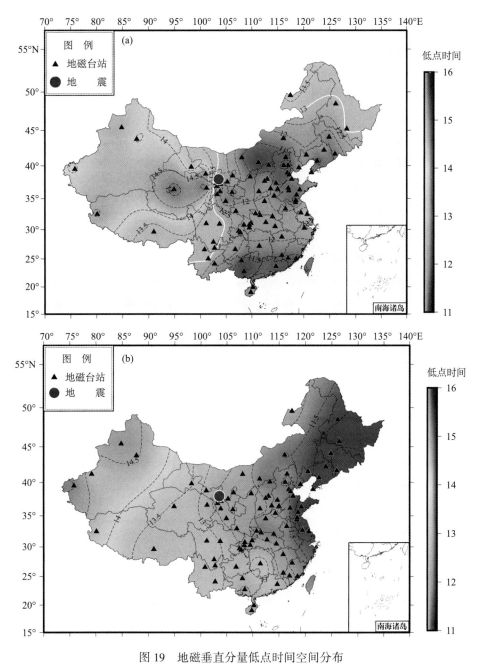

图 19　地磁垂直分量低点时间空间分布

Fig. 19　The time and space distribution map of low point of geomagnetic vertical component

（a）震前异常日；（b）正常日

3. 定点前兆异常

阿拉善左旗5.0级地震震中200km范围内，未发现明显前兆异常。

4. 地震前兆异常特征分析

此次5.0级地震发生前，共出现5条测震学异常，分别为鄂尔多斯块体西北缘区域复发、中等地震活动异常、地震条带、b值、应变释放曲线；1条前兆异常，为地磁低点位移；未见定点前兆异常。其中鄂尔多斯块体西北缘区域重复地震、中等地震活动异常、b值，由于研究区范围较大，时间尺度较长，属于长期背景性异常；震中200km范围内长期异常1条，为应变释放曲线；100km范围内中期异常1条，为地震条带；100km范围内短期异常1条，为地磁低点位移。没有出现明显的临震异常，也无宏观前兆异常上报。分析这些异常过程，发现有以下特征。

1）异常数量特征

根据表5异常统计特征，发现此次阿拉善5.0级地震前兆异常多为测震学异常，仅1条前兆学科异常，定点前兆均未出现异常，这与震中区定点前兆台站分布不均及震级较小有较大关系。

2）异常时间特征

此次阿拉善5.0级地震5条测震学异常中，4条为背景异常，1条为中期异常；存在1条短期前兆异常，未见临震异常，无宏观异常上报，各异常之间时间上没有明显的同步性。

3）异常空间特征

此次地震前兆异常中，测震学异常主要为区域背景性异常，仅Benioff'应变时空特征为100km范围内。震中200km范围内的定点前兆测项分布较多电磁测项及少量流体测项，但震前均未出现异常情况，可能与地震震级较小有关。

4）异常特征小结

多项测震学异常存在历史震例支持，7次震例前出现地震条带，5次震例前出现低b值异常，6次震例前出现应变释放累计上升，因此，测震学异常在该区具有较好的预测效果。前兆异常仅出现1条地磁低点位移，且预测效果较好，信度较好。因此，运用大范围多个地磁台的综合数据方法在前兆异常台项稀疏地区具有很好的预测效果。

五、震前预测回顾总结

1. 长期预测

震前震中区具有多项测震学异常，通过长时间的总结积累发现：

（1）鄂尔多斯块体西北缘中强地震震前已存在4次较为明显的区域重复现象，重复地震的持续时间一般为8个月内，2015年4月15日阿拉善左旗发生5.8级地震后，对该区发生中强地震的紧迫性增强，对该区长期的地震预测具有十分重要的意义，对强度和时间具有一定的预测意义。

（2）蒙甘交界在震前发现存在中等地震活动异常现象，呈三角形的平静区与椭圆形增强活跃区相邻，且此次阿拉善5.0级地震就发生在增强活跃区边缘，对预测地震的空间具有一定的指示意义。

震后通过震例回溯，发现阿拉善左旗 5.0 级地震前存在 2 个数字地震学指标异常，分别为 b 值和应变释放，震源区存在震前 10 年的低 b 值异常，对地震的空间具有一定的预测意义。应变释放的加速现象辅助证明了该区的发震紧迫性。

总体来看，长期预测主要依靠测震学异常，震前地震活动性图像显示的异常对预测地震的强度和空间有较好的指向作用，但对时间尺度把握欠佳。

2. 中期预测

震前发现，阿拉善左旗自 2013 年 1 月至 2014 年 6 月快速形成一条 $M_L \geqslant 3.0$ 级的 NNW 向地震条带，2015 年以来，条带形态清晰程度逐渐降低，此次阿拉善左旗 5.0 级地震发生在条带瓦解期内，位于条带南端西侧 50km 处，条带走向 NNW 接近于主破裂面 NS 向的走向。对预测地震的空间和强度具有一定的指示意义。

内蒙古地震局 2017 年度和 2017 年中地震趋势研究报告中确定临河至蒙宁交界（N38.87°~41.15°，E104.53°~107.24°）为 6.0 级左右危险区，此次地震位于上述预测地点的西南侧 130km（附件二、三），预测地震的时间和强度较为吻合，但空间有一定偏差，这主要是由于震中区位于相对稳定的阿拉善块体，且地势开阔，居民稀少，历史上发生破坏性地震的次数较少，且震前无定点前兆异常出现。而在震中区相邻的蒙宁交界区，由于存在多项前兆异常，如：乌海哈图乌素体应变、乌海水管倾斜 EW 向、乌海洞体应变 NS 向和 EW 向，异常指向蒙宁交界区，因此震前的中期预测更多关注于蒙宁交界。

3. 短期预测

在此次地震前，2017 年 4 月 21 日中国大陆地磁场出现低点位移异常，阿拉善左旗地震发生在异常出现后的 43 天，因此地磁低点位移对预测地震的时间和空间具有重要的指示作用。

2017 年 3 月 12 日距离此次地震 60km（38.42°N，103.91°E）处曾发生阿拉善左旗 M_L3.9 地震，且发生在阿拉善左旗条带内，内蒙古地震局紧急会商会意见提出："根据该区 $M_L \geqslant 3.5$ 级地震与周边中强地震的统计规律，需要密切关注阿拉善左旗地区发生中强地震的危险性"（附件四）。对此次阿拉善左旗 5.0 级地震的发生具有一定的时空强三要素的预测意义。

4. 临震预测

震前没有针对该地区的预报卡片及文献资料的预测意见。

由于震中处于腾格里沙漠，居民稀少，前兆监测能力较弱，震前没有明显的前兆异常，也没有宏观异常上报，震前未做出短临预测。

六、结论与讨论

1. 主要结论

（1）2017 年 6 月 3 日阿拉善左旗 5.0 级地震发生在阿拉善块体西南边界，震后发生余震共 92 次，最大余震为 M_L3.1，余震序列在 EW 向和 NE 向存在优势分布。综合最小震级差、主震能量占比，认为此次地震为孤立型地震序列。

（2）距离此次地震最近断裂为河西堡—四道山断裂，该断裂走向近 EW，倾向 S，是一条逆倾滑为主兼左旋走滑性质的活动断层。此次地震震源机制解结果为左旋走滑特征，综合震源机制解、余震序列分布、烈度图及强震动记录等信息判定为 NS 向节面为此次地震的主震破裂面。由于此次地震属中等强度地震，没有形成地表破裂带，且震中附近活断层研究程度较低，给发震断层的确定带来一定困难。

（3）此次 5.0 级地震未造成显著的地表破坏，地震极灾区烈度为Ⅵ度，未造成人员伤亡，直接经济损失 3000 余万元。

（4）此次 5.0 级地震前前兆异常主要为测震学异常为主，前兆异常 1 条，未见明显定点前兆异常。测震学异常以长期背景性异常为主，对地震发生的空间具有一定的指示意义。震中周围 200km 范围内，尤其震中以南甘肃境内，电磁学科测项分布较为密集，这为地磁低点位移异常的提出提供了数据基础。

（5）此次地震位于 2017 年度及 2017 年中地震趋势会商报告中提出的临河—蒙宁交界危险区西南侧 130km，2017 年 3 月 12 日紧急会商意见中提出该区域具有发生中强地震的可能。由于震中处于腾格里沙漠，居民稀少，前兆监测能力弱，没有明确的前兆异常和宏观异常配套，震前未做出明确短临预测。

2. 讨论

（1）阿拉善左旗中强地震具有区域重复特征，2015 年 4 月 15 日阿拉善左旗 5.8 级地震发生后，2017 年 6 月 3 日发生 5.0 级地震，重复特征重演，之前 4 次区域重复的发震次数没有少于 3 次的，从前 4 次区域重复地震统计特征来看，该区域仍具有发生 5.0 级左右地震的危险性。

（2）考虑到阿拉善左旗地区具有 6 级地震活动和 5 级地震重复发生的背景，此次阿拉善左旗 5.0 级地震后，需注意再次发生中强地震的危险性，有必要持续强化该区的震情监视跟踪工作，不断增设地震前兆观测台站、逐步加密测震观测台站、优化地震台站整体布局，不断提升地震监测能力，为该区的震情判定提供有力的技术支撑。

参 考 文 献

[1] 邓起东、高翔、杨虎，断块构造、活动断块构造与地震活动 [J]，地质科学，2009，44（4）：1083～1093

[2] 王萍、王增光，阿拉善活动块体的划分及归宿 [J]，地震，1997，17（7）：103～112

[3] 许忠淮、汪素云、高阿甲，地震活动反应的青藏高原东北地区现代构造运动特征 [J]，地震学波，2000，22（5）：472～481

[4] 张进、李锦铁、李彦峰等，阿拉善地块新生代构造作用——兼论阿尔金断裂新生代东向延伸问题 [J]，地质学报，2007，81（11）：1481～1497

[5] 刘洪春、戴华光、李龙海等，对 1954 年民勤 7 级地震的初步研究 [J]，西北地震学报，2000，22（3）：232～235

[6] 薛丁、张建业、包东健等，1954 年 7 月 31 日腾格里沙漠北 7 级地震 [J]，高原地震，2010，22（2）：1～9

[7] 戴光华、陈永明、苏向洲等，天桥沟—黄羊川断裂古地震的初步研究 [A]，活动断层研究理论与应用，北京：地震出版社，1995

[8] 甘肃省地方史编纂委员会、甘肃省地震志编纂委员会，甘肃省志（第 12 卷），地震志 [M]，兰州：甘肃人民出版社，1991

[9] 袁道阳、刘百篪、吕太乙等，利用黄土剖面的古土壤年龄研究毛毛山断裂的滑动速率 [J]，地震地质，1997，19（1）：1～8

[10] 张肇诚主编，中国震例（1989～1991）[M]，北京：地震出版社，2000

[11] 曹刚，内蒙古地震研究 [M]，北京：地震出版社，2001

[12] 韩晓明、刘芳、张帆等，2015 年阿拉善左旗 M_S5.8 地震的震源机制和重新定位 [J]，地震学报，2015，37（6）：1059～1063

[13] 刘芳、蒋长胜、张帆等，基于 EMR 方法的内蒙古测震台网监测能力 [J]，地球科学——中国地质大学学报，2013，38（6）：1356～1362

[14] 刘芳、蒋长胜、张帆等，内蒙古区域地震台网监测能力研究 [J]，地震学报，2014，36（5）：919～929

[15] 韩晓明、刘芳、张帆等，多方法联合评估河套地震带的台网监测能力 [J]，地震，2015，35（4）：64～75

参 考 资 料

1）内蒙古自治区地震局，内蒙古地震局关于阿左旗 5.0 级地震应急处置工作情况的报告，2017

2）内蒙古自治区地震局，内蒙古自治区 2017 年度地震趋势研究报告，2016

3）内蒙古自治区地震局，2017 年下半年内蒙古地区震情趋势分析，2017

4）中国地震局工程力学研究所，内蒙古阿拉善左旗 5.0 级地震强震动观测产出，2017

5）内蒙古自治区地震局，内蒙古地震台网速报目录

6）中国地震台网中心，全国统一目录

The M_S 5.0 Alxa Left Banner Earthquake on June 3, 2017 in Inner Mongolia Autonomous Region

Abstract

An earthquake of M_S5.0 occurred in the Alxa Left Banner (37.99°N, 103.56°E) at 18：11：00 June 3, 2017, with a depth of 9km. The macroscopic epicenter was located in Eerkehashiha town, and the earthquake caused no significant surface destroy. The intensity of the meizoseismal area is Ⅵ and the spreading direction is NE, the long axis length, the short axis length and the area of Ⅶ are respectively 29km, 16km and 350.7km², and the direct economic loss is more than 3000 million RMB. For the epicenter area population density is low, this earthquake caused no casualties.

The M_S5.0 earthquake is of isolated type, with the largest aftershock of M_L3.1. The aftershocks are mainly unilateral rupture events, distributing on both sides of the main shock, with the distribution direction of NE and nearly east-south. The main rupture surface is the plane I. The focal mecanism solusion shows sinistral strike-slip type, and the main stress P axis direction is NE.

The Alxa Left Banner M_S5.0 earthquake located in western Inner Mongolia. There were 22 seismic stations within 200km from the epicenter, among which there being 15 single seismometry stations (including 1 mobile seismometer), and 11 synthetic stations (3 stations of which have seismometry observation projects), in a total of 20 observation items and 49 station items. The percentage of abnormal stations and abnormal stations in the range of 0-100km in the epicenter were 0% and 0 respectively. The percentage of abnormal stations and abnormal stations within the range of 100-200km were 0% and 0 respectively. There were 6 anomaly items of which there being 5 seismic anomalies and 1 precursory anomaly and none macroscopic anomaly. This case is a summary of the survey and seismicity of the 200km stations around the epicenter, and a systematic understanding of the basic seismicity in this area, which provides a basis for the future study of the earthquake.

Before the Alxa Left Banner M_S5.0 earthquake occurred, Earthquake Administration of Inner Mongolia Autonomous Region has made a certain degree of prediction in the study of the earthquake trend in 2017. The M_S5.0 earthquake is a distance from the Linhe and Ningxia Inner Mongolia border critical earthquake risk area 130km. On March 12, 2017, the Alxa Left Banner M_L3.9 earthquake occurred in distance from the M_S5.0 Alxa Left Banner earthquake 60km, and emergency meeting of Inner Mongolia Earthquake Administration of Inner Mongolia Autonomous Region proposed that we need to pay close attention to the risk of moderately strong earthquakes in the Left Banner area of Alxa. A certain degree of prediction is made for this 5 magnitude earthquake.

After the 5 magnitude earthquake in Alxa Left Banner, Earthquake Administration of Inner Mongolia Autonomous Region quickly started the I emergency response. The Joint Earthquake Field

Team went to the earthquake area to carry out the work of monitoring the earthquake, delineating the intensity of the earthquake intensity, scientific investigation and knowledge of earthquake prevention and disaster reduction. An earthquake flow monitoring station was set up in the seismic area, and the earthquake area was monitored continuously for 24 hours. The prediction center of Earthquake Administration of Inner Mongolia Autonomous Region analyzed the trend of post earthquake based on the analysis of a series of indexes.

报 告 附 件

附件一：

附表1　固定前兆观测台（点）与观测项目汇总表

序号	台站（点）名称	经纬度（°）		测项	资料类别	震中距 Δ/km	备注
		φ_N	λ_E				
1	四个山	37.74	103.89	测震△		40	
2	白银	36.55	104.10	测震△		48	伸缩仪
				应力应变	Ⅱ		
				地倾斜（连通管）	Ⅱ		
3	古浪（横梁）	37.30	103.33	地倾斜（连通管）	Ⅱ	75	
				地磁	Ⅱ		
4	黄羊	37.37	103.06	地电	Ⅱ	76	
				地磁	Ⅱ		
				电磁扰动	Ⅱ		
5	红崖山	38.40	102.83	测震△		79	
6	石岗	37.62	102.76	测震△		80	
7	古丰	37.42	102.82	地电	Ⅱ	84	
				地磁	Ⅱ		
8	武威（南营）	37.79	102.50	地电阻率	Ⅱ	86	
				地磁	Ⅱ		
				自然电位	Ⅱ		
9	松山	37.11	103.49	地电	Ⅱ	93	
				地磁	Ⅱ		
10	景泰（寺滩）	37.23	103.88	测震△		103	体应变
				应力应变	Ⅱ		
				地倾斜（连通管）	Ⅱ		
				地磁	Ⅱ		
11	芦阳	37.05	104.15	地磁	Ⅱ	110	
12	红砂	37.01	103.05	地电	Ⅱ	110	
				地磁	Ⅱ		
				电磁扰动	Ⅱ		

续表

序号	台站（点）名称	经纬度（°）		测项	资料类别	震中距 Δ/km	备注
		φ_N	λ_E				
13	永登（英鸽）	36.91	103.23	应力应变	Ⅱ	123	体应变
				地倾斜（连通管）	Ⅱ		
				地磁	Ⅱ		
				水位	Ⅱ		
				水温	Ⅱ		
14	民勤	39.07	103.25	测震△		125	
15	河西堡	38.39	102.11	测震△		135	
16	中卫	37.46	105.20	测震△		154	
				地磁	Ⅱ		
				地电	Ⅱ		
				地电阻率	Ⅱ		
				自然电位	Ⅱ		
17	香山	37.2	105.20	测震△		172	
18	乐都	36.55	102.39	地倾斜（摆式）	Ⅱ	184	
				地倾斜（连通管）	Ⅱ		
				气氡	Ⅱ		
				水温	Ⅱ		
19	民和	36.32	102.80	水氡	Ⅱ	190	
				水温	Ⅱ		
20	左旗	38.47	105.66	应力应变	Ⅱ	192	砂层应力
21	门源	37.47	101.37	地倾斜（摆式）	Ⅱ	200	
				水温	Ⅱ		
22	L1504	38.40	103.74	测震■		48	

续表

分类统计	0<Δ≤100km	100<Δ≤200km	总数
测项数 N	8	12	20
台项数 n	19	30	49
测震单项台数 a	4	3	7
形变单项台数 b	0	1	1
电磁单项台数 c	4	2	6
流体单项台数 d	0	1	1
综合台站数 e	2	5	7
综合台中有测震项目的台站数 f	1	2	3
测震台总数 a+f	5	5	10
台站总数 a+b+c+d+e	10	12	22
备注	表中■代表流动测震台		

附表2　测震以外固定前兆观测项目与异常统计表

序号	台站（点）名称	测项	资料类别	震中距 Δ/km	按震中距 Δ 范围进行异常统计									
					0<Δ≤100km					100<Δ≤200km				
					L	M	S	I	U	L	M	S	I	U
1	白银	应力应变	Ⅱ	48										
		地倾斜（连通管）	Ⅱ											
2	古浪（横梁）	地倾斜（连通管）	Ⅱ	75										
		地磁	Ⅱ											
3	黄羊	地电	Ⅱ	76										
		地磁	Ⅱ											
		电磁扰动	Ⅱ											
4	古丰	地电	Ⅱ	84										
		地磁	Ⅱ											
5	武威（南营）	地电阻率	Ⅱ	86										
		地磁	Ⅱ											
		自然电位	Ⅱ											
6	松山	地电	Ⅱ	93										
		地磁	Ⅱ											

续表

序号	台站（点）名称	测项	资料类别	震中距 Δ/km	按震中距 Δ 范围进行异常统计										
					0<Δ≤100km					100<Δ≤200km					
					L	M	S	I	U	L	M	S	I	U	
7	景泰（寺滩）	应力应变	Ⅱ	103											
		地倾斜（连通管）	Ⅱ												
		地磁	Ⅱ												
8	芦阳	地磁	Ⅱ	110											
9	红砂	地电	Ⅱ	110											
		地磁	Ⅱ												
		电磁扰动	Ⅱ												
10	永登（英鸽）	应力应变	Ⅱ	123											
		地倾斜（连通管）	Ⅱ												
		地磁	Ⅱ												
		水位	Ⅱ												
		水温	Ⅱ												
11	中卫	地磁	Ⅱ	154											
		地电	Ⅱ												
		地电阻率	Ⅱ												
		自然电位	Ⅱ												
12	乐都	地倾斜（摆式）	Ⅱ	184											
		地倾斜（连通管）	Ⅱ												
		气氡	Ⅱ												
		水温	Ⅱ												
13	民和	水氡	Ⅱ	190											
		水温	Ⅱ												
14	左旗	应力应变	Ⅱ	192											
15	门源	地倾斜（摆式）	Ⅱ	200											
		水温	Ⅱ												

续表

分类统计	台项	异常台项数	0	0	0	0	0	0	0	0	0	0
		台项总数	14	14	14	14	14	25	25	25	25	25
		异常台项百分比/%	0	0	0	0	0	0	0	0	0	0
	观测台站（点）	异常台站数	0	0	0	0	0	0	0	0	0	0
		台站总数	6	6	6	6	6	9	9	9	9	9
		异常台站百分比/%	0	0	0	0	0	0	0	0	0	0
	测项总数		8					12				
	观测台站总数		6					9				
备注												

附件二：内蒙古自治区 2017 年度地震趋势研究报告

水平活动结束后两年内中部地区发生 6.0 级以上地震，平静异常的震兆意义显著。

（4）2016 年 8 月 18 日凉城 M_L3.1 级地震将蒙晋冀交界地区 M_L3.0 级地震空区打破，对未来地震三要素具有显著的指示意义。

（5）测震学指标空间扫描结果表明，异常主要位于蒙晋冀交界及邻近区域。

（6）测震学指标时间跟踪分析表明，该区域存在多项测震学指标异常。

（7）存在小震空区、和林格尔和清水河小震丛集活跃、地震活动平静异常图像。

（8）存在宝昌地电阻率、宝昌垂直摆、三号地水位、流动重力异常。

（9）数字地震资料分析表明，该区域存在地震矩加速释放、视应力等异常。

（10）2017 年度该危险区的综合发震概率为 0.70。

2、临河至蒙宁交界地区 （N38.87°～41.15°，E104.53°～107.24°），6.0 级左右。

（1）该区地质构造与鄂尔多斯块体周缘强震构造特征具有相似性，具备发生强震的构造背景。

（2）1920 年海原 8.5 级地震后，鄂尔多斯块体北缘已经成为鄂尔多斯周缘强震较为活跃的区域，未来几年具有应变大释放的可能性。

（3）1996 年包头 6.4 级地震后，鄂尔多斯块体北缘已经 20.4 年未发生 6.0 级以上地震，具有发生 6.0 级以上地震区域强震背景。

（4）2016 年阿拉善左旗、蒙甘交界地区、临河盆地中等地震持续活跃。

（5）存在小震条带、乌拉特后旗小震丛集活跃异常图像。

（6）测震学指标空间扫描结果表明，区域范围存在异常丛集特征。测震学指标时间跟踪分析表明，该区域存在多项测震学指标异常。

（7）存在乌海钻孔应变、乌海体应变、GPS 速度场异常。

（8）数字地震资料分析结果表明，该区域存在地震矩加速释放、视应力等异常。

（9）2017 年度该危险区的综合发震概率为 0.60。

3、辽蒙交界地区 （N42.04°～43.24°，E119.94°～122.98°），5.4 级。

（1）2011 年日本 9.0 级地震和 2013 年鄂霍次克海 8.2 级深震对东北地区中强震

附件三：2017 年下半年地震趋势研究报告

（1）受 2011 年日本 9.0 级大地震和 2013 年 4 月鄂霍次克海 8.2 级巨大深震的影响，未来东北地区中强地震的危险性仍存在较多不确定性因素，未来存在发生 5-6 级地震危险性。

（2）内蒙古东北部扎兰屯-牙克石地震活动具有增强趋势，地震活动图像和地震学指标空间扫描分析结果表明，辽蒙交界地区仍然存在具有震兆意义的地震活动图像异常和地震学指标异常丛集特征。

5.2 2017 年度危险区和值得注意地区判定

2017 年度下半年，内蒙古地震活动具有升级趋势，存在发生 6.0 级左右地震的危险性。

地震危险区有（图 5-1）：

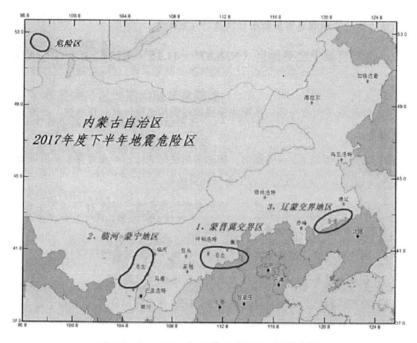

图 5-1 2017 年度下半年内蒙古自治区地震重点危险区

1、蒙晋冀交界地区（N40.00°～41.13°，E111.01°～114.81°），6.0 级左右。

（1）自 1998 年 1 月张北 6.2 级地震后，已经 19.3 年未发生 6.0 级以上地震，1999

附件四：内蒙古地震局 2017 年 3 月 12 日紧急震情会商会报告

震 情 会 商 报 告

单 位	内蒙古自治区地震局	会商会类型	紧急震情会商会
期 数	(2017 紧急)第 2 期	会商会地点	会商室
	(总字)第 14 期	会商会时间	2017 年 03 月 12 日 19 时
主持人	韩晓明	发送时间	03 月 12 日 19 时 30 分
签发人	高立新	收到时间	月 日 时 分
发送人	格 根	Apnet 编码	15

一、会商事由

据内蒙古地震台网测定，2017 年 3 月 12 日 17 时 37 分，内蒙古阿拉善左旗(N38.42°，E103.91°)发生 3.2 级地震，正值"两会"期间，内蒙古自治区地震局召开紧急震情会商会，戴泊生局长和卓力格图副局长参加会商，对震中及周边地区的地震形势进行了分析判定。

二、事件分析判定

本次 3.2 级地震发生在阿拉善块体南部，距离最近的哈什哈断裂约 5km。根据地震记录，震中 50 公里范围内共计发生 5 级以上地震 8 次，最大地震是 1954 年阿拉善左旗 7.0 级地震。

目前没有记录到余震活动。

三、当前存在的趋势背景异常

(1)蒙甘交界、阿拉善右旗至阿拉善左旗的地震条带在继续发展，此次 3.2 级地震发生在上述条带。

(2)乌海洞体应变 NS 向 2013 年 10 月开始趋势下降，2015 年 11 月开始转平，近期数据呈上升状态；EW 向 2014 年 7 月开始趋势上升，近期数据呈下降状态。

(3)乌海水管倾斜 EW 向于 2014 年 11 月打破原有的水平趋势，出现加速西倾变化；2016 年 4 月开始，西倾加速变化结束，数据转平，异常变化达 0.625 角秒，近期数据处于下降状态。

(4)哈图乌素体应变 2015 年 10 月数据下降至最低值，之后数据快速上升，近期数据呈上升变化形态。

四、当前存在的短临异常

测震和前兆各学科均无出现短临异常，也无宏观异常上报。

五、综合分析及结论

(1)1961 年以来，该区 5 级以上地震已经持续平静 56 年，该区具备发生 5 级以上中强地震的可能性。

（2）该地区中强地震具有连发特征，1991 年 1 月、6 月和 9 月阿拉善地区曾连发 3 次 5 级以上中强地震；2015 年 4 月 15 日阿拉善左旗 5.8 地震后，该地区仍具有发生中强地震的可能性。

（3）2015 年 3 月 8 日临河发生 3.8 级地震后，阿拉善左旗发生 5.8 级地震；2016 年 7 月以来，临河地区连续发生 2 次 3.0 级以上地震，根据该区 $M_L \geqslant 3.5$ 地震与周边中强地震的统计规律，需要密切关注阿拉善左旗地区发生中强地震的危险性。

（4）2012 年以来，在阿拉善左旗至蒙甘交界地区形成近东西向小震条带，2013 年以来，在阿拉善左旗形成北西向地震条带，此次 3.2 级地震发生在上述条带，对阿拉善左旗至蒙甘交界地区发生中强地震具有一定的指示意义。

综合分析认为，本次阿拉善左旗 3.2 级地震显示该区域地震活动有恢复活跃的迹象，地震活动性和前兆短临异常变化不明显，"两会"期间，宁夏石嘴山至内蒙古杭锦后旗地震重点危险区发生 6 级左右地震的可能性不大，需密切关注蒙甘交界及蒙宁交界地震活动性异常和前兆异常的起伏变化。

附件五：内蒙古地震局 2017 年 6 月 3 日紧急震情会商会报告

震 情 会 商 报 告

单　位	内蒙古自治区地震局	会商会类型	紧急震情会商会
期　数	(2017 紧急)第 07 期	会商会地点	会商室
	(总字)第 34 期	会商会时间	2017 年 06 月 03 日 18 时 30 分
主持人	戴　勇	发送时间	06 月 03 日 21 时 30 分
签发人	高立新	收到时间	月　日　时　分
发送人	李　娟	Apnet 编码	15

2017 年 6 月 3 日 18 时 11 分内蒙古自治区阿拉善左旗（N37.99°，E103.56°）发生 5.0 级地震，内蒙古地震局召开第一次震后趋势会商会，主要会商内容如下：

（1）截至 20 时整，共记录到余震 26 次，其中 $M_L0.0\sim0.9$：7 次，$M_L1.0\sim1.9$：13 次，$M_L2.0\sim2.9$：5 次，$M_L3.0\sim3.9$：1 次，最大余震是 3 日 18 时 54 分 $M_L3.1$ 级地震。

（2）震中附近主要断裂为哈什哈断裂和头道湖-马三湖断裂，震中 100km 范围内 1900 年以来发生 9 次 5 级以上地震，最大震级 1954 年 11 月 2 日内蒙古腾格里沙漠 5.8 级地震。

（3）该次地震的震源机制解为纯走滑型地震。

初步分析认为，该次地震为主余型地震的可能性较大，近期发生更大地震的可能性比较小，根据震情发展对序列类型做进一步判定。

2017 年 8 月 8 日四川省九寨沟 7.0 级地震[*]

四川省地震局

杜　方　龙　锋　梁明剑　宫　悦　祁玉萍　赵　敏

摘　要

2017 年 8 月 8 日 21 时 19 分，四川省阿坝藏族羌族自治州九寨沟县发生 $M_S7.0$ 地震（以下简称：九寨沟 7.0 级地震），震源深度 20km，微观震中为 33.20°N、103.82°E。宏观震中位于九寨沟县漳扎镇（33.22°N，103.84°E）。地震等烈度线形状呈椭圆形，长轴走向为 NW—SE 向，Ⅵ度（6 度）及其以上区域总面积为 18295km²，极震区烈度达Ⅸ度（9 度），其面积为 139km²。根据四川省减灾委员会和甘肃省地震局提供的数据，九寨沟 7.0 级地震造成四川灾区直接经济损失 80.43 亿元，甘肃灾区居住房屋直接经济损失 17439 万元。受灾人口：四川灾区 25 人死亡，543 人受伤（其中重伤 42 人），5 人失联，216597 人（含游客）受灾；甘肃灾区各行政区未造成人员伤亡，根据房屋破坏情况，估计此次地震中（舟曲、迭部和文县）各行政区失去住所人数为 27 人，估计总计有 80 余人失去住所。

九寨沟 7.0 级地震属于主震—余震型地震，震后半年的时间内，在余震区范围内，共记录到 9952 次余震，其中 2 级以上 856 次，最大余震为 8 月 9 日 $M_S4.8$。主震所释放的能量与全序列地震释放能量之比 $R_E=99.95\%$；序列中最大地震与次大地震的震级差 2.2 级；余震分布长轴呈 NW—SE 走向，余震密集区宽度 4~8km，长度约 38km。震源机制解：节面Ⅰ走向 144°，倾角 87°，滑动角 -1°；节面Ⅱ走向 234°，倾角 89°，滑动角 -177°；P 轴方位角 99°，俯仰角 3°。推测与烈度长轴走向、余震分布优势方向和东昆仑断裂东端分支断裂—树正断裂走向一致的节面Ⅰ为主破裂面，此次地震是在 NWW 向主压应力作用下产生的左旋错动。

震中 500km 范围内共计 93 个测震台，其中：100km 范围仅有 5 个测震台。在 2017 年 8 月 9~11 日期间，为了改善余震区域的监测与定位能力，在震中 70km 范围内四川和甘肃两省相继增设了 6 个流动测震台，其中四川省地震局新增 4 个流动台，甘肃省地震局新增 2 个流动台，分别位于九寨沟 7.0 级地震微观震中的东、西两侧，形成对九寨沟 7.0 级地震余震区域的有效监测，流动测震台监测至 2018 年。

---

[*] 参加编写：易桂喜、朱航、官致君、乔惠珍、何畅、杨耀等。

震中 500km 范围内共计 149 个固定前兆台，70 个跨断层场地以及地球物理场监测，100km 范围内前兆测点数量极少，定点台仅有 3 个固定台。前兆测项分布不均匀，大多分布于震中东北方向的甘东南及祁连中东段，以及震中西南侧的"三岔口"附近区域，震中西侧及东南侧测点尤其稀疏。

根据此次震例总结清理，九寨沟 7.0 级地震前提出有 54 条异常项次，其中：地震活动方面清理出 10 条核心异常；前兆观测方面清理出 44 条异常，其中地球物理场提出 3 条异常，流动重力和流动地磁、跨断层形变 30 条异常，固定台 11 条异常，即定点形变 7 条异常、地下流体 2 条异常、地磁地电 2 条异常。固定台异常比例为 0.07%，跨断层场地异常比例为 0.43%。

此次地震前有较好的中长期预测意见，但在四川省的震情短临跟踪中，由于短期异常主要集中在甘、宁、陕区域，缺少四川北部区域对时空有约束的短期异常，因此，没有给出此次地震的短临预测意见。震后趋势跟踪中，较好分析了发震构造、震源机制和序列衰减等资料，对序列发展趋势和类型做出准确、快速判定。

前　　言

2017 年 8 月 8 日 21 时 19 分，四川省阿坝藏族羌族自治州九寨沟县发生了 M_S7.0 地震，微观震中为 33.20°N、103.82°E。宏观震中位于九寨沟县城西的漳扎镇（宏观震中：33.22°N、103.84°E）。极震区烈度达Ⅸ度（9 度），地震等烈度线形状呈椭圆形，长轴走向为 NW—SE 向，Ⅵ度（6 度）及其以上区域总面积为 18295km²，其中：Ⅸ度（9 度）区面积 319km²。地震造成四川灾区直接经济损失 80.43 亿元。

九寨沟 7.0 级地震前，作出了较好的长期、中长期和年度趋势预测，2017 年 4 月四川省地震局监测预报处与四川省地震预报中心对四川阿坝藏族羌族自治州的震情跟踪工作进行了检查，并开展了全阿坝藏族羌族自治州防震减灾局长业务知识培训，促进了全阿坝藏族羌族自治的防震减灾工作，在此次九寨沟 7.0 级震前防御工作中发挥积极作用。

九寨沟 7.0 级地震烈度调查及灾害损失评估工作历时 8 天，共派出 69 组次，采用抽样调查、单项调查、抽样核实等方法，共调查 315 个调查点，选取了 97 个抽样点。在取得大量基础数据资料的基础上，通过地震现场灾害损失评估系统（MAPEDLES2007）评估此次地震灾害。

九寨沟 7.0 级地震发生后，为了改善余震监测与定位能力，2017 年 8 月 9~11 日四川和甘肃两省相继增上了 6 个流动测震台，其中，四川省地震局增设了 4 个流动台，甘肃省地震局增设了 2 个流动台，分别位于九寨沟 7.0 级地震微观震中的东、西两侧，形成对九寨沟 7.0 级地震余震的有效监测。

基于历史地震发震构造特殊性分析，准确研判九寨沟 7.0 级地震的发震构造。在岷江断裂北段，1748 年发生松潘漳腊北 6½级，1960 年发生松潘 6¾级地震；在岷江断裂南段，1713 年发生茂县叠溪 7 级和 1933 年发生茂县叠溪 7½级地震；在虎牙断裂上，1976 年 8 月松潘—平武间 7.2 级震群。九寨沟 7.0 级地震发震构造的确定，成为判定九寨沟 7.0 级地震震型的关键，也成为判定与 1976 年松潘—平武间 7.2 级震群间关系的焦点。

九寨沟 7.0 地震后，全国许多地震科研人员开展多学科研究，在《地球物理学报》《中国地震》和《地震》等刊物发表了多篇有关九寨沟 7.0 级地震的研究论文，四川省地震局组织地震科研人员开展对九寨沟 7.0 级地震的专题研究，并组稿"2017 年 8 月 8 日四川省九寨沟 7.0 级地震"专著出版。在上述研究工作的基础上，按照《震例总结规范》（DB/T 24—2007）要求，四川震例研究组对此次地震的监测资料、科学考察和主要研究成果进行了系统而全面地整理、审核、补充和研究，编写成本震例报告。

一、测震台网及地震基本参数

1. 测震台网

九寨沟 7.0 级地震震中位于四川省北部，毗邻甘肃省，地震监测能力依赖于四川、甘肃、陕西、宁夏和青海等省级地震台分布，四川及周边省（自治区）地震台网共同组成对九寨沟 7.0 级地震区域的监测。震中周围 500km 范围内共有 93 个测震台。其中：50km 范围内仅 1 个测震台，即距离九寨沟 7.0 级地震最近的九寨沟台，震中距约 39km；$50 < \Delta \leqslant$ 100km 范围共 5 个测震台，其中四川省测震台 3 个，邻省测震台 2 个；$100 < \Delta \leqslant 200$km 范围共 16 个测震台，其中四川省测震台 9 个、邻省测震台 7 个；$200 < \Delta \leqslant 300$km 范围共 17 个测震台，其中四川省测震台 9 个、邻省测震台 8 个；$300 < \Delta \leqslant 400$km 范围有测震台 25 个，其中四川省测震台 11 个、邻省测震台 14 个；$400 < \Delta \leqslant 500$km 范围有 30 个，其中四川省测震台 9 个、邻省测震台 21 个（图 1）。

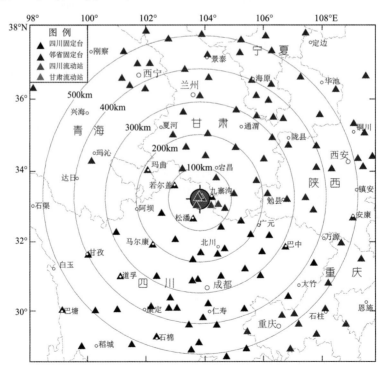

图 1　九寨沟 7.0 级地震 500km 范围内测震台网分布

Fig. 1　Distribution of seismic stations around the epicentral area before the M_S 7.0 Jiuzhaigou earthquake

　　九寨沟 7.0 级地震序列中早期多数余震为九寨沟单台记录，流动台架设前的监测震级下限为 $M_L2.5$，精度为 1 类。为了改善余震区域的监测与定位能力，在九寨沟 7.0 级地震发生后，2017 年 8 月 9~11 日四川和甘肃两省在震区相继增上了 6 个流动测震台（表 1），其中，四川省地震局增设了 4 个流动台（见表 1，图 1 中红色▲），甘肃省地震局增设了 2 个流动台（见表 1，图 1 中绿色▲），分别位于九寨沟 7.0 级地震微观震中的东、西两侧，形成对九寨沟 7.0 级地震的余震区域的有效监测，四川省地震局增设的 4 个流动台距离九寨沟 7.0 级地震震中分别为 9.0、12.4、20.9、40.6km，甘肃省地震局增设 2 个流动台距离九寨沟 7.0 级地震震中 8.6、60.4km，流动测震台架设后立即投入使用，余震区域的地震监测能力得到显著提升，监测震级下限达 $M_L1.0$，精度为 1 类。

表 1　九寨沟 7.0 级地震后四川和甘肃两省的流动测震台站接入情况
Table 1　Access of mobile seismic stations in Sichuan and Gansu provinces after the $M_S7.0$ Jiuzhaigou earthquake

序号	名称	仪器型号	经度（°E）	纬度（°N）	高程（m）	距离震（km）	数据接入时间	流动台站
1	GS/L6201	GL-PS2	104.448	33.0646	1142.9	60.4	8 月 9 日 18：31	甘肃文县 石矾坝
2	GS/L6202	GL-PS2	103.746	33.2461	2653.0	8.6	8 月 12 日 07：50	四川九寨沟 甘海子
3	SC/L5110	CMG-40T	104.207	33.032	1800.0	40.6	8 月 9 日 19：03	四川九寨沟 勿角乡政府
4	SC/L5111	CMG-40T	103.910	33.228	2190.0	9.0	8 月 10 日 13：50	四川九寨沟 漳扎镇荷叶村委会
5	SC/L5112	CMG-40T	103.8075	33.3099	2204.0	12.4	8 月 10 日 16：25	四川九寨沟 达基寺
6	SC/L5113	GL -PS2	103.7120	33.0323	3495.0	20.9	8 月 11 日 16：30	四川松潘 黄泥坡

2. 强震动台网

　　2017 年，九寨沟 7.0 级地震震中附近区域范围（28~38°N，98~110°E）有 355 个强震动观测台站，分布在四川、甘肃、陕西、宁夏、云南五个省（自治区），图 2 为该范围的强震动台分布，其中：100km 范围共有 13 个强震动台（四川省 10 个、甘肃省 3 个）；100<Δ≤200km 范围共有 38 个强震动台（四川省 31 个、邻省 7 个）；200<Δ≤300km 范围共有 33 个强震动台（四川省 21 个、邻省 12 个）；300<Δ≤400km 范围共有 93 个强震动台（四川省 28 个、邻省 65 个）；400<Δ≤500km 范围共有 92 个强震动台（四川省 33 个、邻省 59 个）。Δ≥500km 范围共有 86 个强震动台（四川省 32 个、邻省 54 个）。

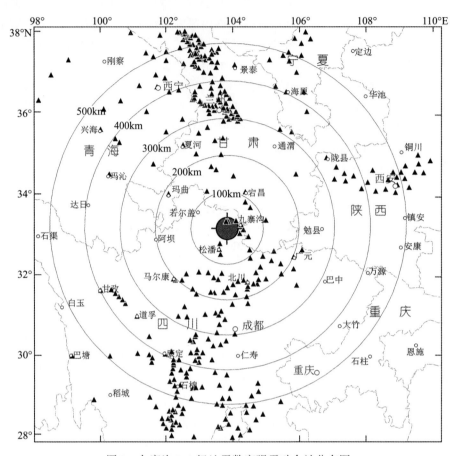

图 2　九寨沟 7.0 级地震数字强震动台站分布图

Fig. 2　Distribution of digital strong motion stations for the M_S7.0 Jiuzhaigou earthquake

(28~38°N, 98~110°E)

3. 地震基本参数

据中国地震台网（CENC）测定，2017 年 8 月 8 日 21 时 19 分 46.4 秒，在四川省阿坝藏族羌族自治州九寨沟县发生 M_S7.0 地震，本研究报告采用中国地震台网（CENC）测定参数（表 2 第 1 行参数）。中国地震台网（CENC：China Earthquake Network Center）、四川地震台网、美国地质调查局（USGS：United States Geological Survey）、美国国家地震信息中心（NEIC：National Earthquake Information Center）、法国欧洲—地中海地震中心（CSEM：Centre Sismologique Euro-Mediterraneen）、俄罗斯科学院地球物理观测中心（GSR：GS RAS，Obninsk，Russia）、美国地震学联合研究会（IRIS：Incorporated Research Institutions for Seismology）、德国勘测中心的地球科学研究中心（GFZ：Deutsches Geo Forschungs Zentrum）、英国地质调查局（BGS：British Geological Survey）等机构给出了九寨沟地震的震源参数，详见表 2。

表 2　全球各机构测定 2017 年 8 月 8 日九寨沟 7.0 级地震基本参数

Table 2　Basic parameters of the Aug. 8, 2017 M_S7.0 Jiuzhaigou earthquake from different institution in the world

发震时刻	震中位置（°）		震级				深度（km）	震中地名	结果来源
时：分：秒	φ_N	λ_E	M_S (M)	M_L	m_b	M_W			
21：19：48.7 CCT	33.200	103.820	7.0				20	四川九寨沟	CENC
21：19：46.4 CCT	33.22	103.83	7.0				23	四川九寨沟	四川台网
21：19：46.7 CCT	33.20	103.82		7.1			20	四川九寨沟	四川台网（初报）
13：19：49 UTC	33.19	103.85	6.8			6.5	9	中国甘肃	USGS
13：19：49 UTC	33.198	103.861				6.5	9	中国四川北部	NEIC
13：19：50.2 UTC	33.21	104.03				6.5	10	中国甘肃	CSEM
13：19：48 UTC	33.20	103.83	6.8		6.3		10	中国甘肃	GSR
13：19：49 UTC	33.19	103.86				6.5	9	中国甘肃	IRIS
13：19：50 UTC	33.10	103.88				6.4	9	中国甘肃	GFZ
13：19：49.0 UTC	33.193	103.855	6.5				8	中国四川	BGS

注：CENC：中国地震台网中心（China Earthquake Networks Center, http：//www. cenc. ac. cn/）

　　USGS：美国地质调查局（U. S. Geological Survey, https：//www. usgs. gov/）

　　NEIC：美国国家地震信息中心（National Earthquake Information Center, http：//neic. usgs. gov/）

　　CSEM：法国欧洲—地中海地震中心（Centre Sismologique Euro-Mediterraneen, http：//www. emsc-csem. org/）

　　GSR：俄罗斯科学院地球物理观测中心（GS RAS, Obninsk, Russia, http：//www. ceme. gsras. ru/）

　　IRIS：美国地震学联合研究会（Incorporated Research Institutions for Seismology, http：//www. iris. edu/hq/）

　　GFZ：德国勘测中心的地球科学研究中心（Deutsches GeoForschungsZentrum, http：//www. gfz-pots-dam. de/）

　　BGS：英国地质调查局（British Geological Survey, http：//www. bgs. ac. uk/）

二、地震地质背景

九寨沟 7.0 级地震发生在青藏高原东缘。青藏高原北至昆仑山、阿尔金山和祁连山北缘，西部为帕米尔高原和喀喇昆仑山脉，东及东北部与秦岭山脉西段和黄土高原相接。印度板块与欧亚板块强烈碰撞使得青藏高原抬升形成青藏地块，青藏高原的隆升过程伴随着复杂的构造变形运动和深部动力过程，青藏高原地壳厚度最厚达 80km（Mooney et al.，1998），是现今仍在进行的全球最高最年轻的陆陆碰撞造山带。在印度—欧亚大陆碰撞造山期间，至少 1500km 宽的特提斯洋壳消亡，而现今的地壳增厚量远不足以吸纳如此庞大的特提斯洋壳（Yin et al.，2000），为了理解吸纳如此大规模地壳缩短形变机制，地学界从未间断过对青藏高原的研究并陆续提出了各种模型，诸如"重力均衡扩散""连续流变"和"块体挤出"等模型，这些模型都认为高原物质的东移是高原能够保持基本均衡的主要原因，提出了青藏高原物质向东"逃逸"各种方式（Molnar et al.，1975；Royden et al.，1997；Clark et al.，2000；Beaumont et al.，2001）。由于受到印度板块向欧亚板块的强烈挤压，青藏地块内部及边缘断层活动强烈形成块体，块体非连续变形理论（Tapponnier et al.，1982；Avouac et al.，1993；Tapponnier et al.，2001；）认为板块构造的理论基本上适用于大陆内部，大陆构造以"非连续变形"为特征。大陆构造变形是通过一系列相对刚性块体的相互作用来实现的，张培震等（2003）研究中国大陆活动地块的几何特征、运动方式及其对强震的控制作用，提出地块运动是中国大陆晚新生代和现代构造变形的主要特征（张培震等，2003），研究显示中国大陆的活动地块形成于晚新生代、晚第四纪（10~12 万年）至现今强烈活动的构造带所分割和围限、具有相对统一运动方式的地质单元。不同活动地块的运动方式和速度是不同的，地块间的差异运动在其边界最强烈。中国大陆几乎所有 8 级和 80%~90% 的 7 级强震发生在活动地块边界带上，表明地块间的差异运动是大陆强震孕育和发生的直接控制因素。在青藏一级地块内形成拉萨、羌塘、川滇菱形、柴达木、祁连和巴颜喀拉 6 个二级块体，二级块体差异活动明显。同时，在印度板块推挤下和青藏地块周缘刚性地块阻挡下围绕东构造结发生顺时针旋转，形成高原物质东移。九寨沟 7.0 级地震震区正是处于受到青藏地块内部次级块体差异活动和高原物质东移双重作用的地带。

1. 区域构造背景

九寨沟 7.0 级地震震中位于青藏高原地块内的巴颜喀拉块体东部区域。巴颜喀拉块体是青藏 I 级地块内部一个构造和地震活动强烈的 II 级块体（张培震，2003），震区及邻近区域的东昆仑断裂、塔藏断裂和岷山断块晚第四纪活动性强，强震、大地震频发，历史上曾多次发生 7 级以上大地震。近 20 年以来围绕巴颜喀拉块体边界断裂发生了一系列强震和大地震，例如：1997 年 11 月 8 日西藏玛尼 7.5 级、2001 年 11 月 14 日昆仑山口西 8.1 级、2008 年 3 月 21 日新疆于田 7.3 级、2008 年 5 月 12 日四川汶川 8.0 级、2013 年 4 月 20 日四川芦山 7.0 级和 2014 年 2 月 12 日新疆于田 7.3 级等地震，这些大震构成了近 20 年中国大陆地震主体活动区（邓起东等，2010；M7 专项工作组，2012），2017 年 8 月 8 日九寨沟 7.0 级地震也是发生在这一主体活动区。震区涉及到的主要活动构造为东昆仑断裂、塔藏断裂、岷江断裂、虎牙断裂和树正断裂等，而邻近的主要活动断裂有龙日坝断裂、哈南—青山湾—稻畦子断裂、白龙江断裂和光盖山—迭山断裂等（图3）。

　　东昆仑断裂带为巴颜喀拉块体的北边界，是印度板块向欧亚板块俯冲过程中沿东昆仑古构造缝合线复活的一条深大活动断裂带。东昆仑断裂西起青海与新疆交界的鲸鱼湖西、经库赛湖、西大滩、托索湖、玛曲，穿过若尔盖盆地北缘，延伸至岷山断块北麓一带。断裂带存在多期活动，控制着古生代以来的地层分布、华力西期和印支期的岩浆活动，以及新生代盆地（青海省地震局等，1997）。东昆仑断裂自西向东大致可分为7个段落：鲸鱼湖段、库赛湖段、东西大滩段、阿拉克湖段、托索湖段、玛沁—玛曲段和塔藏段（刘光勋，1996；青海省地震局等，1999；徐锡伟等，2002；江娃利等，2006；Kirby et al.，2007）。震区中的东昆仑断裂东段西起于若尔盖盆地北东，向 SEE 方向延伸至岷山断块以北一带，总体呈反"S"形，具有明显的晚第四纪新活动性，到了东端的尾端发散呈多支次级断裂，构成了马

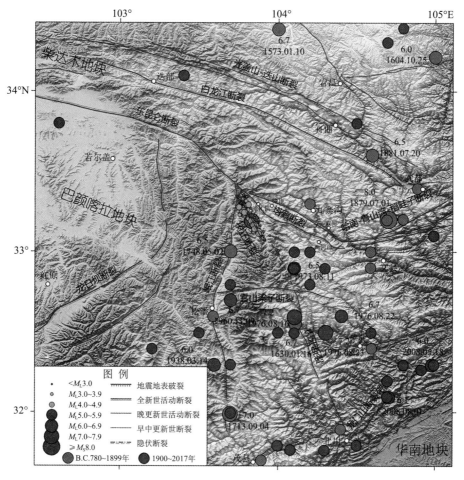

图 3　九寨沟区域活动构造与历史 $M_S \geqslant 5.0$ 级地震分布图

Fig. 3　The distribution of the $M_S \geqslant 5.0$ historical earthquakes and active tectonics

in the Jiuzhaigou area（Purple circle marks：the $M_S 7.0$ Jiuzhaigou earthquake）

尾状或扫帚状构造样式。东昆仑断裂的水平滑动速率存在向东递减的特征，西段全新世左旋滑动速率达12±3mm/a（刘光勋，1996；青海省地震局等，1999），到了塔藏断裂其水平滑动速率仅为1.0～3.0mm/a（Kirby et al.，2007；李陈侠等，2011）。古地震研究的结果显示，塔藏断裂最晚一次地震发生在（340±30）～（500±30）a B.P.（张军龙等，2012）。

塔藏断裂属于东昆仑断裂带分支，塔藏断裂又分为近平行的两条，一条走向呈NW向，通过漳扎镇、九寨沟沟口至两河口，在地表形成十分明显的断层崖、断层槽谷地貌，并出露有碎裂岩、糜棱岩等构造岩；另一条走向呈NWW—NW向，经过塔藏北、隆康至双河南，总长度在60km。控制了塔藏沟的发育，在坡麓地带形成断层残山或边坡脊地貌。断裂在隆康（K40）处呈大角度穿越线路。在老塔藏南西，见石炭纪下统略阳组（C1l）灰岩逆冲于三叠纪扎尕山群（T2zg）灰岩之上，估计断层破碎带宽度在50m左右。于断面上取断层泥经TL法测定的年龄值为60800±5300a，表明了断裂的晚更新世活动性（四川省地震局，2018，《2017年8月8日九寨沟7.0级地震》）。

岷山断块西边界为岷江断裂，东边界为虎牙断裂，南、北界分别为龙门山构造带和东昆仑断裂所截接，呈东西宽约50～60km、南北延绵150km的NS向新隆起，横亘于近EW向摩天岭构造带和NE向的龙门山构造带之间，构成青藏高原东缘的一部分。从深部构造背景来看，岷山断块正处于我国东西部地壳厚度陡变带上，是中国西部强隆区和东部弱升区两个一级新构造单元分界（马杏垣等，1986），位于南北地震带的中段。岷山断块是一个NS向的新构造隆起，与东、西两侧的地貌存在绝然的差别，其形成机制与该断块东、西边界断裂新构造时期以来的运动方式具有密切的成因联系。

岷江断裂是岷山断块的西边界，也是一条全新世活动断裂。北起弓嘎岭以北，南至茂县以北，全长约170km，走向近NS，断面西倾，倾角不定。大致以川主寺、较场为界，可以将该断裂分为北、中、南三段。较场以南段可以见到断裂西盘逆冲在第四纪地层之上形成的边坡脊地貌，并错切了全新统坡洪积物（钱洪等，1999），历史上曾发生过1713年叠溪7级和1933年叠溪7½级地震；川主寺—较场段（中段）活动构造地貌稍弱，但仍可见到第四纪新断层现象（赵小麟等，1994），特别是在木耳寨附近和松潘南存在明显的冲沟左旋错断；川主寺以北控制了弓嘎岭和漳腊两个新第三纪—第四纪盆地，将这两个盆地严格地限制在断裂的东侧。从漳腊盆地的新地层充填系列和横向配置关系来分析，该盆地应具有前陆盆地的一般特征，即具有沉积厚度西厚东薄，砾径西粗东细的特点。此外，该断裂段上亦可见到基岩断裂逆冲于上新世红土坡组（N2h）和第四纪砂砾石层之上的现象，错切了河流阶地，洪积扇，并导致岷江河流阶地产生了明显的变形，晚第四纪以来的平均滑动速率在0.37～0.53mm/a左右（周荣军等，2000），历史上曾发生过1748年松潘漳腊北6½级和1960年松潘6¾级地震。张军龙等（2013）在漳腊盆地黑斯沟T2阶地开挖探槽，认为古地震复发周围为2557～3410a，同震垂直位错约1.5m（张军龙等，2013）。

虎牙断裂是岷山断块的东边界，虎牙断裂被EW走向的雪山梁子断裂分割为南、北两段。虎牙断裂南段自南向北由SE转为近NS走向，南端始于平武县的艮厂，向北经虎牙关、火烧桥、小河至龙滴水，在龙滴水北与雪山梁子断裂交错，虎牙断裂南段倾向SW，自南向北倾角从30°变为70°，断面上可见斜向擦痕，具有压扭性特征（压兼左旋扭动）。与雪山梁子断裂交错向北的虎牙断裂北段，断裂走向由近NS转为NW，断面东倾，倾角为80°左右，推测北段呈 NNW 向延伸，属于新生的隐伏断裂（唐荣昌等，1993）。断裂以东为中低山区，夷平面高程在 3200~3500m 左右；断裂以西为岷山，夷平面高程约在 4200~4500m。虎牙断裂运动性质为逆冲性质为主，将东西两侧的夷平面垂直断错了 1000m 左右，而该地区被夷平的最新地层为上新世红土坡组（N_2h）和夷平面解体后的最老地层为早更新世观音山组（Q_1g），由此推测第四纪以来的平均垂滑动速率应在 0.5mm/a 左右（周荣军等，2000）。

历史上，虎牙断裂南段发生了 1973 年松潘北东 $M_S6.5$、1976 年松潘—平武两次 $M_S7.2$ 和一次 $M_S6.7$ 地震（震群），其中，1976 年 8 月 16~23 日 2 次松潘 $M_S7.2$ 地震发生在 NNW 向的虎牙断裂带，震源机制为左旋走滑兼逆冲型（Jones et al.，1984），1976 年 8 月 22 日松潘 $M_S6.7$ 地震发生在 NE 向叶塘断裂，该断裂为逆冲型。研究认为，1976 年 8 月 16 日 7.2 级地震触发了 8 月 22 日 6.7 级地震，二者可能再触发了 8 月 23 日 7.2 级地震（岳汉，2008）。在雪山梁子断裂分割的推测出的虎牙断裂北段上，尚无 6.5 级以上地震记载（周荣军等，2000；张岳桥等，2012）。

树正断裂在以前的地质图和五代区划图——《中国地震动参数区划图》（GB 18306—2015）的活动断裂上没有标识出来，但九寨沟地震之后的地震地质调查中，发现了类似断层槽谷、山脊和冲沟被左旋位错的构造地貌，且沿疑似断层迹线的同震滑坡十分发育（图4；任俊杰等，2017）。而且，震后中国地震台网中心、四川省地震局与九寨沟 7.0 级地震现场指挥部联合视频会商会上，四川省地震局依据四川赛思特科技有限责任公司在 2011 年开展的成兰铁路沿线活动断裂调查工作中，发现树正断裂存在零星地质证据，说明了树正断裂是实际存在的一条 NW—SE 走向的左旋走滑活动断裂。2017 年 8 月 14 日召开的 2017 年全国 7 级地震强化监视跟踪专家组专题视频会商会上，四川省地震局在《四川九寨沟 7.0 级地震后南北地震带强震危险性讨论》ppt 报告（杜方，2017）首次给出了九寨沟 7.0 级地震发震断裂是树正断裂的判定意见。

树正断裂属于东昆仑断裂东端一分支。东昆仑断裂带向 SEE 延伸，除了青藏高原东缘的岷江断裂和虎牙断裂等吸收了一部分东昆仑断裂带的水平走滑位移外，还有相当一部分滑移量转变为青藏高原东缘岷山—龙门山的构造隆起和地壳缩短（陈社发等，1994；张军龙等，2014），从而构成了该地区的构造变形特征。九寨沟 7.0 级地震震中位于东昆仑断裂东段东端分岔区域，岷江断裂与塔藏断裂之间，其余震分布长轴与东昆仑断裂东端一分支——NW—SE 走向的树正断裂一致（图3）。

九寨沟 7.0 级地震的发震构造判定没有本质的争议。震后四川省地震分析预报中心首次在会商会上给出的判定意见与后续发表论文的诸多结论没有本质的争议，都清晰认识到九寨沟 7.0 级地震的发震构造的结构特征，但给出的发震断层名称和发震断层与已标识的断裂的关系的解释是不相同的。例如：徐锡伟等（2017）给出九寨沟 7.0 级地震的发震断层为 NNW 向虎牙断裂北段，左旋走滑性质，属东昆仑断裂带东端分支断层之一。任俊杰等（2017）认为：九寨沟 $M_S7.0$ 地震正是左旋走滑的东昆仑断裂带在东端继续向东扩展的结果；谢祖军等（2018）研究认为九寨沟地震发生在东昆仑断裂构造转换带的子断层、位于虎牙断裂西北延长线的未标识断层上；付国超等（2017）认为九寨沟 7.0 级地震属于走滑型地震，主破裂倾角 57°~77°，发震断层可能是塔藏断裂的一条分支，是青藏高原块体向东推挤的一次地震事件；根据余震震中分布、主震及余震震源机制解等，四川省地震分析预报

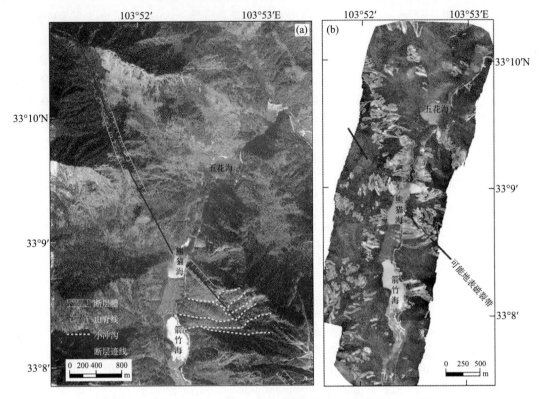

图 4　九寨沟熊猫海—带树正断裂的断错地貌（任俊杰等，2017）

Fig. 4　Fault landform of the Shuzheng fault in the panda sea area of Jiuzhaigou（Ren Junjie, 2017）

中心推测此次九寨沟 7.0 地震及其余震的主发震构造为位于岷江断裂与塔藏断裂之间的树正断裂。

综上所述，对九寨沟 7.0 级地震发震构造的结构特征认识是一致的和明确的，应该是没有本质的争议，只是九寨沟 7.0 级地震的发震构造与区域四、五代区划图已标识的断裂的关系存在不同的解释，进而给出了发震构造的不同名称。

2. 历史大震和强震

据史料记载和区域地震台网记录，在巴颜喀拉地块东缘区域自北向南发生有一系列历史大震和强震（图 3）。在图 3 区域范围内，B. C. 780～2017 年，共记载和记录有 5 级以上地震 65 次（含此次九寨沟 7.0 级地震），其中 6.0～6.9 级 11 次；7.0～7.9 级 5 次；8 级以上地震 1 次。最大就是距离九寨沟 7.0 级地震以东相距约 83km 的 1879 年 7 月 1 日武都南 8.0 级地震，文县与武都间由于历史、自然环境和交通条件较差等原因，记载的 1879 年 7 月 1 日武都南 8.0 级地震很难进行详细的实地发震断层考察。刘白云等（2012 年）基于小震丛集性反演了 1879 年武都南 8.0 级地震震源断层特征，结果表明：发震断层是一条长约 30 km、埋深 2～23 km 的 NNE 走向、高倾角并在 NNW—SEE 向压应力作用下，发生右旋走向滑动的断层。

在巴颜喀拉块体东部区域，岷江断裂和虎牙断裂上也曾发生一系列强震和大震（国家地震局震害防御司（编），1995；中国地震局震害防御司（编），1999；四川地震资料汇编编辑组，1980；四川地震资料汇编编辑组，1981；孙成民等，2010（上下册）；宋治平等，2011）。在岷江断裂北段，1748 年 5 月 2 日发生松潘漳腊北 6½ 级、1960 年 11 月 9 日发生松潘 6¾ 级地震；在岷江断裂南段，1713 年 9 月 4 日发生茂县叠溪 7 级和 1933 年 8 月 25 日发生茂县叠溪 7½ 级地震；在虎牙断裂上，1976 年 8 月 16~23 日松潘—平武间发生两次 7.2 级以及在叶塘断裂发生的 6.7 级地震（震群）。

3. 区域重力布格异常分布

布格重力异常场主要反映地壳内部乃至上地幔的地质构造及物质分布状态。由图 5 可见，区域内的布格重力异常的总体态势为负值，且由东向西逐渐降低，变化幅度在 −75 ~ −470mGal。其中在青川、北川、都江堰一线形成有一条 NNE 向的布格重力梯级带，强震和

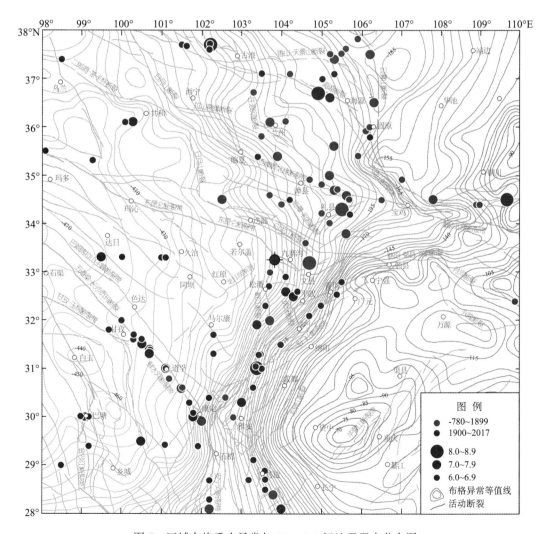

图 5　区域布格重力异常与 $M_S \geqslant 6.0$ 级地震震中分布图

Fig. 5　Regional bouguer gravity anomaly and epicenter distribution of the $M_S \geqslant 6.0$ earthquakes

大震活动主要沿布格重力梯级带分布。根据布格重力异常形态、强度、等值线的疏密程度以及展布方向可划分出以下几个不同的布格重力异常区（四川省地震局，2018，《2017年8月8日九寨沟7.0级地震》）：

东昆仑布格重力异常梯级带：龙门山布格重力梯级带在北纬33°附近的青川、平武地区分岔呈二支布格重力异常梯级带，其中一支呈NNW向展布，沿九寨沟、迭部、碌曲进入甘肃境内，该布格重力异常梯级带与东昆仑断裂带位置一致，反应了该断裂具有深大断裂特征。

龙门山布格重力异常梯级带：该梯级带斜贯龙门山全区，总体走向呈NNE向，区域内重力异常值变化剧烈，其中都江堰—理县平均变化梯度可达2.2mGal/km，反映了该区域的莫氏面呈一向西倾斜的斜坡。该布格重力梯级带是NE向龙门山断裂带通过的位置，表明了龙门山断裂是一条切割深度已达上地幔的岩石圈深大断裂。

川西布格重力异常相对低值区：该区位于玛曲—马尔康—九龙以西，布格重力异常值介于-330～-470mGal。重力异常等值线总体呈近NS向展布，表明该地区地壳厚度大且深部构造以近NS向为主。

四川盆地布格重力异常相对高值区：位于广元—绵阳—成都以东区域，形成了以大足为中心的呈封闭状的相对布格重力异常高值区，异常等值线变化比较平缓，表明四川盆地地壳厚度变化较小。

三、烈度分布及震害

1. 强震动记录

根据2017年第4期，强震动观测简报（四川九寨沟7.0级地震（第四报）（中国地震局工程力学研究所、国家强震动中心.2017），截至2017年8月20日，共获得九寨沟7.0级地震触发三分向强震动记录79组，其中四川34组、陕西25组、宁夏5组、甘肃15组（表3）。图6给出了九寨沟7.0级地震所有获取记录的台站分布。

强震动记录幅值特征：从理论上讲（袁一凡，2012），在地震波未到达之前，强震仪加速度记录的初始值应该为零，但由于传感器初始零位的偏移以及仪器的电磁噪声、观测环境的背景噪声，实际记录的初始值并不为零。因此，在计算加速度峰值时一般采用减去事件前记录平均值的方法消除基线漂移。计算的加速度峰值详见表3，图7给出了九寨百河（台站代码：51JZB）和九寨勿角（台站代码：51JZW）两组记录的加速度时程曲线。

表3中九寨章扎台（台站代码051JZZ）距震中11km，该台获得我国自开展强震动观测以来最大的加速度记录，其加速度峰值EW、NS和垂直（UD）分向分别为1924.3、-1347.0和1213.3cm/s²。经现场核查，虽然九寨章扎台安装仪器工作正常，未发现故障，但九寨沟7.0级地震造成该台观测房严重破坏，经分析讨论认为，该台记录可能受场地条件影响产生放大效应，具体原因需进一步核实。

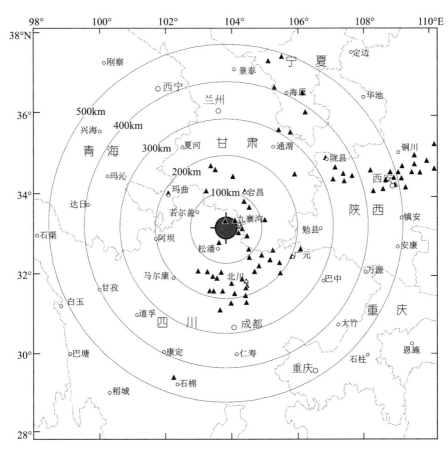

图6　九寨沟 7.0 级地震触发强震动台站分布

Fig. 6　Distribution of strong motion stations triggered by the M_S7.0 Jiuzhaigou earthquake

(28°~38°N, 98°~110°E)

表3　九寨沟 7.0 级地震强震动记录及相关参数

Table 3　Records of strong motion and related parameters of the M_S7.0 Jiuzhaigou earthquake

序号	台站代码	测点位置	场地类型	台站地理位置		震中距（km）	加速度峰值/（cm/s²）		
				北纬（°）	东经（°）		EW	NS	UD
1	051JZZ	地面	土层	33.3	103.9	11.0	1924.3	-1347.0	1213.3
2	051JZB	地面	土层	33.3	104.1	30.6	-129.5	-185.0	-124.7
3	051JZW	地面	土层	33.0	104.2	41.0	-73.8	-91.7	43.3
4	051JZY	地面	土层	33.2	104.3	41.2	-45.8	66.7	-67.7
5	051SPC	地面	土层	32.8	103.6	50.4	-50.3	-46.3	-23.0
6	062SHW	地面	土层	33.7	104.5	83.4	-18.6	20.5	16.8
7	062ZHQ	地面	基岩	33.8	104.4	84.0	10.2	-9.0	-7.9

续表

序号	台站代码	测点位置	场地类型	台站地理位置		震中距（km）	加速度峰值/（cm/s²）		
				北纬（°）	东经（°）		EW	NS	UD
8	062WEX	地面	基岩	32.9	104.7	85.2	5.7	−8.4	5.3
9	051PWM	地面	土层	32.6	104.5	92.6	−18.6	20.9	13.7
10	051PWD	地面	土层	32.4	104.5	109.6	17.7	16.9	−8.5
11	062DIB	地面	土层	34.1	103.2	110.1	13.6	−8.1	−13.2
12	051MXD	地面	土层	32.0	103.7	129.7	−12.2	−23.3	−6.5
13	051QCQ	地面	土层	32.5	104.9	130.3	9.6	10.5	−4.8
14	051HSL	地面	土层	32.1	103.3	137.2	−4.3	−5.8	−2.3
15	062MXT	地面	土层	34.4	104.0	138.0	23.5	21.6	15.5
16	051HSS	地面	土层	31.9	103.4	145.0	−8.6	−6.4	−2.6
17	051PWN	地面	土层	32.2	104.8	145.9	17.0	−14.9	6.0
18	051QCD	地面	土层	32.6	105.2	148.6	−13.5	11.5	7.9
19	051HSD	地面	土层	32.1	103.0	148.7	−3.0	2.7	−2.0
20	051MXB	地面	土层	31.9	103.6	149.9	−5.3	6.6	3.3
21	051PWP	地面	土层	32.1	104.7	150.7	−6.5	−8.7	−3.7
22	062ZNI	地面	土层	34.6	103.5	154.8	−8.1	3.9	7.5
23	051BCZ	地面	土层	31.9	104.3	154.9	−4.7	−5.5	4.7
24	062ZM2	地面	土层	32.8	105.4	155.1	24.4	−21.7	−13.9
25	062ZM4	地面	土层	32.8	105.4	156.0	15.6	13.4	8.6
26	051MXF	地面	土层	31.8	104.0	162.2	3.3	3.1	1.7
27	051BCQ	地面	土层	31.8	104.5	163.7	3.1	2.1	1.6
28	062LTA	地面	土层	34.7	103.4	168.9	−2.4	−3.2	2.3
29	051BCY	地面	土层	31.7	104.5	178.0	−6.3	4.6	2.1
30	062TSZ	地面	土层	34.2	105.4	179.4	−6.9	−6.0	−2.2
31	051MXN	地面	土层	31.6	103.7	180.3	6.3	6.6	3.7
32	062MAQ	地面	土层	34.0	102.1	184.9	−2.4	1.8	−3.3
33	051LXT	地面	土层	31.6	103.5	185.6	3.4	3.4	2.3
34	051JGS	地面	土层	32.3	105.5	188.3	−7.9	7.8	3.2
35	051WCD	地面	土层	31.5	103.6	192.5	−2.7	−1.1	−1.1
36	051GYD	地面	土层	32.6	105.8	194.8	−13.3	15.9	8.2
37	051AXH	地面	土层	31.5	104.6	196.0	−3.8	−3.3	1.6

续表

序号	台站代码	测点位置	场地类型	台站地理位置		震中距（km）	加速度峰值/（cm/s²）		
				北纬（°）	东经（°）		EW	NS	UD
38	051JGD	地面	土层	32.0	105.5	201.3	−7.7	7.6	−2.8
39	051MZX	地面	土层	31.4	104.2	203.8	−2.8	−3.0	−1.0
40	051GYZ	地面	土层	32.4	105.8	206.0	3.5	−5.7	−2.9
41	051AXD	地面	土层	31.4	104.3	206.7	2.1	−2.6	−1.2
42	062LCX	地面	土层	33.8	106.0	207.8	−14.5	−14.5	−5.9
43	051SFB	地面	土层	31.3	104.0	214.2	2.8	2.7	−1.4
44	051SFS	地面	土层	31.2	104.2	228.1	3.5	2.0	−0.6
45	051DJH	地面	土层	31.1	103.7	232.9	−1.4	2.2	−1.1
46	062WYX	地面	土层	34.9	105.4	237.8	−15.9	14.7	−6.3
47	064XIJ	地面	土层	35.6	105.4	303.1	3.8	3.4	2.0
48	062YQZ	地面	土层	35.3	106.4	325.7	−12.4	−14.3	−5.2
49	061BAJ	地面	土层	34.4	107.1	326.9	−8.0	9.2	2.4
50	061LOX	地面	土层	34.9	106.8	335.7	4.8	−4.7	−1.7
51	061QIY	地面	土层	34.7	107.1	345.3	−3.2	4.4	−2.2
52	061CHC	地面	土层	34.3	107.4	354.4	−6.1	7.9	2.6
53	061FEX	地面	土层	34.5	107.4	359.1	−6.2	6.9	−4.3
54	064GYC	地面	土层	36.4	105.2	375.5	2.9	−2.7	−1.2
55	064GYN	地面	土层	36.0	106.2	379.3	3.4	−3.4	2.3
56	061QIS	地面	土层	34.4	107.7	379.7	5.1	7.9	−3.4
57	064QIY	地面	土层	36.3	106.1	398.5	−3.3	−3.1	1.7
58	061ZHZ	地面	土层	34.1	108.3	427.4	−3.8	−2.8	2.6
59	061QIL	地面	土层	34.6	108.2	434.9	−1.5	−2.4	0.8
60	051SMW	地面	土层	29.4	102.2	445.6	−4.2	−6.9	3.0
61	061HXI	地面	土层	34.1	108.6	455.6	−5.6	−6.0	1.4
62	064CST	地面	土层	37.2	105.4	462.6	−1.0	−0.7	−0.3
63	061XIY	地面	土层	34.4	108.7	468.8	−2.9	3.5	1.7
64	061JIY	地面	土层	34.5	108.8	486.5	−2.9	3.4	−1.3
65	061XIA	地面	土层	34.2	109.0	487.6	3.2	−3.9	−1.9
66	061XYI	地面	土层	34.2	109.0	489.6	1.0	−3.0	1.2
67	064QUK	地面	土层	37.4	105.5	491.5	1.2	−1.3	0.6

序号	台站代码	测点位置	场地类型	台站地理位置		震中距（km）	加速度峰值/（cm/s^2）		
				北纬（°）	东经（°）		EW	NS	UD
68	061CAT	地面	土层	34.4	109.0	492.4	−3.0	−3.6	1.1
69	061GAL	地面	土层	34.5	109.1	508.5	−4.5	−3.9	−1.2
70	061LIT	地面	土层	34.4	109.2	513.2	3.8	3.1	−1.4
71	061LAT	地面	土层	34.2	109.3	519.7	−3.8	−3.2	−1.0
72	061YAL	地面	土层	34.7	109.2	524.5	−2.0	−2.9	−1.0
73	061WEN	地面	土层	34.5	109.5	543.9	−3.2	2.4	1.1
74	061LID	地面	土层	34.7	109.6	559.4	−4.0	−3.7	1.0
75	061PUC	地面	土层	35.0	109.6	565.0	2.2	2.2	−1.4
76	061HUX	地面	土层	34.5	109.8	566.5	−2.1	−2.1	0.9
77	061DAL	地面	土层	34.8	110.0	592.6	−2.2	−2.3	−0.6
78	061TOG	地面	土层	34.6	110.2	610.4	−3.3	−2.2	−1.3
79	061HEY	地面	土层	35.2	110.2	628.1	−2.2	−2.0	−1.1

2. 地震烈度分布

中国地震局现场工作队依照《地震现场工作：调查规范》（GB/T 18208.3—2011）、《中国地震烈度表》（GB/T 17742—2008），通过灾区震害调查、强震动观测记录分析、遥感航空影像震害解译等工作，确定了此次地震的烈度分布（中国地震局网站：http：//www.cea.gov.cn/；发布时间：2017.08.12 20：56：37；信息来源：中国地震局震灾应急救援司）。

九寨沟 7.0 级地震烈度调查历经 4 天（8 月 9~12 日），涉及四川省的九寨沟、平武、松潘、若尔盖和红原县，甘肃省的文县、舟曲和迭部县，共涉及 8 个市县的 71 个乡镇。中国地震局现场工作队派出烈度调查组 50 组，100 余名专家参与，调查点 315 个，调查路程 12000 余千米。绘制九寨沟 7.0 级地震烈度调查点分布图（图 8）显示，九寨沟 7.0 级地震形成的等烈度线长轴总体呈 NNW 走向，最高烈度为Ⅸ度（9 度）。Ⅵ度（6 度）区及以上总面积为 18295km^2，共造成四川和甘肃两省交界的 8 个市县受灾，包括四川省阿坝藏族羌族自治州九寨沟、若尔盖、红原和松潘县，绵阳市平武县；甘肃省陇南市文县，甘南藏族自治州舟曲和迭部县。

Ⅸ度（9 度）区涉及四川省的九寨沟县的漳扎 1 个镇，面积 139km^2。该区震害：木结构房屋少数倒塌毁坏，石砌和砖砌的围护墙多数倒毁，贯穿性开裂现象普遍；砖混结构房屋部分毁坏，多数承重墙体出现较严重水平裂缝或"X"形裂缝贯通，多数墙体开裂明显；框架结构部分房屋出现构造柱位错，少数出现框架节点开裂和断裂，部分房屋梁柱出现细微裂缝，少数填充墙出现"X"形裂缝贯通，墙体开裂普遍；此外，地震造成九寨沟景区内出现多处地质灾害，如诺日朗瀑布和火花海等经典景点均受到不同程度破坏。

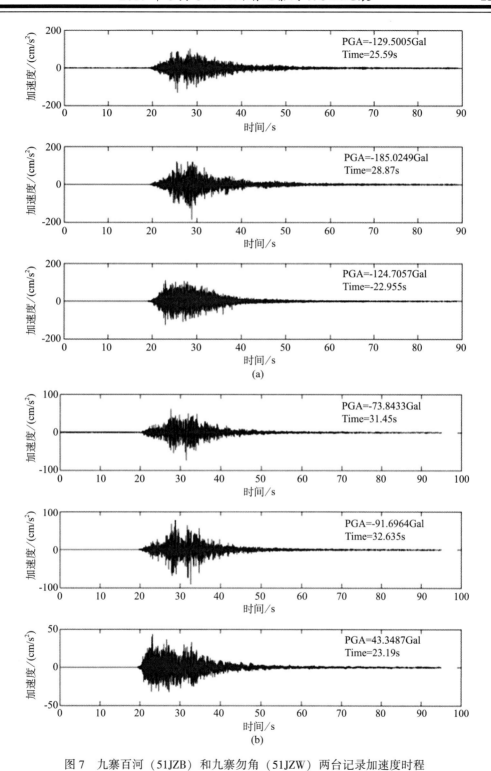

图 7　九寨百河（51JZB）和九寨勿角（51JZW）两台记录加速度时程

Fig. 7　Recorded acceleration curves at Jiuzhaibaihe（51JZB）and Jiuzhaiwujiao（51JZW）stations

（a）九寨百河台记录；（b）九寨勿角台记录

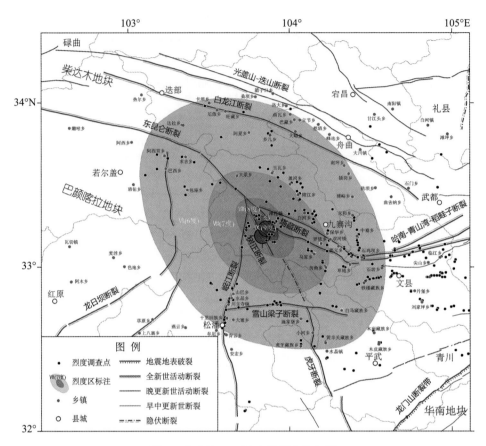

图 8　九寨沟 7.0 级地震烈度分布图

Fig. 8　Isoseismal map of the M_S7.0 Jiuzhaigou earthquake

烈度资料来源：中国地震局网站：http://www.cea.gov.cn/；发布时间：2017.08.12 20：56：37；
信息来源：中国地震局震灾应急救援司；烈度调查点资料来源：九寨沟 7.0 级地震应急考察，
共有 315 个烈度调查点（图幅外有 6 个调查点，图幅内有 309 个调查点）

Ⅷ度（8 度）区涉及四川的九寨沟县的 4 个乡，面积 778km²。该区震害为：木结构房屋部分围护墙倒塌或倾斜，大多数房屋墙体出现贯穿性开裂现象，屋顶掉瓦、开天窗现象普遍；砖混结构房屋部分毁坏，少数承重墙体出现水平或"X"形裂缝，多数门头、窗间墙或窗角开裂明显，个别房屋墙体裂缝较宽，且完全贯通墙体；框架结构房屋大多数梁柱构件基本完好，部分梁柱结合部出现较大纵向、横向裂缝，少数填充墙出现"X"形裂缝。

Ⅶ度（7 度）区涉及四川九寨沟、松潘、若尔盖和平武 4 个县的 14 个乡镇，面积 3372km²。该区震害：木结构房屋，个别砌筑质量差的老旧房屋维护墙局部倒塌，多数墙体开裂、屋顶掉瓦、梭瓦现象普遍；砖混结构房屋，个别承重墙体开裂严重，多数墙体轻微破坏或完好；框架结构房屋绝大多数基本完好，少数填充墙出现水平裂缝或"X"形裂缝，个别梁柱出现细微裂缝，极个别墙体与框架结合部开裂。

Ⅵ度（6 度）区涉及四川和甘肃两省的 8 个县，包括 52 个乡镇，面积 14006km²。该区震害：木结构房屋个别墙体开裂严重，旧裂缝开裂加宽，部分屋顶掉瓦、梭瓦；砖混结构房屋，个别墙体出现裂缝；框架结构房屋个别墙体出现细微裂纹，绝大多数基本完好。

据四川省减灾委员会 2017 年 10 月 11 日的《四川九寨沟 7.0 级地震灾害损失与影响评估报告》（四川省减灾委员会，2017）和甘肃省地震局地震现场工作队于 2017 年 8 月 18 日提交的《2017 年 8 月 8 日四川省九寨沟 7.0 级地震甘肃省地震灾害损失评估报告》（甘肃省地震局地震现场工作队，2017）统计：

九寨沟 7.0 级地震造成四川灾区直接经济损失 80.43 亿元，甘肃灾区居住房屋直接经济损失 17439 万元。受灾人口：四川灾区 25 人死亡，543 人受伤（其中重伤 42 人），5 人失联，216597 人（含游客）受灾，紧急转移安置人口 88856 人（其中集中安置 27328 人，分散安置 61528 人，需过度性救助 1116 人）；甘肃灾区各行政区共 27 人失去住所。房屋损失：四川灾区房屋损失共计 25.09 亿元，其中农村居民住宅用房经济损失 12.81 亿元，城镇居民住宅用房经济损失 4.85 亿元，非住宅用房经济损失 7.43 亿元。居民 16441 户受灾，其中农村居民 11615 户受灾，城镇居民 4826 户受灾。涉及四川省阿坝州藏族羌族自治州九寨沟、松潘、若尔盖、红原等 4 个县 53 个乡（镇）309 个村（社区），绵阳市平武县有 11 个乡（镇）不同程度受灾。甘肃省舟曲、文县、迭部三县部分乡（镇）不同程度受灾。

上述可见，九寨沟 7.0 级地震的房屋震害偏轻（李志强等，2017）。原因：一是此次地震地表振动略小于同级别国内类似地震；二是区域设防管理严格，城乡高覆盖的高设防建筑（8 度设防），三是极震区是山区和旅游景区，常驻居民偏少；四是汶川 8.0 级地震的灾后重建区，九寨沟 7.0 级震区是 2008 年汶川 8.0 级地震的Ⅶ度（7 度）影响区，重建成效显著。但要注意山区产生的一些滚石、滑坡和泥石流等地质灾害和隐患。

九寨沟 7.0 级地震的震感范围较广。四川及周边的甘肃、陕西、宁夏、青海等省（自治区）部分市（县）都有明显震感。震中距离九寨沟县城 39km、距松潘县城 66km、距舟曲县城 83km、距文县城 86km、距若尔盖县城 90km、距武都城 105km、距陇南市 105km、距宕昌县城 109km、距平武县城 110km、距迭部县城 112km、距红原县城 128km；距久治县城 220km、距成都市 285km、同仁县城 306km。青海省果洛州久治县城部分人员有感，成都市部分人员有感，青海省黄南州同仁县城少数人员有感；媒体报道上千千米的河北省邯郸市（距震中 1042km）也有少数人轻微震感。

四、地 震 序 列

1. 序列基本情况

据四川区域地震台网测定，自 2017 年 8 月 8 日至 2018 年 2 月 8 日，共记录到九寨沟地震序列 $M_L \geq 0.0$ 级地震 9953 次（含主震），其中，$M_L 0.0 \sim 0.9$ 地震 4564 次，$M_L 1.0 \sim 1.9$ 地震 4532 次，$M_L 2.0 \sim 2.9$ 地震 752 次，$M_L 3.0 \sim 3.9$ 地震 88 次，$M_L 4.0 \sim 4.9$ 地震 14 次，$M_L 5.0 \sim 5.9$ 地震 2 次，$M_S 7.0 \sim 7.9$ 地震 1 次。最大余震为 $M_S 4.8$，即 2017 年 8 月 9 日 $M_S 4.8$（$M_L 5.2$）和 11 月 7 日 $M_S 4.8$（$M_L 5.2$），其分布见图 9。表 4 列出了九寨沟 7.0 级主震和 $M_L \geq 3.0$ 级余震。

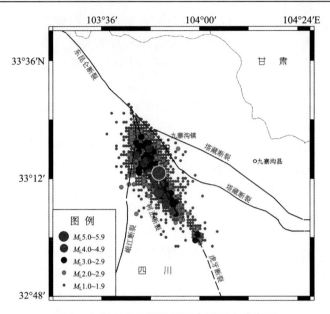

图 9　九寨沟 7.0 级地震和余震震中分布图

Fig. 9　Epicenter distribution of the M_S7.0 Jiuzhaigou earthquake and aftershocks

2017.08.08~2018.02.08，四川地震台网测定

表 4　2017 年 8 月 8 日九寨沟 7.0 级地震序列目录

Table 4　Catalogue of the M_S7.0 Jiuzhaigou earthquake sequence on Aug. 8，2017

（2017.08.08~2018.02.08，$M_L \geqslant 3.0$）

序号	发震日期	发震时刻	纬度 （°N）	经度 （°E）	震源深度 （km）	震级 M_S	震中地点
1	2017.08.08	21：19：46.7	33.20	103.82	20	7.0	四川九寨沟
2	2017.08.08	21：28：55.2	33.24	103.78	5	3.2	四川九寨沟
3	2017.08.08	21：41：34.6	33.18	103.85	9	3.3	四川九寨沟
4	2017.08.08	23：04：56.7	33.24	103.79	5	3.2	四川九寨沟
5	2017.08.08	23：49：18.3	33.28	103.78	9	3.0	四川九寨沟
6	2017.08.08	23：51：12.3	33.11	103.88	10	3.1	四川九寨沟*
7	2017.08.09	00：35：17.6	33.13	103.85	20	3.2	四川九寨沟*
8	2017.08.09	03：59：09.2	33.29	103.79	10	3.0	四川九寨沟
9	2017.08.09	05：16：02.9	33.30	103.76	10	3.6	四川九寨沟
10	2017.08.09	05：37：14.3	33.12	103.87	17	3.6	四川九寨沟*
11	2017.08.09	05：41：09.9	33.14	103.83	10	3.3	四川九寨沟
12	2017.08.09	06：24：49.0	33.14	103.85	18	3.0	四川九寨沟*

续表

序号	发震日期	发震时刻	纬度 (°N)	经度 (°E)	震源深度 (km)	震级 M_S	震中地点
13	2017.08.09	06：49：03.5	33.11	103.88	18	3.2	四川九寨沟*
14	2017.08.09	06：49：31.3	33.31	103.77	13	3.3	四川九寨沟
15	2017.08.09	08：10：09.9	33.12	103.87	23	3.7	四川九寨沟
16	2017.08.09	08：29：04.3	33.28	103.80	13	3.9	四川九寨沟*
17	2017.08.09	09：22：14.5	33.16	103.85	19	3.8	四川九寨沟*
18	2017.08.09	09：32：47.7	33.28	103.75	19	3.7	四川九寨沟*
19	2017.08.09	10：17：02.5	33.16	103.86	26	4.8	四川九寨沟*
20	2017.08.09	20：03：03.8	33.16	103.87	24	3.1	四川九寨沟
21	2017.08.10	02：30：50.4	33.15	103.86	26	3.1	四川九寨沟
22	2017.08.10	03：02：13.7	33.22	103.79	19	3.7	四川九寨沟*
23	2017.08.10	03：06：09.1	33.14	103.86	24	3.0	四川九寨沟
24	2017.08.10	05：05：54.1	33.16	103.85	26	4.3	四川九寨沟*
25	2017.08.10	09：54：02.3	33.16	103.85	17	3.2	四川九寨沟*
26	2017.08.10	17：38：31.2	33.26	103.76	19	3.0	四川九寨沟
27	2017.08.10	17：48：34.1	33.22	103.85	26	4.1	四川九寨沟*
28	2017.08.11	08：05：09.3	33.17	103.87	25	3.0	四川九寨沟
29	2017.08.11	19：26：21.3	33.10	103.87	26	3.4	四川九寨沟
30	2017.08.12	07：56：39.2	33.12	103.87	12	3.7	四川九寨沟
31	2017.08.13	22：38：31.8	33.08	103.90	18	3.4	四川九寨沟*
32	2017.08.15	16：06：27.1	33.11	103.88	17	3.0	四川九寨沟
33	2017.08.19	19：52：11.5	33.11	103.91	12	3.4	四川九寨沟
34	2017.08.25	04：28：51.9	33.07	103.91	10	3.0	四川九寨沟*
35	2017.08.27	08：58：13.2	33.20	103.74	15	3.4	四川九寨沟
36	2017.09.06	01：57：20.3	33.24	103.79	16	3.4	四川九寨沟
37	2017.09.07	12：15：29.2	33.24	103.79	10	3.4	四川九寨沟*
38	2017.09.09	23：58：50.2	33.29	103.75	15	3.0	四川九寨沟
39	2017.09.13	07：59：42.6	33.26	103.81	7	3.3	四川九寨沟*
40	2017.10.05	03：18：12.3	33.32	103.78	9	3.3	四川九寨沟
41	2017.10.06	18：25：34.6	33.23	103.80	17	4.0	四川九寨沟*
42	2017.10.14	11：02：15.0	33.22	103.80	7	3.2	四川九寨沟

续表

序号	发震日期	发震时刻	纬度 (°N)	经度 (°E)	震源深度 (km)	震级 M_S	震中地点
43	2017.11.07	05：31：08.5	33.21	103.79	15	4.8	四川九寨沟*
44	2017.11.29	05：20：09.6	33.14	103.85	18	3.1	四川九寨沟
45	2017.12.10	08：14：12.4	33.28	103.73	15	$M_L3.3$	四川九寨沟
46	2018.01.04	00：19：29.2	33.32	103.77	14	$M_L3.2$	四川九寨沟
47	2018.01.26	10：14：52.0	33.23	103.77	10	$M_L3.3$	四川九寨沟

注：文字加注"＊"标示的为获得了可靠震源机制解的地震。

　　九寨沟序列 M-T、日频次 N-T 和 N-M 图（图10）显示：0级以上余震最大日频次出现在主震次日，达1211次（其中1级以上888次），其后余震频次逐渐衰减。序列中最大地震 $M_S7.0$ 与次大地震 $M_S4.8$ 的震级差达2.2级，且九寨沟7.0级地震所释放的能量占整个序列的99.95%，最大地震能量占比高于90%，低于99.99%，显示该序列类型为主震—余震型（蒋海昆等，2006）。

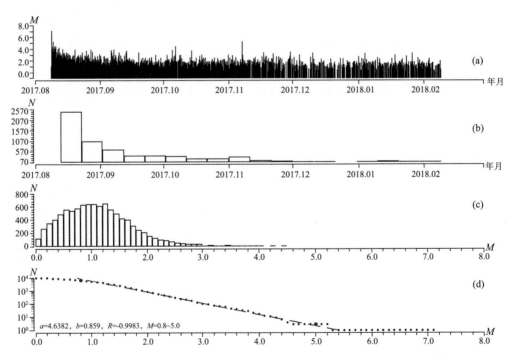

图 10　九寨沟7.0级地震序列 M-T、10日频次 N-T、N-M 和 lgN-M 图

Fig. 10　Graphs of M-T, 10-day frequency N-T, N-M and lgN-M of the $M_S7.0$ Jiuzhaigou earthquake sequence

2017.08.08~2018.02.08, $M_L \geqslant 0.0$

（a）M-T 图；（b）N-T 图；（c）N-M 图；（d）lgN-M 图

九寨沟 7.0 级地震余震序列具有频次高、时间分布集中、衰减较快的特征（图 10）。N–M 图显示序列的最小完整性震级可能在 M_L0.8 附近（图 10），但考虑到序列早期由于震相叠加干扰造成较小地震丢失可能，采用 GFT 方法（Wiemer S et al.，2000）对序列的最小完整性震级进行分析，结果显示 M_c 为 1.2±0.06（图 11），我们取其上限 1.3 作为后续研究的起始震级。

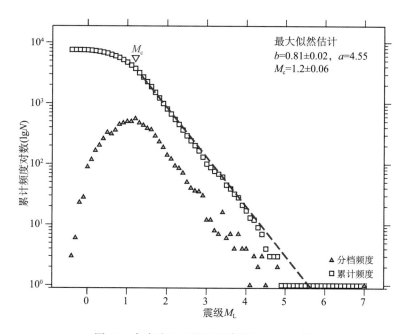

图 11　九寨沟 7.0 级地震序列的 lg$N$–M 图

Fig. 11　lg$N$-M diagram of the M_S7.0 Jiuzhaigou earthquake sequence

2. 余震空间分布特征

我们采用 Long et al.（2015）的多阶段定位方法（multi-step locating method）对九寨沟 7.0 级地震序列进行重新定位。该方法定位过程如下：首先，基于赵珠和张润生（1987）的四川西部地区速度模型，利用 HYPOINVERSE2000（Klein，1989）对序列进行初定，获取震源位置和台站方位角等信息；然后，挑选其中具有 6 个以上台站记录、且方位角间隙小于150°的历史地震事件的观测报告，采用 VELEST（Kissling，1988；Kissling et al.，1994，1995）反演九寨沟地区新的最小一维速度模型和台站校正；接着，将反演得到的新速度模型和台站校正代入 HYPOINVERSE2000 进行重新定位；最后，采用 10km 的搜索半径，对校正后的震源位置进行双差定位（Waldhauser and Ellsworth，2000）。

定位所用震相报告来源于四川地震台网记录。九寨沟地区历史地震活动较弱，为了获得更多的反演样本以使速度模型更准确，我们收集了 2000 年以来该地区的小震震相记录。参与定位所用的台站包括四川、甘肃、青海台网布设在震源周边的固定台和震后架设的流动台，台站分布见图 1。

九寨沟 7.0 级主震开始至 2017 年 10 月 31 日，序列中满足具有 4 个以上台站记录重新定位条件的地震 2800 个，震相数据多数在震中距 150km 以内，考虑到震源所处区域速度结构复杂，为保证定位结果的可靠性，我们仅选取震中距 150km 以内台站的震相资料参与重新定位计算。同时，因采用 VELEST 方法反演区域速度模型对资料具有较高要求，由于九寨沟序列中满足具有 6 个以上台站记录和方位角间隙小于 150°的地震较少，为了获得更合理的九寨沟地区一维速度模型，在重新定位过程中，我们加入了九寨沟地震震源区自 2000 年以来满足上述条件的历史地震参与反演．反演得到的九寨沟地区一维速度模型见表 5。

表 5　九寨沟地区一维速度模型
Table 5　1-D velocity model of Jiuzhaigou area

层号	1	2	3	4	5	6	7	8	9	10	11	12	13
顶层深度/km	0.0	1.0	1.5	2.0	3.0	4.5	6.0	10.0	18.0	28.0	34.0	43.0	61.0
P 波速度/（km/s）	5.21	5.37	5.43	5.51	5.55	5.77	5.90	6.03	6.11	6.38	6.70	7.57	7.87
S 波速度/（km/s）	3.01	3.11	3.14	3.19	3.21	3.34	3.41	3.49	3.53	3.69	3.88	4.38	4.55

我们最终获得了九寨沟序列 2778 个 $M_L \geq 0.1$ 级地震的重新定位结果。九寨沟 7.0 级主震震源参数为：发震时刻 2017.08.08 21：19：47.04，震中位置 103.820518° E、33.194092°N，震源深度 10.305km；序列中最大余震为 8 月 9 日 M_S4.8，该余震精定位后的震源参数为：发震时刻 2017.08.09 10：17：02.98，震中位置 103.829681°E、33.146027°N，震源深度 12.777km。

图 12 为精定位后的九寨沟 7.0 级地震和余震序列震中分布，用色标给出了震中随震源深度的变化。图像显示，九寨沟地震序列发生在东昆仑断裂东段塔藏断裂及岷江断裂所围限的区域，呈 NW—SE 走向，余震密集区长度约 38km。序列目前（截至 2018 年 2 月 8 日）并未扩展至其 SE 缘的虎牙断裂。地质调查发现，可确认发震构造为 NW—SE 走向的树正断裂，属东昆仑断裂东端的分支构造。定位后的序列震中分布还显示：主震近似位于余震区中部，其 NW 侧附近有一个宽约 2~3km 的小震空段，将整个序列分成南、北两段，其中，南段长约 19km，北段长约 16km。南、北两段并不严格位于同一条直线上，北段走向略有向北偏转的迹象。此外，南段地震集中，平面上线性分布较好，北段地震分布相对弥散。

沿 NW—SE 长轴走向的 OO' 震源剖面显示序列深度基本分布在 0~20km 范围内（图13），包括主震在内的大多数强余震都分布在 5~15km 这个深度范围，可能反映了由深部向浅部的破裂过程。主震 NW 侧的小震空段清晰可见，序列南、北两段在深度分布上也呈现出明显差异：即北段较浅，密集区范围主要集中在 5~10km 范围，南段偏深，密集区出现在5~15km。不同位置的短轴剖面显示位于北段的 AA'、BB' 剖面分布较宽，约 8km，南段的 CC' 和 DD' 剖面相对较窄，4km 左右。4 条横剖面都显示发震构造近乎直立，CC' 和 DD' 剖面略显为断层面略倾向 SW。平面及剖面上的分段差异，体现了此次地震发震构造可能也存在分段特征。

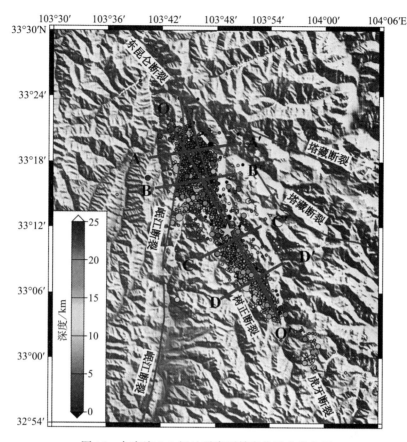

图 12 九寨沟 7.0 级地震序列精定位震中分布图

Fig. 12 Distribution map of precise epicenter location of the M_s7.0 Jiuzhaigou earthquake sequence

资料：2017.08.08～2017.10.31，M_L≥0.1 级，五角星是九寨沟 7.0 级地震

3. 地震序列视应力

地震视应力 σ_{app}（Wyss & Brune，1968）是表征震源区应力水平的物理量，地震视应力可作为区域绝对应力水平的下限估计（吴忠良等，2002），其定义为：

$$\sigma_{app} = \mu \frac{E_S}{M_0} \tag{1}$$

式中，E_S 为地震波辐射能量；M_0 为地震矩；μ 为震源区介质剪切模量，通常取 3.0×10^4 MPa。E_S 与 M_0 之比表示单位地震矩辐射出的地震波能量。σ_{app} 值越高，表明震源区应力水平越高。式（1）反应了地震视应力是单位位错辐射的地震波能量的量度，可用地震视应力对一个地区的绝对应力水平进行间接估算。

利用震中距 200km 范围内的固定台站波形记录，计算了九寨沟 7.0 级地震主震及序列

100 次 $M_L \geqslant 3.0$ 级地震的视应力 σ_{app} 值（表 6）。为了客观分析震源区目前所处的应力水平，同时计算了 2006 年以来震源附近区域 10 个 $M_L \geqslant 3.5$ 级地震的视应力值，震中分布见图 14。

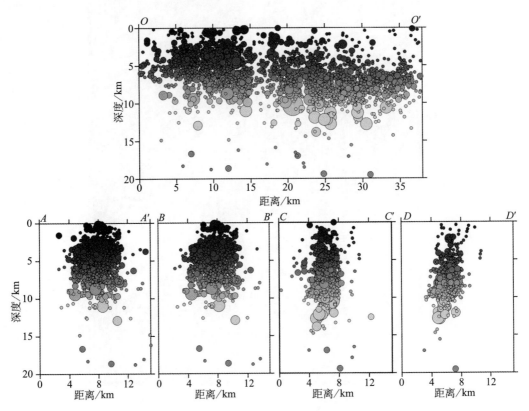

图 13　九寨沟 7.0 级地震序列沿不同方向的震源深度剖面

Fig. 13　Focal depth profile of the M_S7.0 Jiuzhaigou earthquake sequence along different directions

表 6　九寨沟 7.0 级地震主震及序列 $M_L \geqslant 3.0$ 级地震的视应力

Table 6　Apparent stress of main earthquake and sequence $M_L \geqslant 3$ afterquakes of the M_S7.0 Jiuzhaigou earthquake（2017. 08. 08～2017. 11. 07）

No.	发震日期和时刻 年 . 月 . 日 时：分	纬度 （°N）	经度 （°E）	震级 M_L	视应力 （MPa）
1	2017. 08. 08 21：19	33. 22	103. 83	M_S7.0	6. 293
2	2017. 08. 08 21：27	33. 20	103. 85	3. 7	0. 0431
3	2017. 08. 08 21：28	33. 27	103. 78	3. 8	0. 0833
4	2017. 08. 08 21：34	33. 25	103. 82	3. 4	0. 0103
5	2017. 08. 08 21：34	33. 25	103. 82	3. 4	0. 0397
6	2017. 08. 08 21：41	33. 17	103. 83	3. 8	0. 0553

续表

No.	发震日期和时刻 年．月．日 时：分	纬度 （°N）	经度 （°E）	震级 M_L	视应力 （MPa）
7	2017.08.08 21：42	33.13	103.88	3.0	0.0493
8	2017.08.08 21：51	33.23	103.78	3.0	0.0089
9	2017.08.08 22：00	33.02	103.98	3.2	0.0146
10	2017.08.08 22：00	33.02	103.98	3.2	0.0164
11	2017.08.08 23：04	33.27	103.78	3.6	0.0221
12	2017.08.08 23：07	33.23	103.77	3.2	0.0211
13	2017.08.08 23：30	33.25	103.8	3.2	0.024
14	2017.08.08 23：35	33.27	103.78	3.1	0.0194
15	2017.08.08 23：46	33.28	103.78	3.0	0.0123
16	2017.08.08 23：49	33.28	103.78	3.6	0.0399
17	2017.08.08 23：51	33.12	103.88	3.7	0.0717
18	2017.08.08 23：54	33.23	103.78	3.1	0.0304
19	2017.08.09 00：05	33.18	103.87	3.1	0.0214
20	2017.08.09 00：35	33.15	103.88	4.0	0.0926
21	2017.08.09 00：37	33.27	103.78	3.1	0.0581
22	2017.08.09 01：20	33.12	103.88	3.4	0.0455
23	2017.08.09 01：39	33.27	103.8	3.4	0.0243
24	2017.08.09 01：42	33.17	103.83	3.0	0.019
25	2017.08.09 01：43	33.22	103.8	3.4	0.0344
26	2017.08.09 03：59	33.28	103.82	3.5	0.0423
27	2017.08.09 05：14	33.22	103.82	3.4	0.0503
28	2017.08.09 05：16	33.32	103.77	3.8	0.0537
29	2017.08.09 05：37	33.13	103.87	4.2	0.1383
30	2017.08.09 05：41	33.17	103.85	3.7	0.0424
31	2017.08.09 06：14	33.12	103.87	3.2	0.0286
32	2017.08.09 06：24	33.15	103.85	3.6	0.0835
33	2017.08.09 06：49	33.32	103.77	3.8	0.0925
34	2017.08.09 06：49	33.12	103.87	3.9	0.1383
35	2017.08.09 08：10	33.13	103.87	4.3	0.1801
36	2017.08.09 08：29	33.30	103.8	4.4	0.1874

No.	发震日期和时刻 年．月．日 时：分	纬度 （°N）	经度 （°E）	震级 M_L	视应力 （MPa）
37	2017.08.09 09：22	33.17	103.83	4.2	0.1116
38	2017.08.09 09：32	33.28	103.73	4.3	0.1838
39	2017.08.09 10：17	33.16	103.86	5.2	0.3034
40	2017.08.09 11：07	33.33	103.77	3.0	0.0161
41	2017.08.09 12：43	33.15	103.88	3.3	0.0254
42	2017.08.09 17：22	33.23	103.78	3.1	0.0134
43	2017.08.09 19：51	33.32	103.78	3.0	0.0109
44	2017.08.09 20：03	33.17	103.83	3.6	0.0634
45	2017.08.10 00：27	33.18	103.83	3.1	0.0194
46	2017.08.10 00：27	33.18	103.83	3.1	0.0187
47	2017.08.10 01：28	33.22	103.8	3.2	0.0284
48	2017.08.10 02：30	33.17	103.83	3.6	0.0766
49	2017.08.10 03：02	33.27	103.78	4.1	0.0952
50	2017.08.10 03：06	33.14	103.86	3.4	0.0395
51	2017.08.10 03：14	33.25	103.78	3.0	0.0193
52	2017.08.10 05：05	33.18	103.82	4.5	0.2352
53	2017.08.10 05：06	33.15	103.83	3.5	0.1622
54	2017.08.10 09：40	33.23	103.75	3.0	0.0156
55	2017.08.10 09：52	33.27	103.78	3.0	0.0973
56	2017.08.10 09：54	33.18	103.82	4.0	0.0887
57	2017.08.10 15：30	33.15	103.85	3.5	0.0503
58	2017.08.10 15：46	33.08	103.88	3.8	0.0291
59	2017.08.10 17：38	33.28	103.75	3.6	0.0617
60	2017.08.10 17：48	33.22	103.82	4.4	0.3753
61	2017.08.10 18：27	33.15	103.85	3.1	0.0297
62	2017.08.11 08：05	33.17	103.87	3.5	0.0525
63	2017.08.11 08：05	33.18	103.83	3.5	0.0451
64	2017.08.11 19：26	33.12	103.87	4.0	0.1821
65	2017.08.11 19：26	33.12	103.87	4.0	0.1996
66	2017.08.11 19：59	33.13	103.88	3.4	0.0827

No.	发震日期和时刻 年.月.日 时：分	纬度 （°N）	经度 （°E）	震级 M_L	视应力 （MPa）
67	2017.08.11 21：36	33.32	103.73	3.2	0.0251
68	2017.08.12 07：56	33.12	103.87	4.2	0.173
69	2017.08.12 07：56	33.12	103.87	4.3	0.1546
70	2017.08.12 17：46	33.12	103.87	3.4	0.0468
71	2017.08.13 22：38	33.08	103.88	4.0	0.2118
72	2017.08.13 22：38	33.08	103.9	4.0	0.2086
73	2017.08.14 04：13	33.20	103.83	3.3	0.0345
74	2017.08.14 16：16	33.20	103.82	3.3	0.0549
75	2017.08.15 16：06	33.12	103.87	3.4	0.067
76	2017.08.16 00：51	33.13	103.83	3.3	0.0377
77	2017.08.16 14：59	33.18	103.82	3.0	0.0145
78	2017.08.16 17：39	33.17	103.83	3.2	0.0444
79	2017.08.17 03：06	33.13	103.85	3.0	0.0245
80	2017.08.19 19：52	33.11	103.91	3.4	0.1782
81	2017.08.19 19：52	33.12	103.9	3.9	0.1754
82	2017.08.23 04：45	33.32	103.78	3.4	0.0539
83	2017.08.27 08：58	33.22	103.75	3.9	0.1261
84	2017.08.27 08：58	33.22	103.75	3.9	0.1252
85	2017.08.28 03：02	33.30	103.8	3.4	0.0956
86	2017.08.28 03：02	33.30	103.8	3.5	0.1085
87	2017.09.06 01：57	33.25	103.78	3.8	0.0883
88	2017.09.06 01：57	33.25	103.78	3.8	0.0927
89	2017.09.06 10：04	33.08	103.9	3.4	0.0429
90	2017.09.07 12：15	33.11	103.89	3.9	0.1658
91	2017.09.07 12：15	33.12	103.88	3.9	0.1492
92	2017.09.09 23：58	33.32	103.75	3.4	0.0502
93	2017.09.13 07：59	33.27	103.77	3.7	0.0885
94	2017.09.13 07：59	33.27	103.77	3.7	0.0727
95	2017.09.13 07：59	33.27	103.77	3.7	0.0637
96	2017.09.18 23：37	33.23	103.77	3.4	0.0644

No.	发震日期和时刻 年．月．日时：分	纬度 （°N）	经度 （°E）	震级 M_L	视应力 （MPa）
97	2017. 10. 06 18：25	33. 27	103. 78	4. 4	0. 5011
98	2017. 10. 05 03：18	33. 32	103. 78	3. 8	0. 1422
99	2017. 10. 14 11：02	33. 23	103. 78	3. 7	0. 0759
100	2017. 11. 07 05：31	33. 21	103. 79	4. 9	0. 4303

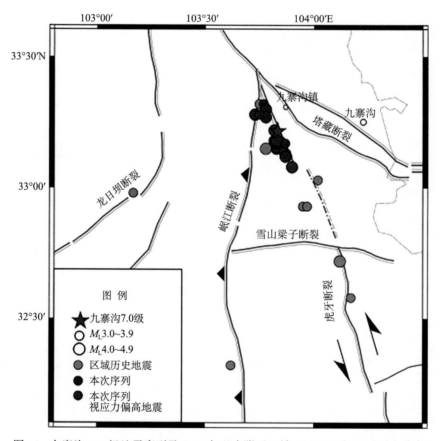

图 14　九寨沟 7. 0 级地震序列及 2006 年以来附近区域 $M_L \geqslant 3.5$ 级地震震中分布

Fig. 14　Earthquake epicenter distribution of the $M_S 7.0$ Jiuzhaigou sequence
and nearby area $M_L \geqslant 3.5$ since 2006

图 15 给出了九寨沟及附近区域的地震视应力与震级的分布关系，为便于对比分析，分别用蓝色和红色区分外围地震及九寨沟余震，由于主震视应力较大，会淹没余震视应力值，且视应力计算过程中所使用的 Brune 圆盘模型不适用于震级水平较高的地震，故分析中没有

放入主震视应力值。视应力与震级的关系图（图 15）显示，该区域地震视应力值与震级具有较好的指数拟合关系，拟合相关系数 R 达 0.85，视应力值随震级增大的趋势明显。可以看出，九寨沟 7.0 级地震序列 $M_L \geqslant 3.0$ 级地震视应力计算结果显示（图 15 中红色圆点），绝大部分地震视应力值处于一个正常水平，仅两次地震视应力略偏高，表明原震区短期内发生更大地震的可能性较小；视应力偏高的两次地震分别位于主震旁边（2017 年 8 月 10 日 17 时 48 分 M_L4.4）和余震区南端（2017 年 8 月 13 日 22 时 38 分 M_L4.0），截至 2018 年 2 月 8 日，九寨沟 7.0 地震序列中 2017 年 10 月 6 日 4.4 级地震的视应力值也略偏高，2017 年 11 月 7 日 4.9 级地震的视应力值正常。

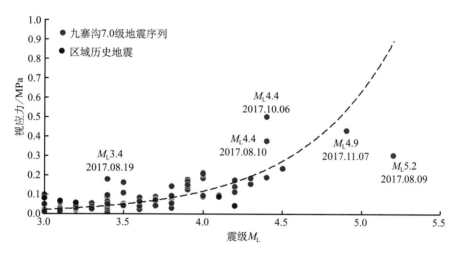

图 15　九寨沟 7.0 级地震序列 $M_L \geqslant 3.0$ 级和 2006 年以来

附近区域 $M_L \geqslant 3.5$ 级地震视应力与震级的关系

Fig. 15　Distribution of apparent stress and magnitude of the M_S7.0 Jiuzhaigou earthquake sequence $M_L \geqslant 3.0$

and $M_L \geqslant 3.5$ earthquakes in nearby area since 2006

红色：2017 年 8 月 8 日九寨沟序列 $M_L \geqslant 3.0$ 级余震；蓝色：2006 年以来附近区域 $M_L \geqslant 3.5$ 级地震

由于序列视应力值随震级增大的趋势明显，且研究样本的震级范围跨度较大，如不采取任何震级校正措施而去研究视应力的时空分布时，得到的可能是地震辐射能的时空特征而不是应力水平。因此，扣除震级影响进而还原真实的应力水平是后续研究的关键。从计算的九寨沟序列震级与视应力关系曲线（图 15）可得到序列视应力与震级幂指数拟合关系式为：

$$\sigma_{app} = -9.21 + 1.6883 M_L \qquad R = 0.85 \qquad (2)$$

对视应力值进行差值处理：

$$\Delta \sigma_{app} = \sigma_{app} - \sigma'_{app} \qquad (3)$$

《中国震例》（2017）

式中，σ_{app} 为实际视应力值；σ'_{app} 为根据式（2）得到的计算视应力值；$\Delta\sigma_{app}$ 为消除震级影响的视应力差值（李艳娥，2012）。

利用实际视应力值 σ_{app} 及式（3）得到的视应力差值 $\Delta\sigma_{app}$ 随时间分布特征如图16所示，计算视应力差值和实际视应力值随时间变化曲线形态较为一致，2017年8月9日最大余震（$M_S4.8$）及8月10日 $M_L4.5$ 地震发生前，视应力值存在一个增大趋势，这种趋势在对实际视应力值 σ_{app} 和视应力差值 $\Delta\sigma_{app}$ 进行5个点平滑处理后更为明显（图17）。

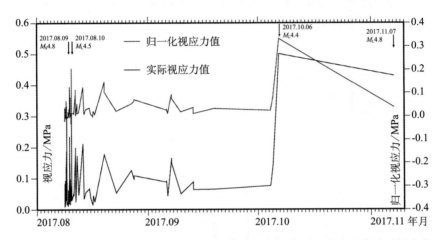

图16　九寨沟7.0级序列 $M_L \geqslant 3.0$ 级余震实际视应力值和视应力差值随时间变化

Fig. 16　Actual value and difference value of apparent stress of $M_L \geqslant 3.0$ aftershocks of the $M_S7.0$ Jiuzhaigou earthquake change with time

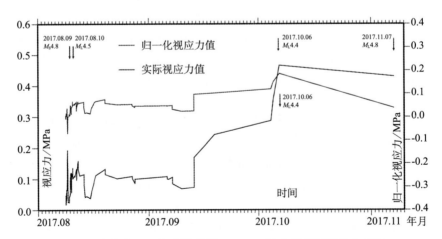

图17　九寨沟7.0级地震序列 $M_L \geqslant 3.0$ 级余震实际视应力值和视应力差值随时间变化（每5个点平滑）

Fig. 17　Actual value and difference value of apparent stress of $M_L \geqslant 3.0$ aftershocks of the $M_S7.0$ Jiuzhaigou earthquake change with time （smooth at every 5 points）

利用实际视应力值 σ_{app} 及式（3）得到了视应力差值 $\Delta\sigma_{app}$ 空间分布特征如图 18 和图 19 所示，σ_{app} 空间分布特征显示，高应力区主要存在于主震的西南侧，南段的应力水平高于北段。$\Delta\sigma_{app}$ 空间分布特征同样显示，南段应力水平高于北段。

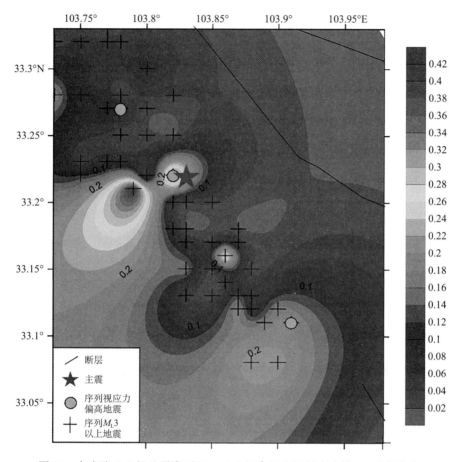

图 18 九寨沟 7.0 级地震序列 $M_L \geq 3.0$ 级余震实际视应力值 σ_{app} 空间分布

Fig. 18 Spatial distribution of actual apparent stress value（σ_{app}）of the $M_L \geq 3.0$ aftershocks of the $M_S 7.0$ Jiuzhaigou earthquake

4. 历史地震序列类比

九寨沟 7.0 级地震的发生表明巴颜喀拉块体仍为中国大陆强震主体活动区域之一；近年来巴颜喀拉块体周缘发生了一系列强震（图 20），包括 1997 年 11 月 8 日西藏玛尼 7.5 级、2001 年 11 月 14 日昆仑山口西 8.1 级、2008 年 3 月 21 日新疆于田 7.3 级、2008 年 5 月 12 日四川汶川 8.0 级、2013 年 4 月 20 日四川芦山 7.0 级地震。九寨沟 7.0 级地震是巴颜喀拉块体北部边界东昆仑断裂东端分支断裂的一次破裂事件，表明巴颜喀拉块体周缘主要活动断层的应力状态仍处于持续调整之中。

九寨沟 7.0 级地震的左旋走滑错动显示发震断层性质与巴颜喀拉块体北边界的关系密

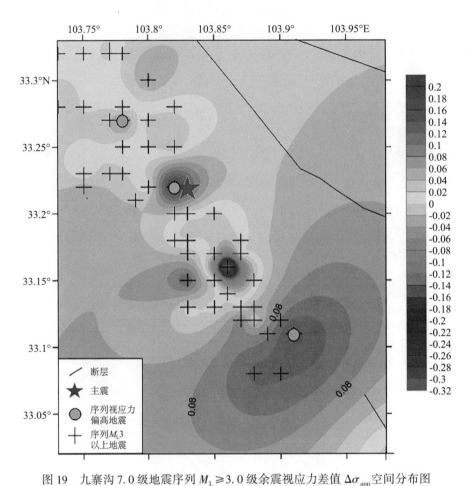

图 19　九寨沟 7.0 级地震序列 $M_L \geqslant 3.0$ 级余震视应力差值 $\Delta\sigma_{app}$ 空间分布图

Fig. 19　Spatial distribution of normalized apparent stress value of the $M_L \geqslant 3.0$ aftershocks

of the $M_S 7.0$ Jiuzhaigou earthquake

切。空间分布来看（图 20），巴颜喀拉块体南、北边界主要断裂带上的地震均为左旋走滑性地震，例如：2001 年 11 月 14 日昆仑山口西 8.1 级、2010 年 4 月 14 日玉树 7.1 级地震，显示巴颜喀拉块体与相邻块体的差异活动以及边界迁移破裂；巴颜喀拉块体西为正断破裂，例如：2008 年 3 月 21 日于田 7.3 级地震；巴颜喀拉块体东边界的龙门山断裂带上发生逆冲为主的破裂事件，2008 年 5 月 12 日四川汶川 8.0 级和 2013 年 4 月 20 日四川芦山 7.0 级地震，显示巴颜喀拉块体自西向东的移动，并与相邻块体产生差异活动。震源区主压应力方向总体呈 NW—SE 向，与所处区域的构造应力场吻合。九寨沟 7.0 级地震震源机制解以左旋走滑错动，较好地反映了九寨沟 7.0 级地震的发震断层性质与巴颜喀拉块体北边界的关系密切。

　　九寨沟 7.0 级震区及周边地震活动比较频繁，在该区域既有主—余型序列也有震群序列。根据历史记载和台网记录，九寨沟 7.0 级地震周边 150km 范围内共总结清理 11 次 6 级以上强震，其中 6.0~6.9 级 7 次，7.0~7.9 级 3 次，8 级以上地震 1 次。由表 7 可知，历史

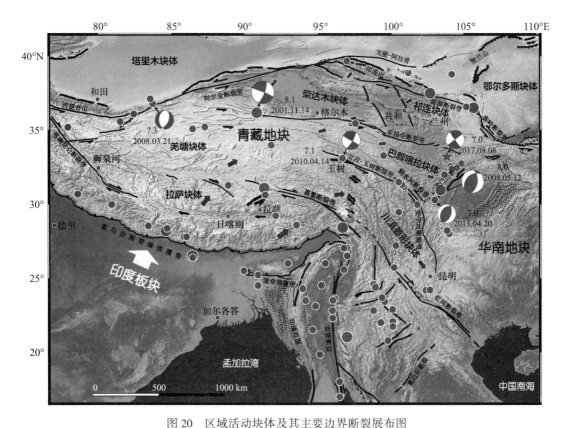

图 20   区域活动块体及其主要边界断裂展布图

Fig. 20   Distribution of active block and its main boundary faults in the region

略补充：五角星是九寨沟 7.0 级地震，蓝色圆为 1900 年以来 M_S7.0 以上地震

区域构造引自：Tapponnier（2001）

地震缺乏余震记录难以说明震型，台网记录可以给出震型。1960 年以来，有台网记录的 3 次地震里，两次为主震—余震型，即 1960 年松潘 6¾ 级和 1973 年松潘东北 6.5 级地震，最大余震震级分别为 M_S5.0 和 M_S5.1，分别发生在主震后 77 天和 5 天。一次为震群性地震，即 1976 年 8 月 16~23 日相继发生在松潘—平武间的虎牙断裂带中南段的 7.2、6.7 和 7.2 级三次地震组成的强震群，从空间分布看，松潘—平武间 7.2 级震群主要沿着 NNW—NS 向的虎牙断裂由北而南迁移。

九寨沟 7.0 级地震属于主震—余震型，序列截至 2018 年 2 月 8 日发生的最大余震为 2017 年 8 月 9 日的 M_S4.8（M_L5.2）和 2017 年 11 月 7 日的 M_S4.8（M_L5.2），与历史两次主震—余震型相比，九寨沟 7.0 级地震的最大余震水平略偏低。

表 7　九寨沟及附近区域 M_S 6.0 以上地震余震与序列类型统计（150km 范围地震）

Table 7　Statistics of aftershocks and sequence types of $M_S \geqslant 6.0$ earthquakes
in Jiuzhaigou and its adjacent areas

序号	发震日期	震中位置（°）		震级	参考地名	烈度	最大余震	与主震间隔时间（天）	震型	距此次地震震中距（km）
		北纬	东经							
1	1573.01.20	30.40	104.00	6¾	甘肃岷县	IX	—	—	—	130
2	1630.01.16	32.60	104.10	6¾	四川松潘小河	VIII	—	—	—	80
3	1713.09.04	32.00	103.70	7	四川茂县叠溪	IX	—	—	—	140
4	1748.05.02	33.00	103.70	6½	四川松潘漳腊北	VIII	—	—	—	27
5	1879.07.01	33.20	104.70	8	甘肃武都附近	IX	—	—	—	81
6	1881.07.20	33.60	104.60	6½	甘肃理县西南	VIII	—	—	—	84
7	1933.08.25	31.90	103.40	7½	四川茂县叠溪	X	—	—	—	150
8	1938.03.14	32.30	103.60	6.0	四川松潘南	—	—	—	—	106
9	1960.11.09	32.70	103.70	6¾	四川松潘	IX	5.0	77	主—余	59
10	1973.08.11	32.90	104.10	6.5	四川松潘东北	VII	5.2	5	主—余	45
11	1976.08.16	32.60	104.10	7.2	四川松潘、平武间	IX	7.2	7	震群	75

注：历史地震信息来源于中国强地震目录（公元前 23 世纪—公元 1999 年）和 2000 年以来四川地震台网目录。

5. 序列类型早期和后期判定

序列类型的早期判定通常采用经验方法。在余震记录尚不充分时（主震后 3 日内序列追踪研判），经验方法关键是将序列放入发震环境和构造的破裂历史中去分析，充分认识主震发震的区域构造、发震构造的破裂历史以及发震断裂的区域序列震型类比。尽管在九寨沟 7.0 级地震震中位置，此前的地质图和五代区划图没有标识断层线，而快速给出主震的震源机制结果，获得九寨沟 7.0 级左旋走滑破裂错动，较好地给出了九寨沟 7.0 级的发震断层性质及其与巴颜喀拉块体北边界关系密切的认识，准确判断九寨沟 7.0 级地震的发震断层是东昆仑断裂带东端分支断层，这在发震初期可对序列类型作出较准确估计，快速初判九寨沟 7.0 级地震序列为主震—余震型可能性大。

序列类型的后期判定采用统计方法。在余震记录已经较充分时（主震 3 日后），在经验方法的基础上，进一步依据序列统计数据确认序列类型。前人针对中国大陆地震序列类型开展了大量研究工作（中国地震局监测预报司，2007），根据历史地震资料统计，提出了划分地震序列的依据：

（1）以序列中最大地震释放能量 E_{max} 与全序列地震释放能量 E_{total} 之比 $R_E = E_{max}/E_{total}$ 进行序列类型划分（周惠兰等，1980），分类标准为：$R_E \geqslant 99.99\%$，序列为孤立型；$90\% \leqslant R_E <$ 99.99%，序列为主震—余震型；$R_E < 90\%$，序列为震群型。截至 2018 年 2 月 8 日，九寨沟

7.0 级主震所释放的能量与全序列地震释放能量之比 $R_E = 99.95\%$，判定九寨沟 7.0 级地震序列为主震—余震型。

（2）用序列最大地震与次大地震的震级差 $\Delta M = M_m - M_{次}$ 来进行序列分类（吴开统等，1996），分类标准如下：$\Delta M > 2.4$ 级，序列为孤立型；$0.7 < \Delta M \leqslant 2.4$ 级，序列为主震—余震型；$\Delta M < 0.7$ 级，序列为震群型。截至 2018 年 2 月 8 日，九寨沟 7.0 级地震序列中最大地震 $M_m = M_S 7.0$ 与次大地震 $M_{次} = M_S 4.8$ 的震级差为 $\Delta M = M_m - M_{次} = 2.2$ 级，判定九寨沟 7.0 级地震序列为主震—余震型。

（3）以序列主震 M_0 与 12 个月内最大余震 M_1 之间的震级差 $\Delta M = M_0 - M_1$ 进行序列分类（蒋海昆等，2006），分类标准为：$\Delta M \geqslant 2.5$ 级且余震次数少，序列为孤立型；$0.6 \leqslant \Delta M \leqslant 2.4$ 级，序列为主震—余震型；$\Delta M < 0.6$ 级，序列为多震型，即震群型。此标准序列资料长度不足 12 个月，截至 2018 年 2 月 8 日，在 6 个月内九寨沟 7.0 级地震序列中主震 $M_0 = M_S 7.0$ 与最大余震 $M_1 = M_S 4.8$ 之间的震级差 $\Delta M = M_0 - M_1 = 2.2$ 级，判定九寨沟 7.0 级地震序列为主震—余震型。

（4）根据区域地震台网监测能力和九寨沟 7.0 级序列震级—频度关系（图10），取序列最小完整性震级 $M_L 1.3$ 为起算震级，利用震后 1 个月的序列（2017.08.08~2017.09.08）资料，计算九寨沟地震序列参数 p 值和 h 值，计算结果为：p 值 1.0218（图21，时间步长 1

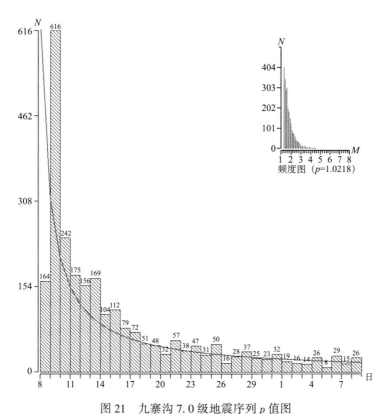

图 21　九寨沟 7.0 级地震序列 p 值图

Fig. 21　p-value diagram of the $M_S 7.0$ Jiuzhaigou earthquake sequence

2017.08.08~2017.09.08，$M_L \geqslant 1.3$ 级

天），显示序列衰减正常；h 值1.1（图22，时间步长1天），显示九寨沟序列为主震—余震型（刘正荣等，1979），原震区后续发生更大地震的可能性较小。

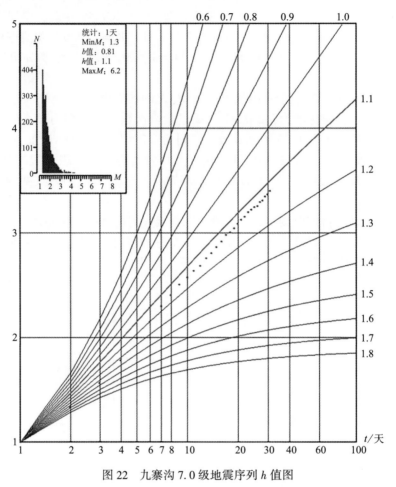

图22　九寨沟7.0级地震序列 h 值图

Fig. 22　h-value diagram of the M_S7.0 Jiuzhaigou earthquake sequence

2017. 08. 08～2017. 09. 08，$M_L \geqslant 1.3$ 级

　　根据上述地震序列判定依据，综合判定九寨沟7.0级地震序列为主震—余震型。以序列早期最小完整性震级 M_L1.3 为起算震级，九寨沟序列震级–频度关系图给出的序列最大余震期望震级为 M_L5.4（图10），实际最大余震震级 M_S4.8（M_L5.2），即 2017 年 8 月 9 日 M_S4.8（M_L5.2）和11月7日 M_S4.8（M_L5.2），显示九寨沟7.0级地震序列最大余震可能已经发生。

五、震源机制解和地震主破裂面

1. 主震震源力学机制

1) 利用 P 波初动极性计算主震震源机制解

P 波辐射具有压缩和膨胀两种初动方式，它们的极性在发震断层面和与之正交的辅助面两侧发生改变。据此性质，可以通过拾取包围目标地震的不同台站垂直向地震记录的 P 波初动方向（向上或向下）来约束节面的产状，通过检视压缩与膨胀台站在震源球上所分布的象限，来确定力轴的位置。利用 P 波初动极性计算震源机制解的方法发展时间较长，是一种成熟的算法，其结果的可靠性依赖于足够密集的台站分布、恰当的速度模型以及准确的初动拾取等因素。

在九寨沟 7.0 级地震震中周边众多地震台都对其有清晰的波形记录，因此，选取了震中 500km 范围内 94 个具有较高信噪比的台站的初动信息（含部分甘肃、青海、陕西和宁夏地震台网资料），从台站极性分布来看（图 23），已经具有象限分布的特征。

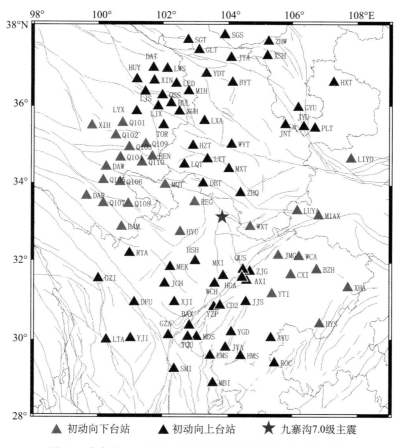

图 23　九寨沟 7.0 级地震震源机制解所选用的台站分布图

Fig. 23　Distribution of stations selected for focal mechanism solution of the M_S 7.0 Jiuzhaigou earthquake

震源机制解信息最终通过 HASH 程序（Hardebeck & Shearer, 2002；Shearer et al., 2003）计算得到，与其他算法相比，该程序利用震源不确定性对震源进行扰动，获得一系列"可接受的解"（acceptable），和一个"优选解"（preferred），在此基础上，进行机制解的质量评价。HASH 对机制解结果的评价标准见表 8。

表 8　HASH 震源机制解反演质量评价表

Table 8　Evaluation table for inversion quality of calculated focal mechanism solutions about HASH method

质量 Quality（qual）	平均不确定 Average misfit （mfrac）	断面不确定度 RMS fault plane uncertainty	台站分布比 Station distribution ratio（stdr）	机制解概率 mechanism probability（prob）
A	≤0.15	≤25°	≥0.5	≥0.8
B	≤0.20	≤35°	≥0.4	≥0.6
C	≤0.30	≤45°	≥0.3	≥0.7
D	最大方位间隙≤ 90° 最大入射角间隙≤ 60°			
E	最大方位间隙> 90° 最大入射角间隙> 60°			
F	少于 8 个极性			

注：Average misfit 是加权平均后的失配率，RMS fault plane uncertainty 是两个节面的平均不确定度，station distribution ratio 是台站分布比，mechanism probability 是当前机制解的概率。

由于所选台站在空间上分布较广，统一采用了中国大陆西部的速度模型（朱介寿，1988）来进行离源角的计算。该模型将地壳分成两层，其中上地壳厚度为 20km，P 波速度为 6.0km/s；下地壳厚度为 30km，P 波速度为 6.75km/s；壳幔边界处 P 波速度为 8.0km/s。事先通过射线追踪获取不同震中距和不同震源深度的离源角，建立震中距—震源深度—离源角的三维表格，当计算过程中使用到某个具体台站时，即通过内插获得该台站的离源角数值。表 9 是所使用的 94 个台站的方位角、离源角和初动极性信息。

表 9　九寨沟 7.0 级地震震源机制解所选用台站的相关信息

Table 9　Relevant information of selected stations for focal mechanism solution of the M_S 7.0 Jiuzhaigou earthquake

序号	台站代码	方位角（°）	离源角（°）	初动极性
1	MQT	296.34045	119.13457	−1
2	JTA	3.5651169	158.70938	1
3	GZI	241.86766	153.27492	1

续表

序号	台站代码	方位角（°）	离源角（°）	初动极性
4	HUL	334. 93735	144. 23521	1
5	WYT	8. 2000122	121. 63725	1
6	BZH	120. 66463	140. 75635	−1
7	JJS	164. 81155	132. 40054	1
8	LWS	338. 80579	158. 41235	1
9	LUYA	88. 336105	125. 08609	−1
10	Q110	302. 12283	133. 09819	−1
11	LJS	327. 26437	154. 10898	1
12	MXI	178. 45959	119. 07438	1
13	YGD	175. 33603	145. 05592	1
14	JYU	44. 146400	143. 97273	1
15	SMI	196. 57193	164. 81728	1
16	AYU	158. 42619	151. 69136	1
17	JMG	126. 65800	122. 95942	−1
18	HXT	41. 408970	167. 16426	1
19	QUS	159. 18102	117. 87213	1
20	XJI	207. 60574	136. 25412	1
21	AXI	162. 39194	121. 38801	1
22	CD2	180. 84561	132. 60271	1
23	HEN	308. 85339	130. 87251	−1
24	GZA	203. 14049	151. 14757	1
25	HGA	159. 62454	123. 34042	1
26	MIH	344. 53491	146. 34750	1
27	HYS	138. 61456	157. 76836	−1
28	Q107	274. 70700	144. 07297	−1
29	TOR	326. 00653	137. 55974	1
30	LTA	221. 80695	167. 86655	1
31	JNT	36. 447636	139. 23700	1
32	YJI	215. 51340	160. 68433	1
33	LJX	328. 67606	145. 80042	1
34	DBT	327. 93964	102. 94063	1

序号	台站代码	方位角（°）	离源角（°）	初动极性
35	MEK	223.33694	124.45036	1
36	ZJG	154.17480	120.11926	1
37	HUY	326.99509	160.51363	1
38	XSH	16.701462	162.32323	1
39	HMS	172.36575	156.35078	1
40	XUH	336.98401	139.42329	1
41	Q108	275.46185	132.91046	−1
42	ZHW	15.727875	168.31255	1
43	DAT	334.24878	161.26949	1
44	XIN	332.47009	156.19633	1
45	MDS	191.13055	148.13196	1
46	YZP	184.54330	133.43742	1
47	Q104	298.47882	142.45331	−1
48	LQT	322.22037	118.01305	1
49	CXI	131.55119	132.80023	−1
50	YTI	147.99739	133.84839	−1
51	Q103	305.17883	141.41249	−1
52	HSH	208.80365	114.57873	1
53	GYU	36.634243	148.69713	1
54	LYX	319.59717	149.68526	1
55	MIAX	91.614944	134.65173	−1
56	SGT	348.63647	167.53328	1
57	BAX	195.73071	143.89661	1
58	BYT	4.8083115	148.22647	1
59	MXT	9.2364883	108.14919	1
60	JYA	178.25778	151.95366	1
61	QSS	332.80020	149.00145	1
62	XJI	207.60574	136.25412	1
63	LIYO	67.652382	153.90654	−1
64	MBI	182.85838	168.53169	1
65	XIH	303.48907	160.47488	−1

续表

序号	台站代码	方位角（°）	离源角（°）	初动极性
66	Q106	286.83414	138.32979	−1
67	Q105	285.42212	145.83252	−1
68	WCA	119.27317	130.97800	−1
69	Q102	305.76218	149.30502	−1
70	WCH	185.56812	122.89439	1
71	GLT	351.77881	162.56935	1
72	ROC	160.69604	163.14970	1
73	ZHQ	43.497925	98.388527	1
74	HYU	245.45341	108.65757	−1
75	LTT	345.00516	114.79150	1
76	DAW	291.64844	146.51628	−1
77	LXA	349.08517	132.25847	1
78	DFU	224.11455	146.90375	1
79	EMS	184.43872	155.88078	1
80	DAR	277.13019	151.80122	−1
81	Q109	311.72699	136.59090	−1
82	Q101	311.81146	150.24370	−1
83	HZT	336.52567	123.49456	1
84	TQU	195.01843	149.05975	1
85	SGS	0.98651886	168.13002	1
86	RTA	246.36891	135.76387	1
87	LED	340.17044	151.06392	1
88	YDT	353.47018	152.23839	1
89	JCH	218.66312	131.58936	1
90	PLT	48.229568	147.12218	1
91	WXT	115.31863	101.07297	−1
92	REG	291.95975	99.613358	−1
93	BAM	262.20947	136.10260	−1
94	XHA	120.46758	156.99474	−1

注：①离源角小于 90°为上行波，大于 90°为下行波；
　　②初动极性从垂直向读取，1 为初动向上，−1 为初动向下。

经 HASH 计算后的九寨沟主震的机制解结果见表 10，结果评价表明该机制解为 A 级，两个节面不确定性都小于 10°，表现为一个近乎纯走滑的错动类型。台站投影显示矛盾比很小（图 24），HASH 提供了另外 62 个"可接受"的结果，具有很高的一致性（图 25），总体上可认为其与表 9 和图 23 中的"优选解"并无差异。

表 10　九寨沟 7.0 级地震 P 波初动机制解

Table 10　Solution of P-wave initial motion mechanism of the M_S7.0 Jiuzhaigou earthquake

节面 I（°）				节面 II（°）				P 轴（°）		T 轴（°）		N 轴（°）		台站数	评价	失配率（%）	解概率（%）	台站分布率（%）
走向	倾角	滑动角	不确定度	走向	倾角	滑动角	不确定度	方位角	俯仰角	方位角	俯仰角	方位角	俯仰角					
144	87	−1	7	234	89	−177	8	99	3	3	9	252	87	94	A	3	100	74

注：测定人：龙锋。

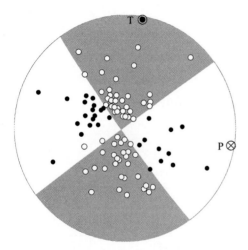 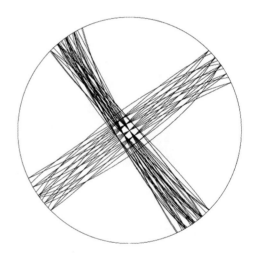

图 24　九寨沟 7.0 级主震 P 波初动机制
　　　解及所使用的台站的投影

Fig. 24　Solution of initial p wave motion mechanism
of the M_S7.0 Jiuzhaigou main event and
projection of stations used

图 25　九寨沟 7.0 级可选的 62 个"可接受"
　　　的震源机制解结果

Fig. 25　Alternative 62 "acceptable" focal
mechanism solutions for the M_S7.0
Jiuzhaigou main event

2）利用波形反演主震震源机制解

理论上，震源可表达为一个具有 6 个独立分量的 3×3 对称矩阵（Aki and Richards，2002），从震源产生的地表运动可以通过弹性动力学格林函数与 6 个独立分量的线性组合的方式表达。如果震源位置和速度结构已知，那么震源矩阵就可以从观测地震图中计算出来。然而在匹配观测地震图与理论地震图的过程中，特别是对于中小地震而言，如果震源位置和速度结构有较大偏差，会降低最终震源机制解的可靠性。Zhao and Helmberger（1994）以及

Zhu and Helmberger（1996）发展的 Cut and Paste（CAP）方法解决了这一难题，其思路是：将波形"裁剪"为 P 波和 S 波段，允许不同波段的观测地震图与理论地震图滑动拟合，最终获得可靠的机制解。虽然大部分地震都发生在剪切变形区，以双力偶主导其震源机制解，但也有部分地震带有较大的非双力偶分量，比如火山地区、地热地区，以及一些人为地震的发生区。

在具体的计算过程中，采用频率-波数法（Haskell，1964；Wang et al.，1980；Zhu et al.，1996）计算格林函数，并采用与 CAP（Zhu et al.，1996）类似的方法反演震源参数。这种完整矩张量反演方法被称为 gCAP（generalized Cut-And-Paste；Zhu et al.，2013）。

鉴于九寨沟 7.0 级主震震级较大，较近台站存在限幅且不满足点源模型假设，为此，挑选了 200~300km 范围的具有高性噪比的 34 个宽频带台站波形记录（图 26）。在实际计算过程中，将波形采样间隔调整至 0.08s，P 波段和 S 波段的截取长度分别为 30s 和 70s，二者的滤波频段分别为 0.05~0.15Hz 和 0.05~0.1Hz。基于新反演出的九寨沟地区的速度模型（表5）计算不同震中距和不同震源深度条件下的格林函数库，并对理论地震图也采取如同观测地震图一样的操作。

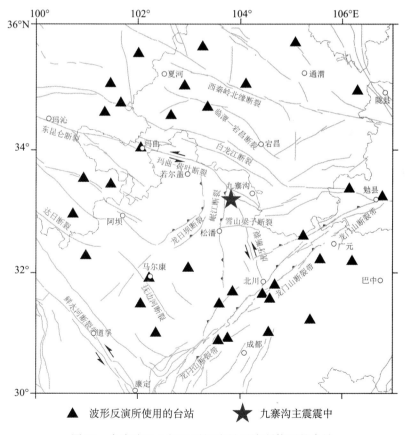

图 26　九寨沟 7.0 级地震矩张量反演所使用的台站

Fig. 26　Stations used for moment tensor inversion of the M_S 7.0 Jiuzhaigou earthquake

反演结果显示，该地震的最佳矩心深度为 5km，此时 VR 可达 71%左右（图 27）。从波形拟合效果图可以看出（图 28），绝大部分波形拟合相关系数在 70%以上。震源机制解与利用 P 波极性资料计算出的结果类似，具有 NW 和 NE 两个方向的节面，都以走向滑动作用为主，但波形反演出的结果具有更大的逆冲分量，同时具有较小比例的非双力偶分量（表 11、表 12）。

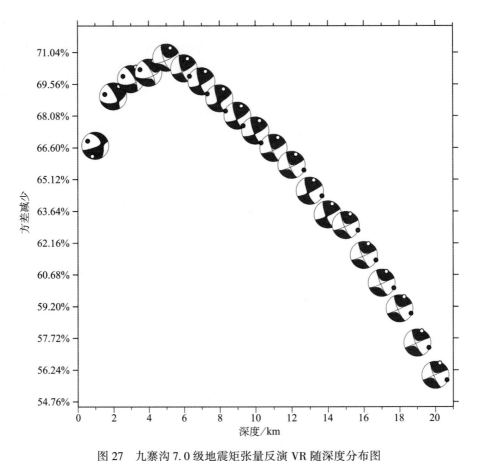

图 27　九寨沟 7.0 级地震矩张量反演 VR 随深度分布图

Fig. 27　Distribution map of VR with depth retrieved by moment tensor

of the M_S7.0 Jiuzhaigou earthquake

图 28 中的波形分为 Pz、Pr、Sz、Sr、Sh 五个段，其中 Pz 和 Pr 分别为 P 波段的垂直向和径向分量，而 Sz、Sr、Sh 分别为 S 波段的垂直向、径向和切向分量；波形拟合图左侧为台站名，台站名下方为震中距与波形偏移量；波形拟合图下方分别为各分量的偏移量和相关系数。

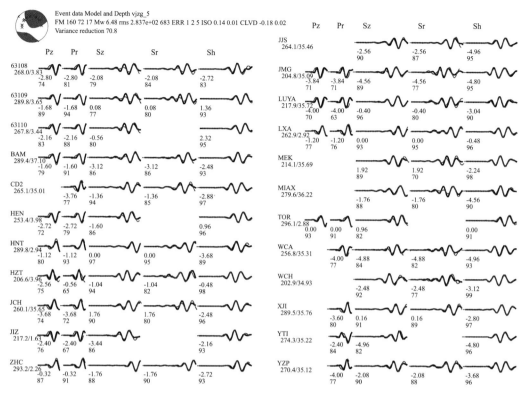

图28 九寨沟7.0级地震矩张量反演波形拟合图

Fig. 28 Fitting diagram of the moment tensor inversion waveform of the M_S7.0 Jiuzhaigou earthquake

矩心深度：5km；红色为观测图，黑色为理论图

表11 九寨沟7.0级地震波形反演机制解结果（最佳双力偶解）

Table 11 Mechanism solution results of waveform inversion of the M_S7.0 Jiuzhaigou earthquake（Optimal double force couple solution）

节面1（°）			节面2（°）			P轴（°）		T轴（°）		N轴（°）		深度（km）	M_W	来源
走向	倾角	滑动角	走向	倾角	滑动角	方位角	俯仰角	方位角	俯仰角	方位角	俯仰角			
160	72	17	65	74	161	112	1	22	25	205	65	5	6.48	①
156	79	−9	248	81	−169	112	14	22	2	286	76	5	6.4	②
151	79	−8	243	82	−168	107	13	16	2	277	76	16.2	6.5	③
328	48	−11	65	82	−137									④

注：①龙锋，根据四川地震台网记录采用主震波形反演机制解结果（最佳双力偶解）。

②易桂喜、龙锋、梁明剑等，2017，2017 年 8 月 8 日九寨沟 M_S7.0 地震及余震震源机制解与发震构造分析，地球物理学报，60（10）：4083~4097，doi：10.6038/cjg20171033。

③HRV：http://www.globalcmt.org/。

④中国地震局地球物理研究所 韩立波，利用 CAP 方法获得矩张量反演结果。

表12　九寨沟7.0级地震全矩张量解

Table 12　Complete moment tensor solutions of the M_S7.0 Jiuzhaigou earthquake

m_{rr}	m_{tt}	m_{ff}	m_{rt}	m_{rf}	m_{tf}	Exp（N·m）	标量地震矩（N·m）	深度（km）	M_W	来源
0.120	0.721	−0.492	0.449	−0.170	−0.618	18	$6.644e^{+18}$	5	6.48	①
−0.17	5.70	−5.52	0.76	1.56	−3.77	25	$6.98\ e^{+25}$	16.2	6.5	②

注：①龙锋，根据四川地震台网记录采用主震波形矩张量反演。
　　②HRV：http://www.globalcmt.org/。

2. 主震和余震序列震源机制

1）CAP计算方法及余震机制分类方法简介

考虑到九寨沟7.0级地震发生在测震台站稀疏且结构与构造研究均相对薄弱的区域，选用了近年来广泛使用的CAP波形反演方法（Zhao and Helmberger，1994；Zhu and Helmberger，1996），获取九寨沟7.0级地震序列中$M_S \geqslant 3.0$级余震的震源机制解、震源矩心深度和矩震级。

CAP方法将地震波形记录分为体波Pnl与面波两部分，分别对Pnl波、面波进行带通滤波，计算理论波形与观测波形之间的误差函数，然后利用网格搜索，获取给定参数空间中误差函数达到最小的最佳解。CAP方法的主要优点是计算所需台站少、反演结果对速度模型依赖性较小（Tan et al.，2006；郑勇等，2009），可保证震源机制解的稳定性与可靠性；此外，该方法在波形反演过程中采用了深度震相以及体波与面波的相对强度进行深度约束（罗艳等，2015），可获得相对准确的震源深度，基于区域台网波形资料反演获得的震源深度误差在1~2km内（郑勇等，2009）。

引入Vallage et al.（2014）发展的面应变A_S值，分析九寨沟主震及其余震的震源机制类型与发震断层运动学特征，分类标准如下：$-1 \leqslant A_S < -0.7$，正断型；$-0.7 \leqslant A_S < -0.3$，正断兼走滑型；$-0.3 \leqslant A_S < 0.3$，走滑型；$0.3 \leqslant A_S < 0.7$，逆冲兼走滑型；$0.7 \leqslant A_S \leqslant 1$，逆冲型。

2）资料选取与计算参数设置

采用震中距300km以内的固定台站宽频带地震仪记录的高信噪比波形记录计算$M_S \geqslant 3.0$级余震的震源机制解。计算所用速度模型为余震区地震重新定位过程中获得的九寨沟地区一维速度模型（表5）。

计算中，震源函数持续时间设置为1s，体波与面波截取波形窗长分别为30s和60s，相应的带通滤波频带宽度为0.05~0.2Hz和0.05~0.1Hz；断层面参数走向、倾角、滑动角搜索步长5°，深度步长1km。

3）地震序列中$M_S \geqslant 3.0$级余震的震源机制解

九寨沟7.0级地震后，截至2018年2月8日四川区域地震台网记录到$M_S \geqslant 3.0$级余震43次，见表4。利用CAP波形反演方法，获得了其中25个余震的可靠震源机制解、震源矩心深度和矩震级，结果见表13。

表 13　四川九寨沟 7.0 级地震和主要余震序列的震源机制解

Table 13　Focal mechanism solutions of the M_S 7.0 Jiuzhaigou earthquake and aftershock sequence

序号	发震日期	发震时刻	φ_N (°)	λ_E (°)	震源深度 (km)	震级 M_S	矩震级 M_W	矩心深度	节面 I 走向	节面 I 倾角	节面 I 滑动角 (°)	节面 II 走向	节面 II 倾角	节面 II 滑动角 (°)	P 轴 方位角	P 轴 俯仰角 (°)	T 轴 方位角	T 轴 俯仰角 (°)	N 轴 方位角	N 轴 俯仰角 (°)	A_S	资料来源
1	2017.08.08	21：19：47	33.20	103.82	20	7.0	6.4		144	87	−1	234	89	−177	99	3	3	9	252	87		①
							6.4	15	151	85	−4	241	86	−175	16	1	106	6	279	84		②
							6.5	13.5	153	84	−33	246	57	−173	104	27	204	18	324	57		③
							6.48	5	160	72	17	65	74	161	112	1	22	25	205	65		④
							6.5	16.2	151	79	−8	243	82	−168	107	13	16	2	277	76		⑤
							6.4	5	328	48	−11	65	82	−137								⑥
							6.4	5	156	79	−9	248	81	−169	112	14	22	2	286	76	−0.06	⑦
2	2017.08.08	23：51：12	33.11	103.88	10	3.1	3.71	6	254	79	−154	159	62	−12	119	26	24	10	275	62	−0.17	⑧
3	2017.08.09	0：35：18	33.13	103.85	20	3.2	3.99	8	149	64	−8	55	90	163	101	12	9	12	235	73	−0.11	⑦
4	2017.08.09	5：37：14	33.12	103.87	17	3.6	4.26	7	145	73	0	55	90	163	101	12	9	12	235	73	0	⑦
5	2017.08.09	6：24：49	33.14	103.85	18	3.0	3.75	9	245	80	−156	151	66	−11	110	24	16	9	266	64	−0.14	⑧
6	2017.08.09	6：49：03	33.11	103.88	18	3.2	3.86	7	136	72	−4	227	86	−162	93	15	0	10	239	72	−0.04	⑧
7	2017.08.09	8：29：04	33.28	103.8	13	3.9	4.37	10	360	49	75	202	43	107	101	3	205	78	10	11	0.96	⑦
8	2017.08.09	9：22：15	33.16	103.85	19	3.8	4.28	12	335	73	41	231	51	158	98	14	200	41	354	46	0.39	⑦
9	2017.08.09	9：32：48	33.28	103.75	19	3.7	4.12	11	129	25	10	30	86	115	99	36	324	44	208	35	0.27	⑦
10	2017.08.09	10：17：02	33.16	103.86	26	4.8	4.75	8	162	70	−9	255	82	−160	120	20	27	8	277	68	−0.1	⑦
11	2017.08.10	3：02：14	33.22	103.79	19	3.7	4.05	3	155	77	10	63	80	167	109	2	19	16	207	74	−0.08	⑦
12	2017.08.10	5：05：54	33.16	103.85	26	4.3	4.65	10	165	78	3	74	87	168	120	6	29	11	241	78	0.02	⑦
13	2017.08.10	9：54：02	33.16	103.85	17	3.2	3.87	6	330	84	21	238	69	174	102	10	196	19	345	68	0.08	⑦

续表

序号	发震日期	发震时刻	φ_N (°)	λ_E (°)	震源深度(km)	震级 M_S	矩震级 M_W	矩心深度	节面I (°) 走向	倾角	滑动角	节面II (°) 走向	倾角	滑动角	P轴(°) 方位角	俯仰角	T轴(°) 方位角	俯仰角	N轴(°) 方位角	俯仰角	A_S	资料来源
14	2017.08.10	17：48：34	33.22	103.85	26	4.1	4.3	10	340	86	23	248	67	176	112	13	207	19	349	67	0.06	⑦
15	2017.08.11	8：05：09	33.17	103.87	25	3.0	3.33	8	331	82	19	238	71	172	103	7	196	19	353	70	0.09	⑧
16	2017.08.11	19：26：21	33.1	103.87	26	3.4	3.91	8	140	75	6	48	84	165	95	6	3	15	208	74	0.05	⑦
17	2017.08.12	7：56：39	33.12	103.87	12	3.7	4.02	8	141	76	5	50	85	166	96	6	5	13	211	75	0.04	⑦
18	2017.08.13	22：38：32	33.08	103.9	18	3.4	3.81	9	145	74	20	49	71	163	277	2	8	25	182	65	-0.18	⑦
19	2017.08.25	4：28：52	33.07	103.91	15	3.0	3.69	4	147	87	-9	237	81	-177	102	8	193	4	309	81	-0.016	⑧
20	2017.08.27	8：58：13	33.2	103.74	15	3.4	3.95	9	149	37	21	42	78	125	105	24	348	46	213	34	0.45	⑧
21	2017.09.06	1：57：21	33.24	103.79	10	3.4	3.82	3	156	85	-9	247	81	-175	111	10	202	3	307	80	-0.027	⑧
22	2017.09.07	12：15：29	33.11	103.91	22	3.3	3.85	4	140	85	-6	231	84	-175	95	8	185	1	280	82	-0.018	⑧
23	2017.09.13	7：59：42	33.26	103.81	23	3.3	3.76	3	254	67	-175	162	85	-23	116	19	210	13	331	66	-0.066	⑧
24	2017.10.06	18：25：35	33.26	103.78	17	4.0	4.11	8	334	69	36	229	57	155	99	8	196	40	0	49	0.4	⑧
25	2017.11.07	5：31：08	33.21	103.79	15	4.5	4.59	8	4	79	71	245	22	149	110	31	252	52	8	19	0.65	⑧

注：①龙锋，根据四川地震台网记录采用HASH计算的九寨沟主震的机制。

②USGS：Body-wave Moment Tensor (Mwb) (https：//earthquake.usgs.gov/earthquakes/eventpage/us2000a5x1#moment-tensor? source=us_2000a5x1_mwb)。

③USGS：W-phase Moment Tensor (Mww) (https：//earthquake.usgs.gov/earthquakes/eventpage/us2000a5x1#moment-tensor? source=us_2000a5x1_mww)。

④龙锋，根据四川地震台网记录采用主震波形反演机制解结果（最佳双力偶解）。

⑤HRV：http：//www.globalcmt.org/。

⑥中国地震局地球物理研究所，张勇，许力生，陈运泰，2017，2017年8月8日九寨沟 M_S7.0 地震及余震震源机制解与发震构造分析，地球物理学报，60（10）：4083～4097，doi：10.6038/cjg20171033。

⑦易桂喜，龙锋，梁明剑等，2017，2017年8月8日九寨沟 M_S7.0 地震及余震震源机制解与发震构造分析，地球物理学报，60（10）：4083～4097，doi：10.6038/cjg20171033。

⑧祁玉萍，采用CAP方法得出的矩张量反演结果计算结果。

九寨沟 7.0 级主震 A_S 值近似于 0（表 13），为纯走滑型。25 次余震中，8 月 9 日 8 时 29 分发生在余震区北段东侧的 M_S3.9 地震（表 13 中 No.7）A_S 值接近于 1，为纯逆冲型；8 月 9 日 9 时 22 分发生在余震区南段的主震南侧紧邻最大余震的 M_S3.8（表 12 中 No.8）、8 月 27 日 8 时 58 分发生在主震西侧邻近岷江断裂的 M_S3.4（表 13 中 No.20）、10 月 6 日 18 时 25 分发生在余震区北段的 M_S4.0（表 13 中 No.24）以及 11 月 7 日 5 时 31 分发生在主震西侧的此次序列次大余震 M_S4.5 地震（表 13 中 No.25）的 A_S 值介于 0.3~0.7，为逆冲兼走滑型；其余 19 次 A_S 值在 -0.3~0.3，均为走滑型，且多数 A_S 值在 0 左右（表 13），为纯走滑型，显示九寨沟 7.0 级地震和绝大多数余震以左旋走滑错动为主的特征。

根据震源机制分类结果，可见余震震源机制类型沿断裂分布存在分段特征（图 29），主震以南的余震区南段以走滑型为主，获得的 15 次余震机制解中 14 次为走滑型，有 1 次为逆

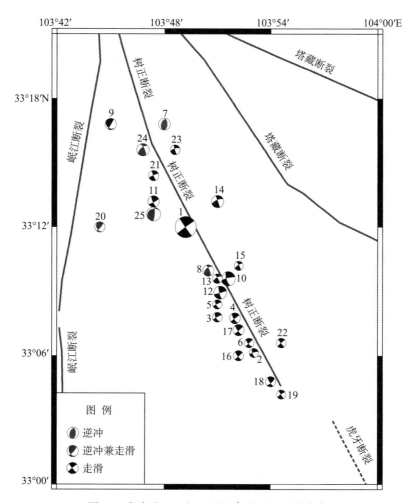

图 29　九寨沟 7.0 级地震及余震震源机制分布

Fig. 29　Focal mechanism distribution of the M_S7.0 Jiuzhaigou earthquake and aftershocks

图中地震编号见表 13

冲兼走滑型（即表13中No.8号余震）；而余震区北段机制类型略复杂，获得的9次余震机制解中，5次为走滑型，3次逆冲兼走滑型（即表13中No.20、24和25号余震），1次逆冲型（即表13中No.7号余震），显示主震以北的北段区域余震逆冲分量偏大，南段区域余震以走滑为主。

3. 震源破裂特征

利用宽频带数字地震波形资料、InSAR及强震观测资料，可以反演强震震源破裂尺度、破裂持续时间、断层错动方式以及断层错动造成的位移分布等信息。九寨沟7.0级地震后，多个研究小组开展了地震破裂过程研究工作，研究结果分述如下：

1）基于远震波形快速反演结果

张勇等（2017）利用远震波形资料，在震后1.8小时快速反演出了九寨沟7.0级地震破裂过程（图30）。初步结果中没有发现明显的破裂方向，震源主要持续时间约为15s。释放总标量地震矩约6.4×10^{18}N·m，相当于矩震级M_W6.48，最大滑动约0.5m，主要破裂集中在5~20km深度区域（张勇等，2017）。

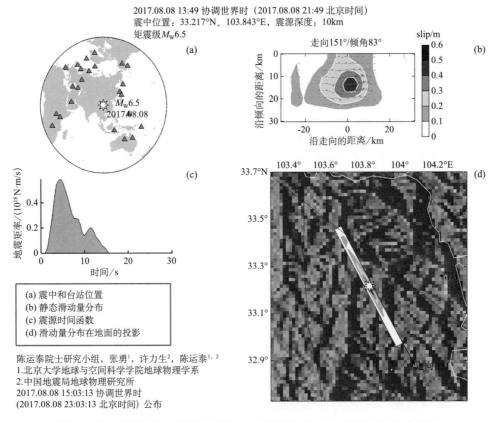

图30　基于远震波形资料的九寨沟7.0级地震震源破裂过程初步反演结果

（中国地震局地球物理研究所，张勇等，2017）

Fig. 30　Preliminary inversion results of source rupture process of M_S7.0 Jiuzhaigou earthquake

based on teleseismic waveform data

2）基于地震资料和 InSAR 资料联合反演结果

张旭等（2017）基于美国地震学联合研究会 IRIS 数据中心下载的震中距在 30°～90°范围的全球分布的 36 个台站高信噪比远震波形垂直向资料和来自欧洲空间局（ESA）同震 InSAR 数据，利用远场波形资料和近场 InSAR 资料联合反演方法（张旭等，2016），反演九寨沟 7.0 级地震的震源破裂过程。初始模型：采用中国地震台网中心测定的震源位置（33.20°N，103.82°E）和 USGS 确定的 W-phase 矩张量反演提供的断层面参数（断层面走向 153°、倾角 84°）、断层面上边界位于地表，沿断层面向下拓展 30km 作为下边界；东南边界距起始破裂点 12km，西北边界距起始破裂点 20km，对于子断层的尺度为 2km×2km，震源深度取 11km。

联合反演结果（图 31）显示，九寨沟 7.0 级地震破裂持续时间约 15s（图 31a），释放总标量地震矩约 $6.61×10^{18}$ N·m，相当于矩震级 $M_W6.5$，最大滑动约 1.0m（图 31b），地震的破裂区可分为两个主要的凹凸体，一个较大，距起始破裂点较近，从起始破裂点北西较深的位置延展到起始破裂点南东较浅的位置，可能破裂到了地表，此凹凸体主要以走滑为主（总体滑动角约为 -14.0°）。另一个凹凸体较小，距起始破裂点较远，位于起始破裂点北西约 15km 且 6km 深处，此凹凸体的正滑分量非常明显（总体滑动角约为 -52.8°）。根据瞬时破裂图像（图 31c），地震起始于震源位置，首先向北西和浅部破裂，然后向深部和南东方向扩展，最后终止于北西较远的凹凸体和南东较浅位置。两个凹凸体总体的滑动角约为 -19.5°，以走滑为主，兼具少量正滑分量。

3）基于近场强震数据的反演结果

郑绪君等（2017）利用 25 个台站在到时和波形上均具有较好拟合的九寨沟 7.0 级地震的近场强震数据，分别基于中国地震台网中心（CENC）和美国地质调查局（USGS）的定位结果、美国地质调查局的体波震源机制解中 NW 向断层节面（走向/倾角/滑动角 = 151°/85°/-4°），作为实际发震断层面。采用迭代反褶积和叠加（Iterative Deconvolution and Stacking，IDS）方法反演得到了九寨沟 7.0 级地震的两个破裂模型。

假定潜在破裂最大可抵达约九寨沟地区地壳厚度（50km）的一半，由此设断层面长为 42km，宽为 24km，分别沿走向和倾向方向离散成 21×12 = 252 个子断层，每个子断层的尺度为 2km×2km，作为破裂过程反演的基础震源参数之一。

反演结果显示（图 32、图 33），两个破裂模型除在时间上存在大约 2.5s 的偏移外，在其他破裂特征上都极其相似，表明强震数据反演并不严重依赖地震定位结果。破裂过程大约持续 8～10s，释放的地震矩为 $6.9×10^{18}$ N·m 左右，对应的矩震级约为 $M_W6.5$。走向方向上，破裂覆盖了震中西北 15km 至震中东南 10km 的区域，整体表现为不对称的双侧破裂模式，其中西北方向的破裂略占优势。深度方向上，主要破裂集中在 0～10km 的较浅区域。

4）有限断层模型进行震源过程反演

据 2017 年 8 月 9 日中国科学院青藏高原研究所网站信息：震源破裂过程反演初步结果（王卫民等，2017）。九寨沟 7.0 级地震发生后，王卫民等从美国地震学联合研究会 IRIS 数据中心下载地震数据资料用于研究地震震源机制和震源破裂过程。选取其中信噪比较高并且沿方位角分布比较均匀的 24 个远场 P 波波形和 23 个 SH 波波形资料进行点源模型的震源机制解反演；根据反演结果构建有限断层模型进行震源过程反演，获得了九寨沟 7.0 级地震破

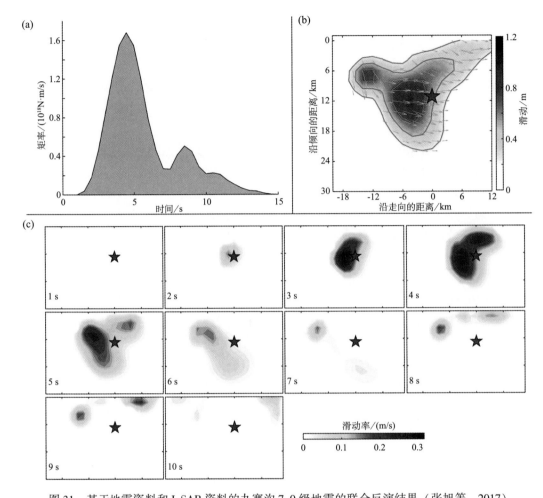

图 31 基于地震资料和 InSAR 资料的九寨沟 7.0 级地震的联合反演结果（张旭等，2017）

Fig. 31 Joint inversion results of the M_S7.0 Jiuzhaigou earthquake based on seismic data and InSAR data

（Zhang Xu et al.，2017）

（a）地震矩率函数；（b）位错分布. 蓝色实线分别表示滑动量为 0.24、0.48、0.72 和 0.96m 的等值线；

（c）滑动速率快照；（b）、（c）中红色五角星表示起始破裂点

裂滑动分布的初步结果：地震矩为 $6.7×10^{18}$N·m，M_W=6.5 级，最大滑动 85cm，震源深度约 7km 的高倾角左旋走滑型地震，破裂持续时间约 15 秒，破裂没有明显的方向性，断层面上的滑动分布比较集中（图 34）。

不同研究小组基于地震波形资料、InSAR、强震观测资料以及有限断层模型等进行震源过程反演，获得的九寨沟 7.0 级地震震源破裂尺度 25~40km，破裂持续时间 8~15s，释放总标量地震矩约 $6.4~6.9×10^{18}$N·m，相当于矩震级约 M_W6.5，最大滑动约 0.5~1.0m，断层错动方式以走滑为主。但主要破裂分布深度范围不同研究组给出的结果差异较大。

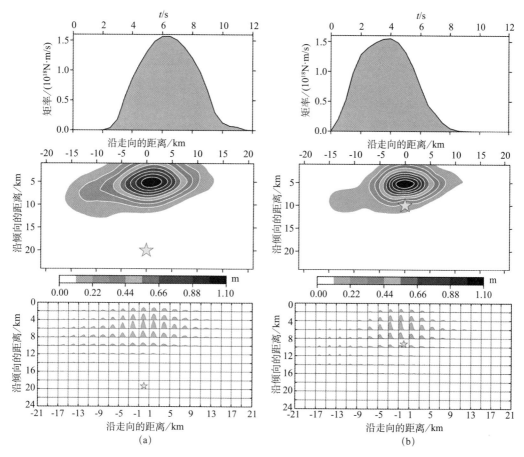

图 32　分别采用 CENC 和 USGS 定位结果反演得到的九寨沟 7.0 级地震破裂（郑绪君等，2017）

Fig. 32　Jiuzhaigou earthquake rupture（Zheng xujun et al.，2017）obtained by inversion

of CENC and USGS positioning results，respectively

（a）CENC 结果；（b）USGS 结果

从上到下依次为震源时间函数、断层面上静态滑动量分布，以及子断层震源时间函数

其中子断层震源时间函数图像中，横轴宽度为 12s，纵轴高度为 0.4ms⁻¹

4. 主震机制解与主破裂面

根据九寨沟 7.0 级主震和余震序列的精定位结果，岷江断裂和塔藏断裂都不是九寨沟 7.0 级地震的发震断层。主震和余震展布位置在 I 至 V 代区划图上都没有标识活动断裂迹线。从九寨沟 7.0 主震和余震重新定位结果（图 12 和图 13）可以看出，主震和余震序列发生在近 NS 向岷江断裂带与东昆仑断裂带东端的分支 NWW 向塔藏断裂所夹持的区域（易桂喜等，2017），余震平面展布呈 NW—SE 走向，余震密集区长度约 38km，余震分布走向与岷江断裂和塔藏断裂走向差异较大，因此，岷江断裂和塔藏都不是九寨沟 7.0 级的发震断层。

虎牙断裂北段也不是九寨沟 7.0 级的发震断层。在九寨沟余震平面分布上看，九寨沟

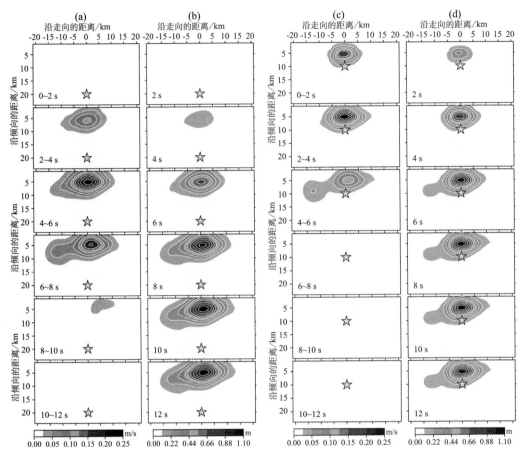

图 33 九寨沟 7.0 级地震断层面上破裂的时空分布（郑绪君等，2017）

Fig. 33 Temporal and spatial distribution of the M_s7.0 rupture on fault plane

（a）CENC 模型中滑动速率随时间的变化；（b）CENC 模型中累积滑动量随时间的变化；

（c）USGS 模型中滑动速率随时间的变化；（d）USGS 模型中累积滑动量随时间的变化

7.0 级地震的余震未扩展至早期地质调查推测的由 NW 转向 NS 倾向 E 的虎牙断裂带北段（唐荣昌等，1993 年）。EW 走向的雪山梁子断裂将虎牙断裂分割为南、北两段（图 3），虎牙断裂南段断面 W 倾，倾角不定，近 NS 走向，具有左旋兼逆冲性质，推测虎牙断裂北段转为 NNW 走向，尚无 6.5 级以上地震记载（周荣军等，2000；张岳桥等，2012）。虽然九寨沟 7.0 级地震的余震与推测虎牙北段走向接近，较难排除是否为虎牙断裂向北延伸构造，但在九寨沟余震深度剖面上看，九寨沟余震分布显示发震断裂断面直立，余震剖面略倾向 SW 与推测 E 倾的北段不一致，主震震源机制解为纯左旋走滑型破裂，也与已查明的近 NS 向的虎牙断裂南段的走滑兼逆冲性质有较大差异。由此判定：虎牙断裂北段不是九寨沟 7.0 地震发震构造。

树正断裂是实际存在的一条活动断裂。树正断裂属于东昆仑断裂东端 NW—SE 走向的分支断裂，位于岷江断裂与塔藏断裂之间，呈现 NW—SE 走向，展布约 40km，左旋走滑

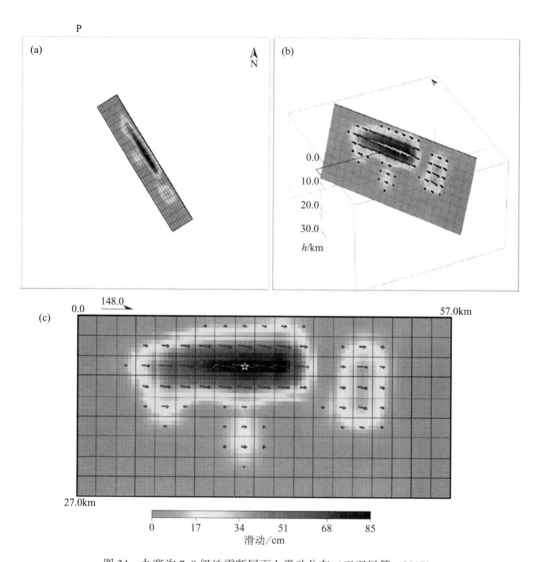

图 34　九寨沟 7.0 级地震断层面上滑动分布（王卫民等，2017）

Fig. 34　Inverted slip distribution of the M_S 7.0 Jiuzhaigou earthquake on the fault

图中分别给出了有限断层模型的地表投影（a）和三维示意图（b）

（图 3）。东昆仑断裂带向 SEE 延伸，除了青藏高原东缘的岷江断裂和虎牙断裂等吸收了一部分东昆仑断裂带的水平走滑位移外，还有相当一部分滑移量转变为青藏高原东缘岷山—龙门山的构造隆起和地壳缩短（陈社发等，1994；张军龙等，2014），从而构成了该地区的构造变形特征。九寨沟 7.0 级地震震中位于东昆仑断裂东段东端分岔区域，岷江断裂与塔藏断裂之间的树正断裂（图 3）。四川省地震局下属的四川赛思特科技有限责任公司在 2011 年开展成兰铁路沿线活动断裂调查工作中，发现了树正断裂存在的零星地质证据；九寨沟 7.0 级地震之后的地震地质调查中，再次发现了类似断层槽谷、山脊和冲沟被左旋位错等构造地貌，且沿疑似断层迹线的同震滑坡十分发育（图 4）。表明九寨沟 7.0 级地震破坏的线性展布与树正断裂走向一致。

树正断裂的几何特征和运动学特征与九寨沟7.0级地震的破裂类型和余震深度剖面展布一致。根据重新定位后的九寨沟地震序列余震震中密集区空间展布长轴呈 NW—SE 向（图12）、沿 NE 走向的震源深度剖面近直立（图13）、主震的震源机制解为左旋走滑型且节面走向呈 NW 向（表10、表11、表13 和图24）的特征，结合震源所处区域的构造展布，分析认为，东昆仑断裂东段走向 NW—SE 的分支断裂—树正断裂力学参数与九寨沟7.0级地震破裂类型和余震分布长轴展布一致，余震平面和深度剖面显示树正断裂具有左旋走滑特征，走向 NW—SE，略倾向 SW，高倾角。

树正断裂的构造特征与九寨沟7.0级主震和余震的分布、震源破裂和等烈度线展布特征符合。结合震源机制解、等烈度线、活动断裂分布和破裂反演结果综合分析，九寨沟7.0级地震的发震断层是接近东昆仑断裂在端部分叉的分支断裂之一，即九寨沟7.0级主震发生在东昆仑断裂分支—树正断裂上，其余震也沿着树正断裂迹线展布。而且，主震和余震的震源机制解显示断层错动性质基本以左旋走滑为主，余震剖面也显示断层面直立，这与树正断裂的运动性质和区域构造应力场相吻合。因此，树正断裂为九寨沟7.0级地震的发震断裂的推测符合实际。

六、观测台网及前兆异常

1. 前兆观测台网

九寨沟7.0级地震震中附近500km范围内前兆测项分布如图35所示，共计149个固定前兆台，70个跨断层场地以及地球物理场监测。可见前兆观测大多分布于震中东北方向的甘东南及祁连中东段，以及震中西南侧的"三岔口"附近区域，震中西侧及东南侧测点尤其稀疏，100km范围内前兆测点数量极少（表14），定点台仅有3个固定台。

表 14 九寨沟7.0级地震震中周围前兆台统计表

Table 14 Statistics of precursory stations around the epicenter of the M_S 7.0 Jiuzhaigou earthquake

前兆台	$\Delta \leqslant 100km$	$100 < \Delta \leqslant 200km$	$200 < \Delta \leqslant 300km$	$300 < \Delta \leqslant 400km$	$400 < \Delta \leqslant 500km$
全部前兆台	3	10	24	53	59
地下流体台	1	5	10	25	26
定点形变台	1	3	6	16	11
地磁地电台	1	2	8	12	22

流动重力和地磁观测概况：

南北地震带是中国地震局重力监测的重点地区之一，多年来在该地区布设了较好的地震重力监测网，包括流动重力测网和连续重力台网；布设了较好的流动地磁监测网。

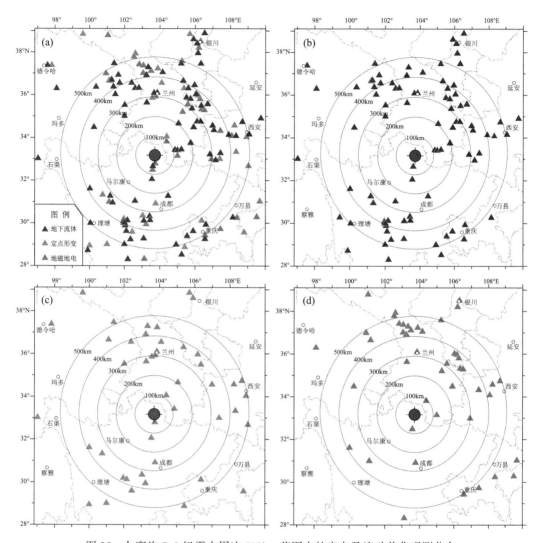

图 35   九寨沟 7.0 级震中周边 500km 范围内的定点及流动前兆观测分布

Fig. 35   Distribution of fixed- and mobile-precursor observations within 500km

around the epicenter of the M_S7.0 Jiuzhaigou event

（a）全部前兆台项分布；（b）流体台项分布；（c）定点形变台项分布；（d）地磁地电台项分布

在流动重力监测方面，从 2013 年开始，全国重力观测技术管理部组织对各级重力监测网进行优化整合，在南北地震带地区形成了整体的流动重力监测网（图 36），并于 2014 年起开始观测，观测周期为每年 2 期，至此次地震前共计产出 7 期观测资料。2017 年 8 月 8 日九寨沟 7.0 级地震发震地点位于南北地震带重力网中部地区，距离震中 500km 范围内共有约 500 个测点，其中最近的测点距离此次地震震中约为 10km。

在流动地磁监测方面，2016 年对南北地震带进行了基本全覆盖有效两期监测，获得了总强度图、水平分量图、H 矢量图（和 Z 矢量图）以及磁场能量加卸载图，研究了 2015 年

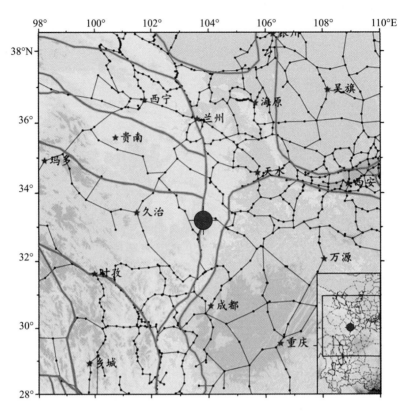

图 36　九寨沟 7.0 级地震周边流动重力监测网分布图
（全国重力观测技术管理部，2017）

Fig. 36　Distribution of mobile gravity monitoring network around the M_S7.0 Jiuzhaigou earthquake

4 月至 2016 年 4 月的 H 矢量弱化区和 2015 年 9 月至 2016 年 9 月的 H 矢量弱化区特征，圈定了南北地震带的流磁异常区空间位置。

2. 前兆异常项

1）测震学异常

（1）巴颜喀拉块体继续为我国大陆的大震主体活动区域（图 20）。震前认识提出：大震主体活动区。中国大陆西部的巴颜喀拉块体自 1997 年 11 月西藏玛尼 7.5 级地震以来，巴颜喀拉块体发生 7 次 7 级以上地震，其中 2 次 8 级以上，显示巴颜喀拉块体继续为大震主体活动区域。例如：1997 年 11 月 8 日西藏玛尼 7.5 级、2001 年 11 月 14 日昆仑山口西 8.1 级、2008 年 3 月 21 日新疆于田 7.3 级、2008 年 5 月 12 日四川汶川 8.0 级、2013 年 4 月 20 日四川芦山 7.0 级、2014 年 2 月 12 日新疆于田 7.3 级和 2017 年 8 月 8 日九寨沟 7.0 级地震，这些大震构成了近 20 年中国大陆地震主体活动区（邓起东等，2010；M7 专项工作组，2012）。

（2）5 级地震条带与 5 级空区交会（图 37）。震前认识提出，1934 年 1 月 15 日尼泊尔 8.3 级地震至 1937 年 1 月 7 日阿兰湖 7.5 级地震间，青藏高原 5 级、6 级地震形成 NE 向带状分布（包括 6 次 6 级和 2 次 7 级地震），并与 1920~1933 年形成的 5 级地震空区交会，阿兰湖 7.5 级地震发生在该交会区域（图 37a）。

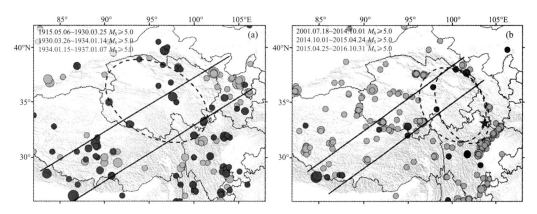

图 37　5 级空区交会与阿兰湖 7.5 级地震前（a）和当前 5 级带状（b）类比

Fig. 37　Analogy between the intersection of the M_S5 seismic gap and the belt type

before the $M_S7.5$ Lake Aran earthquake (a) and current M_S5 events (b)

据中国地震台网中心（2017），《台网中心九寨沟地震预测预报总结》，★：九寨沟 7.0 级地震

2015 年 4 月 25 日尼泊尔 8.1 级地震以来，青藏高原 5 级地震形成 NE 向带状分布，该带已经发生了 2 次 6 级地震（2016 年门源 6.4 级和杂多 6.2 级），该带与 2001 年以来形成的 5 级空区交会于青海东部地区（图 37b），即预测条带和空区交会区青海东部为未来 7 级地震的位置。而 2017 年九寨沟 7.0 级地震并未位于交会区，是位于 2001 年以来形成的 5 级地震空区边缘。

（3）条带交会类似于 2000 年兴海 6.6 级地震前（图 38）。震前认识提出，西北地区 2014 年 10 月至 2015 年 3 月 $M_L4.0$ 地震形成 NNW 向条带，2015 年 3 月 20 日以来 $M_L4.0$ 地震形成 NNE 向地震条带，两个地震条带交会于玛多—兴海一带（图 38a），2000 年 9 月 12 日兴海 6.6 级地震就发生在 4 级地震条带交会地区（图 38b），因此 4 级地震带状分布及交会区为未来大震的可能地区。而九寨沟 7.0 级地震并未位于 4 级地震条带交会区及附近，是发生在 NNW 向条带的东南端附近区域。

（4）地震空区内 4 级调制地震集中（图 39）。1990 年共和 7.0 级地震前 5 级地震空区内存在 4 级调制地震集中活动的特点，且 1990 年 4 月 26 日共和 7.0 级地震发生在 4 级调制地震集中区附近（图 39a）。2002 年以来 $M_L5.0$ 地震空区内 4 级调制地震形成集中区，特别是 2014 年乌兰 5.1 级地震打破 5 级地震空区以来，4 级调制地震持续集中发生在巴颜喀拉块体边界东北缘及附近（图 39b），而九寨沟 7.0 级地震是发生在空区内部 4 级调制地震集中区的边缘。

（5）四川地区强震活跃幕 5 级地震平静打破对未来一年 6.9 级以上地震有预测意义。2016 年理塘 5.1 级地震打破了自 2014 年越西 5.0 级地震以来长达 617 天的 5 级地震平静。按震例统计规律，四川地区活跃幕 5 级地震平静超过 350 天与未来一年内 6.9 级以上地震存在一一对应的关系，因此未来一年内四川地区有可能发生 6.9 级以上地震。

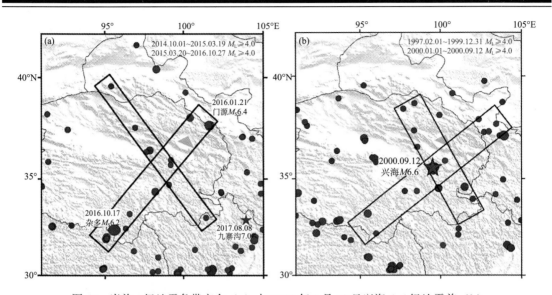

图 38　当前 4 级地震条带交会（a）与 2000 年 9 月 12 日兴海 6.6 级地震前（b）

Fig. 38　Intersection（a）of current M_S4 seismic band and before $M_S6.6$ Xinghai

earthquake on September 12，2000（b）

据中国地震台网中心（2017），《台网中心九寨沟地震预测预报总结》

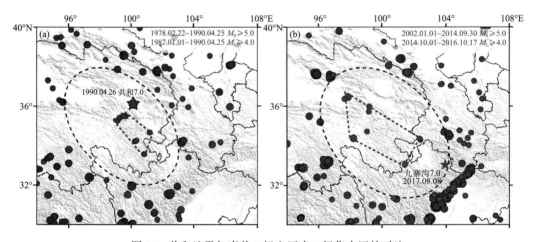

图 39　共和地震与当前 5 级空区内 4 级集中区的对比

Fig. 39　Comparison of Gonghe earthquake with the concentration area of M_S4 in the current M_S5 seismic gap

（a）共和 7 级地震前；（b）2008~2016 年地震空区

据中国地震台网中心（2017），《台网中心九寨沟地震预测预报总结》

（6）四川地区中等地震活动增强（图 40）。震例研究显示，四川及邻区 6 级以上地震发生前，均存在区域性的中等地震活动增强或平静现象。四川地区 $M_L3.5~5.9$ 地震月频次异常出现后，通常在 1 年半内，四川及邻区会发生 6 级以上地震，过去出现的 29 组增强异常中（表 15，图 40），仅有 7 组其后 1 年半未发生地震，说明四川地区中等地震活动月频次异常尤其是增强异常对四川及邻区 6 级以上地震具有相当强的指示意义（易桂喜等，2004）。

2016 年度四川地区中等地震活动月频次出现持续高值异常（图 40），显示未来 1 年或稍长时间四川及邻区仍可能发生 6 级以上地震。

表 15 2000 年以来四川地区中等地震月频次异常出现时间、异常性质及对应 $M_S \geqslant 6$ 级地震情况

Table 15 Occurrence time, abnormal properties and corresponding $M_S \geqslant 6$ earthquakes of monthly frequency anomalies of moderate earthquakes in Sichuan area since 2000

异常出现时间及异常性质	实际地震发生情况（$M_S \geqslant 6.0$ 级）
2000 年 5~6 月，缺震	2001 年 2 月 23 日雅江 6.0
2001 年 3~4、8~9 月，增强异常	2001 年 10 月 27 日永胜 6.0
2002 年 7~9、11 月，增强异常	2003 年 7 月 21 日大姚 6.2 10 月 16 日大姚 6.1
2005 年 11~12 月，2006 年 2 月增强异常	虚报
2006 年 9 月、12 月~2007 年 1 月、4 月、8 月，增强异常	2008 年 5 月 12 日汶川 8.0
2008 年 2 月、5~7 月、9~11 月，增强异常	2008 年 8 月 30 日仁和—会理 6.1
2009 年 1、3、5 月，增强异常	2009 年 7 月 9 日姚安 6.0 2010 年 4 月 14 日玉树 7.1
2010 年 7~8 月，增强异常	虚报
2011 年 1、3 月，增强异常	虚报
2012 年 4、7、10~11 月；2013 年 2、6 月，增强异常	2013 年 4 月 20 日芦山 7.0 7 月 22 日漳县—岷县 6.6 8 月 12 日左贡 6.1
2013 年 8、1 月，2014 年 1、7、11 月增强异常	2014 年 8 月 2 日鲁甸 6.5 2014 年 11 月 22 日康定 6.3
2014 年 12 月至 2015 年 2 月、4 月增强异常 2015 年 10~12 月，2016 年 3、5、9 月	？

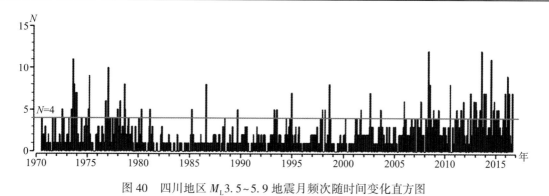

图 40 四川地区 $M_L 3.5~5.9$ 地震月频次随时间变化直方图

Fig. 40 Histogram of monthly frequency variation of $M_L 3.5-5.9$ earthquakes in Sichuan area with time

（7）川甘青交界强震平静（图41）。川甘青区域历史上发生过7级以上地震，1947年3月17日青海达日南7.7级，其周缘还曾发生过1987年迭部6.2级、1935年和1952年久治6.0级等地震。1999年青海玛沁5.0级地震后，该区域及其周边表现出较长时间平静。

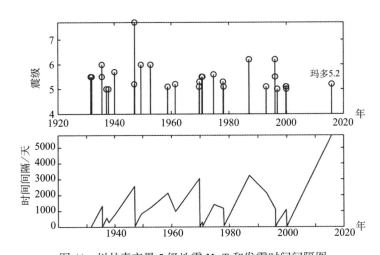

图41　川甘青交界5级地震 M-T 和发震时间间隔图

Fig. 41　M-T and seismogenic time interval diagram of the $M_S \geqslant 5.0$ earthquakes

in Sichuan-Gansu-Qinghai boundary area

（8）甘青川交界存在 $M_S 5.0$ 平静被打破（图41）。1999年青海玛沁5.0级地震后，甘青川交界地区形成5级地震平静，直至被2015年10月12日青海玛多5.2级地震打破，该5级地震平静持续近5800天，自上个世纪30年该区域有完整5级以上地震记录以来，尚未有过如此长时间的5级地震平静。玛多5.2级地震的发生，预示着川甘青交界地区近期5~6级地震活跃期。

（9）川甘青交界 $M_L 4$、$M_S 5$ 地震平静被打破（图42）。2001年7月17日兴海5.0级地震后，甘青川交界地区出现大范围5级地震围空，2011年11月2日甘肃岷县4.9级地震后，该5级地震空区内嵌套形成了 $M_L \geqslant 4.0$ 级地震围空，2013年7月22日岷县漳县交界6.6级地震发生在空区边缘。2014年10月2日青海乌兰 $M_S 5.1$ 地震打破了该5级地震围空，2015年10月12日玛多 $M_S 5.2$ 地震再次发生在空区内，2014年11月21日阿坝 $M_L 4.8$ 地震打破了4级地震围空，随后空区内及周边发生了多次4级地震，表明该空区及周边地震活动有增强趋势，这种配套的地震空区演化预示该地区可能存在发生强震的背景。

（10）川甘青交界一带小震震源机制解一致性较高（图43）。震源机制应力张量一致性时空分布能够反映区域应力场的应力水平高低，一致性越好，应力张量方差（Variance）越低，该区域的应力水平越高（Michael，1984，1987）。基于2000.01.01~2016.09.30甘肃省及邻区 $M_L \geqslant 3.0$ 级地震震源机制解，反演了该甘肃省及邻区应力场的空间分布（图43），震源机制应力张量一致性显示，东昆仑东段玛曲—玛沁段、迭部—白龙江断裂带自2014年6月以来出现下降转折上升，再下降的变化过程，显示区域应力场不稳定，表明该区发生中强以上地震的危险性在增强。

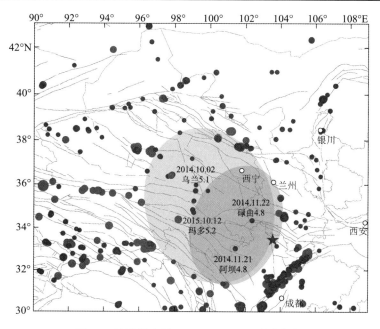

图 42　甘青川交界 M_L4.0、M_S5.0 地震分布

Fig. 42　Distribution of M_L4.0 and M_S5.0 earthquakes at the boundary area of Gansu-Qinghai-Sichuan

2001.07.18～2016.09.30，★：九寨沟 7.0 级地震

绿色：2001 年 7 月 18 日以来 M_S5.0 以上地震；红色：2011 年 11 月 3 日以来 M_L4.0 以上地震

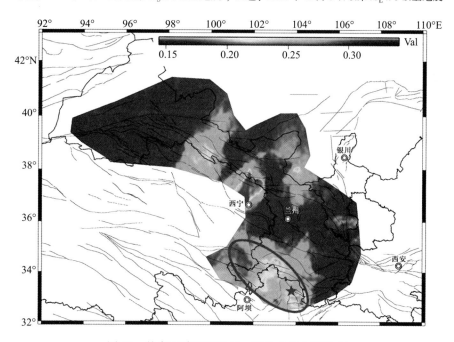

图 43　甘肃区域震源机制一致性参数空间分布

Fig. 43　Spatial distribution of focal mechanism consistency parameters in Gansu region

★：九寨沟 7.0 级地震

2）流动重力和流动地磁观测异常

（1）震前重力场变化特征分析。

利用南北地震带地区流动重力、连续重力观测资料，重力学科观测技术管理部对该地区重力变化进行了持续跟踪分析，获取了震前重力场变化过程资料。

流动重力观测获取的重力场动态变化图像（图44）：图44所示为震前1~3年尺度的重力场变化图像，变化基准为2014年第一期观测（2014.04），可以反映重力场在较长时期内的累积变化过程，也反映出了近期区内强震活动的强烈构造运动背景。

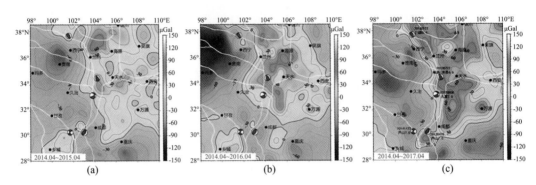

图44 九寨沟7.0级地震前1~3年尺度重力变化图像

（全国重力观测技术管理部，2017）

Fig. 44 Gravity change image on scale of 1-3 years before the M_S7.0 Jiuzhaigou earthquake

（a）2014.04~2015.04；（b）2014.04~2016.04；（c）2014.04~2017.04

图44a为一年尺度流动重力变化图像（2014年4月至2015年4月），重力场变化在空间分布上呈自西向东、由负向正的趋势性变化，且正负变化的分界线明显延祁连块体、柴达木块体、巴颜喀拉块体等一系列活动块体的东边界展布。青藏高原内部一般呈负变化，其中柴达木和祁连块体边界带的中部地区为最大量级达70~80μGal负变化极值区。在越过柴达木等活动块体的东边界活动断裂后，重力场迅速转为正变化特征，形成一条规模宏大的NW向延伸的0值线，并在西宁北部、久治东部、成都南部存在弯曲转折现象。此次九寨沟7.0级地震，即位于该0值线上，并伴随量级约为50μGal的差异变化梯度。

图44b为两年尺度图像（2014年4月至2016年4月），重力场变化态势与一年尺度图像类似，但北部地区变化量级明显增大。青藏高原东北缘地区负变化最大量级由上期70μGal左右增大至100μGal以上，甘肃东部和南部地区的重力正变化也明显增强，同时，北西向0值线在久治地区的弯曲转折也更为明显。

图44c为三年尺度图像（2014年4月至2017年4月），重力场变化态势仍维持自东向西、由负向正的态势，显示重力场演化一直具有较好的继承性。甘肃南部正变化区域以龙门山断裂带为边界向南扩展，极值区最大量级达到了90μGal以上。延祁连块体、柴达木块体、巴颜喀拉块体等块体东边界展布的0值线和梯度特征进一步加强，门源6.6级地震和此次九寨沟7.0级地震的震中均位于该梯度带上。

通过以上分析可以看出，重力场变化首先具有较好的继承性，除南部部分地区外，各时段重力变化特征基本维持自西向东、由负向正的趋势性特征，且随着时间积累，差异变化也越发明显。其次，重力场变化空间态势与主要活动块体分布具有密切关系，0 值线和高梯度带基本延祁连块体、柴达木块体、巴颜喀拉块体等青藏高原东缘一系列活动块体的东边界展布，且随着时间积累，该项特征也越发清晰、明显。

结合时空范围内 6 级以上地震活动可以看出，2013 年芦山 7.0 级地震和岷县—漳县 6.6 级、2014 年康定 6.3 级、2016 年门源 6.6 级地震，以及此次九寨沟 7.0 级地震，均位于青藏高原东缘一系列活动块体的东边界展布的梯度带上和 0 值线附近，与现有重力场变化异常与强震发震地点关系的认识一致。这也进一步表明，重力场变化反映了近期区内强震活动的强烈构造运动背景。

在 2017 年 6 月召开的全国年中地震趋势会商会上，重力观测技术管理部向与会专家展示了如图 45 所示的最新重力场变化，显示龙门山断裂带两侧整体呈正变化，打破了图 44c 所示的 3 年累积重力变化总体趋势，在巴颜喀拉地块东北角形成了重力场变化等值线趋势转折，学科预报专家李辉研究员当即指出此区域危险性增强，并建议开展强化跟踪工作。

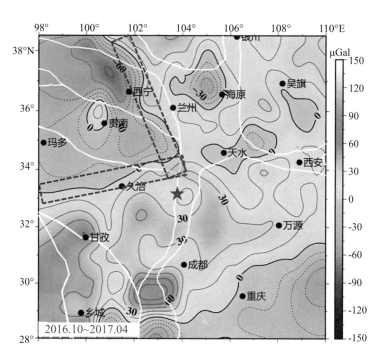

图 45　2016 年 10 月至 2017 年 4 月重力变化

Fig. 45　Gravity change from October 2016 to April 2017

★：九寨沟 7.0 级地震；全国重力观测技术管理部，2017

（2）震前流动地磁圈定异常区（图 46）。

中国地震局流动地磁技术团队分析认为，2014~2015 年水平矢量变化当中，南北带中南部，即两个区域该矢量的方向无明显的方向性，呈现出散乱的形态。与 2014~2015 年相比，2015~2016 年水平矢量方向在南北带中南部呈现出由南向北的整体趋势性，量级也增大且相当。由此分析，2016 年流动地磁在甘青川交界地区确定了 3 个异常区（图 45）。按以往震例，大多数地震都位于异常区内，因此 2017 年度甘青川交界危险区基本上圈定 3 个异常区，且异常区与玛沁—玛曲空段和西秦岭北缘断裂基本一致。2017 年九寨沟 7.0 级地震距离流动地磁异常区存在一定距离。

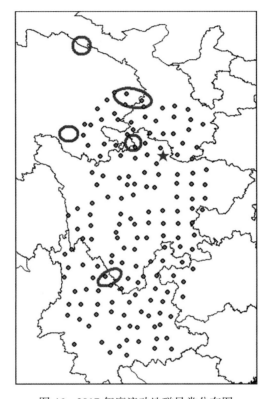

图 46　2017 年度流动地磁异常分布图

Fig. 46　Distribution of mobile geomagnetic anomalies in 2017

五角星：九寨沟 7.0 级

（3）连续重力变化的时频分析、非潮汐与潮汐重力变化。

连续重力观测方面，主要对数据进行了短期时频分析、非潮汐分析和潮汐分析三个方面的研究和处理。其中时频分析使用的数据时段为 2017 年 8 月 1～8 日；非潮汐分析使用数据的时段为 2017 年 7 月 1～31 日；潮汐分析使用的时段是从 2016 年 1 月 1 日至 2017 年 7 月 31 日。

图 47 为震前 7 个月非潮汐重力变化空间分布结果，它主要反应了物质运移过程。从图 46 结果来看，2017 年 2、4、6 月的非潮汐重力变化在震中附近形成了"零值线"，但目前台站尚较稀疏，此类变化的映震意义还有待深入研究。

图 48 所示为震前 6 个月潮汐因子月变化空间分布，反应了该地区地壳粘弹性变化趋势。潮汐因子变化的"零值线"为地壳粘滞性变化的交汇地区，也是应力容易累积的地区，有利于强烈地壳活动的发生。从结果来看，2017 年 2～7 月，震中附近均有潮汐因子变化的

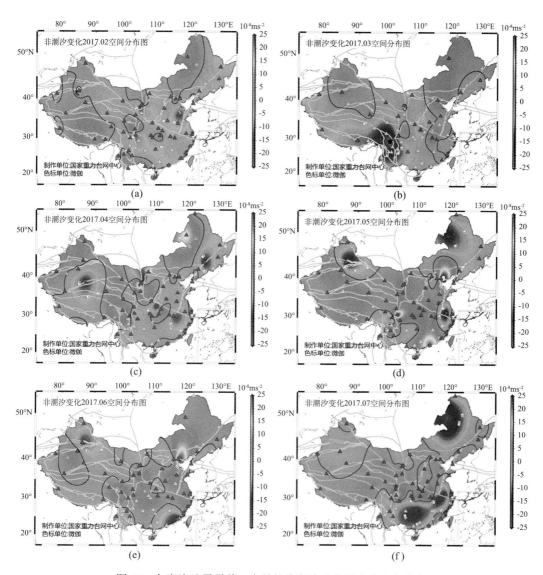

图 47　九寨沟地震震前 6 个月的非潮汐重力月变化空间分布

Fig. 47　Spatial distribution of non-tidal gravity monthly variation in six months before Jiuzhaigou earthquake

（a）2017 年 2 月；（b）2017 年 3 月；（c）2017 年 4 月；（d）2017 年 5 月；
（e）2017 年 6 月；（f）2017 年 7 月

★：九寨沟 7.0 级地震；全国重力观测技术管理部，2017

"零值线"通过，有利于该地区地壳应力的持续累积，间接说明了震区强烈的地壳运动状况。2017 年 7 月在甘青川交界以及龙门山断裂有"零值线"通过，九寨沟 7.0 级地震发生在此次地震"零值线"位置。

3）定点形变观测异常

（1）天水钻孔应变趋势异常（图 49）。震前提出该 B 类异常。该测项距离九寨沟 7.0

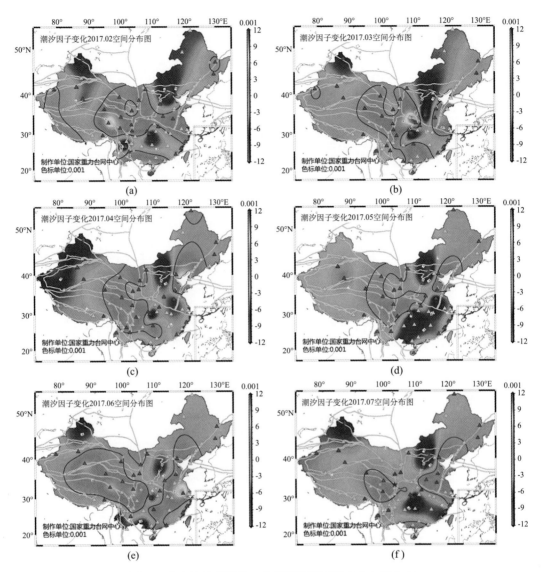

图48　九寨沟地震震前6个月潮汐因子月变化空间分布

Fig. 48　Spatial distribution of monthly variation of tidal factors in 6 months before Jiuzhaigou earthquake

（a）2017年2月；（b）2017年3月；（c）2017年4月；（d）2017年5月；（e）2017年6月；（f）2017年7月

★：九寨沟7.0级地震；全国重力观测技术管理部，2017

级震中245km，自2017年4月7日开始，应变4个分量同步出现转折变化，NS分量由拉张转为受压状态；EW分量也呈现拉张转为受压状态；NE分量受压状态略加速；NW分量呈现拉张转为受压状态。总体4个分量均呈现出由拉张转为受压状态，分析认为震前出现的挤压增强异常较好对应了九寨沟7.0级地震。

（2）白银洞体应变监测趋势异常（图50）。震前提出该B类异常。该测项距九寨沟7.0级震中378km，其NS分量（趋势异常）自2013年以来连续三年持续压性变化，2015年4

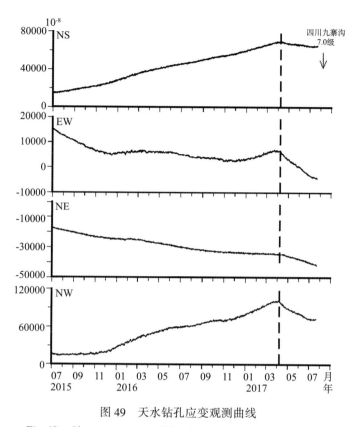

图 49　天水钻孔应变观测曲线

Fig. 49　Observation curve of borehole strain at Tianshui station

月 25 日尼泊尔发生 8.1 级地震，2015 年 10 月下旬受压速率略放缓，12 月初又出现小幅拉张变化，2016 年 1 月 21 日青海省门源 6.4 级地震发生后，该测项恢复之前持续挤压趋势，九寨沟 7.0 级地震前异常仍持续。

（3）泾源伸缩仪趋势性异常（图 51）。震前提出该 B 类异常。该测项距九寨沟 7.0 级震中 344km，其 NS 分量趋势异常显著，2010 年 1 月开始挤压下降速率偏小，5 月后反向出现拉张变化，年动态幅度偏小，2011 年后显示明显的拉张性变化，期间相继发生 2013 年 7 月 22 日甘肃岷县—漳县 6.6 级、2015 年 4 月 25 日尼泊尔 8.1 级以及 2016 年 1 月 21 日青海省门源 6.4 级地震，2017 年 3 月发生转折挤压，6 月后再持续拉张的曲线上升变化；EW 分量趋势异常，2011 年 11 月以来持续张性变化，与往年同期有所不同，显示明显的张性变化幅度大，打破年变，2013 年 11 月初出现转折挤压变化，显示压性增强明显。

（4）泾源垂直摆 NS 分量破年变异常（图 52）。震前提出该 A 类异常。该测项距九寨沟 7.0 级震中 344km，其 NS 向（趋势异常）2013 年 7 月 22 日甘肃岷县—漳县 6.6 级地震后，略显趋势向北倾，2015 年 4 月 25 日尼泊尔 8.1 级地震后向北倾速率加快，2016 年 1 月 21 日青海省门源 6.4 级地震后持续北倾，显示明显破年变异常。

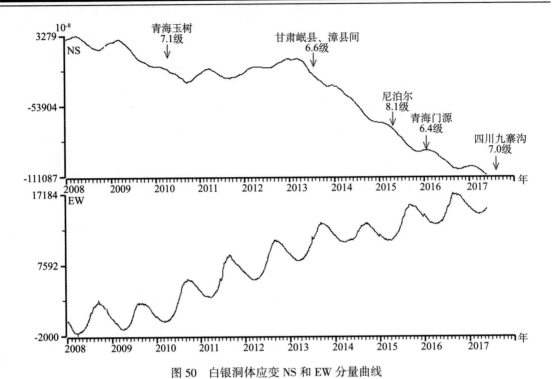

图 50　白银洞体应变 NS 和 EW 分量曲线

Fig. 50　North-south and East-west component curves of hole strain at Baiyin station

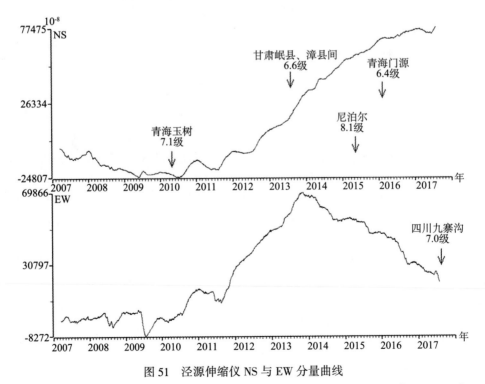

图 51　泾源伸缩仪 NS 与 EW 分量曲线

Fig. 51　North-south and East-west component curves of telescopic instrument at Jingyuan station

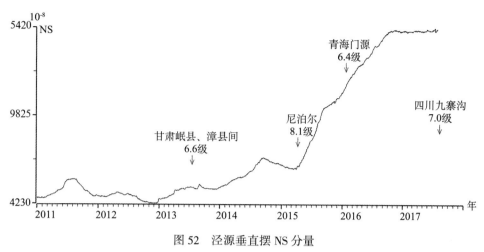

图 52　泾源垂直摆 NS 分量

Fig. 52　North-south component curve of vertical pendulum instrument at Jingyuan station

（5）陇县台水管仪 EW 向趋势异常（图 53）。震前提出该 B 类异常。该测项距九寨沟 7.0 级震中 324km，其 EW 向趋势异常，自 2014 年 7 月试运行以来，持续向西倾，2015 年 12 月转折东倾，至 2016 年 8 月又转折西倾，九寨沟 7.0 级地震后转平。

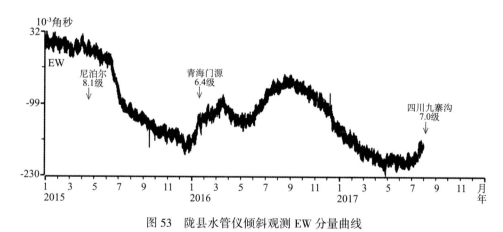

图 53　陇县水管仪倾斜观测 EW 分量曲线

Fig. 53　East-west component curve of water pipe inclinometer at Longxian station

（6）宁陕台垂直摆破年变异常（图 54）。震前提出该 B 类异常。该测项距九寨沟 7.0 级震中 418km，其 NS 分量出现趋势异常并打破年变，2017 年 1 月上旬起破年变变化，年变转折提前。2017 年 3 月后持续北倾，与往年同期形态相比，基本类似，速率偏大。

（7）乾县伸缩仪 NS 向趋势异常（图 55）。震前提出该 B 类异常。该测项距九寨沟 7.0 级震中 434km，其 NS 向（趋势异常）自 2001 年观测以来趋势压缩，2014 年 10 月底仪器升级改造后趋势转折拉张，存在趋势转折异常。

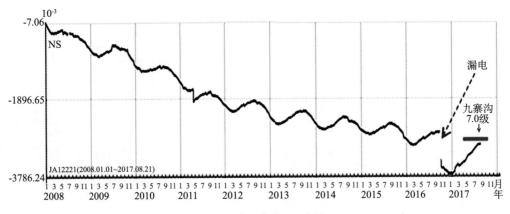

图 54　宁陕垂直摆 NS 分量

Fig. 54　North-south component curve of vertical pendulum instrument at Ningshan station

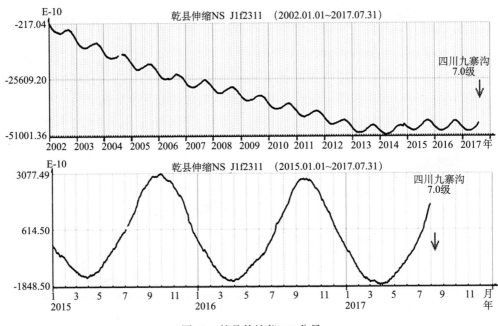

图 55　乾县伸缩仪 NS 分量

Fig. 55　North-south component curve of telescopic instrument at Ganxian station

4）跨断层形变观测异常

（1）泾阳短水准趋势异常（图 56）。震前提出该 B 类异常。场地距九寨沟 7.0 级震中 479km，2011 年 12 月底出现向 S 下滑拉张的趋势异常，2013 年 9 月至 2014 年 5 月较为平稳，2016 年 3 月后继续拉张下滑。九寨沟 7.0 级地震后趋于稳定。

（2）恰叫水平蠕变 1-2 测边趋势异常（图 57）。震前提出该 B 类异常。蠕变场地距九寨沟 7.0 级震中 355km，2012 年以来的观测曲线变化趋势为持续上升，年变幅度明显加大。2013 年下半年破年变持续上升，最大幅度为 1.15mm。2016 年底至九寨沟 7.0 级地震，该场地年变幅度明显增大，该处断层张性活动减弱。

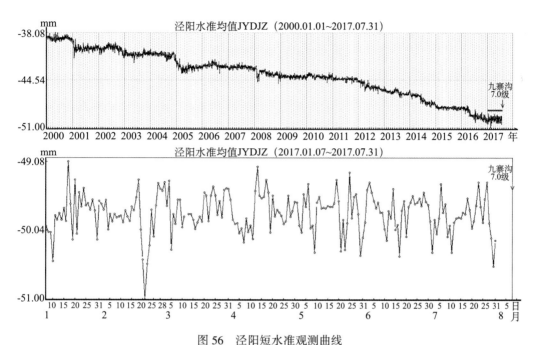

图 56　泾阳短水准观测曲线

Fig. 56　Observation curve of short level Crossing fault at Jingyang site

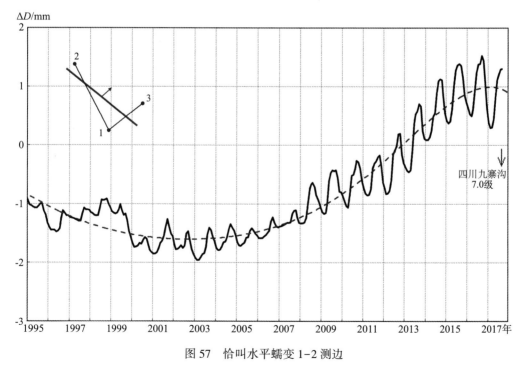

图 57　恰叫水平蠕变 1-2 测边

Fig. 57　1-2 side observation curve of horizontal creep at Qiajiao site

（3）紫马垮水平蠕变 1-2 测边趋势异常（图 58）。震前提出该 B 类异常。蠕变场地距九寨沟 7.0 级震中 480km，2016 年 6~8 月上中旬的资料加速上升变化，出现破年变异常，变化幅度为 0.73mm，9 月转折下降，下降过程中发生了理塘 5.1 级地震，之后逐渐恢复到 2016 年 6 月以前的状态，短期异常结束，趋势异常继续存在。

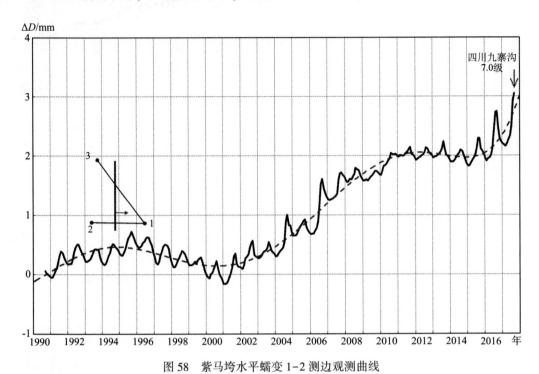

图 58　紫马垮水平蠕变 1-2 测边观测曲线

Fig. 58　1-2 side observation curve of horizontal creep at Zimakua site

（4）武都东（2-3）水准趋势异常（图 59）。震前提出该 B 类异常。场地距九寨沟 7.0 级震中 108km，2016 年 11 月突降 0.8mm，差分值 2 倍均方差超限，但该测段未跨断层，资料积累时间也短，且附近有修路施工（尽管之前影响不大），信度不高。2017 年 3 月异常继续，7 月回返 0.49mm，九寨沟震后的 8 月 15 日变化微弱。

（5）毛羽沟（2-3）水准短临异常（图 60）。震前提出该 B 类异常。场地距九寨沟 7.0 级震中 110km，在岷县漳县 6.6 级震前趋势加速、震后转折回返。2017 年 5 月正断上升，超出以往正常范围（观测值 1.5 倍均方差超限），7 月份转折，去趋势 1.5 倍均方差超限，且显示趋势转折。九寨沟震后再次转折。

（6）巴沙沟（422-423）水准趋势异常（图 61）。震前提出该 B 类异常。场地距九寨沟 7.0 级震中 113km，自 2014 年起趋势转折、正断上升。2016 年 11 月至 2017 年 5 月持续下降，有趋势转折迹象，7~8 月回返，恢复上升性趋势异常。

（7）黄家坝（213-212）水准趋势异常、（209-212）水准趋势异常（图 62）。震前提出该 B 类异常。场地距九寨沟 7.0 级震中 199km，两测段在汶川震后出现阶跃或尖点突跳异常，（213-212）水准在岷县—漳县地震前后尖点突跳。2015 年出现差分值 2 倍均方差超限异常，之后异常减弱。2017 年 7 月（209-212）水准呈现 2010 年以来波动范围内小幅变化。

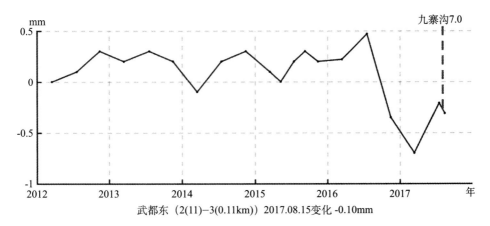

武都东（2(11)−3(0.11km)）2017.08.15变化 -0.10mm

图 59　武都东（2-3）水准

Fig. 59　Observation curve of short level 2−3 crossing fault at east Wudu site

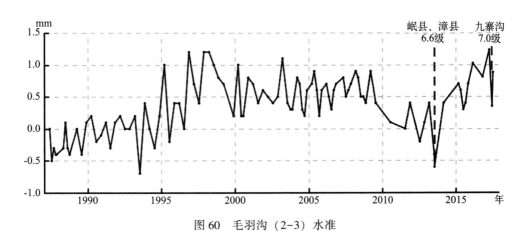

图 60　毛羽沟（2-3）水准

Fig. 60　Observation curve of short level 2−3 crossing fault at Maoyugou site

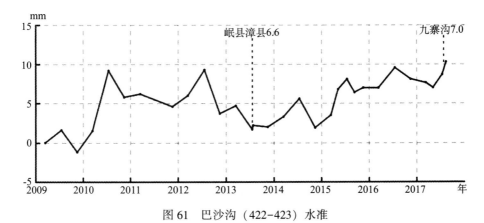

图 61　巴沙沟（422-423）水准

Fig. 61　Observation curve of short level 422−423 crossing fault at Bashagou site

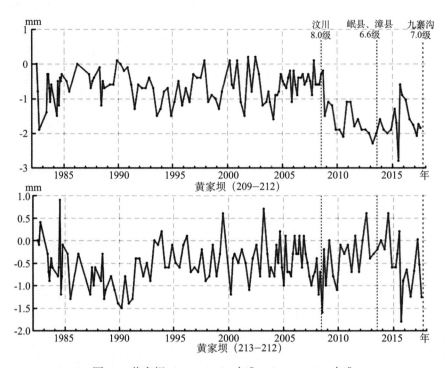

图 62　黄家坝（213-212）水准、（209-212）水准

Fig. 62　Observation curve of short level 213-212 and 209-212 crossing fault at Huanjiaba site

（8）四店（411-414）水准趋势异常（图 63）。震前提出该 B 类异常。场地距九寨沟 7.0 级震中 198km，2015 年 11 月至 2016 年 7 月尖点突跳，2016 年 7 月差分值 2 倍均方差超限，之后变幅减小但不到 1 年，2017 年 7 月 414 点因修路被埋而未测。九寨沟 7.0 级震后该测段仍停测，其他测段无异常。

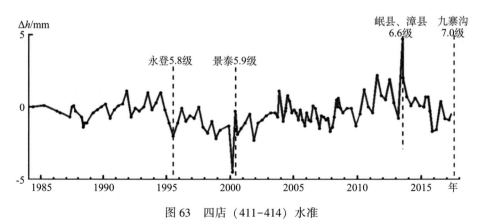

图 63　四店（411-414）水准

Fig. 63　Observation curve of short level 411-414 crossing fault at Sidian site

（9）盘古川（312（11）-310）水准短临异常（图 64）。震前提出该 B 类异常。场地距九寨沟 7.0 级震中 191km，2017 年 7 月变幅超出差分值 2 倍均方差，并形成尖点突跳变化，7.0 级震后出现转折。

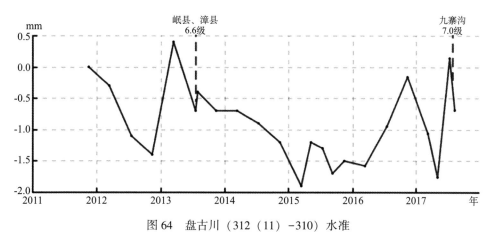

图 64　盘古川（312（11）-310）水准

Fig. 64　Observation curve of short level 312（11）-310 crossing fault at Panguchuan site

（10）硖口驿（07-01）水准短临异常（图 65）。震前提出该 B 类异常。场地距九寨沟 7.0 级震中 250km，2017 年 7 月变幅较大，超出差分值的 2 倍均方差，但显示回返特性。

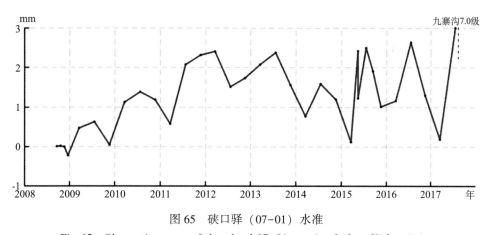

图 65　硖口驿（07-01）水准

Fig. 65　Observation curve of short level 07-01 crossing fault at Xiakouyi site

（11）柳家沟（317-315）水准趋势异常（图 66）。震前提出该 B 类异常。场地距九寨沟 7.0 级震中 217km，2015 年 11 月至 2016 年 7 月持续逆断下降，累积 2.0mm。2016 年 11 月下降 1.0mm，2 倍均方差超限，异常继续发展。2017 年 7 月再次下降，异常继续。2017 年 8 月 8 日九寨沟震后 2 天加密观测，异常继续，下降幅度较 7 月增大。

（12）毛集（1-7）水准趋势异常（图 67）。震前提出该 B 类异常。场地距九寨沟 7.0 级震中 230km，2015 年 3～5 月尖点突跳、差分值 2 倍均方差超限，之后未再超限但变幅仍比正常状态大一些。

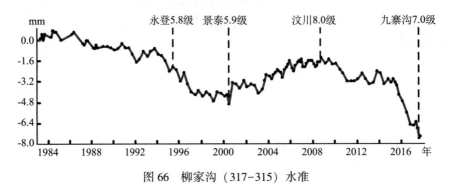

图 66　柳家沟（317-315）水准

Fig. 66　Observation curve of short level 317-315 crossing fault at Liujiagou site

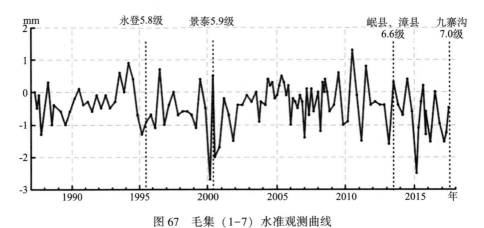

图 67　毛集（1-7）水准观测曲线

Fig. 67　Observation curve of short level 1-7 crossing fault at Maoji site

（13）刘家店（安连18I-A-18I）水准趋势异常（图68）。震前提出该 B 类异常。场地距九寨沟 7.0 级震中330km，2016 年 7~11 月出现 1.9mm、-2.5mm 尖点突跳（差分值 2 倍均方差超限）。2017 年 3~5 月变化微弱但时间尚短。2017 年 7 月再次突跳（1.2mm，超出差分值 1.5 倍均方差）。

（14）三关口（123-121）水准趋势异常（图69）。震前提出该 B 类异常。场地距九寨沟 7.0 级震中360km，2015 年 7 月转折下降，11 月差分值 2 倍均方差超限。2016 年 11 月下降 2.2mm，差分值 2 倍均方差超限、且超出 3 次震例前后下降范围。2017 年 3~5 月变化微弱，7 月再次下降。

（15）六盘山（24-21）水准趋势异常（图70）。震前提出该 B 类异常。场地距九寨沟 7.0 级震中360km，2010 年 7 月大幅突跳（差分值、去趋势 2 倍均方差都超限），2010~2014 年大体维持显著振荡，2015 年逆断回返；2016 年 7 月再次突跳上升（4.3mm，差分值、去趋势 2 倍均方差超限），11 月变化微弱。2017 年 3 月因森林火灾导致封山，无法观测。2017 年 5~7 月恢复观测，趋势异常持续。

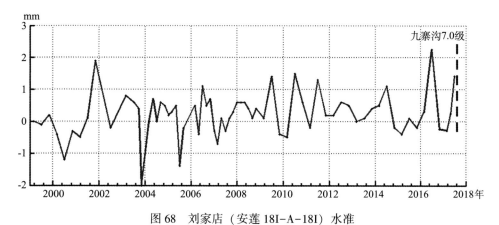

图 68　刘家店（安莲 18I-A-18I）水准

Fig. 68　Observation curve of short level 18I-A-18I crossing fault at Liujiadian site

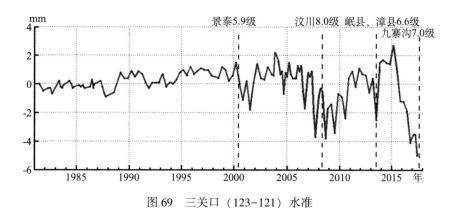

图 69　三关口（123-121）水准

Fig. 69　Observation curve of short level 123-121 crossing fault at Sanguankou site

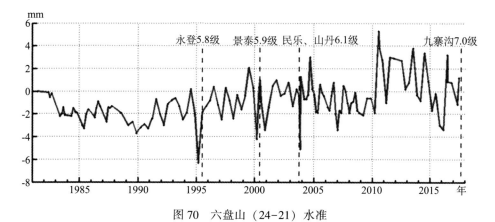

图 70　六盘山（24-21）水准

Fig. 70　Observation curve of short level 24-21 crossing fault at Liupanshan site

（16）和尚铺（118-26）水准趋势异常（图71）。震前提出该B类异常。场地距九寨沟7.0级震中352km，2010～2014年大幅振荡，2015年逆断回返，2016年7月再次上升3.9mm（差分值2倍均方差超限），2016年11月至2017年7月变幅虽不大，仍超出以往正常变化范围，转为趋势性异常。

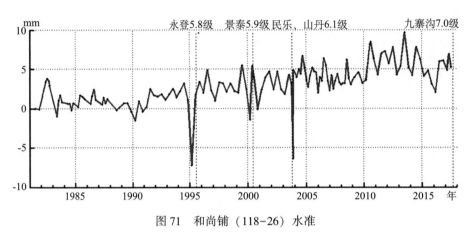

图71　和尚铺（118-26）水准

Fig. 71　Observation curve of short level 118-26 crossing fault at Heshanpu site

（17）安国（4-2）水准趋势异常和安国（4-1）水准短临异常（图72）。震前提出该B类异常。场地距九寨沟7.0级震中366km，跨断层水准近几年维持跳变上升趋势，2016年3月差分值2倍均方差还超限，2017年度趋势B类异常。2017年7月趋势异常仍未结束（未超过5年）。

（18）甘沟窑（125-127）水准趋势异常（图73）。震前提出该B类异常。场地距九寨沟7.0级震中361km，2010年加速突跳，之后变幅略增。2016年3月尖点突跳，7月上升3.8mm，差分值2倍均方差超限。2016年11月起持续上升，2017年3月差分值1.5倍均方差超限，转为趋势异常，2017年7月继续上升。

（19）大墩（1-2）水准趋势异常（图74）。震前提出该B类异常。场地距九寨沟7.0级震中371km，自2010年7月起至2013年3月，运动趋势明显偏离原来轨道，出现了13.54mm的快速下降（挤压），2013年3月至2016年11月，呈现底部徘徊的趋势，震后未出现明显的趋势转折。2016年11月至2017年3月变化-0.02mm。

（20）南大同（5-3）水准趋势异常（图75）。震前提出该B类异常。场地距九寨沟7.0级震中395km，出现与大墩场地相似的趋势变化，但时间和幅度略有差异。2013年11月至2014年11月，出现了总幅度2.23mm的回弹（拉张）。2016年3月至11月，挤压变化1.45mm。2016年11月至2017年3月，拉张变化0.51mm。

（21）窝子滩（207-206）水准短临异常（图76）。震前提出该B类异常。场地距九寨沟7.0级震中414km，2017年7月突跳0.8mm，去趋势1.5倍均方差超限。

（22）水泉（3-2）水准趋势异常（图77）。震前提出该B类异常。场地距九寨沟7.0级震中412km，2015年变化趋势转为正断上升。截至2017年7月趋势异常基本维持。

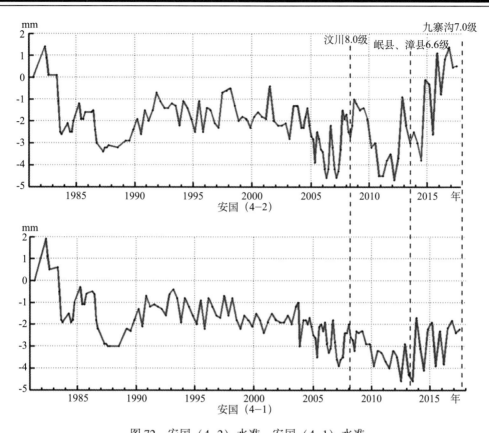

图 72 安国（4-2）水准、安国（4-1）水准

Fig. 72 Observation curve of short level 4-2 and 4-1 crossing fault at Anguo site

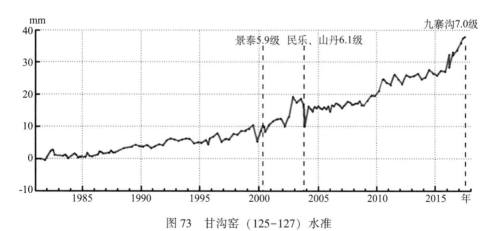

图 73 甘沟窑（125-127）水准

Fig. 73 Observation curve of short level 125-127 crossing fault at Gangouyao site

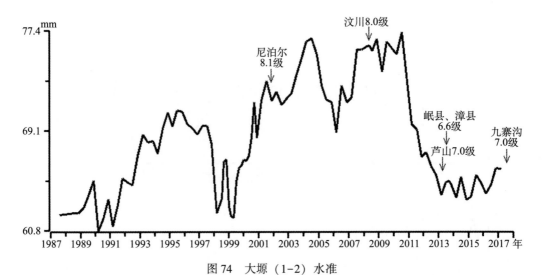

图 74　大塬（1-2）水准

Fig. 74　Observation curve of short level 1-2 crossing fault at Dayuan site

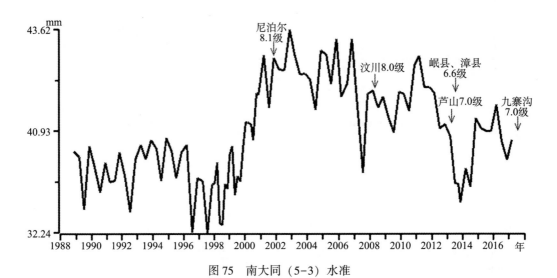

图 75　南大同（5-3）水准

Fig. 75　Observation curve of short level 5-3 crossing fault at Nandatong site

（23）大营水（1-2）水准测段趋势异常（图78）。震前提出该B类异常。场地距九寨沟7.0级震中418km，2013年起持续下降转为总体上升，但不跨断层，每年只测1期的（A-1）测段显示下降，与（1-2）测段相反，合计的（A-2）段无异常，分析认为是点1单点变化、下沉为主，点1是土层点，故异常存在但信度较低。（A-1）测段2017年7月仍显示下降，（1-2）测段上升趋势未结束（不到5年），异常暂维持。

（24）白土庄（B-D）跨断层红外测距短临异常（图79）。震前提出该B类异常。场地距九寨沟7.0级震中472km，2017年7月挤压加速，2倍差分值均方差超限。

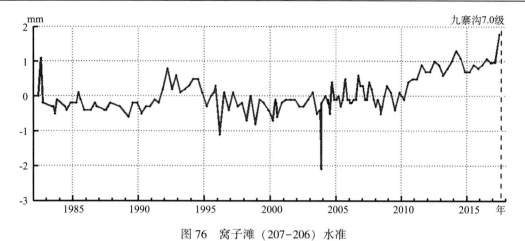

图 76　窝子滩（207-206）水准

Fig. 76　Observation curve of short level 207-206 crossing fault at Wozitan site

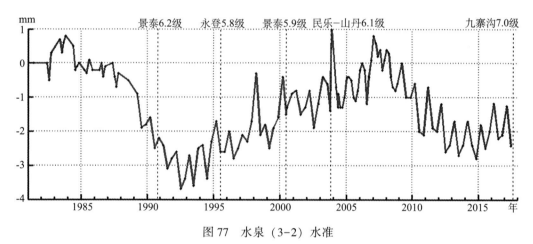

图 77　水泉（3-2）水准

Fig. 77　Observation curve of short level 3-2 crossing fault at Shuiquan site

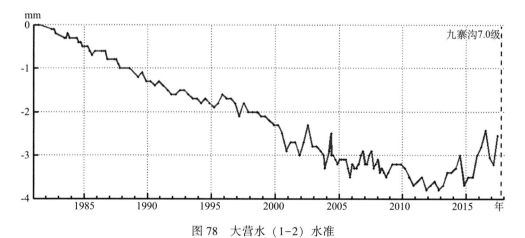

图 78　大营水（1-2）水准

Fig. 78　Observation curve of short level 1-2 crossing fault at Dayingkou site

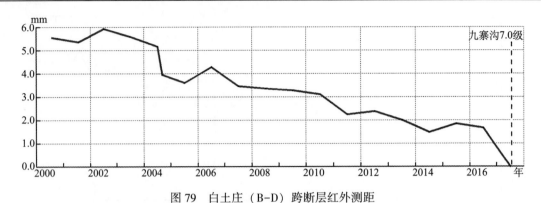

图 79　白土庄（B-D）跨断层红外测距

Fig. 79　Observation curve of infrared ranging B-D line Cross-faulting at Baituzhuang site

（25）榆林跨断层水准（D-A）短临异常（图 80）。震前提出该 B 类异常。场地距九寨沟 7.0 级震中 399km，从开测至今的观测资料显示该场地垂直运动比较微弱，平均每半年完成一次峰值—谷值的转变，2014～2016 年的平均年变幅度为 0.57mm，2017 年 4 月开始，该场地未完成正常年变，出现 1.29mm 的突升变化，5 月达到自观测以来的最高值，6 月转折下降 0.8mm，7 月继续小幅下降。

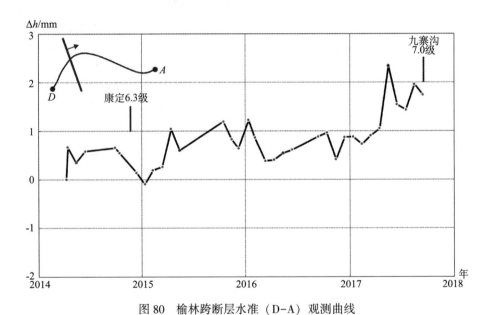

图 80　榆林跨断层水准（D-A）观测曲线

Fig. 80　Observation curve of short level D-A crossing fault at Yulin site

（26）折多塘短基线（B-D）趋势异常（图 81）。震前提出该 B 类异常。场地距九寨沟 7.0 级震中 401km，观测曲线年变清晰，断层的水平运动不显著。2014 年康定地震后曲线未完成年变形成持续上升趋势。2015 年 4 月至 2017 年 6 月，观测曲线未完成正常年变，出现趋势上升（2.09mm）异常，其中以 2017 年 6 月为最大（1mm），并超过了 2 倍标准差范围。

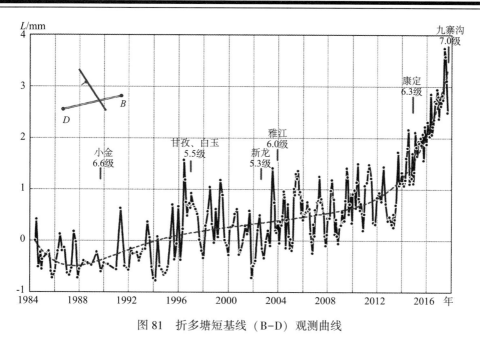

图 81　折多塘短基线（B–D）观测曲线

Fig. 81　Observation curves of short baseline（B–D）crossing fault at Zheduotang site

（27）格篓基线（A–C）测边趋势异常（图 82）。震前提出该 B 类异常。场地距九寨沟 7.0 级震中 362km，2015 年 10～11 月出现 2.61mm 的上升变化，表明此处断层张性活动持续增强，2016 年 3 月开始转折，进入压性活动状态（由张变压），与芦山 7.0 级地震前的异常比较相似，从 2016 年 3 月开始一直在高值状态来回波动，2017 年 1 月达到最高值，7 月上升 0.51mm。

（28）虚墟基线（A–B）测边趋势异常（图 83）。震前提出该 B 类异常。场地距九寨沟 7.0 级震中 360km，2016 年 8 月上升 2.31mm，幅度较大，2016 年 9 月转折下降，从 2016 年 9 月至九寨沟 7.0 级地震后曲线一直在高值状态来回波动。

（29）老乾宁基线（1-3/5-3）趋势异常（图 84）。震前提出该 B 类异常。场地距九寨沟 7.0 级震中 367km，2013 年 5 月至 2014 年 8 月的上升异常有可能是芦山 7.0 级地震的影响和康定 6.3 级地震的前兆。2015 年来，曲线持续波动变化上升，趋势异常继续存在，但无明显的短期异常。

（30）棉蟹场地水准（D–A）趋势异常（85）。震前提出该 B 类异常。场地距九寨沟 7.0 级震中 462km，2014 年 10 月开始，观测曲线未完成年变，断层处于"闭锁"状态。2017 年 4 月出现 2.62mm 的下降变化，有破年变迹象，但未达到短期异常指标，7 月有所回升。

5）地下流体监测异常

（1）陕西洋县水氡异常（图 86）。震前提出该 B 类异常。测点距离九寨沟 7.0 级震中 346km，2017 年年中会商时新增洋县水氡异常，在青川 4.9 级地震后，依据异常形态认为洋县水氡异常不能交代，其后可能仍有较大地震发生，但对地点、强度及具体时间则无法判定。

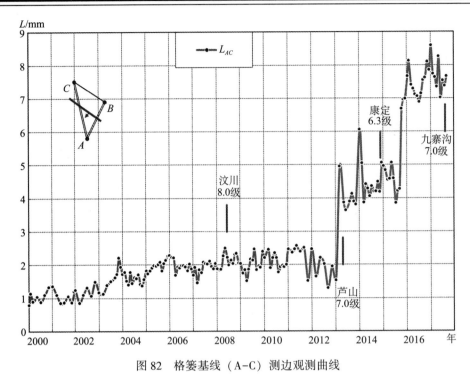

图 82 格篓基线（A-C）测边观测曲线

Fig. 82 Observation curves of short baseline（A-C）crossing fault at Gelou site

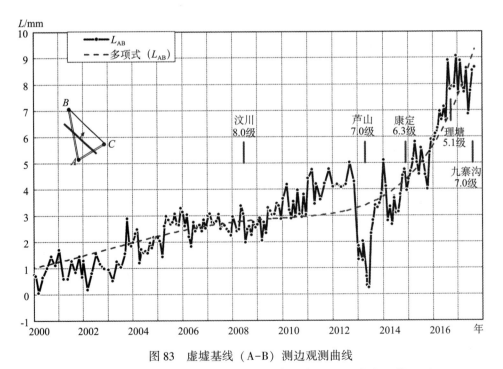

图 83 虚墟基线（A-B）测边观测曲线

Fig. 83 Observation curves of short baseline（A-B）crossing fault at Xuxu site

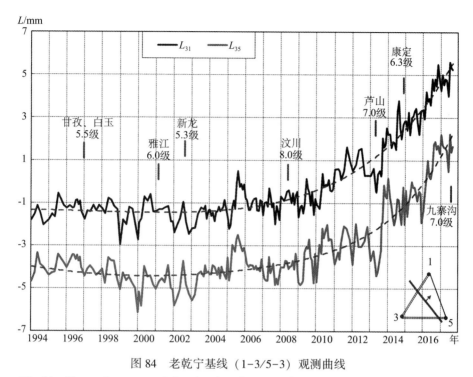

图 84　老乾宁基线（1-3/5-3）观测曲线

Fig. 84　Observation curves of short baseline（1-3/5-3）crossing fault at Laoqianning site

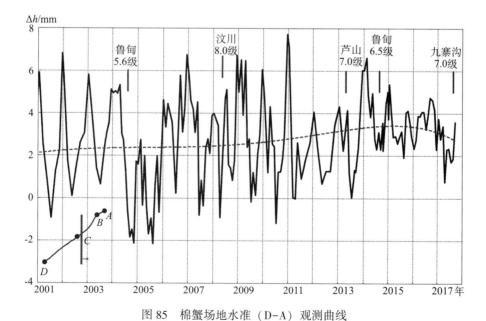

图 85　棉蟹场地水准（D-A）观测曲线

Fig. 85　Observation curve of short level D-A crossing fault at Mianxie site

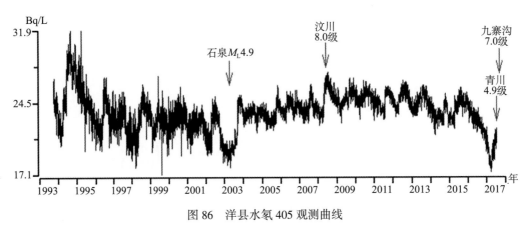

图 86　洋县水氡 405 观测曲线

Fig. 86　Observation curve of water radon 405 at Yangxian station

（2）理塘川-51 泉水温低温背景异常（图 87）。震前提出该 B 类异常。温泉距离九寨沟
7.0 级震中 490km，该温泉水温自 2009 年趋势下降以来，在其低值背景上的转折上升短期
异常与四川及邻区中强以上地震有较好的对应关系。九寨沟 7.0 级地震前该温泉水温无明显
短期异常，但趋势下降持续低值背景性异常继续。

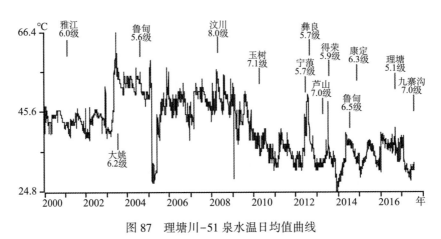

图 87　理塘川-51 泉水温日均值曲线

Fig. 87　Daily mean temperature curve of the Chuan-51 spring water in Litang

此外，九寨沟地震前半个月开展了甘东南地区流体异常核实，发现武山 1 号泉、武山
22 号井等水氡测项及清水流量周边区域存在干扰。

6）地磁地电观测异常

（1）谐波振幅比方法提取异常（图 88）。2017 年 5 月 17 日四川省地震预报研究中心周
跟踪会期间，电磁学科提出了成都台谐波振幅比异常，成都台距离震中 267km。考虑到该方
法在成都台 GM4 磁通门磁力仪的应用过程中，仅有芦山 7.0 级地震一次震例，尚处于震例
积累阶段。因此，在周、月会商中仅提为 C 类异常，未给出具体预测意见。

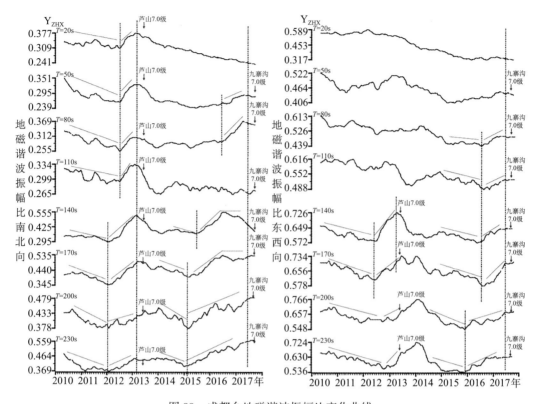

图 88　成都台地磁谐波振幅比变化曲线

Fig. 88　Variation curve of geomagnetic harmonic amplitude ratio at Chengdu station

　　成都台地磁谐波振幅比曲线在九寨沟 7.0 级地震前出现了明显的趋势性异常，异常形态表现为下降—转折—恢复上升变化，震前提出该 B 类异常。如图 88 所示，2014 年开始曲线处于缓慢下降状态，2015 年 2 月南北向谐波振幅比长周期（170s、200s、230s）结果开始出现转折变化，随后南北向较短周期（140s、80s、50s）相继出现转折上升变化；东西向谐波振幅比曲线转折时间晚于南北向，2015 年 11 月东西向谐波振幅比长周期（200s、230s）结果开始出现明显转折变化，2016 年 6 月东西向较短周期（170s、140s、110s、80s）曲线呈现转折上升形态，至 2017 年 8 月成都台谐波振幅比曲线维持高值波动状态，8 月 8 日九寨沟 7.0 级地震发生，震前异常持续时间长达 3.6 年，期间周期为 20s 的谐波振幅比曲线异常变化形态不明显。

　　（2）加卸载响应比方法提取异常（图 89）。2017 年 2 月 7 日成都、崇州、江油、松潘同步出现加卸载响应比异常，在 2017 年 3 月 1 日的周跟踪中提出将此异常与 2016 年 11 月 19 日的四川省内大范围加卸载响应比异常合为一组异常，震前提出该 B 类异常。如图 89 所示，分析认为 2017 年 2 月 7 日的小范围异常是在 2016 年 11 月 19 日的区域性异常背景下出现的局部异常。震前四川地区加卸载响应比异常的时间预测指标为 3 个月，按照此标准，电磁学科对该组异常进行了跟踪，异常有效期内未发生中强地震，九寨沟 7.0 级地震是异常有效期结束后发生，四川地磁台距离震中 65~770km。

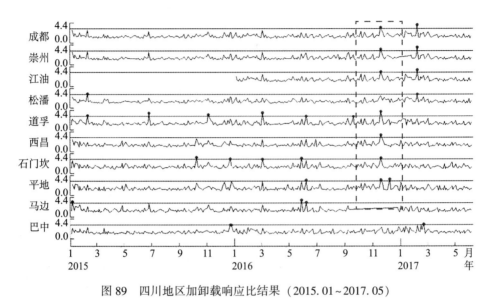

图 89　四川地区加卸载响应比结果（2015.01～2017.05）

Fig. 89　Time-dependent results of loading/unloading response ratio of geomagnetic stations in Sichuan area

九寨沟 7.0 级地震发生后，对该异常进行了重新梳理，在时间尺度上，九寨沟地震发生在异常出现后的 6 个月，超出了目前该方法所使用的时间预报指标标准；但通过异常空间扫描（图 90）发现，此次地震震中位置恰好位于异常边界线附近，分析认为 2017 年 2 月 7 日成都、崇州、江油、松潘同步出现加卸载响应比异常可能与九寨沟 7.0 级地震的孕育和发生存在一定关联。

经过此次震例的积累，电磁学科接下来需要加强资料的分析工作，对谐波振幅比方法和加卸载响应比等方法进行更加深入的研究，通过震例资料的整理和分析研究，完善方法的时、空、强三要素预报指标。

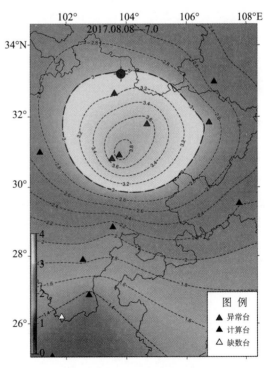

图 90　2017 年 2 月 7 日加卸载响应比空间扫描结果

Fig. 90　Spatial scan results for load / unload response ratio on February 7，2017

七、前兆异常及其特征

1. 测震学异常特征

震例研究总结出 10 条测震学异常（表 16），这些年度异常尽管持续有效，但震前短期内均没有出现新的显著变化，不具备明确的短期或短临指示意义。

2. 前兆各学科周宏微观异常统计特征

图 91 是中国地震台网中心给出 2016 年 12 月至 2017 年 8 月 7 日期间，依据每周宏微观异常零报告表绘制的趋势和短临异常分布图，从图中很难看出随九寨沟地震的临近，异常空间分布时间进程上的显著变化，但空间上较集中在块体的边界构造带。

依据宏微观异常零报告表，对每周前兆异常数量进行统计（图 92），可见 2016 年 12 月以来前兆异常数量随时间变化总体较为平稳，但 2017 年 5 月中旬前后，电磁及形变异常数量有一个相对显著的增加，从而导致异常总数量的较显著增加。这一现象与年中会商会各单位对异常进行重新梳理和认定可能有一定关系。若仅由具有一定短期预测意义的短临前兆异常随时间的变化来看（图 93），电磁短临异常数量在 5 月中旬前后下降明显，但形变短临异常数量则明显上升。因而总的来看，在九寨沟 7.0 级地震前 3 个月左右形变短临前兆异常数量的上升可能与此次地震有一定关系。

3. 形变监测异常特征

九寨沟 7.0 级地震发生在川甘交界地区，区内四川所属的定点形变观测台站少，布局不均匀；其中震中距 100km 范围内仅 1 套观测仪器（松潘台垂直摆倾斜仪），且仪器长期故障，观测资料短。四川定点形变观测曲线在地震前均无相关异常出现。九寨沟震前 1 年，四川定点形变观测台项仅存在 1 项 C 类长期异常（攀枝花马兰山台金属水平摆倾斜仪），该异常确定不是九寨沟 7.0 级地震的前兆异常。

形变学科 2017 年度地震趋势预测意见为"道孚南至川滇交界东段区域，$M_S6 \sim 7$"，未对九寨沟 7.0 级地震提出预测意见，在日常会商中也未提出明确预测意见。

四川地区跨断层形变监测场地主要沿龙门山断裂中南段、鲜水河断裂、安宁河—则木河断裂布设。九寨沟 7.0 级地震震区监测能力相对微弱，200km 范围内仅有一个定点水准（跨虎牙、岷江部分断层）和一个流动水准场地（跨龙门山后山断裂），震前没有出现异常。震前的跨断层形变异常主要分布在鲜水河、安宁河则木河断裂带上且以趋势异常为主，九寨沟 7.0 级震区未监测到明显的跨断层异常现象，故震前对九寨沟 7.0 级地震未进行预测。

根据形变异常的演化特征分析，九寨沟 7.0 级地震前，形变学科虽然在 2017 年 6 月月会商时将西南地区的地震活动水平估计由 6 级左右提高为 6.5 级左右，但重点关注的区域依然维持在滇西北至川滇交界东部地区，主要原因为西南地区监测点位空间分布不均匀，且主要分布在川滇菱形块体以南的区域。异常特征总体表现为趋势异常特征明显，近期又出现短期异常变化，如滇西北地区剑川水准、下关水准、楚雄基线等趋势异常的背景上，2017 年 6 月新增永胜基线快速突跳类变化，滇西北地区的形变异常特征与 1996 年丽江 7.0 级地震前一致。

表 16　2017 年 8 月 8 日九寨沟 7.0 级地震前兆异常登记表

Table 16　Registration form of precursor anomalies before the M_S7.0 Jiuzhaigou earthquake on August 8, 2017

序号	异常项目	台站（点）或观测区	分析办法	异常判据及观测误差	震前异常起止时间	震后变化	最大幅度	震中距 Δ/km	异常类别及可靠性	图号	异常特点及备注
1	巴颜喀拉块体及其周缘持续活跃	中国大陆西部地震主体活动区	中国大陆西部地震主体活动区域交替活动	$M_S \geq 7.0$ 级地震集中构造活动	1997.11				主体活动区	图 20	震前认识提出：大震主体活动区。中国大陆西部的巴颜喀拉块体自 1997 年 11 月西藏玛尼 7.5 级地震以来，巴颜喀拉块体发生 7 次 7 级以上地震，其中 2 次 8 级以上，显示巴颜喀拉块体继续为大震主体活动区域
2	5 级地震条带与 5 级空区交会	青藏高原 5、6 级地震形成北东向带状分布	青藏高原 5、6 级地震形成北东向带状分布	$M_S \geq 5.0$ 级地震频次异常	2015.04					图 37	震前认识提出：2015 年 4 月尼泊尔 8.1 级地震以来，青藏地块内 $M_S \geq 5.0$ 级地震异常活动
3	条带交汇类似于 2000 年兴海 6.6 级地震前	4 级地震条带分析	4 级地震条带分析	4 级地震交会区分布及交会区为未来大震的可能地区	2014.10～2015.03 2015.04～2016.10					图 38	震前认识提出：西北地区 2014 年 10 月至 2015 年 3 月 M_L4.0 地震形成北北西向条带，2015 年 3 月 20 日以来 M_L4.0 地震形成北北东向地震条带，两个地震条带交汇于玛多-兴海一带

续表

序号	异常项目	台站（点）或观测区	分析办法	异常判据及观测误差	震前异常起止时间	震后变化	最大幅度	震中距 Δ/km	异常类别及可靠性	图号	异常特点及备注
4	地震空区内 4 级调制地震集中		4 级地震持续集中发生在巴颜喀拉块体边缘东北缘及附近	空区内 4 级调制地震突出	2014.10~2016.10					图 39	震前认识提出：2002 年以来 M_L5.0 地震空区内，特别是地震形成集中区，2014 年乌兰 5.1 级地震打破 5 级地震空区以来，4 级地震持续集中发生在巴颜喀拉块体边缘及附近，而九寨沟 7.0 级地震并发生在空区内部 4 级地震集中区的边缘
5	四川地区强震活跃幕 5 级地震平静打破		5 级地震平静显著地震打破	四川地区活跃幕 5 级地震平静超过 350 天与未来 1 年内 6.9 级以上地震存在一一对应的关系						图 39	震前认识提出：2016 年理塘 5.1 级地震打破了目前 2014 年藏西 5.0 级地震以来长达 617 天的 5 级地震平静
6	中等地震活动增强		M_L3.5~5.9 地震月频次异常	四川地区 M_L3.5~5.9 地震月频次异常出现后，通常在 1 年半内，四川及邻区会发生 6 级以上地震	2014.02~2015.02、04；2015.10.12；2016.3、5、9					表 13 图 40	震前认识提出：过去出现的 23 组中等地震月频次增强异常中，仅有 5 组发生地震，说明四川地区中等地震活动月频次异常尤其是强增强异常对四川及邻区 6 级以上地震具有相当强的指示意义

续表

序号	异常项目	台站（点）或观测区	分析办法	异常判据及观测误差	震前异常起止时间	震后变化	最大幅度	震中距 Δ/km	异常类别及可靠性	图号	异常特点及备注
7	川甘青交界 强震 平静		1999 年青海玛沁 5.0 级地震后，该区域及其周边表现出较长时间平静	川甘青区域历史上发生过 7 级以上地震，长时间平静预示发生大震危险性	1999~					图41	震前认识提出：川甘青区域历史上发生过 7 级以上地震，1947 年 3 月 17 日青海达日南 7.7 级，其周缘还曾发生过 1987 年选部 6.2 级，1935 年和 1952 年久治 6.0 级等地震。1999 年青海玛沁 5.0 级地震后，该区域及其周边表现出较长时间平静
8	甘青川交界存在 $M_S5.0$ 平静被打破		2015 年 10 月 12 日青海玛多 5.2 级地震打破的持续 5800 天平静	川甘青交界 5 级地震 M-T 和发震时间间隔图						图41	震前认识提出：1999 年青海玛沁 5.0 级地震后，甘青川交界地区形成 M_S5 级地震平静，直至被 2015 年 10 月 12 日青海玛多 5.2 级地震打破，该 5 级地震平静持续近 5800 天

续表

序号	异常项目	台站（点）或观测区	分析办法	异常判据及观测误差	震前异常起止时间	震后变化	最大幅度	震中距 Δ/km	异常类别及可靠性	图号	异常特点及备注
9	川甘青交界 M_L4、M_S5 地震平静被打破	90~108°E 30~42°N	区域 4 级地震活动	甘青川交界 $M_L4.0$、$M_S5.0$ 地震分布						图 42	震前认识提出：2014 年 11 月 21 日阿坝 $M_L4.8$ 地震打破了 4 级地震间空，随后空区内及周边周边发生了多次 4 级地震，表明该空区及周边地震活动有增强趋势，这种地震活动的配套地震空区预示该地区可能存在发生强震的背景
10	川甘青交界一带小震震源机制解一致性较高	90~108°E 30~42°N	震源机制应力张量一致性空间分布能够反映区域应力场的应力水平高区应力水平越低，一致性越好，应力张量方差（Variance）越低，该区域的应力水平越高	基于 2000 年 1 月 1 日至 2016 年 9 月 30 日甘肃省及邻区 M_L≥3.0 级地震震源机制解，反演了该甘肃省及邻省区应力场的空间分布						图 43	震前认识提出：震源机制应力张量一致性显示，东昆仑东段玛曲—玛沁段、造部—白龙江断裂带自 2014 年 6 月以来出现下降转折上升，再下降的变化过程，显示区域应力场不稳定，表明该区域发生中强以上地震的危险性在增强

续表

序号	异常项目	台站（点）或观测区	分析办法	异常判据及观测误差	震前异常起止时间	震后变化	最大幅度	震中距 Δ/km	异常类别及可靠性	图号	异常特点及备注
11	川甘青交界累计重力和年尺度重力梯度异常		在巴颜喀拉地块东北角重力形成了重力场变化等值线梯度转折	重力场变化反映了近期区内强震活动的强烈构造运动背景						图44 图45	震前认识提出：3年累计重力场变化态势仍维持自东向西，由负向正的态势，显示重力场一直具有较好的继承性。显示龙门山断裂带两侧整体呈正变化，打破了图44c所示的3年累积重力变化总体趋势，在巴颜喀拉地块东北角形成了重力场变化等值线梯度势转折
12	川甘青流动地磁圈定异常区		2015年4月至2016年4月的H矢量弱化区和2015年9月至2016年9月的H矢量弱化区特征	总强度图、水平分量图，H矢量图（和Z矢量图）以及磁场能量加卸载图						图46	震前认识提出：2015～2016年水平矢量方向在南北带中南部呈现出由南向北的整体趋势性，量级也增大且相当。由此分析，2016年流动地磁在甘青川交界地区确定了3个异常区

续表

序号	异常项目	台站（点）或观测测区	分析办法	异常判据及观测误差	震前异常起止时间	震后变化	最大幅度	震中距 Δ/km	异常类别及可靠性	图号	异常特点及备注
13	2017 年 2、4、6 月的非潮汐重力变化在震中附近形成了"零值线"		非潮汐重力变化空间分布	震中附近均有潮汐因子变化的"零值线"通过，有利于该地区地壳应力的持续累积，间接说明了震区强烈的地壳运动状况						图 47 图 48	震前认识提出：2017 年 7 月在甘青川交界处及龙门山断裂带"零值线"通过，九寨沟 7.0 级地震发生在此次地震"零值线"位置
14	钻孔应变	天水台	观测曲线	钻孔应变 4 个分量同步出现转折变化	2017.04			245km		图 49	震前认识提出：NS 分量由拉张转为受压状态；EW 分量也呈现拉张转为受压状态；NE 分量呈现受压转张速加速；NW 分量呈现拉张转为受压状态
15	洞体应变	白银台	观测曲线	NS，EW 分量自 2016 年 8 月 10 日开始同步转折	2016.08			378km		图 50	震前认识提出：2016 年以来，8 月份 NS 道转折受压，EW 道与兰州伸缩仪短基线同步转折（兰州十里店震中距 320km，其 NS，EW 分量自 2016 年同步转折，8 月 10 日转折上升

续表

序号	异常项目	台站（点）或观测区	分析办法	异常判据及观测误差	震前异常起止时间	震后变化	最大幅度	震中距 Δ/km	异常类别及可靠性	图号	异常特点及备注
16	伸缩仪	泾源台	观测曲线	两分量明显打破年变、出现较大幅度变化	2017.03			344km		图51	震前认识提出：NS分量趋势异常显著，2012年1月开始下降速率偏小，5月后反向，年动态幅度偏小，显示明显的张性变化。2017年3月发生转折下降，6月后持续上升；EW分量趋势异常，2011年11月以来持续张性变化，与往年同期有所不同，显示明显的张性变化，2013年11月初出现下降变化，显示压性增强
17	垂直摆	泾源台	观测曲线	垂直摆NS分量破年变异常	2015.04			344km		图52	震前认识提出：NS向（趋势异常）2015年4月以来上升速率较快，8月末出现转向，存在破年变异常
18	水管仪	陇县台	观测曲线	水管仪EW向趋势异常	2016.08			324km		图53	震前认识提出：EW向趋势异常，自2014年7月试运行以来，持续向西倾，2015年12月转折东倾，至2016年8月又转折西倾，九寨沟7.0级地震后转平

续表

序号	异常项目	台站（点）或观测区	分析办法	异常判据及观测误差	震前异常起止时间	震后变化	最大幅度	震中距 Δ/km	异常类别及可靠性	图号	异常特点及备注
19	垂直摆	宁陕台	观测曲线	NS 分量变化	2017.03			418km		图 54	震前认识提出：NS 分量出现趋势异常并打破年变，2017 年 1 月上旬起提前，年变转折北倾。2017 年 3 月后持续北倾，与往年同期形态相比，基本类似
20	伸缩仪	乾县台	观测曲线	NS 分量变化	2014.01			434km		图 55	震前认识提出：NS 向（趋势异常）自 2001 年观测以来趋势压缩，2014 年 10 月底仪器升级改造后趋势转折拉张，存在趋势转折异常
21	跨断层短水准	泾阳场地	观测曲线	分析跨断层短水准反映的断层活动	2016.03			479km		图 56	震前认识提出：2011 年 12 月底出现向 S 下滑拉张的趋势异常，2013 年 9 月至 2014 年 5 月较为平稳，2016 年 3 月后继续拉张下滑。九寨沟 7.0 级地震后趋势稳定

续表

序号	异常项目	台站（点）或观测区	分析办法	异常判据及观测误差	震前异常起止时间	震后变化	最大幅度	震中距 Δ/km	异常类别及可靠性	图号	异常特点及备注
22	跨断层蠕变	恰叫	观测曲线	破年变持续上升后转折	2012~		1.15mm	355km		图57	震前认识提出：2012年以来的观测曲线变化趋势为持续上升，年变幅度明显加大。2013年下半年破年变持续上升，最大幅度为1.15mm。2016年底至今该场地年变幅度明显增大，该处断层张性活动减弱
23	跨断层蠕变	紫马垮	观测曲线	曲线破年变变化停滞后曲线持续下降	2011.01~		0.73mm	480km		图58	震前认识提出：2016年6~8月上中旬的资料加速上升变化，出现破年变异常，9月变化幅度为0.73mm，下降过程中发生丁理塘5.1级地震，之后逐渐恢复到2016年6月以前的状态，短期异常结束，趋势异常继续存在

续表

序号	异常项目	台站（点）或观测区	分析办法	异常判据及观测误差	震前异常起止时间	震后变化	最大幅度	震中距 Δ/km	异常类别及可靠性	图号	异常特点及备注
24	跨断层短水准	武都东	观测曲线	武都东（2-3）水准趋势异常			0.49mm	108km		图 59	震前认识提出：2016 年 11 月突降 0.8mm，差分值二倍该测限，但该测段未跨断层，资料积累时间也短，且附近有修路施工（尽管之前影响不大），信度不高。2017 年 3 月异常继续，7 月回返 0.49mm，九寨沟震后的 8 月 15 日变化微弱
25	跨断层短水准	毛羽沟	观测曲线	毛羽沟（2-3）水准短临异常	2017.05			110km	≥1.5σ	图 60	震前认识提出：2017 年 5 月正断上升，超出以往正常范围（观测值 1.5 倍超限），7 月份转折，去趋势均方差超限，1.5 倍趋势且显示趋势转折。九寨沟震后再次转折
26	跨断层短水准	巴沙沟	观测曲线	巴沙沟（422-423）水准趋势异常	2016.11			113km		图 61	震前认识提出：自 2014 年起趋势转折，正断上升。2016 年 11 月至 2017 年 5 月持续下降，有趋势转折迹象，7～8 月回返，恢复上升性趋势异常

续表

序号	异常项目	台站（点）或观测区	分析办法	异常判据及观测误差	震前异常起止时间	震后变化	最大幅度	震中距 Δ/km	异常类别及可靠性	图号	异常特点及备注
27	跨断层短水准	黄家坝	观测曲线	黄家坝（213－212）水准趋势异常，（209－212）水准趋势异常	2015，2017.07		小幅度	199km		图62	震前认识提出：2015年出现差分值2倍均方差超限异常，之后异常减弱。2017年7月（212～209）水准呈现2010年以来波动范围内小幅变化
28	跨断层短水准	四店	观测曲线	四店（411-414）水准趋势异常				198km		图63	震前认识提出：2015年11月至2016年7月头点突跳，2016年7月差分值2倍均方差超限但不到1年，2017年7月414点因修路路段被埋而未测。九寨沟7.0级震后本测段仍停测，其他测段无异常
29	跨断层短水准	盘古川	观测曲线	盘古川（312）（11）-310）水准短临异常	2017.07			191km		图64	震前认识提出：2017年7月变幅超出差分值2倍均方差，并形成尖点突跳变化，7.0级震后出现转折

续表

序号	异常项目	台站（点）或观测区	分析办法	异常判据及观测误差	震前异常起止时间	震后变化	最大幅度	震中距 Δ/km	异常类别及可靠性	图号	异常特点及备注
30	跨断层短水准	碳口驿	观测曲线	碳口驿（07－01）水准短临异常	2017.07			250km		图65	震前认识提出：2017 年 7 月变幅较大，超出差分值的 2 倍均方差，但显示回返特性
31	跨断层短水准	柳家沟	观测曲线	柳家沟（317－315）水准趋势异常	2017.07			217km	≥2.0σ	图66	震前认识提出：2015 年 11 月至 2016 年 7 月持续逆断下降，累积 2.0mm。2016 年 11 月下降 1.0mm，2 倍均方差超限，异常继续发展。2017 年 7 月再次下降，异常继续。2017 年 8 月 8 日九寨沟震后 2 天加密观测，异常继续，下降幅度较 7 月增大
32	跨断层短水准	毛集	观测曲线	毛集（1－7）水准趋势异常	2015.03			230km	≥2.0σ	图67	震前认识提出：2015 年 3～5 月尖突跳，差分值超 2 倍均方差超限，之后未再超限但变幅仍比正常态大一些

续表

序号	异常项目	台站（点）或观测区	分析办法	异常判据及观测误差	震前异常起止时间	震后变化	最大幅度	震中距 Δ/km	异常类别及可靠性	图号	异常特点及备注
33	跨断层短水准	刘家店	观测曲线	刘家店（安莲181-A-181）水准趋势异常	2016.07			330km	≥1.5σ	图68	震前认识提出：2016年7～11月出现1.9mm，-2.5mm尖点突跳（差分值2倍均方差超限）。2017年3～5月变化微弱但时间尚短。2017年7月再次突跳（1.2mm，超出差分值1.5倍均方差）
34	跨断层短水准	三关口	观测曲线	三关口（123-121）水准趋势异常	2015.07			360km	≥2.0σ	图69	震前认识提出：2015年7月转折下降，11月差分值2倍均方差超限。2016年11月下降2.2mm，差分值2倍均方差超限，且超出方差超限范围。震例前后下降3次2017年3～5月变化微弱，7月再次下降

续表

序号	异常项目	台站（点）或观测区	分析办法	异常判据及观测误差	震前异常起止时间	震后变化	最大幅度	震中距 Δ/km	异常类别及可靠性	图号	异常特点及备注
35	跨断层短水准	六盘山	观测曲线	六盘山（24-21）水准趋势异常	2017.05		4.3mm	360km		图70	震前认识提出：2010 年 7 月大幅突跳（差分值、去趋势均方差都超限），2010~2014 年大体维持显著振荡，2015 年逆断回返；2016 年 7 月再次突跳上升（4.3mm，差分值、去趋势 2 倍均方差超限），11 月变化微弱。2017 年 3 月因森林火灾导致封山，无法观测。2017 年 5~7 月恢复观测，趋势异常持续
36	跨断层短水准	和尚铺	观测曲线	和尚铺（118-26）水准趋势异常	2017.07			352km		图71	震前认识提出：2010~2014 年大幅振荡，2015 年逆断回返，2016 年 7 月再次上升 3.9mm（差分值 2 倍均方差超限），2016 年 11 月至 2017 年 7 月变幅虽不大，仍超出以往正常变化范围，转为趋势性异常

续表

序号	异常项目	台站（点）或观测区	分析办法	异常判据及观测误差	震前异常起止时间	震后变化	最大幅度	震中距 Δ/km	异常类别及可靠性	图号	异常特点及备注
37	跨断层短水准	安国	观测曲线	安国（4-2）水准趋势异常和安国（4-1）水准短临异常	2016.03			366km	≥2.0σ	图72	震前认识提出：2016年3月差分值2倍均方差还超限，2017年度趋势B类异常。2017年7月趋势异常仍未结束（未超过5年）
38	跨断层短水准	甘沟窑	观测曲线	甘沟窑（125-127）水准趋势异常	2016.03			361km	≥1.5σ	图73	震前认识提出：2016年3月尖点突跳，7月上升3.8mm，差分值二倍均方差超限。2016年11月起差分值超限上升，2017年3月差分值1.5倍均方差超限，转为趋势异常，2017年7月继续上升
39	跨断层短水准	大塬	观测曲线	大塬（1-2）水准趋势异常	2016.11		13.54mm	371km		图74	震前认识提出：自2010年7月起至2013年3月，运动趋势明显偏离原来轨道，出现了13.54mm的快速下降（挤压），2013年3月至2016年11月，呈现底部徘徊的趋势，震后未出现明显的趋势转折。2016年11月至2017年3月变化-0.02mm

续表

序号	异常项目	台站（点）或观测区	分析办法	异常判据及观测误差	震前异常起止时间	震后变化	最大幅度	震中距 Δ/km	异常类别及可靠性	图号	异常特点及备注
40	跨断层短水准	南大同	观测曲线	南大同（5-3）水准趋势异常	2013.11		2.23mm	395km		图75	震前认识提出：2013年11月至2014年11月，出现了总幅度2.23mm的回弹（拉张）。2016年3~11月，挤压变化1.45mm。2016年11月至2017年3月，拉张变化0.51mm
41	跨断层短水准	窝子滩	观测曲线	窝子滩（207-206）水准短临异常	2017.07			414km	≥1.5σ	图76	震前认识提出：2017年7月突跳0.8mm，去趋势1.5倍均方差超限
42	跨断层短水准	水泉	观测曲线	水泉（3-2）水准趋势异常	2015			412km		图77	震前认识提出：2015年变化趋势转为正断上升。截至2017年7月趋势异常常基本维持

续表

序号	异常项目	台站（点）或观测区	分析办法	异常判据及观测误差	震前异常起止时间	震后变化	最大幅度	震中距 Δ/km	异常类别及可靠性	图号	异常特点及备注
43	跨断层短水准	大营水	观测曲线	大营水（1-2）水准测段趋势异常	2013			418km		图78	震前认识提出：2013年起持续下降转为总体上升，但不跨断层，每年只测1期的（A-1）测段显示下降，与的（1-2）测段相反，合计的（A-2）段无异常，分析认为是点1单点变化，下沉为主，点1是土层点，故异常存在但信度度较低。（A-1）测段2017年7月仍显示下降，（1-2）测段上升趋势未结束（不到5年），异常暂维持
44	跨断层红外测距	白土庄	观测曲线	白土庄（B-D）跨断层红外测距短临异常	2017.07			472km	≥2.0σ	图79	震前认识提出：2017年7月挤压加速，2倍差分值均方差超限
45	跨断层短水准	榆林	观测曲线	榆林跨断层水准（D-A）短临异常	2017.04		1.29mm	399km		图80	震前认识提出：2014～2016年的平均年变幅度为0.57mm，2017年4月开始，该场地未完成正常年变，出现1.29mm的突升变化，5月达到自观测以来的最高值，6月转折下降0.8mm，7月继续小幅下降

续表

序号	异常项目	台站（点）或观测区	分析办法	异常判据及观测误差	震前异常起止时间	震后变化	最大幅度	震中距 Δ/km	异常类别及可靠性	图号	异常特点及备注
46	跨断层短基线	折多塘	观测曲线	折多塘短基线（B－D）趋势异常	2015.04			401km	≥2.0σ	图81	震前认识提出：2015 年 4 月至 2017 年 6 月，观测曲线完成正常年变，出现趋势上升（2.09mm）异常，其中以 2017 年 6 月为最大（1mm），并超过了 2 倍标准差范围
47	跨断层短基线	格篓	观测曲线	格篓基线（A－C）测边趋势异常	2015.01		2.61mm	362km		图82	震前认识提出：2015 年 10～11 月出现 2.61mm 的上升变化，表明此处断层张性活动持续增强，2016 年 3 月开始转折，进入压性活动状态（由张变压），与芦山地震前的异常比较相似，从 2016 年 3 月开始一直在高值状态来回波动，2017 年 1 月达到最高值，7 月上升 0.51mm
48	跨断层短基线	虚墟	观测曲线	虚墟基线（A－B）测边趋势异常	2016.08		2.31mm	360km		图83	震前认识提出：2016 年 8 月上升 2.31mm，2016 年 9 月转折下降，幅度较大，从 2016 年 9 月至九寨沟 7.0 级地震后曲线一直在高值状态来回波动

续表

序号	异常项目	台站（点）或观测区	分析办法	异常判据及观测误差	震前异常起止时间	震后变化	最大幅度	震中距 Δ/km	异常类别及可靠性	图号	异常特点及备注
49	跨断层短基线	老乾宁	观测曲线	老乾宁基线（1-3/5-3）趋势异常	2015			367km		图84	震前认识提出：2013年5月至2014年8月的上升异常可能是芦山7.0级地震的影响和康定6.3级地震的前兆。2015年末，曲线持续波动变化存在，趋势异常继续上升，但无明显的短期异常
50	跨断层短水准	棉蟹	观测曲线	棉蟹场地水准（D－A）趋势异常	2014.01		2.62mm	462km		图85	震前认识提出：2014年10月开始，观测曲线未完成年变，断层处于"闭锁"状态。2017年4月出现2.62mm的下降变化，有破年变迹象，但未达到短期异常指标，7月有所回升
51	水氢	洋县	观测曲线	陕西洋县水氢异常	2017.05			346km		图86	震前认识提出：2017年年中会商时新增洋县水氢异常，在青川4.9级地震后，依据异常形态认为洋县水氢异常不能交代，其后可能仍有较大地震发生，但对地点、强度及具体时间则无法判定

续表

序号	异常项目	台站(点)或观测区	分析办法	异常判据及观测误差	震前异常起止时间	震后变化	最大幅度	震中距 Δ/km	异常类别及可靠性	图号	异常特点及备注
52	温泉水温	理塘	观测曲线	理塘 51 泉水温低温背景异常	2009			490km		图 87	震前认识提出：该温泉水温自 2009 年趋势下降以来，在其低值背景上的转折上升短期及中短期异常与四川及邻区中强期以上地震有较好的对应关系。九寨沟 7.0 级地震前该温泉水温无明显短期异常，但趋势下降持续低值背景性异常继续
53	地磁	成都台	计算谐波振幅比	谐波振幅异常提取方法应用于 GM4 磁通门磁力仪	2015			267km		图 88	震前认识提出：2015 年 11 月东西向谐波振幅比长周期(200s、230s)结果明显转折变化，2016 年 6 月东西向较短周期(170s、140s、110s、80s)曲线呈现转折上升形态，至 2017 年 8 月成都台高值振幅比曲线维持高值状态，8 月 8 日九寨沟 7.0 级地震发生，震前异常持续时间长达 3.6 年，期间同周期为 20s 的谐波振幅比变化形态异常不明显

续表

序号	异常项目	台站（点）或观测区	分析办法	异常判据及观测误差	震前异常起止时间	震后变化	最大幅度	震中距 Δ/km	异常类别及可靠性	图号	异常特点及备注
54	地磁	四川	四川地区加卸载响应比	加卸载响应比方法提取异常	2016.11			65~770km		图89 图90	震前认识提出：2017 年 2 月 7 日的小范围异常是在 2016 年 11 月 19 日的区域性异常背景下出现的局部异常

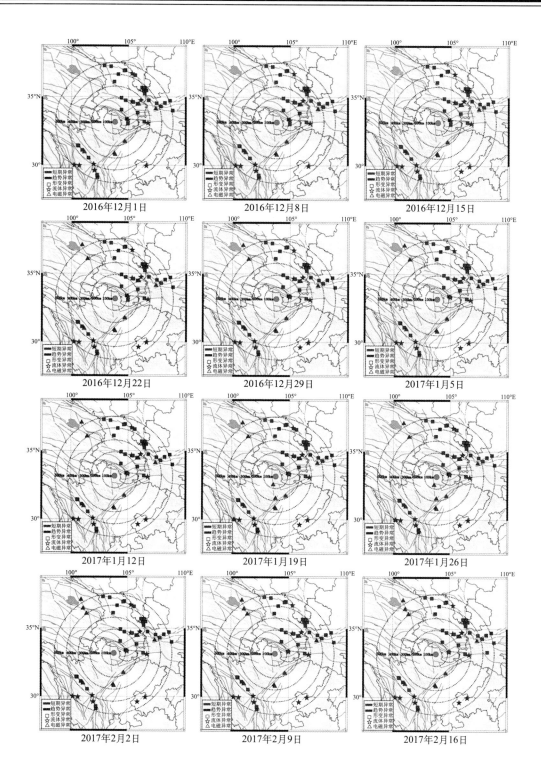

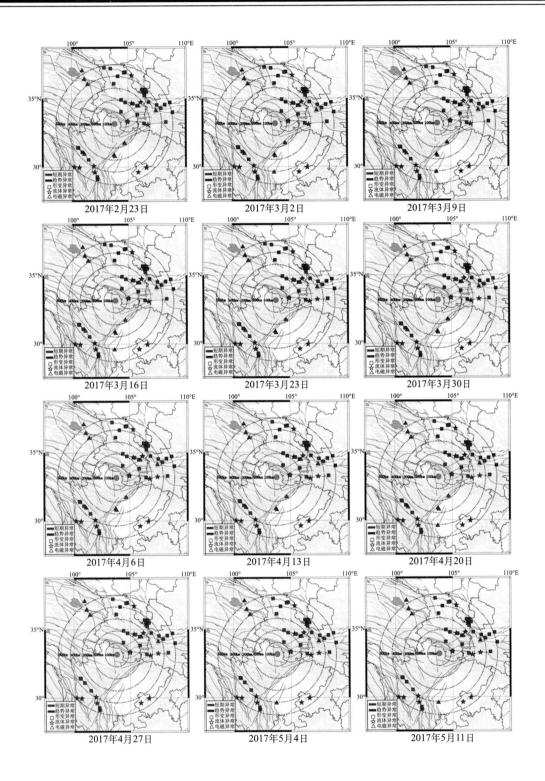

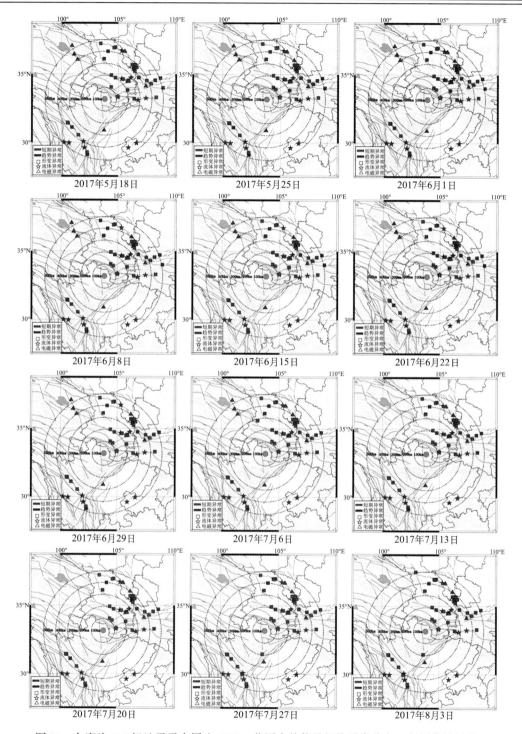

图 91　九寨沟 7.0 级地震震中周边 500km 范围内趋势及短临异常分布（每周统计结果）

Fig. 91　Trend and short-term anomaly distribution within 500km
around epicenter of of the M_S7.0 Jiuzhaigou earthquake

据中国地震台网中心（2017），《台网中心九寨沟地震预测预报总结》，图中的统计圆分别为 100~500km

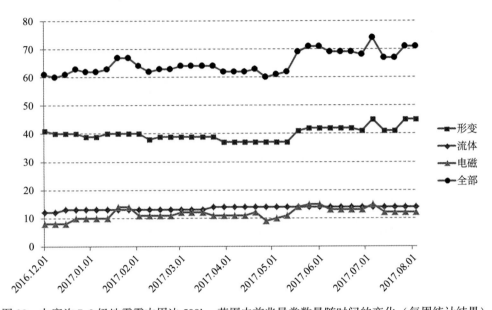

图 92 九寨沟 7.0 级地震震中周边 500km 范围内前兆异常数量随时间的变化（每周统计结果）

Fig. 92 Variation of precursory anomalies over time within 500 km around

the epicenter of the of the M_S7.0 Jiuzhaigou earthquake

据中国地震台网中心（2017），《台网中心九寨沟地震预测预报总结》

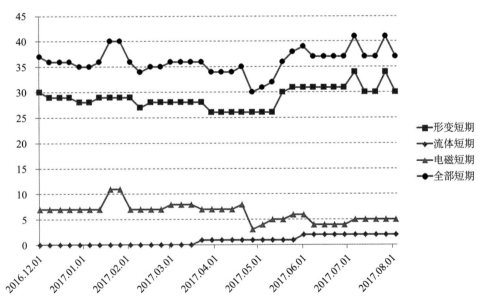

图 93 九寨沟 7.0 级地震震中周边 500km 范围内短期前兆异常数量随时间的变化（每周统计结果）

Fig. 93 Variation of the number of short-term precursory anomalies over time within 500km

around the epicenter of the M_S7.0 Jiuzhaigou earthquake

据中国地震台网中心（2017），《台网中心九寨沟地震预测预报总结》

四川道孚至川滇交界东部地区主要的异常特征和滇西北地区类似，也表现为在虚墟、格篓、老乾宁等趋势异常的背景上，近期又出现冕宁水准、折多塘基线、榆林水准等短期异常变化。2017 年 7 月底月会商形变学科虽然将西北地区重点关注区域由祁连山中西段改为祁连山地震带，但仍没有将甘青川交界明确列为首要关注区域。主要原因是 2017 年 7 月前祁连山地震带重点异常为位于祁连山西段的红柳峡水准变化，7 月底月会商时西北地区新增石灰窑口、盘古川、窝子滩、三关口、硖口驿等 5 项断层水准异常，且主要集中分布于祁连山中东段，存在一定的迁移特征。

4. 地下流体异常特征

震前异常零报告表中正式提出异常 14 项，其中水位（流量）4 项，分别是海原干盐池静水位、大足拾万静水位、北碚柳荫静水位和清水流量；水温异常 5 项，分别是康定二道桥水温、海原干盐池水温、泸定 63 水温、巴塘水温、理塘水温；水化学观测异常 5 项，分别是武都殿沟水氡、武山 1 水氡、武山 22 号井水氡、勉县水氡和洋县水氡。从异常的空间分布看（图 91），九寨沟地震周边台站较少，周边存在的年度异常主要集中于震中东北侧和西南侧，分别归属于甘宁陕交界及川滇交界东部，其中水氡及流量异常分布在距震中 100～340km 范围，水位、水温异常则分布在距震中 390～490km 范围。从时间尺度上看，都是持续半年以上的趋势异常，震前未见明显的短临异常。

5. 地磁地电异常特征

利用成都台 GM4 磁通门磁力仪秒采样资料，分析了 2017 年 8 月 8 日九寨沟 7.0 级地震前该台地磁谐波振幅比随时间的变化，表现如下：九寨沟 7.0 级地震前谐波振幅比曲线表现出下降—转折—恢复上升的变化，地震发生在曲线恢复期，依据谐波振幅比与地电阻率变化的震例研究（冯志生等，2013）结果，这种变化趋势正是震前谐波振幅比异常的变化特征，与地电阻率趋势异常变化特征相似；在地球介质为均匀各向同性的平面导体的情况下，谐波振幅比与介质的电阻率呈正比，因此，从理论上讲，谐波振幅比的变化反映了地下深部介质电阻率的变化。

成都台地磁谐波振幅比异常表现出了由长周期像短周期迁移的现象（图 88 所示），考虑台站与异常高导体的位置关系（冯志生等，2009），认为成都台可能位于高导体的边界，在高导体形成初期，台站位于其外侧较远区域，谐波振幅比长周期先观测到异常，伴随异常体不断向台站方向扩展，短周期结果相继出现异常变化。

震前同周期南北向谐波振幅比与东西向谐波振幅比表现出了明显的不同步现象，这体现了台站地下电性结构的不均匀性，计算结果是在假设地球介质为均匀各向同性的条件下得到的，而当地下介质电阻率各向异性很强烈时，会导致两个方向的异常变化形态的差异（杜学彬等，2015）。

九寨沟 7.0 级地震前成都台谐波振幅比趋势异常持续时间为 3.6 年，最大异常幅度达到 0.11，与冯志生等（2013）给出的强震前异常持续时间（4 年）、异常幅度（0.10～0.20）相吻合；此次异常与芦山 7.0 级地震前的谐波振幅比异常相似，倪喆等（2014）对芦山地震前岩石圈磁场动态变化特征进行分析，结果表明震前 1 年或稍长时间，包含成都台在内的震中 125 km 范围曾出现地磁异常，这从另一方面增加了成都台地磁异常的可靠性。

地磁谐波振幅比的变化源于地磁感应磁场的变化，而地下介质电导率的横向不均匀性会引起感应电流的畸变和重新分布，进而产生局部的感应磁场异常，同时，全球各地观测到了许多同局部电磁场异常相联系的地壳和上地幔的电性结构异常，并且这些电性异常多与构造活动带和地震带相对应（徐文耀，2009）；因此，初步分析认为九寨沟 7.0 级地震前成都台谐波振幅比异常是孕震过程中地下局部电性结构异常的一种反映。成都台邻近地磁台站的数据积累时间较短，无法对谐波振幅比逐日结果进行去年变处理，因此在震前未能给出不同台站间的对比结果，在今后的研究中仍需不断加强台站间的对比分析工作。

八、应急响应和抗震设防工作

1. 震前预测

1） 1~3 年趋势预测意见

2014 年 11 月给出意见：未来 1~3 年或稍长时间南北地震带处于 $M_S \geq 7$ 级强震活跃时段，重点区域为南北地震带的北段和南段。四川及邻区处于 6.5 级以上强震的活跃时段，强震活动主体地区为鲜水河南段至川滇交界地区和川西的巴塘、理塘区域至川滇藏交界地区（四川省地震局，2014 年 11 月，《2015 年度四川地震趋势研究报告》）。

2015 年 11 月给出意见：未来 1~3 年或稍长时间南北地震带处于 $M_S \geq 7$ 级强震活跃时段，重点区域为南北地震带的北段和南段。四川及邻区处于 6.5 级以上强震的活跃时段，强震活动主体地区为鲜水河断裂带至川滇交界地区和川西的巴塘、理塘区域至川滇藏交界地区（四川省地震局，2015 年 11 月，《2016 年度四川地震趋势研究报告》）。

2016 年 11 月给出意见：未来 1~3 年或稍长时间中国大陆西部将继续处于 7 级强震活跃时段，南北地震带为中国大陆西部强震活动的重点区域之一。四川及邻区处于 6.5 级以上强震的活跃时段，强震活动主体地区为鲜水河断裂带至川滇交界地区和川西的巴塘、理塘区域至川青藏滇交界地区（四川省地震局，2016 年 11 月，《2017 年度四川地震趋势研究报告》）。

2） 年度预测意见

2017 年度四川地震趋势意见：四川及邻区活动水平 2017 年度可能高于 2016 年度实际地震活动水平（四川理塘 5.1 级地震）。预测四川及邻区 2017 年地震活动水平为 6.5 级左右；川甘青交界一带是圈定的三个地震危险区之一（图 94，据原报告图 4.5－6）（四川省地震局，2016 年 11 月，《2017 年度四川地震趋势研究报告》）。

川甘青交界一带 6 级左右地震危险区（图 94）：川甘青交界一带判定为 2017 年度 6 级左右地震危险区。该危险区长轴为 250km，短轴为 110km，面积约 21260km^2。区内主要涉及阿坝自治州的松潘、平武、九寨沟、若尔盖和红原五个县。区内主要分布着东昆仑断裂带各分支断裂，如东昆仑、树正、塔藏、白龙江和光盖山—迭山等 NW 走向的断裂，这些断裂大多呈左旋走滑特性；还分布有岷江和虎牙等近 NS 走向的断裂，这些断裂呈逆冲兼左旋走滑特性，区域的这些断裂都具有晚第四纪以来活性。

年尺度中期预测主要依据：

（1）地震活动水平估计。

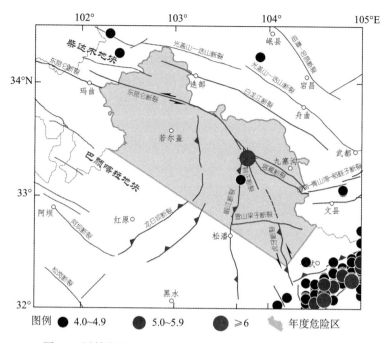

图 94　川甘交界 6 级地震危险区及 $M_L \geq 4.0$ 级震中分布图

Fig. 94　Distribution map of earthquakes and hazard zone of $M_S \geq 6$

earthquake in Sichuan-Gansu boundary area

$M_L \geq 4.0$; 2008.05 ~ 2016.10

①四川 2017 年自然发震概率计算。1900~2016 年四川及邻区共发生 $M_S \geq 7$ 级大震 15 次（震群计 1 次，最后一次为 2013 年芦山 7.0 级地震），平均年发生率 0.13；发生 $M_S \geq 6.5$ 级强震 39 次（震群计 1 次，最后一次为 2014 年鲁甸 6.5 级地震），平均年发生率 0.34。根据地震发生概率的数学表达式：

$$P(x \geq M_S) = 1 - e^{-vt}$$

式中，v 是研究区发生震级 $\geq M_S$ 地震的年发生率，是复发周期的倒数；t 为待预测时间。按此可计算四川及邻区发生 7 级以上强震的自然概率为：$t_{(2017)} = 4$ 年。$t_{(2017)} = 5$ 年，P_{2017}（$M_S \geq 7$）= 48%。用同样的方法计算得到：P_{2017}（$M_S \geq 6.5$）= 74%。

②四川地区依旧处于 6.5 级地震活跃幕，未来几年仍是 6.5 级以上地震高发时段。2008 年的汶川 8.0 级地震预示了新一轮 6.5 级以上地震活跃幕的到来。按往期活跃幕的统计规律，活跃时长一般持续 11~13 年，本轮活跃幕已经持续了 8 年，未来 3~5 年仍是四川地区 6.5 级地震发生的高概率时段。

③四川地区强震活跃幕 5 级地震平静打破对未来 1 年 6.9 级以上地震有预测意义。2016 年理塘 5.1 级地震打破了自 2014 年越西 5.0 级地震以来长达 617 天的 5 级地震平静。按震

例统计规律，四川地区活跃幕 5 级地震平静超过 350 天与未来 1 年内 6.9 级以上地震存在一一对应的关系，因此未来 1 年内四川地区有可能发生 6.9 级以上地震。

④四川地区中等地震活动增强。震例研究显示，四川及邻区 6 级以上地震发生前，均存在区域性的中等地震活动增强或平静现象。四川地区 $M_L 3.5 \sim 5.9$ 地震月频次异常出现后，通常在 1 年半内，四川及邻区会发生 6 级以上地震，过去出现的 29 组增强异常中（表 15，图 40），仅有 7 组其后 1 年半未发生地震，说明四川地区中等地震活动月频次异常尤其是增强异常对四川及邻区 6 级以上地震具有相当强的指示意义。

2016 年度四川地区中等地震活动月频次出现持续高值异常（图 40），显示未来 1 年或稍长时间四川及邻区仍可能发生 6 级以上地震。

（2）年度危险区圈定依据（川甘青交界地震危险区）。

①复杂活动构造背景（图 94）。圈定的川甘青交界地震危险区为阿坝藏族羌族自治州的松潘、平武、九寨沟、若尔盖一带，面积约 $2.5 \times 10^4 km^2$。区内和周边主要分布着东昆仑断裂带各分支断裂，如东昆仑、树正、塔藏、白龙江和光盖山—迭山等北西走向的断裂，这些断裂大多呈左旋走滑特性；还分布有岷江和虎牙等近南北走向的断裂，这些断裂呈逆冲兼左旋走滑特性，区域的这些断裂都具有晚第四纪以来活性。

②川甘青交界强震平静（图 41）。川甘青区域历史上发生过 $M_S 7.0$ 以上地震，1947 年 3 月 17 日青海达日南 7.7 级，其周缘还曾发生过 1987 年迭部 6.2 级、1935 年和 1952 年久治 6.0 级等地震。1999 年青海玛沁 5.0 级地震后，该区域及其周边表现出较长时间平静。

③甘青川交界存在 $M_S 5.0$ 平静被打破（图 41）。1999 年青海玛沁 5.0 级地震后，甘青川交界地区形成 $M_S 5$ 地震平静，直至被 2015 年 10 月 12 日青海玛多 5.2 级地震打破，该 5 级地震平静持续近 5800 天，自上个世纪 30 年该区域有完整 5 级以上地震记录以来，尚未有过如此长时间的 5 级地震平静。玛多 5.2 级地震的发生，预示着川甘青交界地区近期 5~6 级地震活跃期。

④川甘青交界 4、5 级地震平静被打破（图 42）。2001 年 7 月 17 日兴海 5.0 级地震后，甘青川交界地区出现大范围 5 级地震围空，2011 年 11 月 2 日甘肃岷县 4.9 级地震后，该 5 级地震空区内嵌套形成了 $M_L \geq 4.0$ 级地震围空，2013 年 7 月 22 日岷县漳县交界 6.6 级地震发生在空区边缘。2014 年 10 月 2 日青海乌兰 $M_S 5.1$ 地震打破了该 5 级地震围空，2015 年 10 月 12 日玛多 $M_S 5.2$ 地震再次发生在空区内，2014 年 11 月 21 日阿坝 $M_L 4.8$ 地震打破了 4 级地震围空，随后空区内及周边发生了多次 4 级地震，表明该空区及周边地震活动有增强趋势，这种配套的地震空区演化预示该地区可能存在发生强震的背景。

⑤川甘青交界一带小震震源机制解一致性较高（图 43）。震源机制应力张量一致性时空分布能够反映区域应力场的应力水平高低，一致性越好，应力张量方差（Variance）越低，该区域的应力水平越高（Michael，1984，1987）。基于 2000.01.01~2016.09.30 甘肃及邻区 $M_L \geq 3.0$ 级地震震源机制解，反演了该甘肃省及邻区应力场的空间分布（图 43），震源机制应力张量一致性显示，东昆仑东段玛曲—玛沁段、迭部—白龙江断裂带自 2014 年 6 月以来出现下降转折上升，再下降的变化过程，显示区域应力场不稳定，表明该区发生中强以上地震的危险性在增强。

3) 短临预测意见

短临跟踪与预测中，短期四川北部地区处于平静状态，汶川老震区活动增强，表明大区域应力增强，发生强震的危险性增大，但无法指示九寨沟 7.0 级地震的发震地点。虽是在九寨沟 7.0 级地震前一直坚持四川存在 6 级左右地震活动危险性，但无法提出地震活动性短期预测意见。四川区域固定和流动前兆监测没有获得具有预测意义的前兆异常，各学科也没有短期紧迫性增强的预测意见。RS 卫星热红外监测中，图 95 中巴颜喀拉块体出现了辐射增强，但跟踪亮温均值时间序列定量分析时，巴颜喀拉块体的亮温低频信息的辐射增强未超过 2 倍标准差的预测指标，因而，没有在九寨沟 7.0 级地震前作出三个月的短期预测。

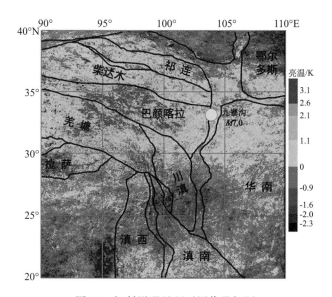

图 95　辐射增强月距平图像叠加图

Fig. 95　Radiation enhanced monthly anomaly image overlay

2016 年 3 月至 2017 年 7 月，黄色圆标记九寨沟 7.0 级地震

综合预测中，在历次周月会商、危险区跟踪及其他专题会商、年中会商的会商意见中，对年度圈定的危险区预测震级水平没有变化，没有作出过危险紧迫性增强的预测。

2. 震后趋势判定

九寨沟 7.0 地震后，四川省地震局于当晚立即组织召开紧急跟踪会。由于区域历史震型复杂，发震构造不明，考虑到 1976 年度松潘—平武 7.2 级震群，给出初步判定意见："此次九寨沟 7.0 级地震的发生是巴颜喀拉块体边界断裂持续活动的结果。截至目前（地震后数小时，次日 00 时 30 分）余震偏小，未来应注意 6 级左右强余震发生的可能。"（《震情监视报告》（2017）第 61 期，2017 年 8 月 9 日）。

震后次日，由于余震震级偏小，分析认为："原震区短期内注意 6 级左右强余震发生的可能"，并依据余震序列 3 地震的平静，判定短时间的余震序列起伏趋势判定意见："近几日有发生 5 级左右余震的可能。"（《震情监视报告》（2017）第 63~64 期，2017 年 8 月 9~10 日）。

震后三日以后，陆续组织开展余震空间分布、时间进程跟踪，序列参数跟踪计算，余震视应力计算并与区域历史地震视应力对比分析，开展主震和余震的震源机制解、序列精定位，分析余震空间和深度剖面演化，收集发震区域构造信息并展开发震构造讨论，讨论分析余震平面和剖面分布、地震烈度调查、主震和余震的震源机制解、地震现场获取滑坡、崩塌等地质灾害等信息与发震构造耦合关系，逐步明确给出发震构造判定："九寨沟 7.0 级地震的发震构造应为东昆仑断裂带南东端的一个分支断裂——树正断裂"。依据发震构造、余震衰减、序列视应力演化以及序列 p 值、h 值等，综合分析判断"九寨沟 7.0 级地震为主—余型地震"。但由于震后数日余震强度偏弱，因此仍坚持判定："原震区短期内应注意 6 级左右强余震发生的可能。"后续随余震的衰减，逐步降低余震活动水平的判定。（《震情监视报告》（2017）第 65～72 期，2017 年 8 月 10～15 日）。

3. 震后响应

九寨沟 7.0 地震发生后，党中央、国务院高度重视并就做好抗震救灾工作作出重要指示和批示，国务院立即派出由国家减灾委、国务院抗震救灾指挥部组成的工作组赶赴现场指导抗震救灾工作。

国务院抗震救灾指挥部副指挥长、中国地震局局长立即主持召开四川九寨沟 7.0 级地震应急指挥部会议，根据四川九寨沟 7.0 级地震震情灾情综合判断，国务院抗震救灾指挥部决定启动国家 II 级地震应急响应，派出由中国地震局副局长带队的地震现场工作组，赶赴震区指导和帮助地方做好抗震救灾工作。

四川省委、省政府领导第一时间作出指示，立即启动 I 级应急响应预案，省委、省政府迅即成立"8·8"九寨沟地震抗震救灾应急指挥部，派出工作组赶赴现场指导抗震救灾工作。

四川省地震局立即启动 I 级地震应急响应，并召开紧急工作会议，安排部署应急处置工作，派出现场应急队伍赶赴灾区，进行灾情调查，协助抗震救灾，同时指令当地防震减灾部门迅速赶赴灾区组织抗震救灾工作。

中国地震局现场工作组到达灾区后，中国地震局副局长立即赴省抗震救灾现场指挥部参加会议，了解地震灾情和先期救援情况。抵达灾区的中国地震局机关、中国地震应急搜救中心工作队员，立即与先期到达的四川省地震局、甘肃省地震局、成都市防震减灾局、绵阳市防震减灾局、德阳市防震减灾局、阿坝州防震减灾局工作队员，及陆续抵达的云南省地震局、西藏自治区地震局、河北省地震局、贵州省地震局、重庆市地震局、江苏省地震局、陕西省地震局、中国地震局第一监测中心、中国地震局工程力学研究所、中国地震局地球物理研究所、中国地震局地壳应力研究所、中国地震局地质研究所、防灾科技学院现场工作队员，成立了四川九寨沟 7.0 级地震中国地震局现场指挥部。

中国地震局现场指挥部 263 名队员，由中国地震局副局长任指挥长，中国地震局震灾应急救援司司长、四川省地震局局长、甘肃省地震局副局长任副指挥长，下设烈度调查组、监测预报组、新闻秘书组、综合协调组、后勤保障组，于 2017 年 8 月 8～15 日在地震灾区开展了地震烈度调查、地震灾害损失调查评估、地震灾害及人员伤亡分析、流动地震台架设与监测、震情分析研判、地震科学考察、地震应急通讯、地震应急宣传及新闻发布等工作。

九、总结与讨论

1. 主要结论

九寨沟 $M_S7.0$ 地震序列属主震—余震型。根据四川省地震台网记录资料，截至 2018 年 2 月 8 日，主震地震波能量占序列总量的 99.95%；九寨沟 7.0 级主震与次大地震 4.8 级地震之间的震级差为 $\Delta M=M_主-M_次=7.0-4.8=2.2$ 级；余震序列集中分布较小范围内，长轴约 38km，短轴约 4~8km，余震分布长轴走向与东昆仑东端的分支断裂——树正断裂走向吻合；序列频次总体衰减较快，余震活动主要在主震发生后三天内，根据序列最小完整性震级 $M_L1.3$ 以上地震资料，九寨沟 7.0 级主震后 6 天计算 $h_0=1.3$（时间步长 1 天），p 值 1.27（时间步长 6 小时），九寨沟 7.0 级主震后 1 个月 p 值和 h 值，计算结果为：p 值 1.0218（图 21，时间步长 1 天），h 值 1.1（图 22，时间步长 1 天），显示序列衰减相对较快；震后三天计算获得的 $b=0.77$，序列震级–频度关系显示可能的最大余震为 $M_L5.4$，截至 2018 年 2 月 8 日资料，实际最大余震 $M_S4.8$（$M_L5.2$）。余震序列总体呈现略有起伏快速衰减。判定九寨沟 $M_S7.0$ 原震区后续发生更大地震的可能性较小，序列属主震—余震型。

九寨沟 7.0 级地震是左旋走滑破裂事件。综合现场烈度调查、区域构造特征、余震空间分布和震源机制解等资料：等震线长轴总体呈 NNW 走向；余震平面沿东昆仑东端的分支断裂——树正断裂展布，深部显示余震分布在主震的浅部，沿断面显示发震构造近乎直立；震源机制解：节面Ⅰ走向 144°、倾角 87°、滑动角 –1°，节面Ⅱ走向 234°、倾角 89°、滑动角 –177°；P 轴方位 99°，俯仰角 3°；T 轴方位 3°，俯仰角 9°（表 10），震源机制节面Ⅰ、余震分布、地震等烈度线长轴与树正断裂走向一致。综合分析认为，九寨沟 7.0 级地震是发生在东昆仑东端的分支断裂——树正断裂上的左旋走滑破裂事件。

九寨沟 7.0 级地震属于浅源地震，但震源深度结果存在争议。四川地震台网测定主震深度为 20~23km，中国地震台网测定深度 20km，全球各机构测定在 10km 左右，精定位主震震源深度 10.305km，余震深度基本分布在 0~20km 范围，CAP 方法获得的余震序列最佳矩心深度集中在 5~10km（表 13）。

九寨沟 7.0 级地震破裂深度存在争议。不同研究小组基于地震波形资料、InSAR、强震观测资料以及有限断层模型等进行震源过程反演，获得的九寨沟 7.0 级地震震源破裂尺度 25~40km，破裂持续时间 8~15s，释放总标量地震矩 6.4×10^{18}~6.9×10^{18}N·m，相当于矩震级约 $M_W6.5$，最大滑动约 0.5~1.0m，断层错动方式以走滑为主。但主要破裂分布深度范围不同研究组给出的结果差异较大（张勇等，2017；张旭等，2017；郑绪君等，2017；王卫民等，2017）。

九寨沟 7.0 级地震属于调制地震。九寨沟 7.0 级地震发生在月相调制时段，属于调制地震，可能反映震源区震前应力强度已处于破裂极限的临界失稳状态。

综合分析认为，九寨沟 7.0 级地震是发生在东昆仑断裂带东端的分支断裂——树正断裂上的左旋走滑破裂事件，属主震—余震型。

2. 总结经验教训

归纳 2015～2017 年四川地震趋势研究报告中与九寨沟及其邻区有关的预测意见及依据，见表 17。

表 17　与九寨沟及其邻区有关的预测意见及依据
Table 17　prediction opinions and basis related to Jiuzhaigou and its adjacent areas

年份	预测区域	预测震级	区域类型	是否包含此次地震	主要依据
2015	川甘交界	5～6	注意区	是	川甘青交界地区 $M_L4.0$、$M_S5.0$ 地震平静（中）；九寨沟震群持续活跃（中）；九寨沟—文县一带视应力出现高值异常（短）；地震活动性参数异常（中）
2016	川甘交界	5～6	注意区	否	川甘青 5 级地震平静打破（中）；九寨沟震群持续活跃（中）；阿坝—迭部一带视应力高值异常（短）
2017	川甘交界	6	危险区	是	川甘青 5 级地震平静打破（中）；邻区热红外辐射增强（中）；川甘青交界一带小震震源机制解一致性高（中）

总结发现综合学科对该地震的预测效能具有以下特点：

1）中期异常把握较好，但缺乏短临响应

从表 17 中可以看出，纵观这三年来的对该区域的预测依据，除了视应力高值可能具有短期的预测效能外（震例为 2013 年芦山 7.0 级地震前在震中附近曾出现视应力高值），其余异常皆为中期指标。对于川甘交界的视应力高值，还应注意两点：一是 2015 年和 2016 年提出的视应力高值区域并不完全相同，前者位于九寨沟—文县一带，而后者明显向北迁移至阿坝—迭部一带；二是 2017 年并未提出此类异常，预示着该方法对川甘交界地区可能并不存在短期的预测意义。总体来看，中期的预测依据多且有一定的时间继承和发展，使得我们对未来强震的地点有较科学的预判。但短临依据的缺乏也使得我们的预测"颗粒感"较粗。

2）对强震紧迫性有一定程度的察觉

我们同时注意到川甘交界地区的预测区域类型从 2015、2016 年的注意地区上升为 2017 年的危险区，而震级也从 5～6 级提高到 6 级，说明察觉到了 2017 年可能是强震发生的一个关键"节点"。而识别此关键节点的依据包括：缺乏 5 级空区打破后的响应性强震事件，利用统计分析可以构建出随着时间推移强震越紧迫这一硬性指标；此外，四川局热红外手段发现中国大陆西部辐射异常与未来强震存在显著相关这一现象，2017 年提出这些异常说明强震孕育已处于关键阶段。

3）基于异常空间分布及信度的预测范围和预测震级的调整

这三年的预测区域与震级都有些微调整，考虑的因素主要是异常的空间分布范围及其信度。类似于地震平静及活动性参数等普通中期异常，在年尺度上将异常区设置为注意地区是恰当的；由于应力调整的影响，四川多地在汶川地震后出现了小震群，这些震群可能并不具备明显的预测意义，因此信度较低；2015 年视应力高值异常区北迁确定了注意地区的北移收缩；而高信度的 5 级地震平静打破及热红外异常区域分布决定了 2017 年的危险区范围及未来震级。

参 考 文 献

阿坝藏族羌族自治州地震局，1989，松潘 7.2 级地震档案资料图片集 [M]，阿坝藏族羌族自治州档案馆，科学出版社

陈国光、计凤桔、周荣军等，2007，龙门山断裂带晚第四纪活动性分段的初步研究 [J]，地震地质，29（3）：657~673

陈鲲、俞言祥、高孟潭等，2013，利用强震记录校正的芦山 7.0 级地震峰值加速度震动图 [J]，地震地质，35（3）：627~633

陈社发、邓起东、赵小麟等，1994a，龙门山中段推覆构造带及相关构造的演化历史和变形机制（一）[J]，地震地质，16（4）：404~412

陈社发、邓起东、赵小麟等，1994b，龙门山中段推覆构造带及相关构造的演化历史和变形机制（二）[J]，地震地质，16（4）：413~421

陈兴长、胡凯衡、葛永刚等，2015，云南鲁甸"8·03"地震地表破裂与大型地震滑坡 [J]，山地学报，33（1），65~71

成尔林，1981，四川及其邻区现代构造应力场和现代构造运动特征 [J]，地震学报，3（3）：231~241

程式、任昭明、陈农，1988，1973 年 8 月 11 日四川省松潘（黄龙）6.5 级地震 [M]，中国震例（1966~1975），北京：地震出版社

戴岚欣、许强、范宣梅等，2017，2017 年 8 月 8 日四川九寨沟地震诱发地质灾害空间分布规律及易发性评价初步研究 [J]，工程地质学报，25（4），1151~1164

邓起东、陈社发、赵小麟，1994，龙门山及其邻区的构造和地震活动及动力学 [J]，地震地质，16（4），389~403

邓起东、张培震、冉勇康等，2002，中国活动构造基本特征 [J]，中国科学（D 辑），32（12）：1020~1030

杜方、龙锋、阮祥等，2013，四川芦山 7.0 级地震及其与汶川 8.0 级地震的关系 [J]，地球物理学报，56（5）：1772~1783，doi：10.6038/cjg20130535

杜建国、康春丽，2000，强地震前兆异常特征与深部流体作用探讨 [J]，地震，20（3）：95~101

付国超、吕同艳、孙东霞等，2017，2017 年 8 月 8 日四川省九寨沟 7.0 级地震发震构造浅析 [J]，地质力学学报，23（6）：799~809

付俊东，2012，东昆仑断裂带东段塔藏断裂罗叉段古地震及大震重复间隔研究 [D]，中国地震局地震预测研究所，硕士论文

付俊东、任金卫、张军龙等，2012，东昆仑断裂带东段塔藏断裂晚第四纪古地震研究 [J]，第四纪研究，32（3）：473~483

顾功叙主编，1983，中国地震目录（公元前 1831 年—公元 1969 年）[M]，北京：科学出版社

国家地震局震害防御司，1990，地震工作手册 [M]，北京：地震出版社

国家地震局震害防御司编，1995，中国历史强震目录（公元前 23 世纪—公元 1911 年）［M］，北京：地震
　　出版社

何文贵、袁道阳、熊振等，2006，东昆仑断裂带东段玛曲断裂新活动特征及全新世滑动速率研究［J］，地
　　震，26（4）：67~75

侯康明、雷中生、万夫岭等，2005，1879 年武都南 8 级大地震及其同震破裂研究［J］，中国地震，03：
　　295~310

胡朝忠，2011，塔藏断裂晚第四纪活动性研究［D］，中国地震局地震预测研究所，硕士论文

黄润秋等，2009，汶川地震地质灾害研究［M］，科学出版社

霍俊荣、胡聿贤，1992，地震动峰值参数衰减规律的研究［J］，地震工程与工程振动，12（2）：1~11

江娃利、谢新生，2006，东昆仑活动断裂带强震地表破裂分段特征［J］，地质力学学报，02：132~139

蒋海昆、代磊、侯海峰等，2006，余震序列性质判定单参数判据的统计研究［J］，地震，26（3）：17~25

雷建成、高孟潭、俞言祥，2007，四川及邻区地震动衰减关系［J］，地震学报，29（5）：500~511+560

李陈侠、徐锡伟、闻学泽等，2009，东昆仑断裂东段玛沁—玛曲段几何结构特征［J］，地震地质，31
　　（3）：441~458

李陈侠、徐锡伟、闻学泽等，2011，东昆仑断裂带中东部地震破裂分段性与走滑运动分解作用［J］，中国
　　科学：地球科学，41（09）：1295~1310

李传友、宋方敏、冉勇康，2004，龙门山断裂带北段晚第四纪活动性讨论［J］，地震地质，26（2）：
　　248~258

李天祒、王光弟，1981，浅析控震构造与发震构造［J］，地震研究，（3）：312~317

李为乐、黄润秋、许强等，2013，"4·20" 芦山地震次生地质灾害预测评价［J］，成都理工大学学报（自
　　科版），40（3），264~274

李志强、李亦纲、林均岐，2017，四川九寨沟 7.0 级地震灾害特点分析［J］，中国应急救援，65（5）：3~
　　7，doi：10.19384/j.cnki.cn11-5524/p.2017.05.001

林元武、翟盛华，1993，断层气 CO_2 快速侧定法及其在地震研究中的应用［J］，地球科学进展，65~67

刘白云、袁道阳、张波等，2012，1879 年武都南 8 级大地震断层面参数和滑动性质的厘定［J］，地震地
　　质，34（3）：415~424

刘百篪、刘小凤、陈学刚，2001，活动地块与大地震群聚区的迁移及循环，新构造与环境［M］，地震出版
　　社，234~244

刘成利、郑勇、葛粲等，2013，2013 年芦山 7.0 级地震的动态破裂过程［J］，中国科学（D 辑），43（6）：
　　1020~1026

刘成利、郑勇、熊熊等，2014，利用区域宽频带数据反演鲁甸 $M_S6.5$ 地震震源破裂过程［J］，地球物理学
　　报，57（9）：3028~3027

刘光勋，1996，东昆仑活动断裂带及其强震活动［J］，中国地震，02：15~22

刘杰、易桂喜、张致伟等，2013，2013 年 4 月 20 日四川芦山 7.0 级地震介绍［J］，地球物理学报，56
　　（4）：1404~1407，doi：10.6038/cjg20130434

刘耀炜、陈华静、车用太，2009，我国地震氢观测值震后效应特征初步分析［J］，地震，29（1）：
　　121~131

刘正荣、钱兆霞、王维青，1979，前震的一个标志——地震频度的衰减［J］，地震研究，2（4）：1~9

龙锋、张永久、闻学泽等，2010，2008 年 8 月 30 日攀枝花—会理 6.1 级地震序列 $M_L≥4.0$ 事件的震源机制
　　解［J］，地球物理学报，53（12）：2852~2860

吕坚、郑勇、马玉虎等，2011，2010 年 4 月 14 日青海玉树 $M_S4.7$、$M_S7.1$、$M_S6.3$ 地震震源机制解与发震
　　构造研究［J］，地球物理学进展，26（5）：1600~1606

吕江宁、沈正康、王敏，2003，川滇地区现代地壳运动速度场与活动块体模型研究，地震地质 [J]，25（4）：543~554

罗来麟，1994，川西地区温泉的分布及成因 [J]，重庆师范学院学报（自然科学版），11（2）：39~47

罗艳、赵里、曾祥方等，2015，芦山地震序列震源机制及其构造应力场空间变化，中国科学：地球科学，45（4）：538~550

马杏垣，1986，中国岩石圈动力学——1：400 万中国及邻近海域岩石圈动力学图 [C]，中国地震学会，中国地震学会第三次全国地震科学学术讨论会论文摘要汇编，中国地震学会

裴向军、黄润秋，2013，"4·20"芦山地震地质灾害特征分析 [J]，成都理工大学学报（自科版），40（3），257~263

钱洪，1989，鲜水河断裂带的断错地貌及其地震学意义 [J]，地震地质，11（4）：43~49

钱洪、马声浩、龚宇，1995，关于岷江断裂若干问题的讨论 [J]，中国地震，11（2）：140~146

钱洪、唐荣昌，1997，成都平原的形成与演化 [J]，四川地震，（3）：1~7

钱洪、周荣军、马声浩等，1999，岷江断裂南段与 1933 年叠溪地震研究 [J]，中国地震，15（4）：333~338

青海省地震局、中国地震局地壳应力研究所，1999，东昆仑活动断裂带 [M]，北京：地震出版社

屈勇、朱航，2017，巴颜喀拉块体东—南边界强震序列库仑应力触发过程 [J]，地震研究，40（2）：216~225

任金卫、汪一鹏、吴章明等，1993，青藏高原北部库玛断裂东、西大滩段全新世地震形变带及其位移特征和水平滑动速率 [J]，地震地质，03：285~288

任俊杰，2013，龙日坝断裂带晚第四纪活动及与其周边断裂的运动学关系 [D]，中国地震局地质研究所，博士论文

任俊杰、徐锡伟、张世民等，2017，东昆仑断裂带东端的构造转换与 2017 年九寨沟 M_S7.0 地震孕震机制 [J]，地球物理学报，60（10）：4027~4045

四川地震资料汇编编辑组，1980，四川地震资料汇编（第一卷）[M]，成都：四川人民出版社，1~576

四川地震资料汇编编辑组，1981，四川地震资料汇编（第二卷）[M]，成都：四川人民出版社，1~224

四川地震资料汇编编辑组，2000，四川地震资料汇编（第三卷）[M]，成都：四川人民出版社

四川省地震局，1989，松潘地震预报学术讨论文集 [M]，北京：地震出版社

四川省地震局简目编辑组、云南省地震局简目编辑组、西藏自治区地震办公室简目编辑组，1988，西南地震简目（川、滇、黔、藏）[M]，成都：四川科学技术出版社

四川省地质矿产局，1991，四川区域地质志 [M]，北京：地质出版社

宋鸿彪、罗志立，1995，盆地实例分析：四川盆地基底及深部地质结构研究的进展，地学前缘 [J]，2（4）：231~237

宋治平、张国民、刘杰等，2011，全球地震目录，北京：地震出版社

孙成民、王力、解伟等，2010，四川地震全记录，上卷，四川人民出版社

孙福梁、卢寿德，1994，中国的强震观测工作，强震观测学术研讨会论文集 [M]，北京：地震出版社

唐荣昌、韩渭宾主编，1993，四川活动断裂与地震 [M]，北京：地震出版社

唐荣昌、陆联康，1981，1976 年松潘、平武地震的地震地质特征 [J]，地震地质，3（2）：41~47

唐荣昌、钱洪、张文甫等，1984，道孚 6.9 级地震的地质构造背景与发震构造条件分析，地震地质，6（2）：34~40

陶明信、徐永昌、沈平等，1996，中国东部幔源气藏聚集带的大地构造与地球化学特征及成藏条件 [J]，中国科学（D 辑），26（6）：531~536

汪成民、李宣瑚、魏柏林，1991，断层气测量在地震科学中的应用 [D]，北京：地震出版社

汪建军、徐才军，2017，2017 年 $M_W6.5$ 九寨沟地震激发的同震库仑应力变化及其对周边断层的影响，地球物理学报，60（11）：4398~4420

汪素云、俞言祥，2009，震级转换关系及其对地震活动性参数的影响研究［J］，震灾防御技术，4（2）：141~149

王金琪，1990，安县构造运动［J］，石油与天然气地质，（3）：223~234

王康、沈正康，2011，1933 年叠溪地震的发震位置、震源机制与区域构造［J］，地震学报，33（5）：557~567

王绍晋、付虹、卫爱民等，2001，川滇地区 7 级大震前中强震震源机制变化［J］，地震研究，99~108

王卫民、郝金来、姚振兴，2013，2013 年 4 月 20 日四川芦山地震震源破裂过程反演初步结果［J］，地球物理学报，56（4）：1412~1417，doi：10.6038/cjg20130436

王卫民、赵连锋、李娟等，2008，四川汶川 8.0 级地震震源过程［J］，地球物理学报，51（5）：1403~1410

闻学泽，1990，鲜水河断裂带未来三十年内地震复发的条件概率，中国地震，6（4）：8~16

闻学泽，1995，活动断裂地震潜势的定量评估［M］，北京：地震出版社

闻学泽、杜方、张培震等，2011，巴颜喀拉块体北和东边界大地震序列的关联性与 2008 年汶川地震［J］，地球物理学报，54（3）：706~716，doi：10.3969/j.issn.0001-5733.2011.03.010

闻学泽、徐锡伟、郑荣章等，2003，甘孜—玉树断裂的平均滑动速率与近代大地震破裂［J］，中国科学（D 辑），33（增刊）：199~208

吴开统、彭克银，1996，地震序列类型早期判断的可能性［J］，地震，16（1）：1~8

吴忠良、黄静、林碧苍，2002，中国西部地震视应力的空间分布［J］，地震学报，24（3）：293~301

谢富仁、张永庆、张效亮，2008，汶川 $M_S8.0$ 地震发震构造大震复发间隔估算［J］，震灾防御技术，3（4）：337~344

谢毓寿、蔡美彪主编，1983，中国地震资料汇编［M］，北京：科学出版社

谢祖军、郑勇、姚建华等，2017，2017 年九寨沟 $M_S7.0$ 地震震源性质及发震构造初步分析［J］，中国科学（D 辑），48（1）：79~90

徐锡伟、陈桂华、王启欣等，2017，九寨沟地震发震断层属性及青藏高原东南缘现今应变状态讨论，地球物理学报，60（10）：4018~4026

徐锡伟、陈桂华、于贵华等，2010，“5·12”汶川地震地表破裂基本参数的再论证及其构造内涵分析［J］，地球物理学报，53（10）：2321~2336，doi：10.3969/j.issn.00015733.2010.10.006

徐锡伟、陈文彬、于贵华等，2002，2001 年 11 月 14 日昆仑山库赛湖地震（$M_S8.1$）地表破裂带的基本特征［J］，地震地质，01：133~136

徐锡伟、闻学泽、陈桂华等，2008，巴颜喀拉地块东部龙日坝断裂带的发现及其大地构造意义［J］，中国科学（D 辑）：地球科学，38（5）：529~542

徐锡伟、闻学泽、韩竹军等，2013，四川芦山 7.0 级强震：一次典型的盲逆断层型地震，科学通报，58：1887~1893

徐永昌、沈平、陶明信等，1994，中国含油气盆地天然气中氦同位素分布［J］，科学通报，39（16）：1505~1508

许冲、徐锡伟、沈玲玲等，2014b，2014 年鲁甸 $M_S6.5$ 地震触发滑坡编录及其对一些地震参数的指示［J］，地震地质，36（04）：1186~1203

许冲、徐锡伟、于贵华，2012，玉树地震滑坡分布调查及其特征与形成机制［J］，地震地质，34（1），47~62

许冲、徐锡伟、郑文俊等，2013，2013 年四川省芦山“4·20”7.0 级强烈地震触发滑坡［J］，地震地质，

35（03）：641~660

许冲、徐锡伟、周本刚等，2014a，基于地震滑坡的汶川 M8.0 地震烈度分布图高烈度区修正 ［J］，世界地震译丛，04：66~77

易桂喜、韩渭宾，2004，四川及邻区强震前地震活动频度的变化特征 ［J］，地震研究：27（1）：8~13

易桂喜、龙锋、梁明剑等，2017，2017 年 8 月 8 日九寨沟 M7.0 地震及余震震源机制解与发震构造分析 ［J］，地球物理学报，60（10）：4083~4097，doi：10.6038/cjg20171033

易桂喜、闻学泽、辛华等，2013，龙门山断裂带南段应力状态与强震危险性研究 ［J］，地球物理学报，56（4）：1112~1120，doi：10.6038/cjg20130407

俞言祥、李山有、肖亮，2013，为新区划图编制所建立的地震动衰减关系 ［J］，震灾防御技术，8（1）：11~23

俞言祥、汪素云，2006，中国东部和西部地区水平向基岩加速度反应谱衰减关系 ［J］，震灾防御技术，1（3）：206~217

袁道阳、雷中生、何文贵等，2007，公元前 186 年甘肃武都地震考证与发震构造探讨 ［J］，地震学报，06：654~663

袁道阳、张培震、刘百篪等，2004，青藏高原东北缘晚第四纪活动构造的几何图像与构造转换 ［J］，地质学报，78（2）：270~278

袁一凡、田启文，2012，工程地震学 ［M］，北京：地震出版社

岳汉、张竹琪、陈永顺，2008，相邻左旋走滑和逆冲断层之间的相互作用：1976 年松潘震群 ［J］，科学通报，13：1582~1588

曾祥方、罗艳、韩立波等，2013，2013 年 4 月 20 日四川芦山 M_S7.0 地震：一个高角度逆冲地震 ［J］，地球物理学报，56（4）：1418~1424，doi：10.6038/cjg20130437

张诚、曹新玲、曲克信等，1990，中国地震震源机制 ［M］，北京：学术书刊出版社

张辉、张浪平、冯建刚，2014，2013 年 7 月 22 日岷县漳县 6.6 级地震序列震源机制解及其特征分析 ［J］，地震，34（4）：110~117

张家声、黄雄南、牛向龙等，2010，川主寺—黄龙左行走滑剪切断层和松潘—平武剪切转换构造体制 ［J］，地学前缘，17（4）：015~032

张军龙、任金卫、陈长云等，2013，岷江断裂全新世古地震参数及模型 ［J］，地球科学，中国地质大学学报，38（S1）：83~90

张军龙、任金卫、陈长云等，2014，东昆仑断裂带东部晚更新世以来活动特征及其大地构造意义 ［J］，中国科学：地球科学，44（04）：654~667

张培震、邓起东、张国民等，2003，中国大陆的强震活动与活动地块 ［J］，中国科学（D 辑）：地球科学，33（增刊）：12~20

张培震、徐锡伟、闻学泽等，2008，2008 年汶川 8.0 级地震发震断裂的滑动速率、复发周期和构造成因 ［J］，地球物理学报，51（4）：1066~1073

张炜、王吉易、鄂秀满，1988，水文地球化学预报地震的原理与方法 ［M］，北京：教育科学出版社，162~167

张炜斌、杜建国、周晓成等，2013，首都圈西部盆岭构造区地热水水文地球化学研究 ［J］，矿物岩石地球化学通报，32（4）：489~496

张旭，2016，基于视震源时间函数的震源过程复杂性分析新方法研究 ［博士论文］，北京：中国地震局地球物理研究所

张旭、冯万鹏、许力生等，2017，2017 年九寨沟 M_S7.0 地震震源过程反演与烈度估计，地球物理学报，60（10）：4105~4116

张勇、许力生、陈运泰，2013，芦山"4·20"地震破裂过程及其致灾特征初步分析［J］，地球物理学报，56（4）：1408~1411，doi：10.6038/cjg20130435

张勇、许力生、陈运泰等，2014，2014 年 8 月 3 日云南鲁甸 Mw6.1（M_S6.5）地震破裂过程［J］，地球物理学报，57（9）：3052~3059

张岳桥、李海龙、吴满路等，2012，岷江断裂带晚新生代逆冲推覆构造：来自钻孔的证据，地质评论，58（2）：215~223

赵小麟、邓起东、陈社发，1994，龙门山逆断裂带中段的构造地貌学研究，地震地质，16（4）：422~428

赵小麟、邓起东、陈社发，1994，岷江隆起的构造地貌学研究［J］，地震地质，16（4）：429~439

赵珠、张润生，1987，四川地区地壳上地幔速度结构的初步研究［J］，地震学报，9（2），154~166

郑绪君、张勇、汪荣江，2017，采用 IDS 方法反演强震数据确定 2017 年 8 月 8 日九寨沟地震的破裂过程［J］，地球物理学报，60（11）：4421~4430

郑勇、马宏生、吕坚等，2009，汶川地震强余震（M_S≥5.6）的震源机制解及其与发震构造的关系［J］，中国科学，39（4）：413~426

中国地震局监测预报司编，2007，地球物理学概论［M］，北京：地震出版社

中国地震局震害防御司编，1999，中国近代地震目录（公元 1912 年—1990 年 M_S≥4.7），北京：中国科学技术出版社

周光全、王晋南、王绍晋等，2002，永胜 6.0 级地震的地质构造背景及发震构造［J］，地震研究，25（4）：356~361

周惠兰、房桂荣、章爱娣等，1980，地震震型判断方法探讨［J］，西北地震学报，2（2）：45~59

周玖、黄修武，1980，在重力作用下的我国西南地区地壳物质流［J］，地震地质，2（4）：1~10

周荣军、黄润秋、雷建成等，2008，四川汶川 8.0 级地震地表破裂与震害特点［J］，岩石力学与工程学报，27（11）：2173~2183

周荣军、李勇、Alexander L Densmore、Michael A Ellis 等，2006，青藏高原东缘活动构造［J］，矿物岩石，26（2）：40~51

周荣军、马声浩、蔡长星，1996，甘孜—玉树断裂带的晚第四纪活动特征［J］，中国地震，12（3）：250~260

周荣军、蒲晓虹、何玉林等，2000，四川岷江断裂带北段的新活动、岷山断块的隆起及其与地震活动的关系［J］，地震地质，22（3）：285~294

周雍年，2001，强震观测的发展趋势和任务［J］，世界地震工程，17（4）：19~26

周雍年，2006，中国大陆的强震动观测［J］，国际地震动态，335（11）：1~6

周雍年、周正华，2002，数字时代的强震动观测，新世纪地震工程与防震减灾论文集［M］，北京：地震出版社

朱航、闻学泽，2009，1973~1976 年四川松潘强震序列的应力触发过程［J］，地球物理学报，52（4）：994~1003，doi：10.3969/j.issn.0001-5733.2009.04.016

朱介寿，1988，地震学中的计算方法［M］，北京：地震出版社

M7 专项工作组，2012，中国大陆大地震中-长期危险性研究［M］，北京：地震出版社

Aki and Richards，2002，Quantitative Seismology（2nd Edition）［M］，University Science Books，ISBN 0-935702-96-2，704pp

Allen C R，Lou Z L，Qian H et al.，1991，Field study of a highly active fault zone：The Xianshuihe fault of southwestern China［J］，Geol Soc Am Bull，103（9）：1178-1199

Bommer J J，Stafford P J and Alarcón J E，2009，Empirical Equations for the Prediction of the Significant，Bracketed，and Uniform Duration of Earthquake Ground Motion［J］，Bulletin of the Seismological Society of America, 99 （6）: 3217-3233, doi: 10. 1785/0120080298

Bräuer K, Kämpf H, Niedermann S et al. , 2008, Natural laboratory NW Bohemia: Comprehensive fluid studies between 1992 and 2005 used to trace geodynamic processes [J], Geochemistry Geophysics Geosystem, 9: Q04018

Chen S F, Wilson C J L, Deng Q D et al. , 1994, Active faulting and block movement associated with large earthquakes in the Minshan and Longmen mountains, northeastern Tibetan plateau [J], Journal of Geophysical Reach: Solid Earth, 99 （B12）: 24025-24038

Chen Z, Du J G, Zhou X C et al. , 2014, Hydrogeochemistry of the hot springs in Western Sichuan province related to the Wenchuan M_S8. 0 Earthquake [J], The Scientific World Journal, http: //dx. doi. org/10. 1155/2014/901432

De Leeuw G A M, Hilton D R, Güle? N et al. , 2010, Regional and temporal variations in $CO_2/^3$He, ^{3}He/^{4}He and δ^{13}C along the North Anatolian Fault Zone Turkey [J], Applied Geochemistry, 25: 524-539

Deng J, Sykes L R, 1997, Evolution of the stress field in southern California and triggering of moderate-size earthquakes: A 200-year perspective [J], J Geophys Res, 102, 9859-9886

Densmore A L, Ellis M A, Li Yong, Zhou R, Hancock G S, Richardson N J, 2007, Active tectonics of the Beichuan and Pengguan faults at the easternm argin of the Tibetan Plateau [J], Tectonics, 80 （8）: 113-127

Doğan T H, Sumino K, Nagao K et al. , 2009, Adjacent releases of mantle helium and soil CO_2 from active faults: Observations from the Marmara region of the North Anatolian Fault zone Turkey [J], Geochemistry Geophysics Geosystems, 10: Q11009

Du J, Cheng W, Zhang Y et al. , 2006, Helium and carbon isotopic compositions of thermal springs in the earthquake zone of Sichuan Southwestern China [J], Journal of Asian Earth Sciences, 26: 533-539

Du J, Liu C, Fu B et al. , 2005, Variations of geothermometry and chemical-isotopic compositions of hot spring fluids in the Rehai geothermal field, Southwest China [J], J. Volcano. Geotherm. Res. , 142 （3-4）: 243-261

Duchkov A D, Rychkova K M, Lebedev V I et al. , 2010, Estimation of heat flow in Tuva from data on helium isotopes in thermal mineral springs [J], Russian Geology and Geophysics, 51: 209-219

Favara R, Grassa F, Inguaggiato S et al. , 2001, Hydrogeochemistry and stable isotopes of thermal springs: earthquake-related chemical changes along Belice Fault （Western Sicily） [J], Appl. Geochem. , 16: 1-17

Floyd M, Czerewko M, Cripps J et al. , 2003, Pyrite oxidation in Lower Lias Clay at concrete highway structures affected by thaumasite, Gloucestershire, UK [J], Cement and Concrete Composites, 25 （8）: 1015-1024

Giammanco S, Palano M, Scaltrito A et al. , 2008, Possible role of fluid overpressure in the generation of earthquake swarms in active tectonic areas: The case of the Peloritani Mts. （Sicily Italy） [J], Journal of Volcanology and Geothermal Research, 178: 795-806

Hardebeck & Shearer, 2002, HASH: A FORTRAN Program for Computing Earthquake First-Motion Focal Mechanisms - v1. 2 - January 31, 2008

Harp E L, Jibson R W et al. , 2003, Landslides and liquefaction triggered by the M7. 9 denali fault earthquake of 3 november 2002 [J], Gsa Today, 13 （8）: 4-10

Harris R A, 1998, Introduction to special section: Stress triggers, stress shadows, and implications for seismic hazard [J], J Geophys Res, 103: 24347-24358

Haskell N A, 1964, Total energy and energy spectral density of elastic wave radiation from propagating faults [J], Bull. Seismol. Soc. Am. , 54: 1811-1841

Huang C S, Chen M M & Hsu M I, 2002, A preliminary report on the chiufenershan landslide triggered by the 921 chichi earthquake in nantou, central taiwan［J］, Terrestrial Atmospheric & Oceanic Sciences, 13（3）, 387-395

Italiano F, Bonfanti P, Ditta M et al., 2009, Helium and carbon isotopes in the dissolved gases of Friuli Region（NE Italy）: Geochemical evidence of CO_2 production and degassing over a seismically active area［J］, Chemical Geology, 266: 76-85

Jaeger J C, Cook N G W, 1979, Fundamentals of Rock Mechanics［M］, New York: Chapman and Hall

Ji C, Wald D J, Helmberger D V, 2002, Source description of the 1999 Hector Mine, California, earthquake, part I: Wavelet domain inversion throry and resolution analysis［J］, Bull Seismol Soc Am, 92（4）: 1192-1207

Jones L M, Han W, Haoksson E et al., 1984, Focal Mechanisms and aftershock locations of the Songpan earthquakes of August 1976 in Sichuan, China［J］, J Geophys Res, 89: 7697-7707

Keefer D K, 1984, Landslides caused by earthquakes［J］, Geol. Soc. Am. Bull, 95: 406-421

Keefer D K, 2002, Investigating landslides caused by earthquakes-a historical review［J］, Surv. Geophys, 23: 473-510

King G C P, Stein R S, Lin J, 1994, Static stress changes and the triggering of earthquakes［J］, Bull Seismo Soc Amer, 84, 935-953

Kirby E, Harkins N, Wang E et al., 2011, Slip rate gradients along the eastern Kunlun fault［J］, Translated World Seismology, 26（2）: 1-16

Kirby E, Whipple K X, Burchf iel B C et al., 2000, Neotectonics of the MinShan, China: implications for mechanisms driving Quaternary deformation along the eastern margin of the Tibetan Plaeau［J］, Geol Soc Am ull, 112: 375-393

Kissling E, 1988, Geotomography with local earthquake data［J］, Rev. Geophys., 26（4）: 659-698

Kissling E, Ellsworth W L, Eberhart-Phillips D et al., 1994, Initial reference models in local earthquake tomography［J］, J. Geophys. Res., 99（B10）: 19635-19646

Kissling E, Kradolfer U, Maurer H, 1995, VELEST user´s guide short introduction［J］, Tech. Rep. Institute of Geophysics, ETH Zurich

Klein F W, 1989, HYPOINVERSE, a program for VAX computers to solve for earthquake locations and magnitudes, U. S. Geological Survey Open-File Report, 89-314, 59pp

Liu Y & Huang R, 2013, Seismic liquefaction and related damage to structures during the 2013 lushan Mw6.6 earthquake in China［J］, Disaster Advances, 6（10）, 55-64

Long F, Wen X Z, Zhao M et al., 2015, A more accurate relocationg of the 2013 MS7.0 Lushan, Sichuan, China, earthquake sequence, and the seismogenic structure analysis［J］, J Seismol, 19: 653-665

Lu K, Hou M, Ze H et al., 2012, To understand earthquake from the granular physics point of view-causes of earthquakes, earthquake precursors and prediction［J］, Acta Phys. Sin., 61（11）: 119103

McLennan S M, Taylor S R, 1996, Heat flow and the chemical composition of continental crust［J］, Journal of Geology, 104: 369-377

Michael A J, 1984, Determination of stress from slip data: faults and folds［J］, J. Geophys. Res., 89（B13）: 11517-11526, doi: 10.1029/JB089iB13p11517

Michael A J, 1987, Use of focal mechanisms to determine stress: A control study［J］, J. Geophys. Res., 92（B1）: 357-368, doi: 10.1029/JB092iB01p00357

Miller M, Allam A, Becker T, 2013, Constraints on the geodynamic evolution of the westernmost Mediterranean and northwestern Africa from shear wave splitting analysis［J］, Earth and Planetary Science Letters, 375,

234-243

Okada Y, 1992, Internal deformation due to shear and tensile faults in a half-space [J], Bull Seismo Soc Amer, 82, 1018-1040

Pollitz F F, Sacks I S, 2002, Stress triggering of the 1999 Hector Mine earthquake by transient deformation following the 1992 Landers earthquake [J], Bull Seismo Soc Amer, 92: 1487-1496

Polyak B G, Khutorskoi M D, Kamenskii I L et al., 1994, Mass heat flow from the mantle in the Mongolian area (from helium isotope and geothermal data) [J], Geokhimiya, 12: 1693-1705

Sano Y, Nakamura Y, Notsu K et al., 1988, Influence of volcanic eruptionson helium isotope ratios in hydrothermal systems induced by volcaniceruptions [J], Geochimica et Cosmochimica Acta, 52: 1305-1308

Scholz C, 1990, The mechanics of earthquakes and faulting [M], Cambridge: Cambridge University Press: 439

Shearer P M, Hardebeck J L, Astiz L and Richards-Dinger K B, 2003, Analysis of similar event clusters in aftershocks of the 1994 Northridge, California, earthquake [J], J. Geophys. Res., 108, B1, doi: 10.1029/2001 JB000685

Song S, Chen Y, Liu C et al., 2005, Hydrochemical changes in spring waters in Taiwan: implications for evaluating sites for earthquake precursory monitoring [J], Terres trial, at mospheric and Oceanic Sciences, (16) 4: 745-762

Stein R S, 1999, The role of stress transfer in earthquake occurrence [J], Nature, 402: 605-609

Tan Y, Zhu L P, Helmberger D V et al., 2006, Locating and modeling regional earthquakes with two stations [J], J Geophys Res, 111 B01306, doi: 1029/2005JB003775

Tang C T, Zhu J Z & Qi X Q, 2011, Landslide hazard assessment of the 2008 Wenchuan earthquake: a case st [J], Canadian Geotechnical Journal, 48 (1), 128-145

Toda S, Lin J, Meghraoui M, Stein R S, 2008, 12 May 2008 $M = 7.9$ Wenchuan, China, earthquake calculated to increase failure stress and seismicity rate on three major fault systems [J], Geophysical Research Letters, 35: L17305, doi: 10.1029/2008GL034903

Vallage A, Deves M H, Klinger Y et al., 2014, Localized slip and distribution in oblique settings: the example of the Denali fault system, Alaska [J], Geophys. J. Int., doi: 10.1093/gji/ggu100

Vallianatos F, Triantis D, Tzanis A et al., 2004, Electric earthquake precursors: from laboratory results to field observations [J], Phys. Chem. Earth., 29, 339-351

Waldhauser F, Ellsworth W L, 2000, A double difference earthquake location algorithm: Method and application to the northern Hayward fault, California [J], Bull. Seismol. Soc. Am., 90 (6): 1353-1368

Wang C Y, Herrmann R B, 1980, A numerical study of P, SV, SH- wave generation in a plane layered medium [J], Bull. Seismol. Soc. Am., 70: 1015-1036

Wang C, Manga M, Wang C et al., 2012, Transient change in groundwater temperature after earthquakes [J], Geology, 40 (2): 119-122

Wang D, Xie L L, Abrahamson N A et al., 2010, Comparison of strong ground motion from the Wenchuan, China, earthquake of 12 May 2008 with the Next Generation Attenuation (NGA) ground-motion models [J], Bull. Seism. Soc. Amer., 100 (5B): 2381-2395

Wang J J, Xu C J, Freymueller J T et al., 2017, Probing Coulmb stress triggering effects for a $M_W > 6.0$ earthquake sequence from 1997 to 2014 along the periphery of the Bayan Har block on the Tibetan Plateau [J], Tectonophysics, 694: 249-267

Wen Xueze, Yi Guixi, Xu Xiwei, 2007, Background and precursory seismicities along and surrounding the Kunlun fault before the $M_S 8.1$, 2001, Kokoxili earthquake, China [J], J Asian Earth Sci, 30 (1): 63-72

White，1957，Thermal waters of volcanic origin［J］，Bull. Geol. Soc. Amer，68：1637-1658

Wiemer S and Wyss M，2000，Minimum magnitude of completeness inearthquake catalogs：Examples from Alaska，the western UnitedStates，and Japan，Bull. Seismol. Soc. Am. 90，859-869

Woith H，Wang R，Maiwald U et al.，2013，On the origin of geochemical anomalies in groundwaters induced by the Adana 1998 earthquake［J］，Chemical Geology，339：177-186

Wyss M，Brune J N，1968，Seismicmoment，stress，and source dimensions for earthquakes in the California-Nevada region［J］，J Geophys Res，73：4681-4694

Xu Xiwei，Chen Wenbin，Ma Wentao et al.，2002，Surf ace Rupture of the Kunlun Earthquake（M_S8.1），North Tibeitan Plateau，China［J］，Seismologi cal Research Letter，73（6），884-892

Yang Y，Li Y，Guan Z J et al.，2018，Correlations between the radon concentrations in soil gas and the activity of the Anninghe and the Zemuhe faults in Sichuan，Southwestern of China［J］，Applied Geochemistry，89：23-33

Zhang P Z，Shen Z K，Wang M et al.，2004，Continuous deformation of the Tibetan Plateau from Global Positioning System data［J］，Geology，32（9）：809-812，doi：10.1130/G20554.1

Zhang Y，Feng W P，Chen Y T et al.，2012，The 2009 L' Aquila Mw6.3 earthquake：a new technique to locate the hypocenter in the joint inversion of earthquake rupture process［J］，Geophys J Int，191（3）：1417-1426

Zhao L S，Helmberger D V，1994，Source estimation from broadband regional seismograms［J］，Bull. Seismol. Soc. Amer.，84（1）：91-104

Zhou X W，Wang W C，Chen Z et al.，2015，Hot spring gas geochemistry in western Sichuan province，China after the Wenchuan M_S8.0 earthquake［J］，Terr. Atmos. Ocean. Sci.，26，361-373，doi：10.3319/TAO.2015.01.05.01（TT）

Zhu H，Wen X Z，2010，Static stress triggering effects related with M_S8.0 Wenchuan earthquake［J］，Journal of Earth Science，21：32-41

Zhu L P，Ben-Zion Y，2013，Parametrization of general seismic potency and moment tensors for source inversion of seismic waveform data［J］，Geophys. J. Int.，194（2）：839-843，doi：10.1093/gji/ggt137

Zhu L P，Helmberger D V，1996，Advancement in source estimation techniques using broadband regional seismograms［J］，Bull Seismol Soc Amer，86（5）：1634-1641

参 考 资 料

甘肃省地震局，2017 年 8 月 25 日，甘肃省地震局关于 2017 年 8 月 8 日四川省九寨沟 7.0 级地震预测预报工作总结

甘肃省地震局地震现场工作队，2017 年 8 月 18 日，2017 年 8 月 8 日四川省九寨沟 7.0 级地震甘肃省地震灾害损失评估报告

全国地震编目系统，四川及邻区地震目录，四川省地震台网，http：//10.5.202.22/bianmu/index.jsp

四川省地震局，2004 年，2006—2020 年四川省地震重点监视防御区

四川省地震局，2007 年 12 月，四川数字地震观测网络项目强震动分项工程竣工报告

四川省地震局，2014 年 11 月，2015 年度四川地震趋势研究报告

四川省地震局，2015 年 11 月，2016 年度四川地震趋势研究报告

四川省地震局，2016 年 11 月，2017 年度四川地震趋势研究报告

四川省地震局，2017 年 8 月 25 日，四川九寨沟 7.0 级地震预测预报技术总结

四川省地震局，《四川九寨沟 7.0 级地震后南北地震带强震危险性讨论》ppt 报告（杜方，2017），2017 年

8 月 14 日召开 2017 年全国 7 级地震强化监视跟踪专家组专题视频会商会上发言

四川省减灾委员会，2017 年 10 月 11 日，四川九寨沟 7.0 级地震灾害损失与影响评估报告

王卫民、何建坤、郝金来、姚振兴，2017，四川九寨沟 7.0 级地震震源破裂过程反演初步结果，来源于：中国科学院青藏高原研究所网站，2017 年 8 月 9 日，http：//www.itpcas.ac.cn/xwzx/zhxw/ 201708/ t20170809_ 4840737.html

张勇、许力生、陈运泰，2017，2017 年 8 月 8 日四川省九寨沟 7.0 级地震，http：// www.cea igp.ac.cn/ tpxw/275883，html ［2017-08-16］

中国地震局工程力学研究所、国家强震动中心，2017 年 8 月，强震动观测简报，2017 年第 4 期（四川九寨沟 7.0 级地震（第四报））

中国地震局震灾应急救援司，发布时间：2017-08-12 20：56：37，中国地震局发布四川九寨沟 7.0 级地震烈度图，中国地震局网站：http：//www.cea.gov.cn/

中国地震台网中心，2017 年 8 月 31 日，四川九寨沟 7.0 级地震预测预报技术总结

中国地震台网中心，中国地震台网（CSN）地震目录，http：//data.earthquake.cn/data/csn_ catalog_ p001_ new.jsp

The M_S 7.0 Jiuzhaigou Earthquake on August 8, 2017 in Sichuan Province[*]

Abstract

At 21: 19 on August 8, 2017, an M_S7.0 earthquake (hereinafter referred to as the Jiuzhaigou M_S7.0 earthquake) occurred in Jiuzhaigou county, Aba Tibetan and Qiang Autonomous Prefecture, Sichuan province. The focal depth is 20km, and the micro epicenter is 33.20°N, 103.82°E. The macroscopic epicenter is located in Zhangzha town, Jiuzhaigou county (33.22°N, 103.84°E). The shape of the seismic iso-intensity line is elliptical, the major axis is in the NW−SE direction, the total area of Ⅵ degree (6 degree) and above is 18295km^2, and the extreme earthquake zone has an intensity of Ⅸ (9 degree), and its area is 139km^2. According to the data provided by the Sichuan Disaster Reduction Committee and the Gansu Earthquake Agency, The direct economic loss of Sichuan disaster area is RMB 8.043 billion, and the direct economic loss of residential houses in Gansu disaster area is RMB 174.39 million caused by the M_S7.0 Jiuzhaigou earthquake. Affected population: 25 people were killed in the disaster area in Sichuan, 543 people were injured (42 of whom were seriously injured), 5 people were lost, and 216597 people (including tourists) were affected. In all administrative districts of Gansu disaster area, the earthquake did not cause casualties. According to the damage of houses, it is estimated that 27 people lost their homes in all administrative districts (in Zhouqu, Diebu and Wenxian) in the earthquake. It is estimated that more than 80 people have lost their homes.

The M_S7.0 Jiuzhaigou earthquake is a main shock-aftershock type. Within half a year after the earthquake, a total of 9952 aftershocks were recorded within the aftershock area, of which 856 were above M_L2.0. The biggest aftershock was M_S4.8 which occurred on August 9, 2017. The ratio of the energy released by the main shock to the energy released by the entire sequence of earthquakes is $R_E=99.95\%$. The magnitude difference between the main event and the largest aftershock in the sequence is M_S2.2. The long axis of the aftershock distribution is in the NW-SE direction. Aftershocks formed a dense area with a width of 4−8km and a length of about 38km. Focal mechanism solution: Nodal plane Ⅰ: strike 144°, dip 87°, slip −1°, Nodal plane Ⅱ: strike 234°, dip 89°, slip −177°, P−axis azimuth 99°, pitch 3°. It is inferred that the nodal plane Ⅰ, which is consistent with the strike of the long axis of the intensity, the dominant direction of aftershock distribution, and the strike of the Shuzheng fault −the east branch of the east Kunlun fault, is the main rupture plane. The main shock is a left−lateral slip event caused by the main compressive stress in the NWW direction.

---

* Participated in writing: Yi Guixi, Zhu Hang, Guan Zhijun, Qiao Huizhen, He Chang, Yang Yao, etc.

There are a total of 93 seismic stations within 500km of the epicenter, of which: there are only 5 seismic stations within 100km. During the period from August 9 to 11, 2017, in order to improve the monitoring and positioning capabilities of the aftershock area, 6 mobile seismic stations were successively added within 70km of the epicenter by Sichuan and Gansu provinces. Among them: 4 mobile seismometers were increased by the Sichuan Earthquake Agency, and 2 mobile seismometers were increased by the Gansu Earthquake Agency. The mobile seismometers are located on the east and west sides of the microscopic epicenter of the $M_S7.0$ Jiuzhaigou earthquake. The fixed stations and mobile seismometers have effectively monitored the aftershocks of the $M_S7.0$ Jiuzhaigou earthquake. Aftershocks were monitored until 2018 using mobile seismometers. There are a total of 149 fixed precursor stations, 70 cross-fault sites and geophysical field monitoring within 500km of the epicenter. The number of precursor survey points within 100km is extremely small, and there are only 3 fixed stations. Precursor measurement items are unevenly distributed. Most of them are distributed in the southeast of Gansu and the middle east section of Qilian in the northeast of the epicenter, and the area near the "Convergence area of three faults" on the southwest side of the epicenter. The measurement points on the west and southeast sides of the epicenter are especially sparse.

According to the summary and collation of the earthquake cases, 54 anomalies were proposed before the $M_S7.0$ Jiuzhaigou earthquake. Among them: the 10 major anomalies were obtained in terms of seismic activity. In the aspect of precursor observation, 44 anomalies were obtained, including 3 anomalies in the geophysical field, 30 anomalies in mobile gravity and mobile geomagnetism, and cross-fault deformation. There are 11 anomalies in the fixed station, that is, 7 anomalies in fixed-point deformation, 2 anomalies in underground fluid, and 2 anomalies in geomagnetism and geoelectricity. The abnormal ratio of fixed stations is 0.07%, and the abnormal ratio of cross-fault sites is 0.43%.

Before the earthquake, good mid- and long-term prediction opinions were put forward. However, in the short-term and imminent tracking of the earthquake, any short-term and imminent prediction opinions for the earthquake was not given by the Sichuan Earthquake Agency. The reason is that short-term anomalies are mainly concentrated in Gansu, Ningxia, and Shaanxi regions, and there is a lack of short-term anomalies that restrict time and space in the northern part of Sichuan. In the trend tracking after the earthquake, data such as the structure of the seismogenic zone, focal mechanism, and sequence attenuation were better analyzed, and the development trend and type of the sequence were accurately and quickly determined.

2017年8月9日新疆维吾尔自治区精河6.6级地震

新疆维吾尔自治区地震局

刘建明　高丽娟　王　琼　聂晓红

摘　要

2017年8月9日07时27分，新疆维吾尔自治区精河县发生6.6级地震。中国地震台网中心测定的微观震中为44.27°N、82.89°E，震源深度为11km。宏观震中位于精河县托里镇、茫丁乡、八家户农场。极震区地震烈度为Ⅷ度，等震线大致呈椭圆形，长轴方向为NWW向。此次地震灾区主要涉及8个团场的33个乡镇，地震受灾面积$1.56×10^4 km^2$，受灾人口133695人，地震造成36人受伤，直接经济损失共42.9964亿元。

此次地震序列为主震—余震型，最大余震为8月9日$M_L 5.1$地震。余震主要集中在震后1~9天，频度占序列总量的68.2%，后续地震时间间隔明显增大，地震强度呈阶段性衰减特征。余震序列总体沿近EW向（273°）单向扩展，展布长度约20km。此次地震的震源机制为逆冲型，节面Ⅰ走向263°、倾角45°、滑动角82°，节面Ⅱ走向94°、倾角46°、滑动角98°，结合余震及烈度等震线分布，推测节面Ⅱ为主破裂面。库松木契克山前断裂东段为此次地震的发震构造。

此次地震震中300km范围内有19个测震固定台站，31个定点地球物理观测台站以及GPS、流动重力、流动地磁观测。其中定点地球物理观测包括地倾斜、大地电场、水位、水温等19个观测项目，共75个观测台项。震前出现6级地震成组活动、地震增强、流动重力、地倾斜等21个异常项目，共34条异常，其中测震学异常共有13条，占总异常的38%；定点地球物理观测出现了17条异常，占总异常的50%。总体来说，该区观测项目多、手段丰富。

精河6.6级地震发生在中长期地震重点监视防御区、中国地震局划定的年度地震重点危险区以及新疆地震局划定的中强地震值得注意地区内。此次地震前，新疆地震局做出了准确的短期预测。地震发生后，中国地震局组成现场工作组开展地震流动监测、震情趋势判定、烈度评定、灾害调查评估、科学考察等工作，并架设了2个流动测震台。新疆地震局震后对此次地震序列类型做出了准确的判断。

此次震例总结针对地震构造、影响场及震害、地震序列时空特征、震前异常等进行了分析，根据震源机制解、精定位结果、余震及烈度等震线分布给出了发震构造。随着研究的深入和相关成果的公开发表，可能会有新的认识，本文所收集资料难免有所遗漏。

前　　言

2017 年 8 月 9 日 07 时 27 分，新疆维吾尔自治区精河县发生 6.6 级地震。中国地震台网中心正式测定的微观震中为 44.27°N、82.89°E，震源深度为 11km。宏观震中位于精河县托里镇、茫丁乡、八家户农场。极震区地震烈度为Ⅷ度，等震线大致呈椭圆形，长轴方向为 NWW 向。此次地震灾区主要涉及博尔塔拉蒙古自治州精河县、博乐市、伊犁哈萨克自治州尼勒克县、伊宁县、塔城地区乌苏市及兵团第五师 8 个团场的 33 个乡镇。此次地震受灾面积 1.56 万平方千米，受灾人口 133695 人，45114 户，地震造成 36 人受伤，直接经济损失共 42.9964 亿元[1]。

精河 6.6 级地震发生在中长期地震重点监视防御区以及全国地震趋势会商会划定的 2017 年度地震重点危险区（附件六）、新疆地震趋势会商会划定的 2017 年度中强地震值得注意地区（附件七）。新疆地震局对此次地震做出了准确的短期预测（附件二至附件五）。地震发生后，中国地震局启动地震应急Ⅱ级响应，派工作组开展了地震流动监测、震情趋势判定、烈度评定、灾害调查评估、科学考察等现场应急工作。新疆地震局组织专家召开多次震后趋势判定会，对此次地震序列类型做出了准确的判断[2,3]。

长期以来，北天山西段一直是强震危险性研究的重点关注区域。1973 年精河 6.0 级地震至 2011 年，北天山地区 6 级地震平静长达 38 年，之后进入了成组活动时段，先后发生了 2011 年尼勒克、巩留交界 6.0 级，2012 年新源、和静交界 6.6 级和 2016 年呼图壁 6.2 级地震。此次地震与 2011 年以来北天山西段的 3 次 6 级地震为成组活动。研究认为，北天山西段进入了强震成组活动时段，强震发生的紧迫程度增加。北天山西段强震活动特征是今后值得深入研究的课题。

精河 6.6 级地震发生后，国内外多家研究机构迅速对该地震的重定位和震源机制解等开展了一系列研究，同时，《中国地震》期刊第四期作为九寨沟 7.0 级和精河 6.6 级地震专刊，为此震例提供了重要的参考依据，专辑中有地震序列精定位、静态应力、震前异常等方面的研究成果。本文在专刊和已有资料的基础上，结合震前预测、预防，对现有成果进行了重新整理和分析研究，最终完成此研究报告。

一、测震台网及地震基本参数

表 1 列出新疆地震台网、中国地震台网、USGS 以及哈佛大学给出的精河 6.6 级地震的基本参数。此次地震基本参数采用中国地震台网中心目录给出的结果。

图 1 给出精河 6.6 级地震附近的测震台站分布情况。震中 100km 范围内有精河、新源 2 个测震台站；100~200km 范围有阿拉山口、察布察尔、乌苏、柳树沟、雅满苏和温泉 6 个测震台站；200~300km 范围有塔城、克拉玛依、下野地、莫索湾、石河子、呼图壁、石场、轮台、库车、拜城和昭苏 11 个测震台站。根据台站仪器参数及环境背景噪声水平，理论计

算得到该区地震监测能力为 $M_L \geq 2.2$ 级，定位精度 0~5km[1]。

　　地震发生后，新疆地震局在震中 100km 范围内架设了 2 个流动测震台（L6503 和 L6507，见图 1）。架设后，震源区附近地震监测能力可达到 $M_L \geq 1.8$ 级。

表1　精河6.6级地震基本参数

Table 1　Basic parameters of the M_S6.6 Jinghe earthquake

| 编号 | 发震日期 | 发震时刻 | 震中位置（°） | | 震级 | | | 震源深度 | 震中地名 | 结果来源 |
	年．月．日	时：分：秒	φ_N	λ_E	M_S	M_L	M_W	（km）		
1	2017.08.09	07：27：52	44.27	82.89	6.6	6.8		11	精河	CENC[2]
2	2017.08.09	07：27：51	44.30	82.90	6.6	6.8		6	精河	新疆局[3]
3	2017.08.09	07：27：53	44.302	82.832	6.3		6.3	20	新疆北部	USGS[4]
4	2017.08.09	07：27：57	44.40	82.74	6.3		6.3	27.6	新疆北部	GCMT[5]

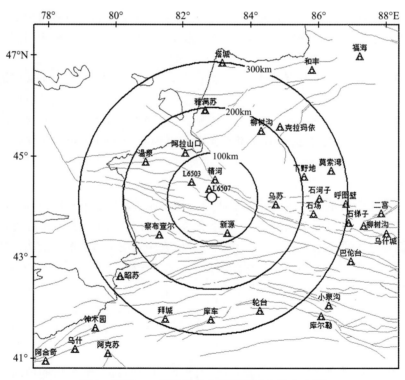

图1　精河6.6级地震震中附近测震台站分布图

Fig. 1　Distribution of earthquake-monitoring stations around the epicenters of the M_S6.6 Jinghe earthquake

二、地震地质背景[1]

精河 6.6 级地震灾区位于科古琴山和博罗科努山南北山前冲洪积倾斜平原，震中在地貌单元上位于博罗科努山西部的中低山区。在此地貌单元内，山体整体走向近 EW，局部受构造作用走向呈 NE 向。此次地震位于新疆境内北天山西段地区，北天山地震构造带受哈萨克斯坦—准噶尔板块与西伯利亚板块、塔里木—华北板块碰撞影响，主要地质构造走向为 NEE 向。天山及邻近地区相对欧亚板块 GPS 运动速率显示[1]，准噶尔盆地南缘具有 6.4±0.9mm/s 的南北向运动速率。斜贯博阿断裂的 GPS 速度场结果显示[2]，位于断裂南盘的博乐、精河两地 GPS 东向速率为 2.0~2.5mm/a，而断裂北盘的古尔图东向速率为 3.5mm/a，断裂东部位于上盘的独山子、牛圈子、玛纳斯及下盘的乌兰布鲁克、巩乃斯等东向运动速度约为 1.4~2.2mm/a。

北天山西段主要发育近东西向的逆断裂—褶皱带，规模较大的有伊犁盆地北缘（喀什河）断裂、以及其北侧的东西向蒙马拉尔断裂和博尔博松断裂、准噶尔盆地南缘断裂、西湖背斜带、库松木契克山前断裂带。另外，区域还发育一条北西向的博罗科努—阿其克库都克断裂（简称博阿断裂），其规模宏大，斜切整个北天山。这些构造带均发育在此次地震的周缘，共同构成该区域的地震构造格架。这些断裂带控制了历史中强以上破坏性地震的发生。

自 1600 年以来，北天山地震带在我国境内共发生 8 级地震 1 次，7.0~7.9 级地震 2 次，6.0~6.9 级地震 11 次，最大地震为 1812 年 3 月 8 日尼勒克 8¼ 级地震。尼勒克 8¼ 级地震发生在伊犁盆地北缘（喀什河）断裂，该地表破裂超过百处，航片新发现和验证的地表破裂 27 处，累积长度超过 70km[3]。地震断层与近东西向的喀什河断裂走向一致，沿断裂两侧密集成带展布，与其他地表破坏现象一起伴生，构成一个断续延伸的地震断层带。库松木契克山前断裂西段曾于 1962 年 8 月 20 日发生 6.4 级地震。北天山地震带的强震活动是以近东西向逆断裂为主，与逆冲—褶皱活动构造带相关密切。地震活动在时间上集中在两个世纪交替的时段内，如 1716 年、1812 年、1906 年都发生了 7.5 级以上地震，出现大释放的情况，其大震活动的间隔时间显示近百年的周期性。在本活动时段内，强震基本没有原地重复发生的现象[4]。

震中附近的库松木契克山前断裂，是位于北天山西段北缘的一条边界断层，同时也是一条区域性的活动断层。该断裂在晚近时期仍有活动，第四纪以来本区构造运动垂直分量梯度为 50m/km，用关系式估算，其强度为 8.1 级。该断裂东起基普克一带，向西经扫子木图沿着库松木契克山前及北缘延伸至赛里木湖，总体呈 290°~300° 方向延伸，长约 160km，断面南倾，倾角 40°~60°，性质以逆冲为主，兼右旋走滑，平面上断层呈一略向北突出的弧形（图 2）。库松木契克山前断裂按其活动性特征由东向西可划分为东、中、西 3 段。其中，东段东起基普克一带，向西经乌拉斯泰、乌兰特尔干、扫子木图至龙口以西的阿沙勒河西岸，总体走向 300°~310°，全长约 50km，由 4 条走向 280°~290° 的断层斜列组合而成，单条断层的长度 9~13km，断层面倾向 S，主要表现为逆断层性质[5]。

库松木契克山前断层具有多期活动的特点，沿断层上新统和下更新统西域砾岩普遍发生

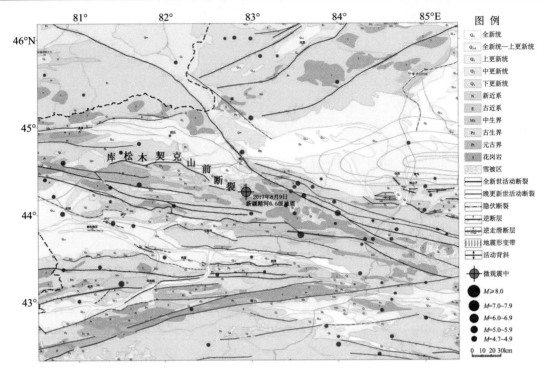

图 2　研究区主要断裂及 1900 年以来 4.7 级以上地震震中分布图

Fig. 2　Main faults of studied area and $M_S \geqslant 4.7$ earthquakes epicenter distribution map since 1900

褶皱变形，形成一系列背斜构造。其中东段和中段的新活动明显，断层断错了中更新世以来的各级地貌面和沟谷阶地，并在地表形成断层陡坎和古地震地表变形遗迹，为全新世活动断层。震中位于该断裂的东段，最新研究成果表明，沿断裂曾发生过 4 次古地震事件，断层最新一次古地震事件发生在距今 2.25 ka，最大垂直位错为 0.7m，其晚更新世晚期以来的垂直活动速率为 0.2~0.3mm/a。

此次地震震中位于库松木契克山前断裂东段附近，初步推断此次地震的发震断层为库松木契克山前断裂东段。

三、地震影响场和震害[1);][6,7]

1. 地震影响场

震中位于新疆博尔塔拉蒙古自治州精河县城以南约 40km 的山区，震中附近的博尔塔拉蒙古自治州精河县、博乐市，伊犁哈萨克自治州尼勒克县、伊宁县，塔城地区乌苏市以及兵团第五师部分团场震感强烈，地震造成精河县 32 人受伤、第五师 4 人受伤。经评估，地震造成直接经济损失为 429964 万元（43 亿元）。

现场工作队依照《地震现场工作：调查规范》（GB/T 18208.3—2011）、《中国地震烈度表》（GB/T 17742—2008），通过灾区 33 个乡镇团场 355 个调查点的实地调查、震害调查和遥感震害解译等工作，确定了此次地震的烈度分布（图 3）。

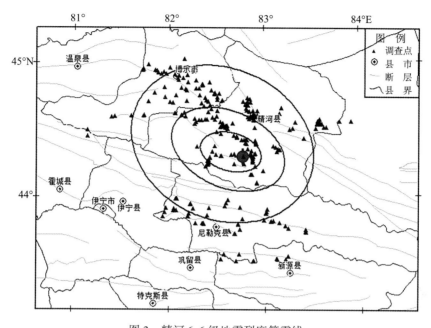

图 3　精河 6.6 级地震烈度等震线

Fig. 3　Isoseimal map of the M_S6.6 Jinghe earthquake

此次地震宏观震中位于精河县托里镇、茫丁乡、八家户农场，极震区烈度为Ⅷ度，等震线大致呈椭圆形，长轴总体呈 NWW 走向，Ⅵ度区及以上总面积为 11454km²。

Ⅷ度（8 度）区面积 979 km²，长轴 44 km，短轴 29km，涉及精河县托里镇、茫丁乡、八家户农场等 3 个乡场，调查中还发现存在Ⅸ度（9 度）异常点。

Ⅶ度（7 度）区面积 3190 km²，长轴 84 km，短轴 67 km，涉及精河县八家户农场、茫丁乡、精河镇、托里镇、大河沿子镇、阿合其农场，尼勒克县喀拉苏乡、加哈乌拉斯台乡、乌赞乡、科克浩特浩尔蒙古民族乡，第五师 82 团、83 团等 12 个乡镇团场。

Ⅵ度（6 度）区面积 11454 km²，长轴 149 km，短轴 137 km，涉及精河县茫丁乡、托托乡、八家户农场、托里镇、大河沿子镇、阿合其农场，博乐市贝林哈日莫墩乡、达勒特镇、青得里镇、乌图布拉镇、博乐市城区，伊宁县阿乌利亚乡、麻扎乡，尼勒克县克令乡、苏布台乡、喀拉苏乡、加哈乌拉斯台乡、乌赞乡、科克浩特浩尔蒙古民族乡、乌拉斯台乡、尼勒克镇、喀拉托别乡、胡吉尔台乡，乌苏市古尔图镇，第五师 81 团、85 团、86 团、89 团、90 团、91 团等 30 个乡镇团场。

新疆强震动台网共有 32 个强震台站触发，获取到了此次地震主震加速度时程记录，由于震中附近没有强震台站，因此此次记录到加速度强震台站震中距分布在 108.2 ~ 405.8km 范围，其中距震中 200km 范围内共有 7 个强震台站，震中距 200 ~ 300km 范围有 18 个强震台站，占触发台站的 60%，其他台站都在 300km 之外。强震台中距离震中最近的为四棵树强震台，震中距 108.2km，峰值加速度为 20.3Gal（EW 向）；距离震中 165.4km 的 129 团强震台记录到此次地震最大峰值加速度 84.1Gal（NS 向）。

表 2　精河 6.6 级地震强震加速度记录

Table 2　Seismic acceleration records of the M_S6.6 Jinghe earthquake

站名称	东经（°）	北纬（°）	场地类型	震中距（km）	最大加速度/Gal 东西	北南	垂直	记录长度	仪器烈度
四棵树	84.24	44.38	土层	108.2	20.30	19.70	18.80	77.00	4.5
乌苏煤矿	84.36	44.17	基岩	117.5	-23.20	33.90	14.20	74.00	4.3
乌苏	84.68	44.42	土层	143.3	22.90	-17.50	11.40	59.00	4.3
独山子	84.86	44.33	土层	156.1	-16.70	-17.40	8.40	81.00	4.2
奎屯	84.89	44.43	土层	159.9	59.10	-24.10	-42.50	108.00	5.5
129 团	84.80	44.86	土层	165.4	78.50	-84.10	-19.70	143.00	6.4
安集海	85.35	44.36	土层	195.8	20.90	16.70	10.20	63.00	4.1
博尔通古	85.38	44.05	土层	200.2	5.50	7.30	-4.00	41.00	3.3
沙湾县	85.62	44.34	土层	217.0	-0.70	4.90	-6.60	64.00	2.8
老沙湾乡	85.78	44.64	土层	233.0	12.50	-19.30	-4.70	80.00	4.3
泉水地	85.98	44.51	土层	247.3	-5.60	10.80	4.00	65.00	3.8
147 团	86.07	44.62	土层	255.1	11.90	-10.40	3.90	68.00	3.7
石场	85.68	43.94	土层	255.7	15.40	18.10	6.50	58.00	4.1
清水河	86.06	43.91	土层	256.4	-3.80	-4.30	-2.20	41.00	2.4
阿格	83.04	41.96	土层	256.8	10.40	11.20	-5.30	57.00	4.1
铁热克	81.54	41.99	土层	276.5	-6.80	-6.10	3.50	53.00	3.2
148 团	86.31	44.86	土层	278.6	11.50	11.00	3.30	67.00	3.6
赛里木	82.20	41.79	土层	281.0	7.40	5.70	-3.70	43.00	3.5
塔尔拉克	84.18	41.92	土层	281.9	17.50	14.40	7.10	71.00	4.4
牙哈	83.23	41.74	土层	282.7	6.80	-8.30	5.90	66.00	3.7
二八台	83.83	41.82	土层	282.9	-9.20	-9.40	-4.10	56.00	3.8
群巴克	84.14	41.86	土层	286.5	7.00	7.40	4.50	62.00	3.5
雀儿沟	86.48	43.88	土层	289.9	-7.70	9.40	-3.30	56.00	3.4
阳霞	84.58	41.95	土层	291.8	16.70	-17.10	-9.30	70.00	4.7
轮台	84.25	41.77	土层	299.6	-11.10	8.10	3.70	80.00	3.9
新和	82.61	41.55	土层	303.3	6.90	5.90	-3.80	41.00	3.4
芳草湖	86.73	44.55	土层	306.4	-7.80	7.30	2.80	62.00	3.2
沙雅	82.77	41.23	土层	338.2	5.90	7.10	2.10	63.00	3.0

续表

| 站名称 | 东经
（°） | 北纬
（°） | 场地类型 | 震中距
（km） | 最大加速度/Gal | | | 记录长度 | 仪器烈度 |
					东西	北南	垂直		
和什里克	85.89	41.74	土层	372.7	7.50	-7.90	-3.50	71.00	3.4
红雁池电厂	87.62	43.72	土层	383.7	3.01	3.03	2.26	48.00	1.0
塔什店	86.23	41.84	土层	385.4	-6.50	6.10	2.20	79.00	2.9
阜康	87.98	44.17	土层	405.8	4.20	4.50	-1.70	55.00	2.7
拜城	81.85	41.79	土层	288.4	11.20	-10.30	6.30	53.00	4.3

2. 地震灾害

此次地震涉及房屋结构类型包括土木结构、砖木结构、砖混结构和框架结构。土木结构房屋有一定数量的毁坏和大面积破坏，农民自建的砖木结构房屋和砖混结构房屋均非常老旧，缺乏抗震措施，抗震能力仅仅比土木结构略好。

土木结构房屋破坏形式多样，在Ⅷ度（8 度）内，土木结构房屋绝大多数受损，其中约 28%严重破坏甚至损坏，72%受到一定破坏。在Ⅶ度（7 度）区内，土木结构房屋约 59%受损，其中约 20%严重破坏甚至损坏，39%受到一定破坏。在Ⅵ度（6 度）区内，土木结构房屋 28%受损，其余为轻微破坏或基本完好。此外，灾区牧区少量房屋为木结构房屋（房屋主体为木架，内外墙抹泥），这类房屋在此次地震中抗震性能表现良好，未见明显破坏。

灾区调查结果显示砖混结构类型房屋基本完好，仅少量出现轻微破坏。而单层砖混结构民居房屋多数为未经抗震设防的自建房，泥浆砌筑，材料强度和砌体整体强度很低，部分房屋建造年代久远，施工质量差，缺乏抗震构造措施，抗震性能较差。灾区农民自建的砖木结构房屋和砖混结构房屋均非常老旧，抗震能力仅仅比土木结构略好。

此次地震中框架结构房屋未见框架主体结构遭受破坏，但造成一定数量的填充墙与主体之间出现裂缝，同时引起一定的室内外的装饰装修破坏，造成一定的灾害损失。出现破坏的该类型房屋多数为社会公用房屋及居民住房。抗震措施满足设防要求，抗震性能良好，在此次地震中未见明显破坏。

地震灾害调查和损失评估工作按照《地震现场工作　第三部分：调查规范》（GB/T 18208.3—2011）和《地震现场工作　第四部分：灾害直接损失评估》（GB/T 18208.4—2011）的要求进行。通过抽样、专项调查取得了比较翔实的基础资料，按照国家标准所规定的计算方法，计算得出此次地震灾害的直接经济损失结果。灾区人口约 487696 人，1626372 户，由于房屋毁坏和较大程度破坏造成失去住所共计 133695 人，45114 户。地震造成直接经济损失为 42.9964 亿元，其中房屋经济损失 304692 万元（30.47 亿元），各系统直接经济损失 125272 万元（12.53 亿元）。属于较大破坏性地震。

3. 地震影响场与震害特征

此次地震的影响场与灾害特征主要有以下几点：

（1）此次地震震级大、震源浅，极震区范围相对较大，村民居住房屋以老旧土木结构为主，此类房屋受损严重。

（2）地震没有造成人员死亡，受伤人员数量类比同等级地震相对较轻。主要原因：一是人口密度相对较低；二是当地居民外出务农、务工和陪学等，造成极震区农村房屋空置率较高；三是许多农村居民居住在县城或周边乡镇的新建安居富民房内，安居富民房在地震中没有出现破坏，发挥了非常好的减灾效益；四是倒塌房屋多为土坯房屋，对人员伤亡危害性不大。

（3）地震发生前，震区地方政府和地震工作部门组织了多次地震演练和防震减灾科普宣传，有效增强了居民地震应急避险意识，为减轻人员伤亡发挥了重要作用。

（4）2004年以来，自治区持续推进安居富民（抗震安居）工程建设，灾区农居房屋抗震能力普遍提高，安居房未受损坏，有效保护灾区群众生命财产安全，大幅减少救灾投入，灾区群众基本生产生活秩序平稳。

（5）该地区位于中长期地震重点监视防御区、全国地震趋势会商会划定的2017年度地震重点危险区以及新疆地震趋势会商会划定的2017年度中强地震值得注意地区，自治区各级党委、政府高度重视，认真落实各项地震应急准备工作。地震发生后，震区各级党委政府，按照事先应急准备，科学、有序、高效开展抗震救灾工作，有效减轻了地震灾害损失。

（6）地震发生在多组活动构造的交会部位，山体破碎，地震诱发滚石、崩塌等一定规模的地质灾害，对交通、电力、通讯等基础设施造成一定的破坏，后期存在引发泥石流等次生地质灾害的隐患。

四、地震序列

1. 地震序列时间分析[6)]

根据新疆地震台网记录结果，截至2018年2月8日，共记录到余震491次，其中M_L0.0~0.9地震28次，M_L1.0~1.9地震320次，M_L2.0~2.9地震97次，M_L3.0~3.9地震37次，M_L4.0~4.9地震6次，M_L5.0~5.9地震3次。最大余震震级为8月9日M_L5.1地震。表3给出了新疆地震台网定位的$M_L \geq 4.0$级地震序列目录。

地震序列M-T曲线显示（图4），余震衰减较快，$M_L \geq 4.0$级较强余震主要发生在主震当天。截至2018年2月28日，共记录$M_L \geq 4.0$级余震9次，主震当天即发生7次$M_L \geq 4.0$级地震，其中最大余震M_L5.1发生在主震后17分钟；2017年9月10日后未发生$M_L \geq 4$级地震。该余震序列主要集中在8月9日至9月21日，后续地震时间间隔明显增大，地震活动表现出强度呈现阶段性衰减特征。

由地震序列N-T图可知（图5），震后1~9天频次为335次，占序列总量的68.2%；之后频次迅速衰减，余震日频度低至5次以下。总体序列频度处于阶段性衰减状态。截至2018年1月24日，该序列基本结束，活动恢复至震前地震背景活动水平。

表3 精河 6.6 级地震序列目录（$M_L \geq 4.0$ 级）

Table 3 Catalogue of the M_S6.6 Jinghe earthquake sequence ($M_L \geq 4.0$)

编号	发震日期 年·月·日	发震时刻 时：分：秒	震中位置 φ_N	λ_E	震级 M_L	震源深度（km）	震中地名	结果来源
1	2017.08.09	07：31：06	44°16′	82°49′	4.7	11	精河	
2	2017.08.09	07：32：51	44°16′	82°45′	4.6	15	精河	
3	2017.08.09	07：39：18	44°17′	82°45′	5.0	12	精河	
4	2017.08.09	07：44：31	44°19′	82°46′	5.1	12	精河	
5	2017.08.09	08：22：37	44°19′	82°43′	4.5	11	精河	新疆地震台网
6	2017.08.09	08：40：23	44°16′	82°35′	4.1	13	精河	
7	2017.08.09	13：22：40	44°17′	82°47′	5.0	12	精河	
8	2017.08.18	17：19：24	44°17′	82°46′	4.0	11	精河	
9	2017.09.09	06：57：22	44°15′	82°40′	4.3	12	精河	

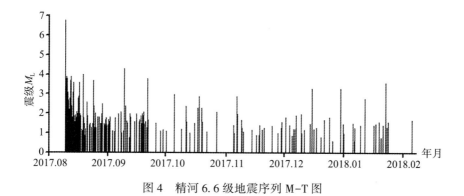

图 4 精河 6.6 级地震序列 M-T 图

Fig. 4 M-T plot of the M_S6.6 Jinghe earthquake sequence

图 5 精河 6.6 级地震序列 N-T 图

Fig. 5 N-T plot of the M_S6.6 Jinghe earthquake sequence

1）地震序列参数及类型判定

根据震级–频度关系确定的序列最小完整性震级为 $M_L1.8$，6.6 级地震序列震级分布不均匀，缺少 $M_L \geq 3.3$ 级地震。按起算震级 $M_L \geq 1.8$ 级，计算序列早期参数，得到 h 值为 1.7（图 6a）；衰减系数 p 值为 0.7033。根据震级–频度关系得到序列 b 值为 0.5223（图 6b），小于该区 0.58 的背景值；最大截距震级为 $M_L6.2$，较最大强余震 $M_L5.1$ 震级高。

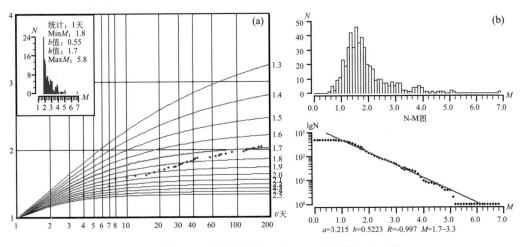

图 6　精河 6.6 级地震序列 h 值（a）与 b 值（b）图

Fig. 6　The h-value and the b-value of the $M_S6.6$ Jinghe earthquake sequence

该序列最大余震为 4.7（$M_L5.1$）级地震，与主震震级差为 1.9，主震与次大地震的震级差 ΔM 满足主震—余震型序列类型判定标准 $0.6 < \Delta M \leq 2.4$ 级，且精河 6.6 级地震释放的能量 E_M 与整个序列释放的能量 $E_总$ 之比 $E_M/E_总$ 为 99.61%，满足 $80\% < E_M/E_总 < 99.9\%$。分析认为，2017 年 8 月 9 日精河 6.6 级地震序列属于主震—余震型。

2）P 波初动[6]

精河 6.6 级地震发生后，根据距离震中 43km 的精河台记录到的余震波形读取 P 波初动符号。截至 2018 年 2 月 28 日，共读取到具有清晰 P 波初动的地震 74 次，其中初动向上的 18 个，占总数的比例为 24.3%；初动向下的 56 个，占总数的比例为 75.7%（图 7）。根据以往震例，地震序列发展前期出现 P 波初动符号较为一致的现象，对后续发生较强余震具有一定预测意义。而该序列初动一致性较差，与后期未发生强余震一致。

3）应力降[6]

以往的研究表明，中强地震的发生时间与该区小震应力降在时间进程上呈现的连续高值状态有一定的相关性，大多数中强震发生在高值状态形成并开始渐衰的过程中。采用多台联合反演方法计算了精河 6.6 级地震序列应力降值。由于震级对应力降的影响较大，计算时选用震级为 $3.0 \leq M_S \leq 4.9$ 级余震，截至 2 月 28 日，符合计算条件的余震 20 个。图 8 显示，主震发生后最大余震应力降值较高，其后迅速衰减，保持在低应力状态，表明主震应力释放较完全，与后续未发生较强余震的特点一致。

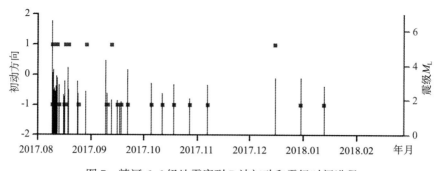

图 7 精河 6.6 级地震序列 P 波初动和震级时间进程

Fig. 7 P wave initial movement of the M_S6.6 Jinghe earthquake sequence

1：初动向上；−1：初动向下；0：初动不清晰

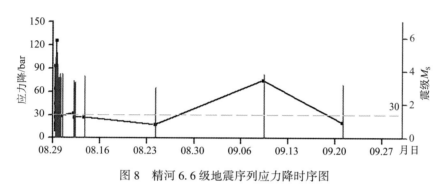

图 8 精河 6.6 级地震序列应力降时序图

Fig. 8 Stress drop curve of the M_S6.6 Jinghe earthquake sequence recorded

4）振幅比[6]

振幅比方法在新疆中强以上地震序列跟踪过程中应用较为广泛，类似的振幅比异常特征对序列早期较强余震的预测具有较好的效能。采用新源台记录的波形资料，计算了精河 6.6 级地震序列振幅比值。截至 2018 年 2 月 28 日，量取了 62 次地震的振幅比值。图 9 显示，序列振幅比值波动较大，一致性较差。

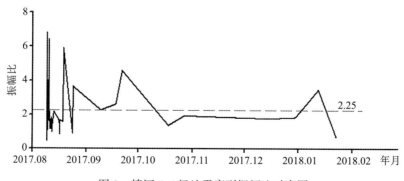

图 9 精河 6.6 级地震序列振幅比时序图

Fig. 9 Amplitude ratio curve of the M_S6.6 Jinghe earthquake sequence recorded

2. 余震空间分布[8]

采用 HypoDD 方法对精河 6.6 级地震序列中 $M_L \geqslant 1.0$ 级地震的震源位置进行重新定位。精河 6.6 级地震被重定为发震时刻 2017 年 8 月 9 日 7 时 27 分 51 秒，震中 44.26°N、82.83°E，震源初始破裂深度为 17.6 km。地震序列东西、南北及垂直向定位平均相对误差分别为 0.5、0.4、0.9 km，平均走时残差为 0.08 s。

图 10a 为精河 6.6 级地震序列精定位后的震中分布图，可见地震主要集中分布在库松木契克山前断裂东段，展布长度约 20km，总体沿近 EW 向（273°）单向扩展，与震后应急科考给出的烈度分布特征相符，同时与库松木契克山前断裂东段 4 条走向 280°～290° 的断层大致吻合。另外，精河 6.6 级地震的余震主要集中发生在主震后 20 天内，其后，余震分布在近 EW 向尾端有向 SW 方向偏转的迹象。沿余震走向的深度剖面 AA′ 显示（图 10b），主震向西 10km 范围内，余震震源有逐渐变浅的趋势，余震序列中尾端向 SW 方向偏转的地震震源较深；垂直于地震序列的深度剖面 BB′ 显示（图 10b），地震序列自北向南呈现逐渐加深的变化特征，表明发震断层面倾向为 S 倾。

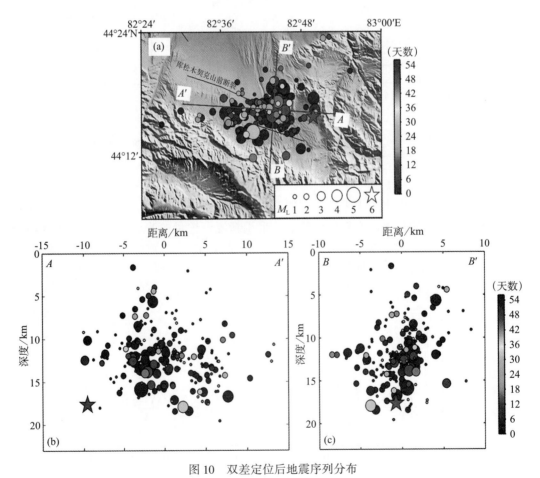

图 10　双差定位后地震序列分布

Fig. 10　Distribution of　DD-relocated earthquake sequences

3. 小结

此次地震序列类型为主震余震型，b 值 0.5223，h 值 1.7，p 值为 0.7033。余震沿近 EW 方向单侧展布，与库松木契克山前断裂东段走向一致。相比该区历史地震，此次地震序列整体衰减较快，至 2018 年 1 月序列基本结束。

五、震源参数和地震破裂面

1. 震源机制解[6)]

1) 主震震源机制

根据新疆区域数字测震台网记录的波形数据，利用距震中 350km 范围内的 23 个台站波形资料，采用 CAP 方法，解算了 6.6 级主震的震源机制。计算了 10~29km 20 个深度下的各台站格林函数，破裂时间设为 7s，首先在各深度对断层走向、倾角、滑动角以 10°间隔进行搜索，得到的最佳矩心深度为 19km。矩震级 M_W 为 6.34，P 轴方位 178°，最佳双力偶机制解节面Ⅰ：走向 263°、倾角 45°、滑动角 82°；节面Ⅱ：走向 94°、倾角 46°、滑动角 98°，断层节面Ⅰ和节面Ⅱ均近 EW 向。

结合震源区的地质构造和余震序列分布，判定 S 倾节面Ⅱ为此次地震的发震断层面。此次地震破裂类型主要以逆冲为主，与库松木契克山前断裂东段断错性质一致。同时，收集了国内外不同研究机构给出的精河 6.6 级地震的震源机制解（表 4，图 11），新疆地震局采用 CAP 与中国地震局地球物理研究所、哈佛给出的震源机制解较为接近。本文选取新疆地震局利用 CAP 给出的震源机制结果。

表 4　精河 6.6 级地震震源机制解

Table 4　Focal mechanism solutions of the M_S6.6 Jinghe earthquake

节面Ⅰ（°）			节面Ⅱ（°）			矩震级 M_W	深度（km）	矛盾比	研究机构
走向	倾角	滑动角	走向	倾角	滑动角				
263	45	82	94	46	98	6.43	19	—	新疆地震局（CAP）
203	80	19	110	71	169	—	—	0.087	新疆地震局（P 波）
262	45	80	96	46	100	6.25	20	—	中国地震局地球物理研究所
269	47	99	76	44	80	6.3	23	—	中国地震台网中心
269	30	87	92	60	92	6.3	20	—	USGS[4)]
244	52	66	101	44	108	6.3	27.6	—	GCMT[5)]

2) 余震的震源机制

利用 CAP 方法计算了序列中 5 次 3.7 级以上余震的震源机制解（表 5，图 12），6.6 级主震及 5 次强余震均为逆冲型，表明大部分余震的破裂类型与主震类似。5 次余震中 4 次余震的 P 轴方位为 NE 向、另外 1 次的 P 轴方位为 NW 向。由此可见序列中大部分地震具有和主震类似的近 NS 向的 P 轴方位，也与历史中强震主压应力 P 轴方位较为一致。

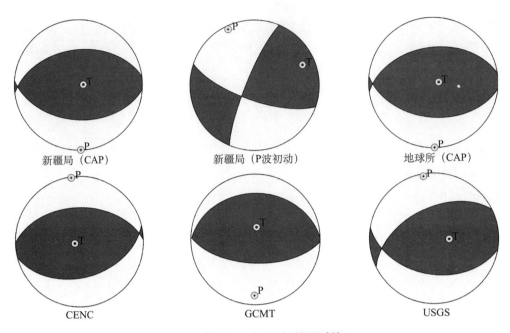

图 11　精河 6.6 级地震震源机制解

Fig. 11　Focal mechanism solutions of the M_S6.6 Jinghe earthquake

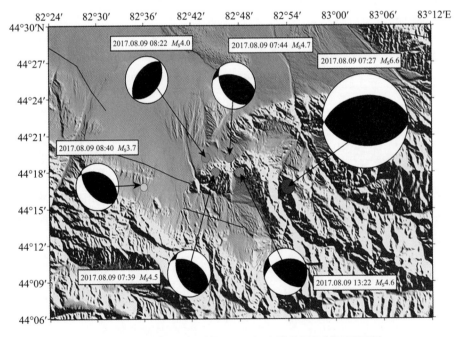

图 12　2017 年 8 月 9 日精河 6.6 级地震震源机制解平面图

Fig. 12　The focal mechanism of the M_S6.6 Jinghe earthquake sequences

表 5　2017 年 8 月 9 日精河 6.6 级地震主震及早期 $M_S \geqslant 3.7$ 级地震的震源机制解

Table 5　The focal mechanism of $M_S 6.6$ Jinghe earthquake main shock, foreshocks and early earthquakes $M_S \geqslant 3.7$

序号	发震时刻（北京时间）年.月.日时：分	震级 M_S	震级 M_W	定位深度（km）	CAP 深度（km）	节面Ⅰ（°）			节面Ⅱ（°）			P 轴（°）		T 轴（°）		B 轴（°）	
						走向	倾角	滑动角	走向	倾角	滑动角	方位	倾角	方位	倾角	方位	倾角
1	2017.08.09 07：39	6.6	6.34	11	19	263	45	82	94	46	98	178	0	81	84	268	6
2	2017.08.09 07：39	4.5	4.29	7	11	299	48	67	151	47	113	45	1	137	73	314	17
3	2017.08.09 07：44	4.7	4.85	8	20	282	52	62	143	46	121	31	3	130	68	300	22
4	2017.08.09 08：22	4.0	4.4	6	20	39	41	90	219	49	90	309	4	131	84	41	0
5	2017.08.09 08：40	3.7	4.07	14	10	292	40	73	134	52	104	214	6	95	78	305	10
6	2017.08.09 13：22	4.6	4.23	8	20	130	60	126	255	46	44	195	8	92	58	290	30

　　由图 3、图 11 对照分析，精河 6.6 级余震序列的展布方向与库松木契克山前断裂的走向以及等震线的长轴方向一致；震源机制解结果显示，精河 6.6 级地震断错类型为逆冲型，S 倾节面Ⅱ为此次地震的真实发震断层面，与库松木契克山前断裂东段断错类型以及断层 S 倾相符。综合分析认为，此次地震的发震断层为库松木契克山前断裂东段。

2. 震源破裂过程[7]

　　从全球台网和中国地震台网选择了如图 14 所示的 22 个台站的 P 波波形，采用 ak135 全球速度模型，利用反射率方法计算格林函数，并采用共轭梯度法求解方程系统，反演此次地震破裂过程。反演结果如图 13a～d 所示。根据反演得到的矩率函数（图 13b），地震持续约 12s，大部分地震矩释放在前 10s，矩震级稳定在 $M_W 6.2 \sim 6.3$。根据震源时间函数（图 13c），此次地震起始破裂点深度为 12km。滑动量分布在地面的投影结果显示（图 13d），这次地震主要为向西侧单侧破裂。

3. 静态库仑应力[9]

　　采用张勇的有限断层破裂模型，基于 Okada 给出的计算断层滑动产生的位移变化量及其空间的偏导数的解析表达式，分别计算了精河 6.6 级地震产生的水平应力场、周围主要断层上的静态库仑应力变化。精河地震产生的水平应力场（图 14）显示南北侧物质主要受到指向震中的拉张力作用；东西两侧物质主要受到因震中过剩物质 EW 向排出产生的东西向挤压力作用。精河地震的发生导致了周围地区库仑应力（图 15）的明显改变，震中西侧约 20km 的库松木契克山前断裂中断和震中东北部约 50km 的四棵树—古尔图南断裂西段的库仑应力加载尤为明显，大于 0.01MPa。

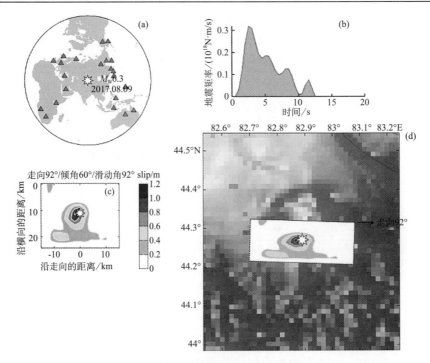

图 13　主震震源破裂过程反演结果

Fig. 13　The inverted result of the spatio-temporal rupture process of the main shock

（a）参与反演的台站分布；（b）静态滑动量分布；（c）震源时间函数；（d）滑动量分布在地面的投影

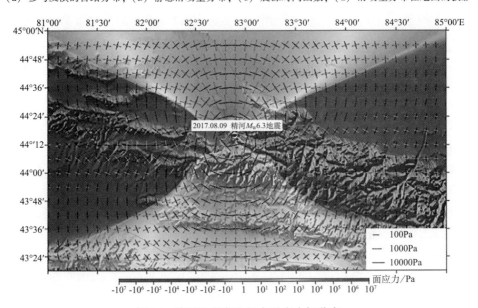

图 14　精河地震产生的水平应力场分布

Fig. 14　The distribution of the horizontal stress by the Jinghe earthquake

红、绿箭头分别代表正和负的最大主应力；黑色箭头代表最小主应力（研究区域的最小主应力均为负值）；

箭头方向为主轴方向，箭头长度与应力值（单位为 Pa）对数呈正比；底色表示面应力的分布情况；

橘红色代表面应力大于 0 的膨胀区；蓝紫色代表面应力小于 0 的压缩区

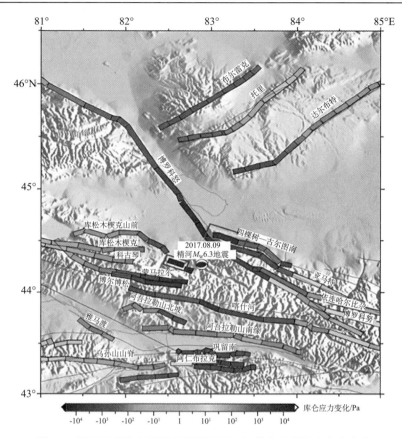

图 15　精河地震震中周围主要断层面上的库仑破裂静态应力变化

Fig. 15　Coulomb stress change based on pre-existiong fault around Jinghe earthquake

4. 地震破裂面与发震构造的确定

精河 6.6 级地震的错动性质为逆冲型。震源机制解所得到的节面Ⅱ走向为 94°，与精定位的余震分布长轴走向以及库松木契克山前断裂东段 S 倾一致。由此确定节面Ⅱ为地震破裂面。

库松木契克山前断裂东段走向 280°~290°，近 EW，主要表现为逆断层性质。其与震源机制解节面Ⅱ的错动性质一致，并且与地震烈度等震线近 EW 向展布方向以及余震展布方向一致。

结合烈度等震线分布、震源机制解、断裂走向以及余震分布，综合分析认为，此次地震的发震断层为库松木契克山前断裂东段。

六、地震地球物理观测台网及前兆异常

1. 地震地球物理观测台网

震中附近定点地球物理观测台站及观测项目见图 16、流动测点分布见图 17。震中 300km 范围内有 35 个地球物理观测台站，包括地倾斜、应变、重力、跨断层、大地电场、

地磁、水位、水温等多个观测项目，共 75 个观测台项。震中 0~100km 范围，形变有 8 个观测台项，流体有 5 个观测台项。100~200km 范围，形变有 7 个观测台项，电磁有 2 个观测台项，流体有 15 个观测台项。200~300km 范围，形变有 13 个观测台项。此外，新疆与哈萨克斯坦资料交换共享的 4 个地球物理观测台站，共计 16 个观测台项也在 300km 范围，具体见附件一。

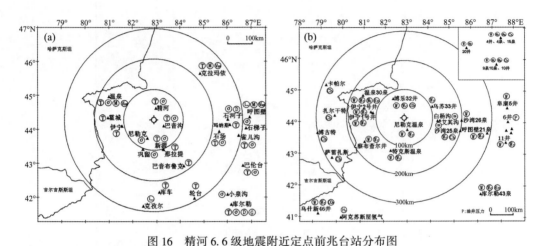

图 16　精河 6.6 级地震附近定点前兆台站分布图

Fig. 16　Distribution of precursory-monitoring stations around the M_S6.6 Jinghe earthquake

（a）定点形变、电磁；（b）地下流体测点

新疆流动地球物理观测网由流动重力、GPS 和地磁 3 个子网组成。震中附近区域（80°~88°E，41°~46°N）共有流动重力观测点 88 个，流动 GPS 观测点 20 个以及流动地磁观测点 37 个（图 17）。

2. 地震前兆异常

此次震例总结，重点分析和梳理了 9 项 13 条测震学、4 项流动观测异常以及震中 300km 范围内的定点地球物理观测异常（表 6）。测震学异常包括了 RTL 值、加卸载响应比、b 值、北天山地区 6 级地震成组活动、地震增强（2011 年以来 5、6 级地震集中活动区、新源—精河地区 3、4 级地震异常增强区以及天山中段 3 级地震增强）、新疆地区 4 级地震平静及打破、天山中段 4 级地震平静及打破、霍城—拜城—精河地区 3 级地震围空及打破、小震调制比和库米什窗 9 项 13 条背景、中短期异常。这些异常的演化过程显示了 6.6 级地震孕育由中期—短期过渡的阶段性特征。

1）区域—时间—长度算法（RTL）[8)]

选取 2004 年至 2017 年 8 月 M_S≥2.2 级地震，扫描半径为 200km，利用蒋海昆研究员提供的 RTL 算法程序计算了温泉—精河地区 RTL 值。结果显示，2010 年 1 月至 2012 年 1 月出现低值异常，异常幅度达到 4 倍标准差，异常恢复至背景值后，发生 2012 年 6 月 30 日新源—和静交界 6.6 级地震。2016 年 10 月以来，该区 RTL 值出现低值异常，异常幅度达 5 倍标准差。2017 年 2 月后异常转折上升，异常恢复过程中连续发生 2017 年 8 月 9 日精河 6.6 级地震和 9 月 16 日库车 5.7 级地震（图 18）。

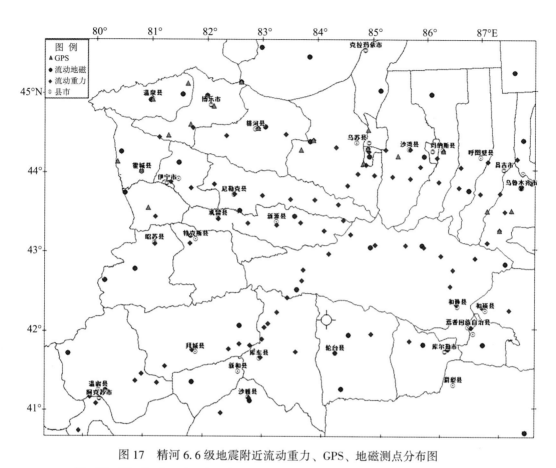

图 17　精河 6.6 级地震附近流动重力、GPS、地磁测点分布图

Fig. 17　Distribution of roving observation sites around the M_S 6.6 Jinghe earthquake

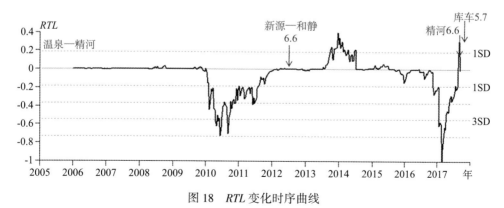

图 18　RTL 变化时序曲线

Fig. 18　Time sequence of RTL change

表 6　精河 6.6 级地震异常情况登记表

Table 6　Anomalies catalog of the M_S 6.6 Kuche earthquake

序号	异常项目	台站（点）或观测测区	分析办法	异常判据及观测误差	震前异常起止时间	震后变化	最大幅度	震中距 Δ/km	异常类别及可靠性	图号	异常特点及备注
1	RTL	温泉—精河地区	RTL 时序曲线	低于背景值	2016.10~2017.02	正常	4σ		M_1	18	震前发现
2	$LURR$	北天山西段	$LURR$ 时间曲线和空间分布	高于背景值	2014.11~2016.04	正常	4		M_1	19、20	震前发现
3	b 值	新源—精河地区	b 值空间分布	低于背景值		正常	0.4		L_1	21	震前发现
4	6 级地震成组活动	北天山西段	$M_S \geq 6.0$ 级地震频度	平静 38 年，2011～2016 年发生 3 次 6 级地震	2011.01	持续	3 次 6 级地震		M_1	22	震前发现
		北天山西段	$M_S \geq 5.0$ 级地震频度和空间分布	空间相对集中，频次较历史偏高	2011.01	持续			M_1	23	震前发现
5	地震增强	新源—精河	$M_S \geq 3.0$ 级地震频度	$2° \times 2°$，3 个月内发生 ≥ 4 次 $M_S \geq$ 3.0 级地震，必须包含 1 次以上 4 级地震	2015.01~2015.03	正常	3 次 3 级，1 次 4 级		M_1	24	震前发现
		新源—精河			2015.11~2016.01	正常	4 次 3 级，1 次 4 级		M_1	24	震前发现
		天山中段	$M_S \geq 3.0$ 级地震频度和空间分布	1 月步长，3 月窗长，$N \geq 12$，持续时间 ≥ 2 个月	2017.1~2017.9	正常	$N=21$ 次		M_1	25	震前发现

续表

序号	异常项目	台站（点）或观测测区	分析办法	异常判据及观测误差	震前异常起止时间	震后变化	最大幅度	震中距 Δ/km	异常类别及可靠性	图号	异常特点及备注
6	地震平静	新疆境内	$M_s \geq 4.0$ 级地震时间间隔	$M_s \geq 4.0$ 级地震平静超过 60 天	2017.05.22～2017.07.25	正常	64 天		M_1	表 7	7 月 25 日托克逊 4.0 级；震前发现
		天山中段	$M_s \geq 4.0$ 级地震时间间隔	$M_s \geq 4.0$ 级地震平静超过 45 天	2016.12.08～2017.07.25	正常	228 天		M_1	26	7 月 25 日托克逊 4.0 级；震前发现
7	地震围空	霍城—拜城—精河地区	$M_s \geq 3.0$ 级地震空间分布	64 天形成 3 级地震围空	2017.01.01～03.09	正常	空区长轴半径为 200km		S1	27、28	震前发现
8	库米什窗	库米什台周围 80km	月频度	N≥54 次	2017.04	正常	N＝54 次		S1	29、30	震前发现
9	小震调制比	新源—精河地区	$M_s \geq 2.0$ 级地震 R_m 空间分布	小震调制比值≥0.6	2017.04～09	正常	0.9		S_1	31	震前发现
10	流动重力	新源—伊宁区域	重力等值线	重力变化高梯度区或者零线附近	2016.05～2017.06	异常区迁移		异常区边缘	M_1	32	震前发现
11	GPS	速度场	利用 defnode 原理进行反演	Phi 为 1，即完全闭锁；Phi 为 0，则为闭锁	2009～2013	—		闭锁区边缘	L_1	33	震前发现
		应变场	利用 GPS 数据解算	$1.0 * 10^{-8}/a$	2015～2016	—		形变量小的区域	M_1	34	震前发现

续表

序号	异常项目	台站（点）或观测区	分析办法	异常判据及观测误差	震前异常起止时间	震后变化	最大幅度	震中距 Δ/km	异常类别及可靠性	图号	异常特点及备注
12	流动地磁	流磁场	利用流磁数据解算	地磁场变化高值区	2015~2016	异常区迁移		地磁场高梯度带	M_1	35	震前发现
13	地倾斜	精河	日均值	破年变	2016.09~2017	恢复	正常年变的2倍	39	M_1	36	震前发现
		温泉	日均值	破年变	2016.08~2017	恢复		167	M_1	37	震前发现
		霍城果子沟	日均值	速率突变	2017.02~	恢复	北倾加速速率为0.18″/m	154	S_1	38	震前发现
14	应力应变	尼勒克	日均值	速率突变	2017.02~2017.07	恢复		64	S_1	39	震前发现
		呼图壁	日均值	速率突变	2017.03.01~2017.03.25	恢复		311	S_1	40	震后发现
		巴伦台	日均值	速率突变	2017.08~2017.09	恢复	3.0×10^{-7}	341	S_1	41	震后发现
		小泉沟	日均值	速率突变	2017.01~2017.03	恢复	1.2×10^{-7}	354	S_1	42	震前发现

续表

序号	异常项目	台站（点）或观测区	分析办法	异常判据及观测误差	震前异常起止时间	震后变化	最大幅度	震中距 Δ/km	异常类别及可靠性	图号	异常特点及备注
15	高频信号	尼勒克	超限率分析	超阈值	2017.07.13	恢复		64	I_1	45	震前发现
		巩留		超阈值	2017.07.13~2017.07.15	恢复		103	I_1	46	震前发现
		小泉沟		超阈值	2017.01~2017.07	恢复		354	S_1	47	震前发现
16	泥火山	艾其沟	月均值	高值异常	2017.01~2017.06	恢复		127	S_1	48	震前发现
17	氦气	新 10 泉	日均值	高值异常	2017.04~2017.10	恢复		385	S_1	49a	震前发现
18	氢气	新 04 泉	日均值	高值异常	2017.07~2017.10	恢复		385	S_1	49b	震前发现
19	流量	卡帕尔—阿拉善	日均值	高值异常	2017.07~2017.08	恢复	0.013m	300	S_2	50	震前发现
20	氯离子	扎尔干特—阿拉善	日均值	高值异常	2017.04~2017.11	恢复	0.06mg/L	246	S_2	51	震前发现
21	地磁 Z	加卸载响应比		超阈值	2017.07.18	恢复		异常台站周边	I_2	52	震前发现
		逐日比		超阈值	2017.08.05	恢复			I_2	53	震前发现

2）加卸载响应比（*LURR*）[8]；[10]

采用删除余震目录中 1.0 ≤ M_S ≤ 4.0 级地震，空间扫描半径为 200km，滑动步长为 0.25°的圆形区域；以 15 个月为时间窗、30 天为滑动步长进行 *LURR* 时间扫描。结果显示，2014 年 11 月至 2016 年 4 月，北天山西段加卸载响应比异常持续 18 个月，之后的 15 个月异常区内发生了 2017 年 8 月 9 日精河 6.6 级地震（图 19）。孕震积分时序曲线显示（图 20），2014 年 11 月北天山西段的孕震积分出现高值，孕震积分高值波动的过程中先后发生了 2015 年 2 月 22 日沙湾 5.0 级、2016 年 1 月 14 日轮台 5.3 级和 2016 年 2 月 11 日新源 5.0 级地震，2016 年 2 月后孕震积分逐渐下降，2017 年 6 月基本回到背景状态后接连发生了 2017 年 8 月 9 日精河 6.6 级和 9 月 16 日库车 5.7 级地震。

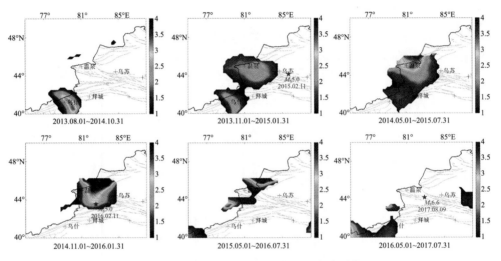

图 19　北天山西段 *LURR* 异常时空演化图像

Fig. 19　Tempo-spatial evolution of *LURR* abnormality in the west segment of northern Tianshan

图中五角星为震中位置；颜色棒表示 *LURR* 的 Y 值；灰色线为断层线

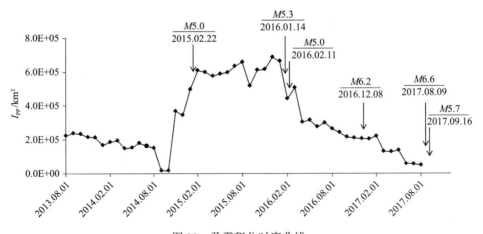

图 20　孕震积分时序曲线

Fig. 20　The time sequence curve of earthquake integral in the studied area

3）b 值[9)]

北天山地区 b 值背景为 0.58，利用北天山地区 2000 年 1 月至 2016 年 9 月的 $M_S \geq 2.0$ 级地震目录计算得到的 b 值空间图像显示（图 21），新源—精河区域、乌苏—乌鲁木齐地区存在低 b 值异常。精河 6.6 级地震发生在新源—精河异常区域内。

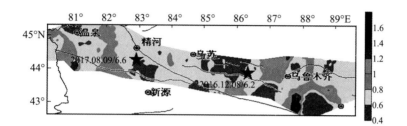

图 21　2000 年 1 月至 2016 年 10 月北天山地区 b 值扫描图

Fig. 21　Spatial distribution of b-value from January 2000 to October 2016 in the western part of southern Tianshan mountain

4）6 级地震成组活动

1973 年精河 6.0 级地震至 2011 年，北天山地区 6 级地震平静长达 38 年，之后进入了成组活动时段，先后发生了 2011 年尼勒克、巩留交界 6.0 级，2012 年新源、和静交界 6.6 级和 2016 年呼图壁 6.2 级 3 次 6 级地震，2017 年精河 6.6 级地震发生在北天山地区 6 级地震成组活动过程中（图 22）。

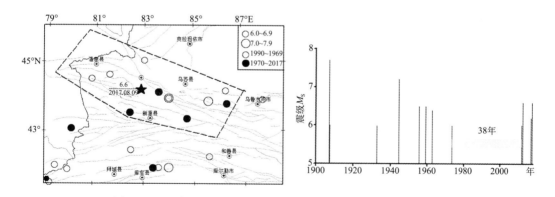

图 22　1900 年以来北天山地区 6 级以上地震震中分布和 M-T 图

Fig. 22　The north Tianshan $M_S \geq 6.0$ earthquakes epicenter distrinution M-T since1900

5）地震增强

（1）5、6 级地震集中活动区。

2011 年以来，新疆地区中强地震异常活跃，其中北天山地区 2011～2016 年连续发生 9 次 5 级以上地震，包含 3 次 6 级地震；时间上呈现出连发活动状态，空间上显示集中分布（图 23）。精河 6.6 级地震位于该 5、6 级地震集中活动区域。

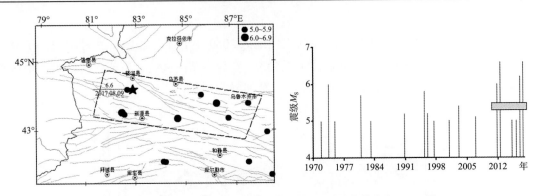

图 23　1970 年以来北天山地区 5 级以上地震震中分布和 M-T 图

Fig. 23　The north Tianshan $M_S \geqslant 5.0$ earthquakes epicenter distrinution M-T since 1970

（2）异常增强区[6]。

北天山地区 2°×2° 范围内，3 个月内发生 4 次以上 3 级地震（含 1 次以上 4 级地震）即构成增强异常[11]。震例分析显示，北天山地区 14 次 5 级以上地震有 11 次震前出现中等地震增强，异常增强区对中强地震具有一定地点指示意义，比如 2016 年 12 月 8 日呼图壁 6.2 级地震发生在乌鲁木齐至呼图壁异常增强区内。2015 年 1~3 月和 2015 年 11 月至 2016 年 1 月新源—精河地区形成 3、4 级地震异常增强区（图 24）。2017 年 8 月 9 日精河 6.6 级地震发生在异常增强区内。

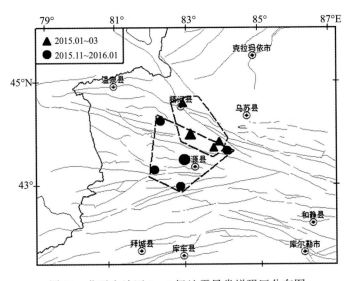

图 24　北天山地区 3、4 级地震异常增强区分布图

Fig. 24　Abnormal enhancement area of M_S3.0-4.9 in the north Tianshan

（3）天山中段 3 级地震增强[6]。

根据天山中段 3 级以上地震（删除余震）累积频度预测指标，该区连续 2 个月以上累计月频度>12 次，则后续发生中强以上地震的比例为 8/12。2017 年 1 月以来，天山中段 3

级以上地震（删除余震）以 1 月为步长，3 月为窗长的累积频度出现高值异常，4 月异常略有恢复，但 5 月后再次出现高值异常，7 月达到最高值，2017 年 8 月 9 日发生了精河 6.6 级地震（图 25）。

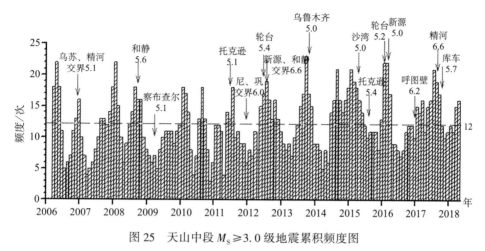

图 25　天山中段 $M_S \geqslant 3.0$ 级地震累积频度图

Fig. 25　The Seismic cumulative frequency of $M_S \geqslant 3.0$ in the middle Tianshan

6)　新疆 4 级地震平静[6]

2017 年 5 月 22 日阿克陶 4.6 级地震后，新疆境内 4 级地震处于平静状态，7 月 25 日托克逊 4.0 级地震打破了 4 级地震平静 64 天的状态。预测指标研究结果显示（表 7），新疆境内 4 级地震平静超过 60 天，对境内发生 6 级以上地震具有中短期预测意义，对应比例为 22/27（81.5%）；其中 22 组 6 级地震中 14 组发生在平静结束后 3 个月（63.6%）。精河 6.6 级地震即发生在 4 级地震平静结束后 15 天。

表 7　新疆 $M_S \geqslant 4.0$ 级地震平静与后续新疆 6 级地震相关性

Table 7　Xinjiang $M_S \geqslant 4.0$ earthquakes claim and $M_S \geqslant 6.0$ earthquakes correlation

序号	平静时段	平静间隔/天	后续 6 级以上地震	平静间隔/天
1	1970. 11. 29 ~ 1971. 02. 01	65	1971. 03. 23 乌什 6.0 1971. 03. 24 乌什 6.1	51
2	1971. 08. 29 ~ 1971. 11. 01	64	1972. 01. 16 巴楚 6.2	76
3	1973. 06. 27 ~ 1973. 10. 02	96		
4	1977. 02. 27 ~ 1977. 05. 16	78		
5	1978. 01. 11 ~ 1978. 03. 12	60		
6	1980. 03. 22 ~ 1980. 06. 14	84		
7	1986. 06. 13 ~ 1986. 08. 16	64	1987. 01. 24 乌什 6.3	161

序号	平静时段	平静间隔/天	后续 6 级以上地震	平静间隔/天
8	1986. 11. 06～1987. 01. 06	61	1987. 01. 24 乌什 6.3	18
9	1987. 10. 08～1987. 12. 17	70		
10	1990. 02. 07～1990. 04. 17	69	1990. 04. 17 乌恰 6.4 1990. 06. 14 斋桑 7.3	0 58
11	1991. 12. 18～1992. 02. 24	67		
12	1992. 06. 27～1992. 09. 02	67		
13	1993. 07. 16～1993. 10. 02	78	1993. 10. 02 若羌 6.6 1993. 12. 04 疏附 6.2	0 63
14	1995. 05. 19～1995. 08. 28	101		
15	1996. 03. 22～1996. 06. 04	73	1996. 11. 19 喀喇昆仑山口 7.1	168
16	1996. 08. 18～1996. 11. 19	93	1996. 11. 19 喀喇昆仑山口 7.1 1997. 01～04 伽师震群	0 63
17	1997. 06. 24～1997. 09. 09	77	1997. 11. 08 玛尼 7.3	60
18	1998. 03. 19～1998. 05. 18	60	1998. 08 伽师震群	75
19	2001. 03. 24～2001. 06. 22	90	2001. 11. 14 新、青交界 8.1	145
20	2004. 06. 07～2004. 09. 03	88	2005. 02. 15 乌什 6.3	165
21	2005. 05. 10～2005. 08. 25	106	2005. 10. 08 巴基斯坦 7.8	44
22	2010. 07. 02～2010. 09. 07	67	2011. 11. 01 尼勒克、巩留 6.0	55
23	2013. 12. 01～2014. 02. 06	67	2014. 02. 12 于田 7.3	6
24	2014. 08. 05～2014. 10. 20	76		
25	2014. 10. 21～2015. 01. 10	82	2015. 07. 03 皮山 6.5	174
26	2015. 09. 25～2015. 12. 06	72	2015. 12. 07 塔吉克 7.4	1
27	2016. 08. 13～2016. 11. 03	82	2016. 11. 25 阿克陶 6.7 2016. 12. 08 呼图壁 6.2	22 35
28	2017. 05. 22～2017. 07. 25	64	2017. 08. 09 精河 6.6	15

7）天山中段 4 级地震平静[6)]

　　2016 年 12 月 8 日呼图壁 6.2 级地震后，天山中段 4 级以上地震处于平静状态。截至 2017 年 7 月 24 日，该区 4 级地震平静长达 228 天，远远超过了该区 4 级以上地震 45 天的平均发震时间间隔。预测指标研究结果表明（图 26），该区 4 级地震平静超过 165 天（2 倍均方差），平静结束后 3 个月内发生中强以上地震的对应比例为 11/20（55%）。2017 年 7 月 25 日托克逊 4.0 级地震打破了该平静，15 天后发生了精河 6.6 级地震。

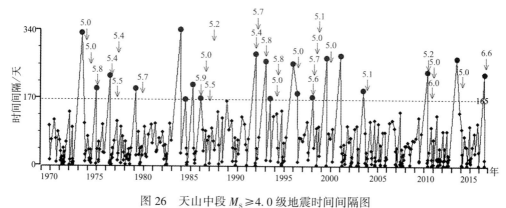

图 26　天山中段 $M_S \geqslant 4.0$ 级地震时间间隔图

Fig. 26　The time interval map $M_S \geqslant 4.0$ in the middle Tianshan

8）3 级地震围空[6]

2016 年 9 月 17 日以来新疆温泉西—阿克苏—乌苏东地区出现 3 级地震平静，2016 年 12 月 8 日平静区边缘发生呼图壁 6.2 级地震。2017 年 1 月 4 日平静区内发生库车 3.8 级地震，打破了该区 108 天的平静，其后 64 天内平静区内连续发生了 8 次 3 级地震。这些打破平静的地震在霍城—拜城—精河地区快速形成 3 级地震围空（图 27），该空区长轴半径为 200km。根据研究结果，该空区外推预测震级为 6.2±0.47。2017 年 3 月 10 日空区内部边缘发生尼勒克 3.1 级地震，空区范围缩小；6 月 6 日空区内发生巩留 3.0 级地震，空区瓦解，其后空区周边 3 级地震出现加速活动，35 天发生了 8 次 3 级地震（图 28）。以往震例研究显示，围空区打破后，出现围空地震短期加速活动对后续中强地震发生具有短期预测意义。

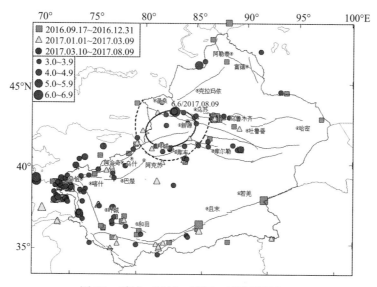

图 27　霍城—拜城—精河 3 级地震围空区

Fig. 27　Seismic gap of $M_S \geqslant 3.0$ in Huocheng-Baicheng-Jinghe

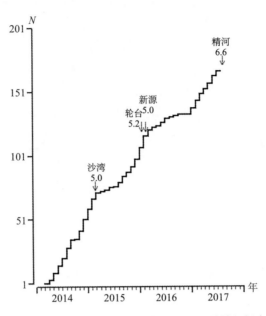

图 28　霍城—拜城—精河 3 级地震围空地震累积频度图

Fig. 28　The Seismic cumulative frequency of $M_S \geqslant 3.0$ in Huocheng-Baicheng-Jinghe

9）库米什地震窗[12]

通过 Molchan 方法对库米什窗进行检验（图 29），确定以库米什台为中心，选取 S-P ≤ 10s 范围内的 $M_L \geqslant 1.0$ 级地震的月频度，当小震月频度 ≥54，表明该地震窗出现异常。2008 年有数字记录以来，该地震窗共出现超限异常 6 次，其后天山中段发生 5.4 级以上地震的 5 组（83.3%），其中 6.0 级以上地震 4 组（80%），均发生在北天山西段，5 级地震 1 组，发生在南天山东段，优势发震时段为异常结束后 6 个月以内（5/5），震后地震窗恢复正常水平。库米什窗于 2017 年 4 月出现月频度为 55 次的异常现象（图 30），异常后 4 个月发生了 2017 年 8 月 9 日精河 6.6 级地震。

10）小震调制比

基于新疆区域数字地震台网记录的 $M_L \geqslant 3.0$ 级地震，以 1 个月为步长，6 个月窗长进行小震调制比空间扫描计算。结果显示，2017 年 4~7 月，北天山西段小震调制比出现明显异常，且异常量级逐步增大。2016 年 11 月阿克陶 6.7 级、12 月呼图壁 6.2 级地震和 2017 年 5 月塔什库尔干 5.5 级地震前，震区周围亦出现了类似异常。8 月 9 日精河 6.6 级地震发生小震调制比异常区域内（图 31）。

11）流动重力[13]

以往震例分析表明[14~16]，地震多发生在重力正负值变化交替的零线附近或者高梯度带，重力正负异常变化梯度带附近是物质增减差异剧烈的地区，能量易于积累。2017 年 6 月测区重力变化比较剧烈，变化范围为 -60 ~ +60μGal，分别在库车以北、新源、巩乃斯、石河子以南等地区出现重力变化高值，其中，新源、巩乃斯地区为重力正值高梯度带，库车以北和石河子以南地区为重力负值高梯度带，精河地震震中以南约 60km 处出现重力正负变化高梯度带和零值线，重力高梯度带累积正负变化量达 80μGal，可能为精河地震的前兆异常（图 32）。

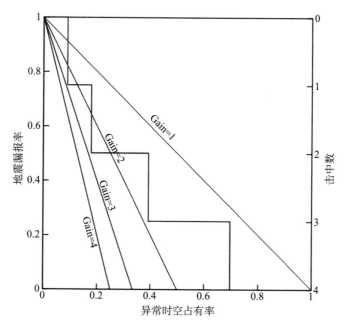

图 29　库米什地震窗 Molchan 检验效果图

Fig. 29　Kumuz seismic window Molchan test renderings

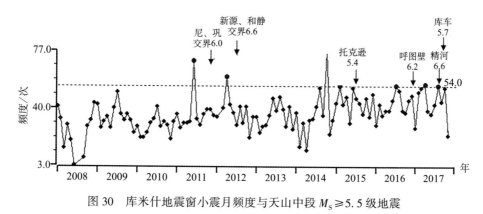

图 30　库米什地震窗小震月频度与天山中段 $M_S \geqslant 5.5$ 级地震

Fig. 30　Time course of small earthquake window and $M_S \geqslant 5.5$ earthquakes in the middle Tianshan

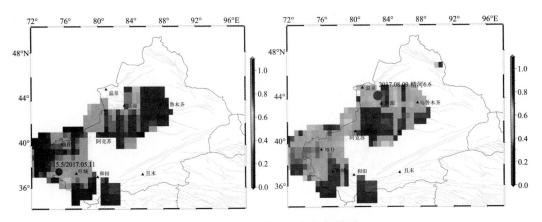

图 31　小震调制比 R_m 空间扫描图

Fig. 31　Small shock modulation ratio R_m space scan

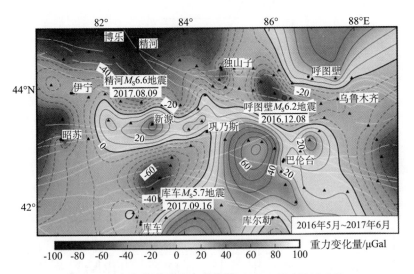

图 32　天山中段流动重力变化图 （2014.08～2015.09）

Fig. 32　Contour map of roving gravity variation from August, 2014
to September, 2015 in the middle of the Tianshan mountain

12）GPS[9)]

（1）速度场。

魏文薪博士、江在森研究员利用 defnode 原理，基于区域地质资料对 2009～2013 年新疆地区 GPS 速度场进行反演计算，得到天山地区山前断裂闭锁率 Phi 值，Phi 为 1，即完全闭锁；Phi 为 0 则为闭锁。结果表明，天山块体变形主要集中在天山块体内部及盆山交界断裂带上，这些断裂主要表现为挤压缩短变形，几乎无走滑分量；其中北天山地区博格达北缘断裂应变积累水平较高，2016 年 12 月 8 日呼图壁 6.2 级和 2017 年 8 月 9 日精河 6.6 级地震发生在闭锁较强的区域（图 33）。

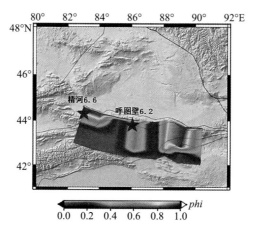

图 33   北天山山前断裂闭锁程度图

Fig. 33   Degree map of fracture atresia in the north Tianshan mountain

（2）应变场。

GPS 应变场研究结果显示，克拉玛依—温泉、独山子—新源—库尔勒和巴楚—喀什地区目前变形量较小，处于应变积累状态，可能是未来发生强震的危险区域，2016 年 11 月 25 日阿克陶 6.7 级、12 月 8 日呼图壁 6.2 级和 2017 年 8 月 9 日精河 6.6 级地震就发生在上述区域（图 34）。

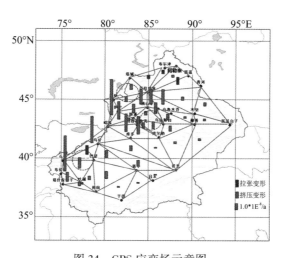

图 34   GPS 应变场示意图

Fig. 34   GPS strain field schematic diagram

13）流动地磁[9)]

震例统计显示，2015～2017 年 5 次 5 级以上地震（2 次 6 级，3 次 5 级）发生在流动地磁观测的预测区内及其边缘。2016 年流动地磁观测结果显示，新疆地区存在 4 个岩石圈磁场局部异常变化区域，分别为阿合奇—巴楚、伊宁—精河、库车—拜城和皮山—洛浦地区，2017 年 8 月 9 日精河 6.6 级地震发生在伊宁—精河的危险区内（图 35）。

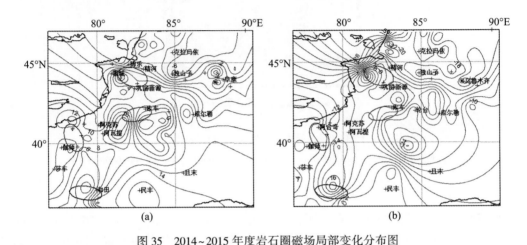

图 35　2014～2015 年度岩石圈磁场局部变化分布图

Fig. 35　2014-2015 changes in local lithospheric magnetic field distribution map

（a）dF 和；（b）dH 变化矢量

（14）精河水平摆[8)]

精河水平摆 2016 年 9 月以来 EW 分量年变幅增大，达到 1.6″，正常年变幅度为 0.7″，该异常可能包含山洞改造后洞温升高的影响，结合相关文献[17]涉及的洞温变化对地倾斜的影响范围，综合判定该异常中也包含地震前兆异常（图 36）。

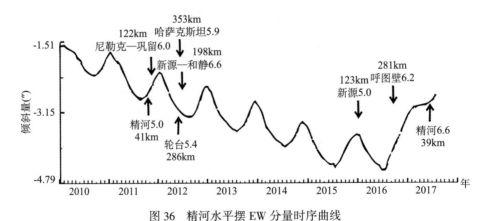

图 36　精河水平摆 EW 分量时序曲线

Fig. 36　The EW component temporal curve of borehole tiltmeter at Jinghe station

15） 温泉水平摆[8]

温泉水平摆 NS 分量 2010 年以来年变形态呈现 "W" 形，2015 年 11 月至 2016 年 5 月存在明显的年变畸变异常，在异常过程中发生 2016 年 2 月 11 日新源 5.0 级地震；2016 年 8 月至 2017 年 8 月 NS 分量再次出现年变畸变异常，异常在精河 6.6 地震后 2 天恢复（图 37a）；EW 分量 2016 年东倾年变幅小，速率慢，转为西倾后仍速率慢，2017 年 4 月转为东倾速率恢复（图 37b）。2016 年新源、和静交界 6.6 级地震前出现过破年变异常。

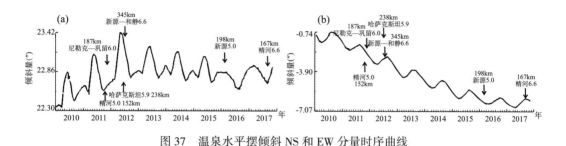

图 37 温泉水平摆倾斜 NS 和 EW 分量时序曲线

Fig. 37 The NS and EW component temporal curve of horizontal pendulum tiltmeter at Wenquan station

16） 霍城果子沟钻孔倾斜[8]

霍城果子沟钻孔倾斜 EW 分量 2017 年 2 月 1 日加速东倾，正常时段平均速率为 $0.078''/m$，东倾加速速率为 $0.25''/m$（图 38a），3 月 1 日 NS 分量加速北倾，正常时段平均速率是 $0.036''/m$，北倾加速速率为 $0.18''/m$（图 38b）。

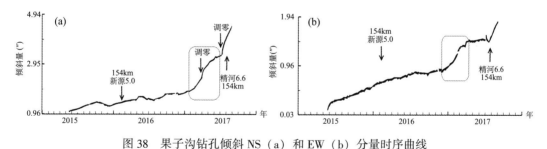

图 38 果子沟钻孔倾斜 NS（a）和 EW（b）分量时序曲线

Fig. 38 The NS and EW component temporal curve of borehole tiltmeter at Guozigou station

17） 尼勒克分量式钻孔应变[17]

尼勒克分量式钻孔应变 NE 和 NW 分量 2017 年 1 月以来同步出现快速变化，NE 分量压缩速率先减后增，NW 分量快速压缩，之后 NE 分量 5 月初恢复，NW 分量 7 月初恢复正常。2016 年同时段也出现过类似异常变化，但持续时间较短，1 个月左右恢复，连续 2 年同时段都出现类似异常变化，可能存在季节性影响因素。但 2017 年持续时间达半年左右，分析认为 2017 年的异常中可能包含地震前兆异常，之后距离 64km 处发生了精河 6.6 级地震（图 39）。

18）呼图壁分量式钻孔应变[17]

2017 年 3 月 1 日，呼图壁分量式钻孔应变 NE 和 NW 分量同步出现快速拉张变化，异常持续 25 天后恢复，2017 年 8 月 9 日精河 6.6 级地震发生在异常结束后 135 天，震中距 311km，该异常属震后总结（图 40）。

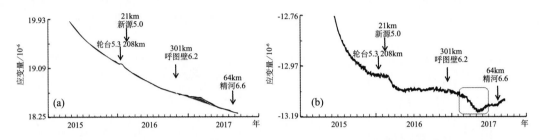

图 39　尼勒克分量式钻孔应变 NE（a）和 NW（b）分量时序曲线

Fig. 39　The NS and EW component temporal curve of borehole tiltmeter at Nileke station

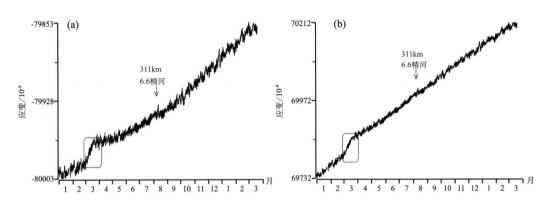

图 40　呼图壁分量式钻孔应变时序曲线

Fig. 40　The curve of borehole tiltmeter at Hutubi station

（a）NE 分量；（b）NW 分量

19）巴伦台分量式钻孔应变[17]

2017 年 5 月 19 日至 7 月 30 日，四分量同步出现拉张（压缩）速率变化，其中，NW 分量最为明显，拉张速率基本停滞；7 月 31 日开始出现快速压缩变化，截至 8 月 8 日，精河 6.6 级地震前 1 天，压缩幅度分别为 NS 分量 $3034×10^{-10}$、EW 分量 $1959×10^{-10}$、NE 分量 $2784×10^{-10}$、NW 分量 $2978×10^{-10}$，NS 分量幅度最大，EW 分量幅度最小，但四分量变化幅度基本在同一量级，经异常核实，排除干扰的可能，故认为此次快速压缩变化属于震前异常。该短期异常持续 51 天，其间发生 8 月 9 日精河 6.6 级、9 月 16 日库车 5.7 级地震，库车 5.7 级地震之后数据恢复正常（图 41）。

20）小泉沟分量式钻孔应变[18]

2017 年 1 月 1 日起，小泉沟分量钻孔应变四分量出现多次"压缩—拉张"变化，该变化于 4 月 6 日以后恢复正常，分析认为异常结束，持续 96 天。该异常变化大致可分为 3 个阶段，第Ⅰ阶段：1 月 1 日至 2 月 10 日四分量多次同步出现快速"压缩—拉张"变化，成下弯型图像；第Ⅱ阶段：多次同步出现压性脉冲现象，脉冲间隔为 6 天左右，每次脉冲持续 1~2 天；第Ⅲ阶段：四分量再次出现同步快速压缩变化。2017 年 8 月 9 日发生精河 6.6 级地震，震中距 352km。2016 年 12 月 8 日呼图壁 6.2 级地震之前小泉沟分量钻孔应变出现过类似的短期异常变化（图 42）。

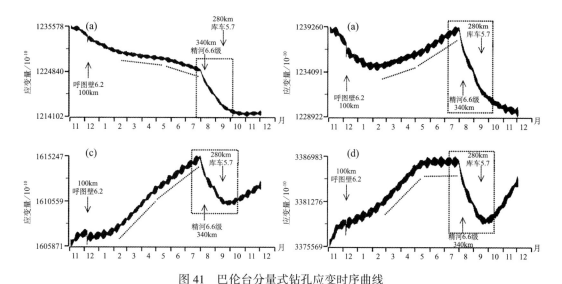

图 41　巴伦台分量式钻孔应变时序曲线

Fig. 41　The temporal curve of borehole tiltmeter at Baluntai station

（a）北南分量；（b）北东分量；（c）东西分量；（d）北西分量

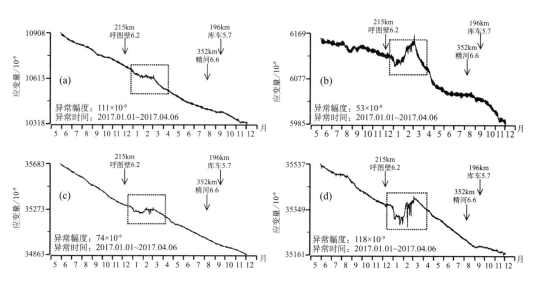

图 42　小泉沟分量式钻孔应变时序曲线

Fig. 42　The temporal curve of borehole tiltmeter at Xiaoquangou station

（a）北南分量；（b）北东分量；（c）东西分量；（d）北西分量

21）分量式钻孔应变的高频信号

在形变仪器观测中可能会记录到震前波动、阶跃、突跳、扰动等高频信号，通过高通滤波与超限率方法[19,20]结合运用，最大限度地提取类似信号，并能定量地描述这些信号的特征，检验此类信号与地震的关系。"超限点"是超过某种波动水平的数据，称单位时间内的超限点数 N' 为数量超限率，称单位时间内所有超限点的超限强度之和为强度超限率。尼勒克（图43a）、巩留（图43b）和小泉沟（图43c）分量式钻孔应变在精河6.6级地震前出现了阶跃、突跳和毛刺加粗的高频信号。

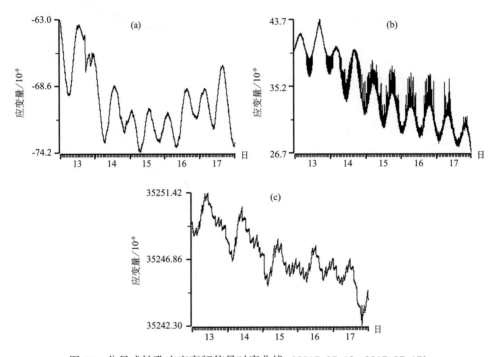

图 43　分量式钻孔应变高频信号时序曲线（2017.07.13～2017.07.17）

Fig. 43　The temporal curve of high frequency signal borehole tiltmeter（2017.07.13-2017.07.17）

（a）尼勒克；（b）巩留；（c）小泉沟

小泉沟分量式钻孔应变高频信号异常的发展过程中[17]，特别值得注意的是 NW 分量，NW 分量是异常变化幅度最大的分量，也是四分量中唯一在异常过程中固体潮日变形态发生持续周期性畸变的分量。自 2017 年 2 月中旬开始，小泉沟分量钻孔应变 NW 分量出现周期性压性台阶变化，变化周期在 2 月中旬约为 40min（图44a），2 月底约为 60min（图44b），到 3 月中旬变为 120min 左右（图44c），再到 4 月底变为 150min 左右（图44d），从 5 月 6 日开始，偶尔出现周期为 5 小时左右的台阶变化（图44e），5 月 21 日开始每日的规律性周期变化趋于不规律，在每日的变化中周期为 1、2、5 小时的短周期变化均有存在（图44f），当时猜测是地下应力作用失稳的表现，6 月 9 日压性台阶周期又开始变得有规律（图44g），大约 2 小时出现 1 次压性台阶，直到 7 月 22 日，这种周期性压性台阶变化自动消失（图44h），固体潮形态恢复正常，因此分析认为，该小泉沟钻孔分量应变短期异常的映震紧迫性增加。而在此 17 天之后，即发生 8 月 9 日精河 6.6 地震，震中距该观测点 352km。

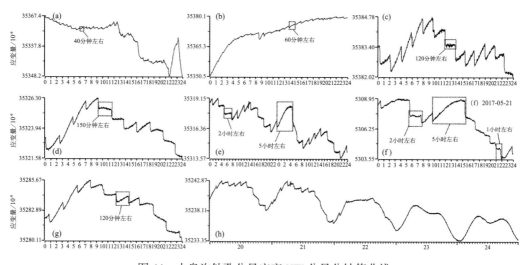

图 44　小泉沟钻孔分量应变 NW 分量分钟值曲线

Fig. 44　The NW component temporal curve of borehole tiltmeter at Xiaoquangou station

（a）2017.02.18；（b）2017.02.24；（c）2017.03.16；（d）2017.04.28；
（e）2017.05.05~06；（f）2017.05.21；（g）2017.06.09；（h）2017.07.20~24

　　图 45 至图 47 是 3 个台分量式钻孔应变强度超限率时序曲线。尼勒克和巩留分量式钻孔应变的强度超限率于 2017 年 7 月 13 日同步开始出现超阈值现象，异常持续 5 天左右，之后 22 天发生精河 6.6 级地震。2016 年 2 月 11 日新源 5.0 级地震前 2 个台也配套出现过类似异常变化。小泉沟分量式钻孔应变的强度超限率于 2017 年 1 月开始超限，3 月之后 3 个分量高频信号基本结束，仅 NW 分量持续，7 月 22 日恢复正常，之后 17 天发生精河 6.6 级地震。

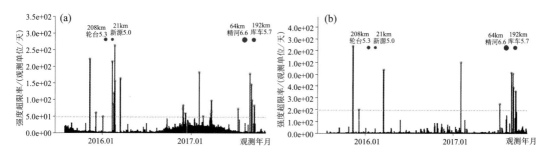

图 45　尼勒克分量式钻孔应变高频信号时序曲线

Fig. 45　The temporal curve of high frequency signal borehole tiltmeter at Nileke station

（a）EW 分量；（b）NE 分量

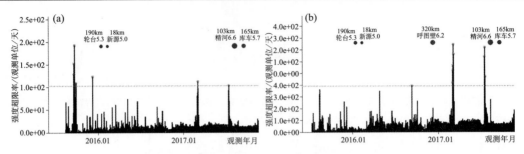

图 46　巩留分量式钻孔应变高频信号时序曲线

Fig. 46　The temporal curve of high frequency signal borehole tiltmeter at Gongliu station

（a）EW 分量；（b）NW 分量

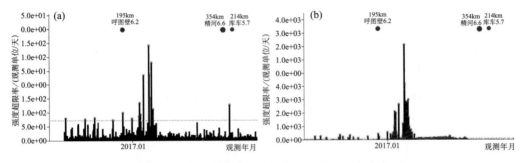

图 47　小泉沟分量式钻孔应变高频信号时序曲线

Fig. 47　The temporal curve high frequency signal of borehole tiltmeter at Xiaoquangou station

（a）NS 分量；（b）NW 分量

22）艾其沟泥火山[8]

乌苏艾其沟泥火山自 2017 年 1 月以来喷涌现象明显，喷涌量持续增大，此异常变化在精河地震后恢复，此项宏观观测在 2015 年 1 月 22 日沙湾 5.0 级和 2016 年 1 月 14 日轮台 5.3 级地震前均有较好的反应（图 48）。

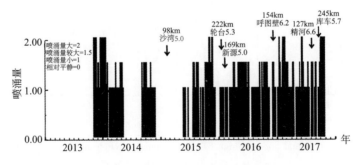

图 48　艾其沟泥火山喷涌量时序曲线

Fig. 48　The temporal curve of the volcanic eruption of the argy mud volcano

23）新 10 泉氦气[8]

根据新 10 泉氦气异常和观测点周边 200 km 范围内历史地震的对应情况可知：①新 10 泉氦气地震前兆异常多表现为短期异常，异常一般出现在震前 4~5 个月。②新 10 泉氦气异常特征多表现为上升型的速率异常，即资料有背景值—趋势性上升—恢复至背景值的变化过程，地震常常发生在氦气测值恢复过程中或恢复至背景值后。③新 10 泉氦气异常对应率为 66.7%。

新 10 泉氦气 2017 年 4 月测值出现快速上升变化，精河地震后测值恢复，震例显示，在 2015 年 6 月 25 日托克逊 5.4 级地震和 2016 年 12 月 8 日呼图壁 6.2 级地震前出现快速上升变化（图 49a）。

24）新 04 泉氢气[8]

新 04 泉氢气 2017 年 7 月 28 日出现大幅高值突跳，活动明显增强，10 月 8 日恢复，震例显示，2011 年 11 月 1 日尼勒克、巩留交界 6.0 级，2012 年 6 月 30 日新源、和静交界 6.6 级，2016 年 12 月 8 日呼图壁 6.2 级地震前均有类似变化（图 49b）。

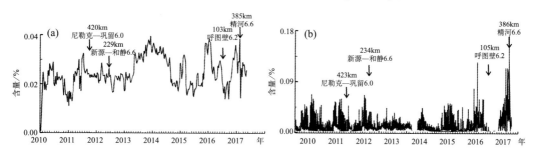

图 49　新 10 泉氦气（a）和新 04 泉氢气（b）时序曲线

Fig. 49　The temporal curve of helium and hydrogen

25）卡帕尔—阿拉善井流量[10]

卡帕尔—阿拉善井流量 2017 年 7 月 25 日起波动上升变化，8 月 6 日再次波动上升，8 月 15 日起持续高值波动变化，上升幅度为 0.013。2017 年 8 月 9 日发生了精河 6.6 级地震，距该点 300km。2016 年 2 月 11 日新源 5.0 级地震前出现过类似异常变化，震中距 316km（图 50）。

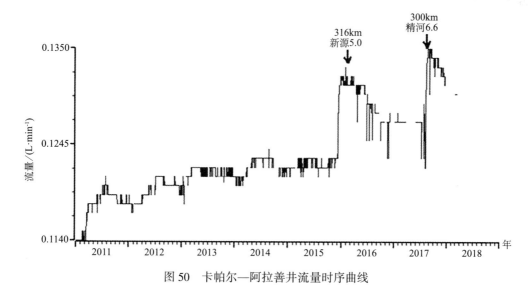

图 50　卡帕尔—阿拉善井流量时序曲线

Fig. 50　The temporal curve of wells flow in Kappahl Alashan

26）扎尔干特—阿拉善井氯离子[10)]

扎尔干特—阿拉善井氯离子 2016 年 8 月 25 日开始快速上升，9 月 25 日转折下降，上升幅度为 0.06mg/L，12 月 31 日恢复，之后再次上升，2017 年 3 月 2 日转折下降，4 月 9 日恢复，5 月 24 日再次转折上升，11 月 17 日基本恢复。异常变化过程中发生精河 6.6 级地震。2013 年 1 月 29 日哈萨克斯坦 6.1 级（Δ＝191km）、2014 年 8 月 16 日伊塞克湖 5.0 级（Δ＝161km）、2014 年 11 月 14 日吉尔吉斯斯坦 5.7 级（Δ＝222km）、2016 年 2 月 11 日新源 5.0（Δ＝282km）级地震前出现类似的上弯或者下弯型异常变化（图 51）。

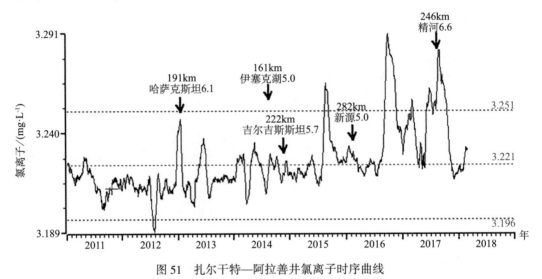

图 51　扎尔干特—阿拉善井氯离子时序曲线

Fig. 51　The temporal curve of Chlorine ion of Zal dry Alashan well

27）Z 分量日变幅加卸载响应比[[21]]

2016 年 7 月 18 日乌鲁木齐台（2 套仪器）、克拉玛依台、温泉台 Z 分量日变幅加卸载响应比同时出现超限高值异常，从异常出现到发震计 21 天，该时段无人为或自然环境干扰；结合震例，可判定为此次地震的前兆异常，精河地震震中即位于异常最高值台站附近的断裂上。对比 2016 年呼图壁 6.2 级地震异常发现，呼图壁 6.2 级地震前只有 2 个台同步出现超限高值，这可能与震级和震中位置有一定关联（图 52）。

28）Z 分量日变幅逐日比[[21]]

2017 年 5 月 16 日、8 月 5 日乌鲁木齐台（2 套仪器）、克拉玛依台、温泉地磁台 Z 分量日变幅逐日比出现超阈值的高值异常，从第 1 次异常出现到发震共 83 天，该时段无人为或自然环境干扰，2016 年 12 月 8 日呼图壁 6.2 级地震前也出现类似变化。结合震例，上述异常可判定为精河 6.6 级地震的前兆异常，其特征为短期异常（图 53）。

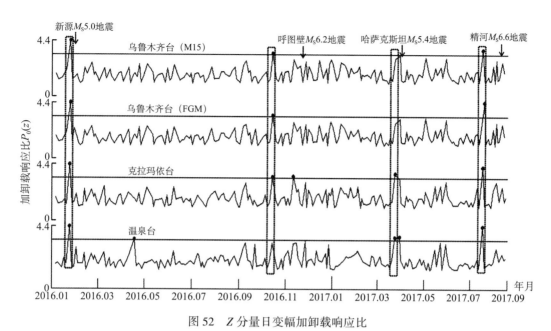

图 52 Z 分量日变幅加卸载响应比

Fig. 52 Z component daily amplitude loading and unloading response ratio

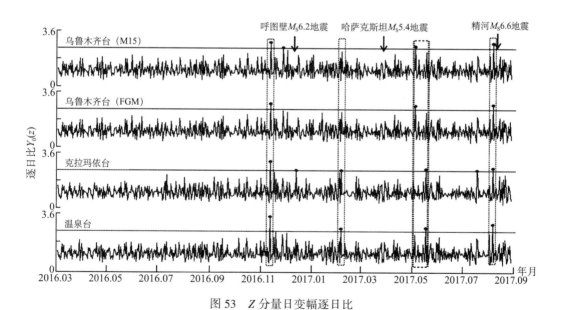

图 53 Z 分量日变幅逐日比

Fig. 53   Daily ratio of Z component to day by day

七、地震前兆异常特征分析

精河 6.6 级地震前，地震前兆异常呈现如下特征：

1. 震区及周边测震学异常较多，短期异常突出

精河 6.6 级地震发生在北天山地区 6 级地震成组活动状态下，2011 年以来，陆续发生了 2011 年尼勒克、巩留交界 6.0 级，2012 年新源、和静交界 6.6 级，2016 年 12 月 8 日呼图壁 6.2 级和 2017 年 8 月 9 日精河 6.6 级 4 次 6 级地震。

1）异常数量变化演化特征

精河 6.6 级地震前 7 个月，天山中段地震活动性异常数量逐步增加，先后出现 7 项中短期地震活动性异常，分别为天山中段 3 级地震增强、霍城—拜城—精河地区形成 3 级地震围空、小震调制比、库米什窗、天山中段 4 级地震平静打破、新疆地区 4 级地震平静。这些异常时间上呈现出中期向短期过渡的阶段性特征，空间上主要集中在天山中段温泉—乌苏至拜城—库车地区。

2）异常时间进程

异常演化主要分为 2 个阶段（图 54）：第一阶段自 2016 年 12 月至 2017 年 4 月，主要包括 3 级地震增强、3 级地震围空、4 级地震平静，库米什窗、小震调制比，多为中短期异常，异常优势发震时间为 6 个月左右；第二阶段 2017 年 6~7 月，主要异常为 3 级地震再次增强、3 级地震围空打破及边缘围空地震加速活动、天山中段 4 级地震平静打破、新疆地区 4 级地震平静打破，主要为短期异常，优势对应时间为 3 个月内。

图 54　北天山西段地震活动性中短期异常时间进程图

Fig. 54　Medium and short term anomalous time process map of seismicity in the western of the north Tianshan

3）异常空间迁移演化特征

空间上看，震前 1 年存在 5、6 级地震集中活动区、新源—精河地区 3、4 级地震异常增强区以及 b 值、$LURR$ 异常区；震前半年，开始出现天山中段 3 级地震增强和 4 级地震平静、霍城—拜城—精河 3 级地震围空、小震调制比异常区、库米什窗等异常，且异常逐渐出现向北天山西段集中的现象（图 55）。

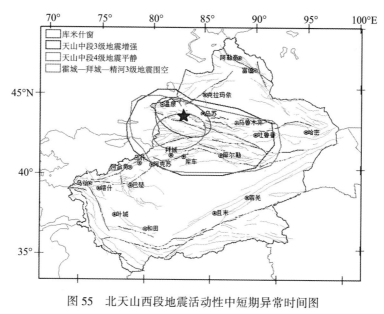

图 55 北天山西段地震活动性中短期异常时间图

Fig. 55 Medium and Short term anomalous time map of seismicity in the western of the north Tianshan

4) 与其他震例对比研究

2016 年 12 月 8 日呼图壁 6.2 级地震前，震区及周围测震学异常仅有 4 级地震平静，3、4 级地震增强和 2 级地震条带 3 项异常，在异常时间和空间上未呈现明显的同步或异常集中特征；2012 年新源、和静 6.6 级地震前出现了 6 条测震学中短期异常，中期异常主要为震前 1 年出现的 3 级地震空区、4 级地震半围空；短期异常为 2 级地震条带、振幅比以及尾波持续时间比低值等，持续时间短，震前有恢复迹象。在空间上有异常涉及范围较大，对地点无明显的指示意义，时间上有一定的准同步性。

总体来说，精河 6.6 级地震前地震活动性异常呈现出数量逐步增多，时间准同步，空间上趋于集中。2017 年 1 月以来，天山中段在长时间 4 级地震平静的背景下出现 3 级地震短期增强现象；4 月份，库米什窗超阈值、霍城—精河—拜城 3 级地震围空打破和小震调制比异常出现"准同步"特征；6~7 月，3 级围空打破后边缘地震加速活动、小震调制比异常向震中扩展（图 56），对发震地点具有较为清晰的短期指示意义，展现出地震活动性异常由较大范围的天山中段向震中逼近的时空演化特征。

2. 定点前兆异常

此次地震前出现 9 个异常项目，共 17 条前兆异常，其中定点前兆异常比例 50%。

1) 异常类型演化特征

精河 6.6 级地震前出现定点前兆异常 9 个异常项目，共 17 条前兆异常，均以中短期异常为主，异常持续时间多集中在 5 个月左右。异常类型以年变畸变、大幅突变和高频信号异常为主。其中年变畸变主要出现在震中附近的温泉和精河台水平摆；大幅突变异常有尼勒克、呼图壁雀儿沟、巴伦台和小泉沟分量式钻孔应变，霍城果子沟钻孔倾斜，艾其沟泥火山，新04泉氢气，新10泉氦气，卡帕尔—阿拉善井流量，扎尔干特—阿拉善井氯离子；高频信号异常有尼勒克、巩留和小泉沟分量式钻孔应变；地磁异常有加卸载响应比和逐日比（图56）。

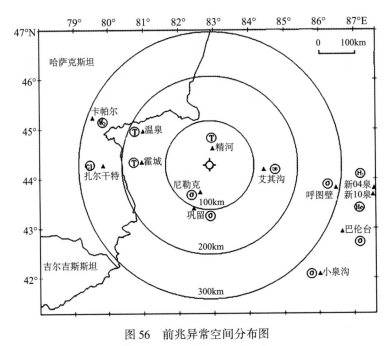

图56　前兆异常空间分布图

Fig. 56　Anomalous spatial distribution

2）异常时间进程和空间迁移演化特征

定点前兆中短期异常时间进程演化特征表现为：2016年8~9月温泉和精河水平摆开始依次出现年变畸变异常；2017年1月艾其沟泥火山、小泉沟分量式钻孔应变较为同步出现突变类异常；2017年2~3月，霍城果子沟钻孔倾斜、尼勒克和呼图壁分量式钻孔应变依次出现突变类异常；2017年4~5月巴伦台分量式钻孔应变又出现突变异常，新10泉氦气和扎尔干特—阿拉善氯离子出现高值突变异常；震前1个月新04泉氢气、卡帕尔流量震前出现临震突变异常，尼勒克、巩留分量式钻孔应变伴有阶变、毛刺加粗等高频信号。时间上（图57），异常发展主要集中在3个时间段。第一阶段是2016年8~9月，最早出现的异常是年变畸变，以形变为主；第二阶段异常主要在2017年1~3月，以突变类形变异常为主；第三阶段是震前3个月，以突变类流体为主，伴有形变类高频信号异常。空间上（图58），随着时间推移，定点前兆异常在空间上由震中向外围迁移。形变观测的高频信号异常表现为临震异常，最早出现的是小泉沟分量式钻孔应变（Δ=354km），其次是巩留（Δ=103km）和尼勒克（Δ=64km）分量式钻孔应变，空间上表现为由外围向震中迁移的特征。因此，精河6.6级地震前6个月，定点前兆异常由震中向外围迁移，临震前，高频信号异常具有逐渐向震中发展的态势。

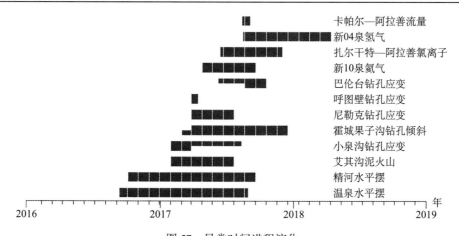

图 57　异常时间进程演化

Fig. 57　Evolution of abnormal time process

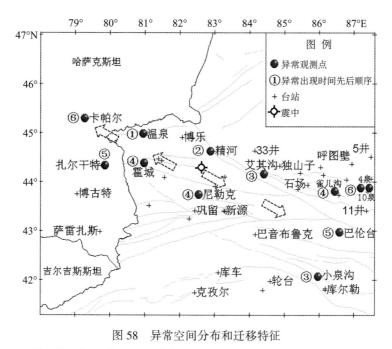

图 58　异常空间分布和迁移特征

Fig. 58　Anomalous spatial distribution and migration characteristics

3）异常数量变化演化特征

精河 6.6 和呼图壁 6.2 级地震前，天山中段定点前兆趋势转折背景异常主要分布在乌鲁木齐—库尔勒地区，距离精河地震都在 300km 以外，而距离呼图壁地震较近，具体的异常特征描述见呼图壁 6.2 级震例，本文不再赘述。2 个地震趋势背景异常数量变化较一致，震前 5 年左右开始增加，该时段出现较同步的趋势转折变化。中短期异常数量变化显示，精河地震前 6 个月，异常数量迅速增加，震前 3 个月，异常数量又迅速减少，表明该时段多数异常恢复；呼图壁地震前 6 个月，异常数量只出现了迅速增加的现象（图 59、图 60）。

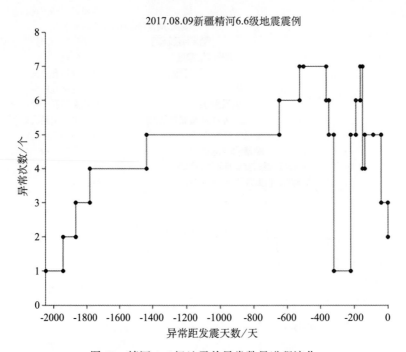

图 59　精河 6.6 级地震前异常数量进程演化

Fig. 59　Evolution of abnormal quantity process M_S6.6 Jinghe earthquake

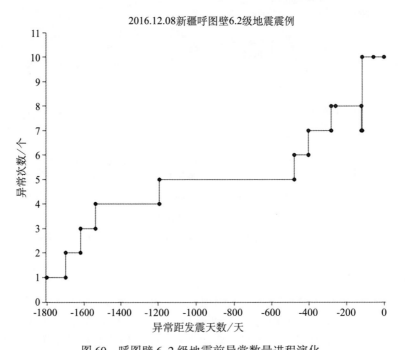

图 60　呼图壁 6.2 级地震前异常数量进程演化

Fig. 60　Evolution of abnormal quantity process before the M_S6.2 Hutubi earthquake

4）与其他震例对比研究

精河 6.6 级和呼图壁 6.2 级地震震中附近监测能力、台网密度和观测项目等水平相当，二者具有一定可比性（见表 8）。其中定点前兆异常特征相同点是：①中短期异常类型都包括速率突变、年变畸变和高频信号异常；②定点前兆异常数量都较多；③多是异常结束后发震；④分量式钻孔应变异常显著，都表现为速率突变；⑤流体异常都表现为高值异常变化；⑥异常数量随时间进程特征，都是先增多，后减少；⑦空间迁移规律，地震前都是由震中向外围迁移（图 61a，b）。

表 8 精河 6.6 和呼图壁 6.2 级地震中短期异常对照表

Table 8 Short and short term abnormal contrast table in the M_S6.6 Jinghe and M_S6.2 Hutubi earthquakes

地震	速率突变		年变畸变		高频信号
	形变	流体	形变	流体	形变
精河 6.6	小泉沟钻孔应变	艾其沟泥火山	温泉水平摆	—	小泉沟钻孔应变
	尼勒克钻孔应变	新 04 泉氢气	精河水平摆	—	尼勒克钻孔应变
	巴伦台钻孔应变	新 10 泉氢气	—	—	巩留钻孔应变
	呼图壁钻孔应变	卡帕尔流量	—	—	—
	果子沟钻孔倾斜	扎尔干特氯离子	—	—	—
呼图壁 6.2	小泉沟钻孔应变	新 10 泉氢气	榆树沟水管仪	—	克拉玛依钻孔倾斜
	库米什钻孔应变	新 04 泉氢气	—	—	石场钻孔应变
	巴伦台钻孔应变	—	—	—	—
	呼图壁钻孔应变	—	—	—	—

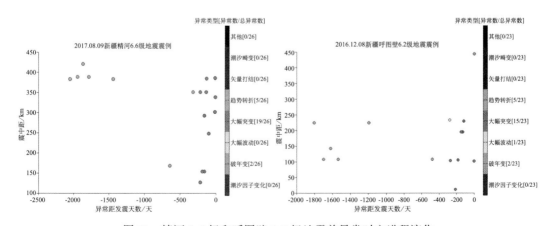

图 61 精河 6.6 级和呼图壁 6.2 级地震前异常时空进程演化

Fig. 61 Evolution of anomalous spatiotemporal process before the M_S6.2 Hutubi and the M_S6.6 Jinghe earthquakes

不同点表现为：①临震异常，呼图壁地震前主要表现为单台的突变异常，而精河地震前多台配套出现高频信号异常；②速率突变类异常幅度不一致，呼图壁地震较精河地震震级小，异常幅度也小；③年变畸变异常，呼图壁地震表现为年变形态畸变，而精河地震前表现为年变幅的变化；④高频信号异常，呼图壁地震前表现为短期异常，而精河地震则是临震变化。

总之，2次6级地震前定点前兆异常丰富，数量多，幅度较大，分析其原因，归纳为以下几点：①2014～2015年，依托援疆项目等天山中段新架设26套钻孔倾斜和分量式钻孔应变，2次6级地震前，部分观测项目，尤其是分量式钻孔应变震前出现显著短期突变异常变化，为震前准确做出预测预报提供了依据；②2次6级地震发生在新疆地区监测台网密度最好，观测项目种类最多的区域，为震前更好的捕捉各类异常奠定了基础；③梅世蓉等[22]根据岩石破坏的两种机制将我国大陆地震分为错断型地震和走滑型地震。前者的岩体破坏遵循 Coulomb 准则，必克服岩石本身的破坏强度，因此地震孕育过程的后期和发震时的应力水平很高，地震前兆异常明显，且异常范围广。后者遵循 Byerlee 定律，即必须克服断面上的摩擦强度，所以发震时的应力水平较低，前兆异常表现不如前者明显，异常范围也较小。2次6级地震均是逆断型地震，这可能是其前兆异常数量相对较多、异常变化较为显著的原因之一。

八、震前预测、预防和震后响应

1. 震前预测、预防

精河6.6级地震位于中长期地震重点监视防御区、全国地震趋势会商会划定的2017年度地震重点危险区以及新疆地震趋势会商会划定的2017年度中强地震值得注意地区。2016年底，划定温泉—精河6级左右危险区的测震主要依据为：北天山地区6级地震成组活动、2011年以来5、6级地震集中活动区，新源—精河地区3、4级地震异常增强区以及 b 值、LURR 等中期异常。定点前兆学科方面，主要以趋势和中期异常为主，震区附近仅有榆树沟洞体应变、阜康倾斜以及10泉水氢和氦气存在趋势或中期异常，总体异常比例偏低，这是我们将该区作为中期地震值得注意区的主要原因。

2017年1月以来，危险区及其周围地震活动性异常逐步演化，先后出现天山中段3级地震增强（1~7月）、霍城—拜城—精河地区形成3级地震围空及其打破（1、6月）、小震调制比（4~7月）、库米什窗（4月）、天山中段4级地震平静及打破（2016年12至2017年7月）、新疆地区4级地震平静及打破（5~7月）等6项新增中短期异常。这些异常的演化过程显示了6.6级地震孕育由中期向短期过渡的阶段性特征。定点前兆异常2017年1月开始出现有外围向震中出现迁移的突变类异常；震前1个月，出现临震突变异常和伴有阶变、毛刺加粗等高频信号。

针对2017年上半年震情演化特点，新疆地震局推进了震情强化监视跟踪和强震发生紧迫性的动态研判工作，作出了一定程度的短期震情研判。

1）震情监视跟踪和研判震情

召开滚动会商会，密切跟踪震情发展变化。针对显著事件和突出震情变化，及时主动地召开加密和专题会商会。7月25日托克逊4.0级地震后召开了加密会商会，会议提出"托克逊 4.0 级地震打破了天山中段 4 级地震平静 228 天的状态，关注天山中段近期发生中强地震的可能"。7 月 26 日晚 23：30，新疆地震局接到乌苏地震局报告，26 日 33 井水温出现突跳变化、乌苏泥火山出现油花增多现象，该变化引起新疆地震局党组的高度重视。27 日上午预报中心召开加密会商会，针对天山中段近期震情，再次进行了研判。会上，新疆地震局党组强调了震情的紧迫性，并针对近期震情跟踪工作做了部署，定于 7 月 31 日、8 月 2 日分别在库车、精河召开南天山东段震情研判会、北天山西段专题会商会，并邀请台网中心专家共同研判天山中段强震发生的紧迫性。

及时派出专家组，开展现场强化监视跟踪工作。针对 1~4 月、5~7 月北天山西段出现的多项准同步中短期异常，分别于 4 月、7 月派出由多学科专家组成的工作组，前往精河、伊宁、乌苏等地开展现场震情监视跟踪和研判工作，并编写了北天山西段震情跟踪工作报告，分别于 4 月 25 日和 7 月 28 日提交中国地震局监测预报司预报处和中国地震台网中心。

动态监视和研判危险区发震紧迫性。预报中心密切监视危险区判定依据的发展变化和动态识别新异常，每月提出危险区发震的可能性和紧迫性；危险区发生显著事件和出现突发震情，及时研判危险区震情趋势。3 月 10 日尼勒克 3.1 级地震打破了霍城—拜城—精河 3 级地震围空，7 月 15~22 日在该围空区边缘连续发生 7 月 15 日乌苏 3.0、3.1 级 2 次 3 级地震，7 月 19~22 日在围空南缘拜城—库车地区连续发生 4 次 3 级地震，预报中心敏锐地发现了这组中等地震活动的预测意义，及时安排分析测震学科组和温泉—乌苏危险区跟踪组开展围空打破和围空边缘地震加速活动对危险区发生目标地震的时间、强度和地点的预测意义的研究，并认定该组活动具有短期预测意义。

2）预测预报过程

基于观测资料的异常发展变化，7 月 19 日，新疆地震局预报中心向局党组汇报近期震情，提出"近期天山中段存在发生 6 级左右地震的可能"。2017 年 7 月 26 日新疆地震局月会商会，提出"未来一个月及稍长时间新疆地区存在发生中强地震的可能，危险区域为天山中段，关注南天山西段和阿勒泰地区的震情发展变化"，危险区跟踪意见："未来一个月及稍长时间温泉—乌苏 6 级左右危险区存在发生目标地震的可能"。7 月 31 日，在阿克苏地区库车县召开了南天山东段震情研判会，提出新疆天山中段发生 6 级左右地震的危险性进一步增强；短期内南天山东段地区的地震活动水平为 5~6 级（涉密文件，附件略）。8 月 2 日，在塔城地区沙湾县组织召开了北天山西段震情研判会，提出新疆天山中段发生 6 级左右地震的危险性进一步增强；基于各个异常的预测指标，提出短期内北天山西段的地震活动水平为 6 级左右（涉密文件，附件略）。与此同时，温泉—乌苏危险区跟踪组、测震学科、定点形变学科、测绘研究院填报的 4 张预测卡预测时间、地点均与精河 6.6 级地震吻合，预报震级偏低。

精河 6.6 级地震后，新疆地震局即刻召开紧急会商会，对震区地震趋势做出了快速准确的判断；之后连续几天进行加密会商，动态跟踪和研判震区地震趋势，开展了历史震例、序列参数、震源机制和视应力、振幅比等序列跟踪分析，提出"精河 6.6 级地震序列为主余型的可能性较大，震区发生更大地震的可能性不大"的预测意见（附件八）。

2. 震后响应

地震发生后，中国地震局立即启动地震应急 Ⅱ 级响应，第一时间派出现场工作队赶赴震区开展应急处置工作。地震发生后，中国地震局机关，中国地震应急搜救中心，中国地震局地球物理研究所、预测所、地壳所，震防中心以及黑龙江、青海、宁夏、天津、湖北等全国各级地震部门16个单位和106名技术人员紧急赶赴震区，在现场开展了地震流动监测、震情趋势判定、烈度评定、灾害调查评估、科学考察等现场应急工作。

自治区地震局也在第一时间派出45人的地震现场应急工作队赶赴灾区。与此同时，强烈有感范围内的精河、克拉玛依、伊犁州、石河子等地（州、市）地震局迅速启动预案赶赴各自辖区开展工作。

在地震系统现场应急指挥部的领导和震区各级党委政府的大力支持下，现场工作队员深入灾区一线，历时3天，累计行程20000余千米，对灾区33个乡镇团场355个调查点开展了实地调查，完成了此次地震灾害调查、烈度评定及灾害损失评估等工作。

3. 震后余震监测及趋势判定

精河6.6地震发生后，新疆地震局地震现场工作队员，在震中100km范围内架设2个测震流动台，第1个流动台于8月9日18时正式运行，并将数据入网，实现数据交换与共享，积累了较为丰富的序列观测资料，为后续的震情跟踪和研究工作提供了重要依据。

6.6级地震后，新疆地震局即刻召开紧急会商会，对震区地震趋势做出了快速准确的判断[2)]；之后连续几天进行加密会商，动态跟踪和研判震区地震趋势，开展了历史震例、序列参数、震源机制、序列参数和视应力、振幅比等序列跟踪分析，提出"精河6.6级地震序列为主余型的可能性较大，震区发生更大地震的可能性不大"的预测意见。

八、结论与讨论

1. 结论

此次地震序列最大强余震 $M_L5.1$，为主震—余震型。余震总体沿近EW向（273°）单向扩展，展布长度约20km。此次地震的震源机制为逆冲型，节面Ⅱ走向94°，结合震区周边构造、余震分布及烈度等震线分布，推测节面Ⅱ为主破裂面。分析认为，6.6级地震的发震构造为库松木契克山前断裂。

精河6.6级地震前出现13个测震学异常。其中，2017年以来测震中短期异常突出，呈现出数量逐步增多，时间准同步，空间上趋于集中。这些异常的演化过程显示了6.6级地震孕育时间上由中期—短期过渡、空间上趋于震中的阶段性特征。

此次地震震前出现了23个异常项目，共34条异常，其中测震学异常共有13条，占总异常的38%；定点前兆出现了17条异常，占总异常的50%。总体来说，该区观测项目多、手段丰富。

2. 讨论与认识

（1）前兆趋势异常向中期、短期异常过渡的认识有助于强震紧迫性分析判定。比如：2016年10~11月年度会商会时，北天山西段定点地球物理观测资料异常较少，且属性为趋势和中期异常，但2017年上半年，中短期异常数量逐步增加，呈现趋势异常向中期、短期过渡的阶段性特征，为强震发生时间判定提供了重要信息。

（2）深化震情会商改革，加强震情跟踪工作的责任性。预报中心实施震情跟踪责任制，明确规定每个分析预报人员的工作职责和任务，并以实名的方式提交会商报告和预测意见，助推了观测资料异常识别分析能力和震情监视跟踪研判工作的时效性。此外，要求危险区跟踪专家组，每月研判危险区目标地震发生的紧迫性，并针对危险区出现的突发震情和显著事件，及时开展后续震情趋势的研判工作。比如：7 月 15 日危险区辖区乌苏发生 2 次 3 级地震，预报中心安排危险区跟踪组分析这 2 次地震震兆预测意义。

（3）实施滚动会商制度，动态把握震情趋势。2016 年底的年度会商会上，基于北天山西段观测资料异常偏少，新疆地震局在北天山西段划定温泉—精河地区中强地震值得注意地区；基于上半年震情发展演化和滚动会商，2017 年 7 月新疆地震局提出精河 6.6 级地震的短期震情跟踪判定分析意见，显示了在构造运动强烈地区开展震情动态研判的必要性。

（4）精河 6.6 级地震前，地震活动性异常呈现出数量逐步增多，时间准同步，空间上趋于集中。定点前兆异常由震中向外围迁移，临震前，高频信号异常具有逐渐向震中发展的态势。

（5）新疆地震局党组高度重视震情工作。组织专家向党组汇报，全面了解天山中段的震情形势；及时部署震情跟踪研判工作，第一时间在天山中段危险区属地召开震情专题会商会，深入研讨强震发生的紧迫性，并以会议纪要的方式通报当地政府；主动服务政府和社会，新疆地震局党组在政府党组会汇报短期震情跟踪判定分析意见，并提出预防措施和决策建议，为政府灾前预防提供参考性建议。

（6）国家、省级和市县密切联动，充分发挥了三级部门在长中短临预测预报工作的优势，也验证长中短临多路并进的预报思路具有可操作性。中国地震局在北天山西段划定了重点监视防御区和年度危险区；新疆地震局基于 2017 年以来北天山西段震情发展变化，提出了精河 6.6 级地震短期震情跟踪判定分析意见，并在震前一周在危险区属地召开震情专题研判会；博州地震局召开年度防震减灾会，通报了辖区地震形势和灾害风险；精河县地震局向政府上报了下半年辖区的震情形势，从不同层面为精河 6.6 级地震的长中短临成功预测发挥了积极作用。

参 考 文 献

［1］王晓强、李杰、Alexander Zubovich 等，利用 GPS 形变资料研究天山及邻近地区地壳水平位移与应变特征，地震学报，29（1）：31～37，2007

［2］李杰、王晓强、谭凯等，北天山现今活动构造的运动特征，大地测量与地球动力学，30（6）：1～5，2010

［3］尹光华、蒋靖祥、裴宏达等，1812 年尼勒克地震断层及最大位移，内陆地震，20（4）：296～304，2006

［4］朱令人、张云峰、任郁亮等，新疆通志（第 11 卷），乌鲁木齐：新疆人民出版社，257～260，2002

［5］陈建波、沈军、李军等，北天山西段库松木契克山山前断层新活动特征初探，西北地震学报，29（4）：335～340，2007

［6］常想德、孙静、李帅等，2017 年 8 月 9 日精河 6.6 级地震烈度分布与房屋震害特征分析，中国地震，33（4）：671～780，2017

［7］阿里木江·亚力昆、常想德、孙静等，2017 年 8 月 9 日精河 6.6 级地震灾害损失及灾后恢复重建经费评估，中国地震，33（4）：781～788，2017

［8］刘建明、高荣、王琼等，2017 年 8 月 9 日精河 6.6 级地震序列重定位与发震构造初步研究，中国地震，33（4）：663~670，2017

［9］李瑶、万永革、靳志同等，新疆精河 M_W6.3 地震产生的静态应力变化研究，中国地震，33（4）：671~681，2017

［10］尼鲁帕尔·买买吐孙、王海涛、张永仙等，2017 年 8 月 9 日精河 6.6 级地震前 LURR 异常时空演化特征，中国地震，33（4）：712~720，2017

［11］王筱荣，新疆强震前地震活动增强研究［J］，华南地震，25（1）：18~23，2005

［12］张琳琳、敖雪明、聂晓红，2017 新疆精河 6.6 级、库车 5.7 级地震前"库米什地震窗"异常特征分析，中国地震，33（4）：721~727，2017

［13］艾力夏提·玉山、李瑞、刘代芹等，2017 年精河 M_S6.6 地震前重力变化特征分析，中国地震，33（4）：749~756，2017

［14］祝意青、刘芳、郭树松，2010 年玉树 M_S7.1 地震前的重力变化，大地测量与地球动力学，31（1）：1~4，2011

［15］祝意青、闻学泽、孙和平等，2013 年四川芦山 M_S7.0 地震前的重力变化，地球物理学报，56（60）：1887~1894，2013

［16］祝意青、胡斌、李辉等，新疆地区重力变化与伽师 6.8 级地震，大地测量与地球动力学，23（3）：66~69，2003

［17］孙玉军、李杰、曹建玲等，深部洞室中微小温度年变化足以造成地应变年度变化，地震学报，30（5）：464~472，2008

［18］赵彬彬、高丽娟，2017 年 8 月 9 日精河 M_S6.6 地震前钻孔应变异常特征分析，中国地震，33（4）：728~740，2017

［19］邱泽华、唐磊、张宝红等，用小波—超限率分析提取宁陕台汶川地震体应变异常，地球物理学报，55（2）：538~546，2012

［20］邱泽华、周龙寿、池顺良，用超限率分析法研究汶川地震的前兆应变变化，大地测量与地球动力学，29（4）：1~9，2009

［21］艾萨·伊斯马伊力、黄恩贤、高丽娟，2017 年精河 M_S6.6 地震前地磁异常特征分析，中国地震，33（4）：764~770，2017

［22］梅世蓉、梁北援，岩后膨胀与地震前兆机制（一）——地壳内存在岩石膨胀的可能性，地震，（01）：3~10，1986

参 考 资 料

1）新疆维吾尔自治区地震局，新疆精河 6.6 级地震灾害损失评估报告，2017

2）中国地震台网中心，http：//www.csndmc.ac.cn/newweb/data.htm，2017

3）新疆维吾尔自治区地震局，新疆地震目录，2017

4）https：//earthquake.usgs.gov/earthquakes/eventpage/us2000a65e#executive

5）http：//www.globalcmt.org/CMTsearch.html

6）新疆维吾尔自治区地震局，2017 年 8 月 9 日精河 M_S6.6 地震序列及后续地震趋势分析，2017

7）http：//www.cea-igp.ac.cn/tpxw/275882.html

8）新疆维吾尔自治区地震局，2018 年度新疆地震趋势研究报告，2017

9）新疆维吾尔自治区地震局，2017 年度新疆地震趋势研究报告，2016

10）新疆维吾尔自治区地震局，2017 年中新疆地震趋势会商会部分震情研究报告汇编，2017

The M_S 6.6 Jinghe Earthquake on August 9, 2017 in Xinjiang Uygur Autonomous Region

Abstract

M_S6.6 earthquake happened in Jinghe county of Xinjiang Uygur Autonomous Region, on August 9th, 2017. The microscopic epicenter measured by China Earthquake Networks Center is 44.27°N, 82.89°E, focal depth is 11km. The macro-epicenter is 44.30°N, 82.78°E. The seismic intensity in meizoseismal area is Ⅷ, and the isoseismal distributed as oval, the direction of long axis is NWW. Disaster areas include 8 farms and 33 towns. This earthquake leads to 15.6 thousand square kilometers areas' damage, 133695 people affected, 36 injured, direct economic loss totally is 4.29964 billion RMB.

The seismic sequence of this earthquake is before-major-after shock, the magnitude of maximum aftershock is M_L5.1. The aftershocks are mainly concentrated on the 1-9 day after the earthquake, the frequency accounts for 68.2% of the total sequence, and the time interval of subsequent earthquakes increases significantly, and the intensity of the earthquake presents a gradual attenuation. The aftershock sequence generally extends along the EW direction (273°), and the distribution length is about 20km. The earthquake source mechanism of this earthquake is thrusting type, nodal plane Ⅱ is 94°, combined with aftershocks and isoseismal of seismic intensity spedulate that nodal plane Ⅱ is the main plane of fracture. Comprehensive analysis suggests that the seismogenic structure of this M_S6.6 earthquake is Kumusongqike fault.

The Jinghe 6.6 earthquake occurred in the medium and long term earthquake defense area. The annual seismic hazard area designated by China Earthquake Administration and the Xinjiang Earthquake Bureau designated the moderate strong earthquake area should be noted. Before the earthquake, the Xinjiang Seismological Bureau made an accurate short-term prediction. After the earthquake, the China Earthquake Administration Working Group carried out seismic flow monitoring, earthquake, intensity evaluation, disaster investigation and assessment, scientific investigation work, and set up 2 mobile seismic station. The Xinjiang Seismological Bureau made an accurate judgement on the type of the earthquake sequence after the earthquake.

Because of the earthquake to the final part of the relevant research results of unfinished or unpublished data collected in this paper, there are missing, the conclusion is overgeneralization.

报 告 附 件

附件一：震例总结用表

附表 1　固定地球物理观测台（点）与观测项目汇总表

序号	台站（点）名称	经纬度（°）		测项	资料类别	震中距 Δ/km	备注
		φ_N	λ_E				
1	巴音沟	44.10	83.30	地倾斜（摆式）	II类	38	CZB 型钻孔倾斜
				应力应变	II类		RZB 型分量钻孔应变
2	精河台	44.63	82.97	测震	I类	39	
				地倾斜（连通管）	II类		BSQ 型水管倾斜
				地倾斜（摆式）	II类		SQ-70 型石英水平摆
				应力应变	II类		SSY 型洞体应变
3	尼勒克	43.90	83.02	水位	II类	42	
				水温	II类		
		43.73	82.61	应力应变	II类	64	RZB 型分量钻孔应变
4	博乐	44.89	82.38	水位	II类	80	
				水温	II类		
				二氧化碳	II类		
5	新源台	43.41	83.27	测震	I类	100	
				地倾斜（摆式）	II类		CZB 型钻孔倾斜
				应力应变	III类		RZB 型分量钻孔应变
6	那拉提	43.40	83.30	地倾斜（摆式）	III类	103	CZB 型钻孔倾斜
7	巩留	43.41	82.43	应力应变	II类	103	RZB 型分量钻孔应变
8	伊宁 1 号	44.43	81.48	地倾斜（摆式）	III类	106	CZB 型钻孔倾斜
				水位	II类		
				水温	II类		
9	乌苏台	44.12	84.64	测震	I类	107	
				水温	II类		
10	阿拉山口台	45.15	82.11	测震	I类	115	
11	白杨沟	44.18	84.38	泥火山	II类	119	
12	伊宁 2 号	44.46	81.38	水位	II类	122	
				水温	II类		

续表

序号	台站（点）名称	经纬度（°）		测项	资料类别	震中距 Δ/km	备注
		φ_N	λ_E				
13	特克斯	43.24	82.28	水位	Ⅱ类	125	
				水温	Ⅱ类		
14	艾其沟	44.18	84.48	泥火山	Ⅱ类	127	
15	霍尔果斯	44.34	80.96	地倾斜（摆式）	Ⅱ类	154	
16	察布查尔台	43.52	81.43	测震	Ⅰ类	166	
				水位	Ⅱ类		
				水温	Ⅱ类		
17	温泉台	44.95	81.00	测震	Ⅰ类	168	SQ-70 型石英水平摆 体积式应变
				地倾斜（摆式）	Ⅰ类		
				应力应变	Ⅱ类		
				大地电场	Ⅱ类		
				地磁	Ⅱ类		
				水位	Ⅱ类		
				水温	Ⅱ类		
				流量	Ⅱ类		
				氡（水）	Ⅱ类		
18	柳树沟台	45.58	84.27	测震	Ⅰ类	181	
19	巴音布鲁克	42.92	84.16	地倾斜（摆式）	Ⅱ类	182	CZB 型钻孔倾斜
20	雅满苏台	41.94	83.00	测震	Ⅰ类	200	
21	沙湾 26 泉	44.17	85.45	水位	Ⅱ类	204	
22	沙湾 25 泉	43.84	85.38	水温	Ⅱ类	205	
				硫化物	Ⅱ类		
23	下野地台	44.65	85.45	测震	Ⅰ类	207	
24	克拉玛依台	45.65	84.81	测震	Ⅰ类	216	CZB 型钻孔倾斜
				地倾斜（摆式）	Ⅱ类		
				大地电场	Ⅱ类		
				地磁	Ⅱ类		

续表

序号	台站（点）名称	经纬度（°）		测项	资料类别	震中距 Δ/km	备注
		φ_N	λ_E				
25	石场台	43.91	85.68	测震	I 类	225	
				地倾斜（摆式）	I 类		SQ-70 型石英水平摆
				地倾斜（摆式）	I 类		CZB 型钻孔倾斜
				应力应变	I 类		RZB 型分量钻孔应变
26	扎尔干特	44.32	79.78	钙离子	II 类	247	
				氯离子	II 类		
				流量	II 类		
				硅酸	II 类		
				水温	II 类		
				氡气	II 类		
				二氧化碳	II 类		
27	石河子台	44.21	85.86	测震	I 类	249	
				应力应变	II 类		土层应力
				断层蠕变	II 类		
28	玛纳斯	44.13	86.12	地倾斜（摆式）	I 类	258	CZB 型钻孔倾斜
29	莫索湾台	44.76	86.21	测震	I 类	268	
30	库车台	41.85	82.85	测震	I 类	269	
				地倾斜（摆式）	II 类		CZB 型钻孔倾斜
31	昭苏台	42.67	80.36	测震	I 类	273	
32	克孜尔	41.74	82.44	水准	II 类	284	
33	拜城台	41.85	81.62	测震	I 类	289	
34	呼图壁	44.36	86.94	测震	I 类	292	
				水准	II 类		
				大地电场	II 类		
				地磁	II 类		
				地倾斜（摆式）	II 类		CZB 型钻孔倾斜
				应力应变	II 类		RZB 型分量钻孔应变
				水位	II 类		
				水温	II 类		

续表

序号	台站（点）名称	经纬度（°）		测项	资料类别	震中距 Δ/km	备注
		φ_N	λ_E				
35	轮台台	42.02	84.16	测震	I 类	295	
				地倾斜（摆式）	III 类		CZB 型钻孔倾斜
36	塔城台	46.93	83.16	测震	I 类	296	
37	卡帕尔	45.28	79.35	钙离子	II 类	296	
				氯离子	II 类		
				硅酸	II 类		
				流量	II 类		
				水温	II 类		
				氦气	II 类		
				二氧化碳	II 类		
38	萨雷扎斯	42.98	79.72	水位	II 类	296	
39	博古特	43.75	79.05	水位	II 类	300	

分类统计	$0<\Delta\leqslant100km$	$100<\Delta\leqslant200km$	$200<\Delta\leqslant300km$	总数
测项数 N	6	10	16	32
台项数 n	15	30	49	94
测震单项台数 a	0	3	5	8
形变单项台数 b	0	4	2	6
电磁单项台数 c	0	0	0	0
流体单项台数 d	0	2	3	5
综合台站数 e	5	6	9	20
综合台中有测震项目的台站数 f	2	3	6	11
测震台总数 $a+f$	2	6	11	19
台站总数 $a+b+c+d+e$	5	15	19	39
备注				

附表 2　测震以外固定地球物理观测项目与异常统计表

序号	台站（点）名称	测项	资料类别	震中距 Δ/km	按震中距 Δ 范围进行异常统计														
---	---	---	---	---	0<Δ≤100km					100<Δ≤200km					200<Δ≤300km				
					L	M	S	I	U	L	M	S	I	U	L	M	S	I	U
1	巴音沟	地倾斜（摆式）	Ⅱ类	38															
		应力应变	Ⅱ类																
2	精河台	测震	Ⅰ类	39															
		地倾斜（连通管）	Ⅱ类																
		地倾斜（摆式）	Ⅱ类			√													
		应力应变	Ⅱ类																
3	尼勒克	水位	Ⅱ类	42															
		水温	Ⅱ类																
		应力应变	Ⅱ类	64			√	√											
4	博乐	水位	Ⅱ类	80															
		水温	Ⅱ类																
		二氧化碳	Ⅱ类																
5	新源台	测震	Ⅰ类	100															
6	那拉提	地倾斜（摆式）	Ⅲ类	103															
7	巩留	应力应变	Ⅱ类	103									√						
8	伊宁 1 号	地倾斜（摆式）	Ⅲ类	106															
		水位	Ⅱ类																
		水温	Ⅱ类																
9	乌苏台	测震	Ⅰ类	107															
		水温	Ⅱ类																
10	阿拉山口台	测震	Ⅰ类	115															
11	白杨沟	泥火山	Ⅱ类	119															
12	伊宁 2 号	水位	Ⅱ类	122															
		水温	Ⅱ类																
13	特克斯	水位	Ⅱ类	125															
		水温	Ⅱ类																
14	艾其沟	泥火山	Ⅱ类	127													√		
15	霍尔果斯	地倾斜（摆式）	Ⅱ类	154													√		

续表

序号	台站（点）名称	测项	资料类别	震中距 Δ/km	按震中距 Δ 范围进行异常统计															
					0<Δ≤100km					100<Δ≤200km					200<Δ≤300km				
					L	M	S	I	U	L	M	S	I	U	L	M	S	I	U
16	察布查尔台	测震	Ⅰ类	166															
		水位	Ⅱ类																
		水温	Ⅱ类																
17	温泉台	测震	Ⅰ类	168															
		地倾斜（摆式）	Ⅰ类												∨				
		应力应变	Ⅱ类																
		大地电场	Ⅱ类																
		地磁	Ⅱ类																
		水位	Ⅱ类																
		水温	Ⅱ类																
		流量	Ⅱ类																
		氡（水）	Ⅱ类																
18	柳树沟台	测震	Ⅰ类	181															
19	巴音布鲁克	地倾斜（摆式）	Ⅱ类	182															
20	雅满苏台	测震	Ⅰ类	200															
21	沙湾 26 泉	水位	Ⅱ类	204															
22	沙湾 25 泉	水温	Ⅱ类	205															
		硫化物	Ⅱ类																
23	下野地台	测震	Ⅰ类	207															
24	克拉玛依台	测震	Ⅰ类	216															
		地倾斜（摆式）	Ⅱ类																
		大地电场	Ⅱ类																
		地磁	Ⅱ类																
25	石场台	测震	Ⅰ类	225															
		地倾斜（摆式）	Ⅰ类																
		地倾斜（摆式）	Ⅰ类																
		应力应变	Ⅰ类																

续表

序号	台站（点）名称	测项	资料类别	震中距 Δ/km	0<Δ≤100km					100<Δ≤200km					200<Δ≤300km				
					L	M	S	I	U	L	M	S	I	U	L	M	S	I	U
26	扎尔干特	钙离子	Ⅱ类	247															
		氯离子	Ⅱ类														√		
		流量	Ⅱ类																
		硅酸	Ⅱ类																
		水温	Ⅱ类																
		氡气	Ⅱ类																
		二氧化碳	Ⅱ类																
27	石河子台	测震	Ⅰ类	249															
		应力应变	Ⅱ类																
		断层蠕变	Ⅱ类																
28	玛纳斯	地倾斜（摆式）	Ⅰ类	258															
29	莫索湾台	测震	Ⅰ类	268															
30	库车台	测震	Ⅰ类	269															
		地倾斜（摆式）	Ⅱ类																
31	昭苏台	测震	Ⅰ类	273															
32	克孜尔	水准	Ⅱ类	284															
33	拜城台	测震	Ⅰ类	289															
34	呼图壁	测震	Ⅰ类	292															
		水准	Ⅱ类																
		大地电场	Ⅱ类																
		地磁	Ⅱ类																
		地倾斜（摆式）	Ⅱ类																
		应力应变	Ⅱ类														√		
		水位	Ⅱ类																
		水温	Ⅱ类																
35	轮台台	测震	Ⅰ类	295															
		地倾斜（摆式）	Ⅲ类																
36	塔城台	测震	Ⅰ类	296															

续表

序号	台站（点）名称	测项	资料类别	震中距 Δ/km	0<Δ≤100km					100<Δ≤200km					200<Δ≤300km				
					L	M	S	I	U	L	M	S	I	U	L	M	S	I	U
37	卡帕尔	钙离子	Ⅱ类	296															
		氯离子	Ⅱ类																
		硅酸	Ⅱ类																
		流量	Ⅱ类													∨			
		水温	Ⅱ类																
		氡气	Ⅱ类																
		二氧化碳	Ⅱ类																
38	萨雷扎斯	水位	Ⅱ类	296															
39	博古特	水位	Ⅱ类	300															
分类统计	台项	异常台项数			0	1	1	1	0	0	0	0	1	0	0	1	5	0	0
		台项总数			15	15	15	15	15	30	30	30	30	30	49	49	49	49	49
		异常台项百分比/%			0	6.7	6.7	6.7	6.7	0	0	0	3.3	0	0	2	10	0	0
	观测台站（点）	异常台站数			0	1	1	1	0	0	0	0	1	0	0	1	5	0	0
		台站总数			5	5	5	5	5	15	15	15	15	15	19	19	19	19	19
		异常台站百分比/%			0	20	20	20	0	0	0	0	6.7	0	0	5.3	26	0	0
	测项总数（94）				15					30					49				
	观测台站总数（39）				5					15					19				
备注																			

附件二：短期预报卡 1

填卡须知

1. 预测等级标准的确认，只需将○涂为●。
2. 预测内容请参考确认的级别所规定的等级标准填写：

等级标准	震级（M_S）	时间（天）	地域（半径） （公里）
一级	≥7.0	≤90	≤200
二级	6.0～6.9	≤60	≤150
三级	5.0～5.9	≤30	≤100
余震	≥5.0	≤5	≤50

注：表中余震预报是指对中强地震发生 10 天以后的 5 级以上余震所作出的预报。

3. 单位或集体的预测应填全称。个人的预测应填所在单位全称、本人姓名、通讯地址和邮政编码。
4. 地震预测意见应向预测地的县级以上地方人民政府负责管理地震工作的部门或者机构报告，也可向所在地的县级以上地方人民政府负责管理地震工作的部门或者机构、或国务院地震工作主管部门受理机构（北京市西城区三里河南横街 5 号中国地震台网中心，邮编：100045）报告。
5. 预测意见应明确、详细。
6. 本卡片可以复制，保密期满后予以公布。
7. 预测意见评价：
   ①完全正确：实发地震发生在预测时间段内，预测意见的地点、震级与实发地震完全符合；
   ②部分预测要素对应：实发地震发生在预测时间段内，预测意见的地点、震级至少有 1 个与实发地震一致，即地点误差不超过 300 公里（西藏地区不超过 500 公里），或者震级误差不超过 1 级。
   ③无对应：不满足①、②条件的。

地震短临预测卡片

预测等级：○一级 ●二级 ○三级 ○余震

预测内容：
1. 时间：2017 年 7 月 27 日至 2017 年 9 月 26 日
2. 震级（M_S）：5.5 级至 6.4 级
3. 地域：用封闭图形绘于下面经纬网内，并标注其图形拐点的经纬坐标。

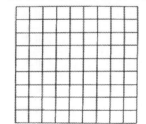

网距单位：（ ）度
84.2E,43.3N，150km

上述预测内容的依据和方法：
（要求文字简明，图件清晰，提供定量公式，可填写在背面或附页）

预测的单位或集体签章：
或个人预测签字：
所在单位签章：
填报时间：2017 年 7 月 日
通讯地址：   邮政编码：8 5 □ □

预测依据描述及附图：
1、流动重力：半年尺度

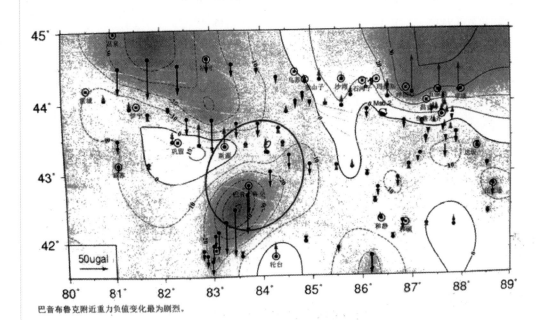

巴音布鲁克附近重力负值变化最为剧烈。

2、流动重力：1 年尺度

BJ201605-201705

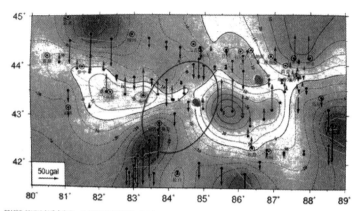

201605-201705 年重力变化：1）测区东部出现四象限重力变化特征，呼图壁地震发生在四象限中心附近；2）测区中西部重力变化也较为剧烈，并在新源、和静、独山子、巴音布鲁克地区出现四象限分布特征。

3、重力数据残差表示法

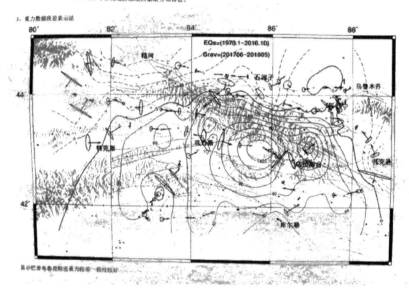

显示巴音布鲁克附近重力残差一致性较好

3、GNSS 块体应变

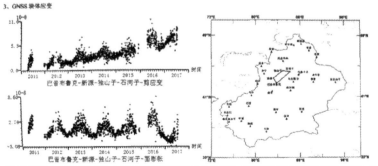

该区域面膨胀自 2016 年 7 月初开始下降，该时间序列曲线与往年相比出现不一致的变化，2012 至 2016 年 1 月至 2 月基本完成年变转向，2017 年 1,2 月份并未转向，而是 4 月份开始转向，该区受挤压持续时间较以往要久。

预测预报情况登记表

序号	数据项中文名	填入项	备注
1	地震编号		
2	主震编号		
3	预报单位名称	新疆维吾尔自治区地震局	
4	预报人	地震活动性室	
5	预报依据	异常增强区、3级地震平静、3级地震增强、小震群累积月频度加速、4级地震平静、小震调制比、库米什地震窗	
6	预报时间开始	2017年7月28日	
7	预报时间结束	2017年9月28日	
8	预报最大震级	6.1	
9	预报最小震级	5.1	
10	预报地点	以东经82.4°，北纬43.6°为圆心，150km未半径的圆形区域	
11	预报区南界纬度		
12	预报区北界纬度		
13	预报区东界经度		
14	预报区西界经度		
15	提出预报时间	2017年7月28日	
16	预报效果	预测时间和地点正确、震级偏低	
17	证明附录名称	附件三	

附件三：短期预报卡 2

填卡须知

1. 预测等级标准的确认，只需将○涂为●。
2. 预测内容请参考确认的级别所规定的等级标准填写：

等级标准	震级（Ms）	时间（天）	地域（半径）（公里）
一级	≥7.0	≤90	≤200
二级	6.0～6.9	≤60	≤150
三级	5.0～5.9	≤30	≤100
余震	≥5.0		≤100

注：表中余震预测是指对中强地震发生 10 天以后的 5 级以上余震所作出的预测。

3. 单位或集体的预测应填全称。个人的预测应填所在单位全称、本人姓名、通讯地址和邮政编码。
4. 地震预测意见应向预测地的县级以上地方人民政府负责管理地震工作的部门或者机构报告，也可向所在地的县级以上地方人民政府负责管理地震工作的部门或者机构、或国务院地震工作主管部门受理机构（北京市西城区三里河南横街 5 号中国地震台网中心，邮编：100045）报告。
5. 预测意见应明确、详细。
6. 本卡片可以复制，保密期满后予以公布。
7. 预测意见评价：
　①完全正确：实发地震发生在预测时间段内，预测意见的地点、震级与实发地震完全符合；
　②部分预测要素对应：实发地震发生在预测时间段内，预测意见的地点、震级至少有 1 个与实发地震一致，即地点误差不超过 300 公里（西藏地区不超过 500 公里），或者震级误差不超过 1 级。
　③无对应：不满足①、②条件的。

地震短临预测卡片

预测等级：　○一级　●二级　○三级　○余震
预测内容：
1. 时间：　2017 年 7 月 28 日至 2017 年 9 月 28 日
2. 震级（Ms）：　5.1 级至 6.1 级
3. 地域：用封闭图形绘于下面经纬网内，并标注其图形拐点的经纬坐标。

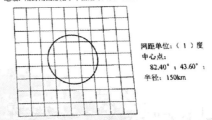

网距单位：（1）度
中心点：
82.40°；43.60°；
半径：150km

上述预测内容的依据和方法：
（要求文字简明，图件清晰，提供定量公式，可填写在背面或附页）

预测的单位或集体签章：
或个人预测签字：
所在单位签章：
填报时间：2017 年 7 月 27 日
通讯地址：　　　　　邮政编码：

预测依据描述及附图：

1、2014 年 11 月—2016 年 1 月，在库车—库尔勒地区、新源—温泉地区形成了 3、4 级地震的异常增强区。（图 1）

2、2016 年 9 月 17 日后霍城—拜城—精河地区 3 级以上地震出现平静，其后 2017 年 1 月开始，平静区内 3 级地震活动逐步活跃，并形成 3 级地震围空，2017 年 3 月 10 日空内部边缘发生 3 级地震，6 月 9 日空区内再次发生 3 级地震，空完全打破。2017 年 7 月以来空区周围地震活动明显增加。（图 2）

3、2017 年 1 月以来天山中段 3 级以上地震显著增强，该异常指标显示，当累积频度超过 12 次，则后续存在发生中强以上地震的比例为 7/11（图 3）。

4、2016 年 10 月以来，库车周边地区连续发生多次震群活动，以往震例显示中强震前小震群累积月频度出现加速现象（图 4）。

5、2016 年 12 月 8 日呼图壁 6.2 地震后，天山中段 4 级地震平静 228 天，2017 年 7 月 25 日托克逊 4.0 级地震打破该平静。预测指标显示，天山中段 4 级地震平静 2 倍均方差（即 165 天），其后发生中强以上地震的比例为 82.3%（图 5）。

6、小震调制比 Rm 值空间扫描显示，自 2017 年 4 月开始，北天山西新源—乌苏地区出现高值异常（图 6）。

7、库米什地震窗 2017 年 4 月出现异常，震例显示，其后中强地震优势发震时段为 6 个月内，优势地区为北天山西段。（图 7）

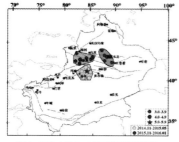

图 1　天山中段 3、4 级地震异常增强区

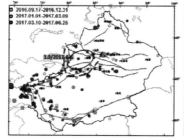

图 2　霍城—拜城—精河地区 3 级以上地震平静

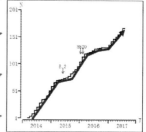

预测预报情况登记表

序号	数据项中文名	填入项	备注
1	地震编号		
2	主震编号		
3	预报单位名称	新疆维吾尔自治区地震局	
4	预报人	温泉—乌苏危险区跟踪组	
5	预报依据	5 级地震集中活动、异常增强区、3 级地震增强、3 级地震围空打破、库米什地震窗、RTL、小震震源一致性、果子沟钻孔倾斜、精河水平摆、温泉水平摆、小泉沟、尼勒克分量钻孔应变、伊宁 1 号水井、北疆地磁逐日比	
6	预报时间开始	2017 年 8 月 01 日	
7	预报时间结束	2017 年 9 月 30 日	
8	预报最大震级	6.1	
9	预报最小震级	5.1	
10	预报地点	以东经 82.2°，北纬 44°为圆心，150km 未半径的圆形区域	
11	预报区南界纬度		
12	预报区北界纬度		
13	预报区东界经度		
14	预报区西界经度		
15	提出预报时间	2017 年 7 月 30 日	
16	预报效果	预测时间和地点正确、震级偏低	
17	证明附录名称	附件四	

附件四：短期预报卡 2

填卡须知

1. 预测等级标准的确认，只需将○涂为●。
2. 预测内容请参考确认的级别所规定的等级标准填写：

等级标准	震级（M_S）	时间（天）	地域（半径）（公里）
一级	≥7.0	≤90	≤200
二级	6.0～6.9	≤60	≤150
三级	5.0～5.9	≤30	≤100
余震	≥5.0	≤5	≤50

注：表中余震预测是指对中强地震发生 10 天以后的 5 级以上余震所作出的预测。

3. 单位或集体的预测应填全称。个人的预测应填所在单位全称、本人姓名、通讯地址和邮政编码。
4. 地震预报意见应向预测地的县级以上地方人民政府负责管理地震工作的部门或者机构报告，也可向所在地的县级以上地方人民政府负责管理地震工作的部门或者机构，或国务院地震工作主管部门受理机构（北京市西城区三里河南横街 5 号中国地震台网中心，邮编：100045）报告。
5. 预测意见应明确、详细。
6. 本卡片可以复制，保密期满后予以公布。
7. 预测意见评价：
   ①完全正确：实发地震发生在预测时间段内，预测意见的地点、震级与实发地震完全符合；
   ②部分预测要素对应：实发地震发生在预测时间段内，预测意见的地点、震级至少有 1 个与实发地震一致，即地点误差不超过 300 公里（西藏地区不超过 500 公里），或者震级误差不超过 1 级。
   ③无对应：不满足①、②条件的。

地震短临预测卡片

预测等级：○一级 ●二级 ○三级 ○余震

预测内容：

1. 时间：2017 年 08 月 01 日至 2017 年 09 月 30 日
2. 震级（M_S）：5.1 级至 6.1 级
3. 地域：用封闭图形绘于下面经纬网内，并标注其图形拐点的经纬坐标。

网距单位：以（82.2°，44°）为圆心

以 150km 为半径的圆形区域

上述预测内容的依据和方法：
（要求文字简明，图件清晰，提供定量公式，可以另写在背面或附页）

预测的单位或集体签章：
或个人预测签字：

所在单位签章：

填报时间：2017 年 07 月 日

通讯地址：乌鲁木齐市科学二街 338 号   邮政编码：830011

震情预测依据描述及附图：
1. 2011 年以来，北天山西段 5 以上地震活跃。（图 1）
2. 2015 年 1～9 月和 2015 年 11 月～2016 年 1 月，在新源—精河地区形成了 3、4 级地震异常增强区。（图 2）
3. 温泉-柯苏中小地震震源机制新一致性程度高。（图 3）
4. 2017 年 5 月以来，天山中段 3 级地震 3 月累积频度显著增强。（图 4）
5. 震级一开展一精河 3 次地震围空打破。（图 5）
6. 未来 6 作震源 4 月超前。（图 6）
7. 2018 年以来，温泉-精河地区和伊犁州盆地 RTL 值持续低值。（图 7）

前兆预测依据描述及附图：
1. 呈子向钻孔倾斜 EW 分量 2017 年 2 月 1 日加速东倾，变化速率是正常速率的 3 倍，3 月 14 日正常恢复，结束待对应；3 月 1 日 NS 分量加速北倾，变化速率是正常速率的 4 倍，6 月 18 日正常恢复，结束待对应。（短期异常，目前结束待对应）（图 8）
2. 精河水平摆东向向平明显变增加大，是往年正常变幅的 2 倍，正常年变转向时间为 2 月中下旬，目前已推迟 5 个多月，仍未发生转向。（中期异常，目前持续）（图 9）
3. 温泉水平摆北南分量 2015 年 11 月以来年变时变异常，目前异常持续；秦西分量 2016 年年变幅减小，速率减缓，2017 年 4 月 10 日恢复正常速率，目前结束待对应。（中期异常，目前持续）（图 10）
4. 乌勒庭分量钻孔应变 NE 和 NW 分量 3 月 26 日以来加速变化。（中期异常，目前持续）（图 11）
5. 个旧体分量钻孔应变异常；2017 年 1 月 1 日-4 月 6 日四分量多次出现快速压缩变化，近期出现多次出现高频信号，以往范例为呼图壁 6.2 地震。（短期异常，异常结束待对应）（图 12）。
6. 伊宁 1 号井从 1 月至今 240m 中温水位出现多次较大幅度下降、上升变化。（短期异常，目前持续）（图 13）
7. 北疆片区地磁逐日比高值超限异常（温泉、克拉玛依、乌鲁木齐）。（短期异常，结束待对应）（图 14）

预测预报情况登记表

序号	数据项中文名	填入项	备注
1	地震编号		
2	主震编号		
3	预报单位名称	新疆维吾尔自治区地震局	
4	预报人	前兆室	
5	预报依据	果子沟钻孔倾斜、精河水平摆、温泉水平摆、小泉沟、尼勒克分量钻孔应变、伊宁1号水井、北疆地磁逐日比	
6	预报时间开始	2017 年 7 月 01 日	
7	预报时间结束	2017 年 9 月 01 日	
8	预报最大震级	6.2	
9	预报最小震级	5.2	
10	预报地点	以东经 84.2°，北纬 43.3° 为圆心，150km 未半径的圆形区域	
11	预报区南界纬度		
12	预报区北界纬度		
13	预报区东界经度		
14	预报区西界经度		
15	提出预报时间	2017 年 7 月 28 日	
16	预报效果	预测时间和地点正确、震级偏低	
17	证明附录名称	附件三	

附件五：短期预报卡 2

1. 北疆片区地磁逐日比异常（温泉、克拉玛依、乌鲁木齐）（待对应）。（震例研究表明，当出现地磁垂直分量多台同步同期高幅度变化现象，短期内异常区周围发生 5 级以上地震可能，对应率较好）（图1）

2. 新疆北疆地区 2017 年 6 月 6 日和 2017 年 6 月 17 日出现地磁低点位移异常。（预测时间点覆盖 7 月）（图2）。

3. 小泉沟分量钻孔应变异常：2017 年 1 月 1 日-1 月 5 日四分量快速压缩变化，6 日-10 日四分量快速拉张变化。气压对该资料影响不大，辅助观测水位资料不能用，故未排除水位对资料的影响，近期台站未对监测仪器进行调整。21 日四分量再次短时间（130 分钟）内快速压缩，之后 22-25 日四分量快速拉张，再次形成下弯型变化；29 日四分量再次快速压缩，当日转为拉张；2 月 12 日-3 月 1 日四分量出现三组压性突跳，3 月 5 日之后四分量快速压缩。异常于 4 月 6 日结束，持续时间 96 天。以往震例为呼图壁 6.2 地震。（异常结束，待对应）（图3）。

4. 尼勒克分量钻孔应变异常：NE 和 NW 分量 3 月 26 日以来加速变化。（图4）。（待对应）。

5. 果子沟钻孔倾斜短期异常（果子沟钻孔倾斜 EW 分量 2017 年 2 月 1 日加速东倾，变化速率是正常速率的 3 倍，3 月 14 日异常恢复，结束待对应；3 月 1 日 NS 分量加速北倾，变化速率是正常速率的 4 倍，目前持续）。（持续）（图5）。

附件六：2017 年度中国地震局地震危险区预测图（新疆部分）

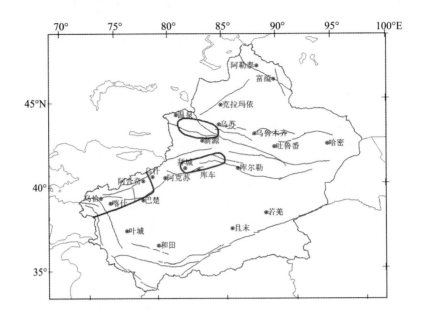

附件七：2017 年度新疆地震局地震危险区预测图

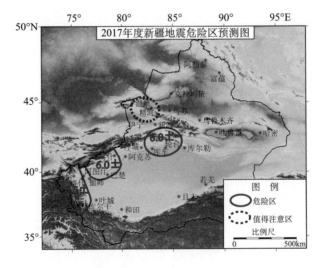

附件八：精河 6.6 级地震加密会商监视报告

震情监视报告

单 位	新疆地震局预报中心	会商会类型	震情应急会商会
期 数	（2017）第 50 期	会商会地点	局五楼会商室
	（总字）第 1394 期	会商会时间	2017 年 8 月 09 日 10 时 00 分
主持人	王琼	发送时间	08 月 09 日 11 时 30 分
签发人	蔚晓利	收到时间	月　日　时
Apnet 网络编码	AP65	发送人	唐兰兰

据中国地震台网测定，2017 年 08 月 09 日 7 时 27 分在新疆精河县发生 6.6 级地震，震源深度 11 公里。新疆地震局预报中心立即组织召开紧急会商会，主要针对震区的地震趋势进行了初步的分析和讨论，初步意见如下：

1、精河 6.6 级地震距精河县约 37km、尼勒克县 62km、新源县 98km、博乐 95km、伊宁县 113km。发震构造为库松木契克山前断裂，断错性质为逆冲型。1900 年以来距本次地震 200km 范围内发生过 10 次 6 级以上地震，最大地震为 1944 年 3 月 10 日新源县 7.2 级地震，距本次地震 95km，距本次地震空间最近的为 1973 年 6 月 3 日精河县 6.0 级地震，约 57km；时间最近的为 2012 年 6 月 30 日新源 6.6 级地震，约 178km。1900 年以前发生的最大地震为 1812 年尼勒克 8 级地震距此次地震 60Km。

2、1970 年以来的震中周围 200km 范围内 5 级以上地震以主余型和孤立型为主，6 级地震均为主余型。

3、截止 8 月 9 日 10 时 35 分，精河单台记录 ML>0 余震共 91 次，其中 ML0.0-0.9 地震 3 次，ML1.0-1.9 级地震 55 次，ML2.0-2.9 级地震 16 次，ML3.0-3.9 级地震 12 次，ML4.0-4.9 级地震 4 次，最大余震为 Ms4.7 地震（综合定位结果）。历史地震序列统计显示，1900-2016 年天山中段的 11 次 6 级地震均为主余型，最大余震震级区间为 4.0-5.2，最大余震与主震时间间隔时间显示，其中 6 次发生在主震后 7 天内，4 次在 1 天内。根据历史地震序列类型和目前序列情况，初步判定序列类型为主余型，近几日震区活动水平可能为 5 级左右。

4、本次 6.6 级地震震中 200km 范围内历史地震震源机制类型以逆冲型为主，USGS 和中国地震局地球物理所震源机制计算结果均显示本次 6.6 级地震震源机制解为逆冲型，主压应力方向为近 NS 向。发震构造为库松木契克山前断裂，断错性质为逆冲型，与历史地震断裂类型和发震构造断错性质一致。

5、精河 6.6 级地震震中 300km 范围内有 19 个定点前兆台，400km 范围内有 5 个定点前兆台，共 45 套前兆观测。2017 年以来北天山西段前兆异常比例明显高于均值，震前北天山西段存在的异常：温泉石英摆年变增大异常、精河石英摆年变增大异常、尼勒克分量钻孔加速变化、果子沟钻孔倾斜两分量加速变化、地磁逐日比异常、地磁低点位移异常、小泉沟钻孔应变四分量快速压缩拉张变化，共 7 项中短期前兆异常。

6、本次 6.6 级地震发生前，天山中段地震活动性存在 4 项中短期异常，分别为天山中段 4 级地震平静、天山中段 3、4 级异常增强区、精城一拜城一精河 3 级地震平静打破、天山中段 3 级地震增强，本次精河 6.6 级地震就发生在新源-乌苏 3 级地震增强区内。

7、精河 6.6 级地震发生在中国局划定的温泉-乌苏 6.0 级左右危险区内，震前新疆局填报了 4 张短期预报卡，除预报震级偏小，时间和地点预测准确。8 月 8 日，针对九源河 7.0 级地震，新疆地震局召开震情应急会商，根据历史地震对应情况，再次强调天山中西段近期强震的紧迫性。

8、近期震情监视跟踪工作：7 月 19 日预报中心负责人向自治区地震局党组汇报近期新疆地区震情趋势，提出"近期新疆地区的活动水平可能为 6 级左右，危险区域为天山中段"。会上党组作出近期震情监视跟踪工作部署：7 月 26 日新疆地震局月会会商，提出"未来一个月及稍长时间新疆地区存在发生中强地震的可能，危险区域为天山中段；关注南天山西段和阿勒泰地震带震情发展变化"；危险区跟踪意见："未来 1 个月及稍长时间温泉-精河 6 级左右危险区有发生目标地震的可能"；7 月 28 日新疆地震局向中国地震局上报近期震情跟踪报告和相关工作措施；8 月 2 日新疆地震局局长王海涛给在自治区党组会上汇报了近期新疆地区震情趋势和近期震情监视跟踪工作措施，明确提出"近期新疆地区存在发生中强地震的可能，重点关注天山中西段"判定意见；7 月 31 日、8 月 2 日根据党组工作部署，分别在库车、沙湾召开南天山东段震情跟踪会和北天山西段震情跟踪会，明确提出"新疆天山中段发生 6 级左右地震的危险性进一步增强，短期内北天山西段地震活动水平为 6 级左右"。

初步判定，序列类型可能为主余型，近几日震区地震活动水平可能为 5 级左右。另外，还需继续关注新疆南天山西段震情的发展变化。

2017 年 9 月 16 日新疆维吾尔自治区库车 5.7 级地震

新疆维吾尔自治区地震局

聂晓红　　邢喜民

摘　　要

2017 年 9 月 16 日 18 时 11 分，新疆维吾尔自治区库车县发生 5.7 级地震。中国地震台网中心测定的微观震中为 42.11°N、83.43°E，震源深度 6km，震区海拔超过 2000m。科考结果显示震区房屋抗震设防水平高，地震灾害较轻，因此未开展地震烈度评定和灾害损失及评估工作，故无法判定宏观震中的位置。此次地震最大仪器记录烈度为Ⅵ度，有感范围较广，未造成人员伤亡。

此次地震序列为主震—余震型，最大余震为 2017 年 9 月 16 日 M_L4.2 地震，序列衰减较快，余震主要发生在震后 6 天内，$M_L \geqslant 3.0$ 级余震在震后 1 个月结束。序列呈 NE 方向展布，垂直于北轮台断裂走向，与阿其切克断裂走向一致。该地震震源断错类型为逆冲型，节面Ⅰ走向 272°，倾角 39°，滑动角 91°；节面Ⅱ走向 90°，倾角 51°，滑动角 89°，其中节面Ⅰ走向与北轮台断裂走向一致，与余震展布方向垂直，符合逆冲断裂破裂特征，分析认为，节面Ⅰ可能为此次地震的破裂面，判定北轮台断裂可能为此次地震的发震构造，是近 NS 向挤压作用力产生的逆冲地震事件。

震中 200km 范围内有 8 个测震台站，7 个定点前兆台站和流动 GPS、流动重力、流动地磁观测，定点形变包括地倾斜、应变 2 个观测项目，共 9 个台项。震前异常有 17 项，具体包括地震空段、地震平静、地震增强、小震群、库米什窗、地倾斜、地应变、跨断层、水位、氦气、流磁，定点前兆观测异常资料均位于震中 200km 以外。其中测震学异常 6 项次，占总异常项次的 35.3%，定点前兆异常 10 项次，占总异常项次的 58.8%，流动观测异常 1 项次，占总异常项次的 5.9%，无临震异常。

库车 5.7 级地震前，中国地震局和新疆地震局做出了较好的中期和短期预测，此次地震发生在中国地震局划定的 2017 年度地震危险区内；新疆地震局预报中心测震室、前兆室、测绘院均填报了短临预报卡。2017 年 9 月 13 日库车县在伊西哈拉镇科克拱拜孜社区举行地震应急实战演练，全县 11 个成员单位及部分群众、师生参加演练，各乡镇、街道、县直各单位等分管领导共 200 余人观摩。地震发生后，新疆地震局联合地方地震局组成现场工作组开展了灾害调查、科学考察工作。震后新疆地震局对此次地震序列类型做出了较为准确的判断。

本震例报告中，无宏观震中、震中烈度、极震区烈度、经济损失等相关内容，主要原因为现场工作队未开展地震烈度评定和灾害损失及评估工作。由于与精河 6.6 级地震在时间、空间上相对较近，部分相关研究成果未完成或未公开发表，本文所收集资料难免有所遗漏，同时在部分异常的认定上可能存在偏差，因此所得结论为基于收集到资料的结果。

前　　言

2017 年 9 月 16 日 18 时 11 分，新疆维吾尔自治区库车县发生 5.7 级地震。中国地震台网中心测定的微观震中为 42.11°N、83.43°E，震源深度 6km。地震未造成人员伤亡，地震灾害较轻，未开展地震烈度评定和灾害损失及评估工作，无宏观震中、极震区烈度等考察结果，仪器烈度为Ⅵ度。现场工作队调查结果表明，此次地震有感范围较广，西起阿克苏市、北至博乐市、东至乌鲁木齐市等地均有感。由于震区房屋抗震设防水平高，绝大多数房屋基本完好，少量老旧房屋有老缝加宽、个别安居富民房有轻微裂缝等破坏现象。

此次地震发生在中国地震局划定的 2017 年度地震危险区内[1]（附件五）。2016 年 10 月新疆地震局在天山中段拜城—库车—轮台划定 6.0 级左右地震危险区，此次地震发生在该危险区内。2017 年 7 月，新疆地震局根据震情发展对精河 6.6 级和此次地震做出了短期预测，地震三要素预测均正确。地震发生后，新疆地震局启动了地震应急Ⅳ级响应，先后派出阿克苏地区地震局、阿克苏中心地震台、巴音郭楞蒙古自治州地震局、库尔勒地震台以及局机关 25 人组成现场工作队，前往震区开展灾害调查、科学考察等现场应急工作。由于该震区周围强震台站分布较多，因此现场未架设临时台站。新疆地震局组织专家召开多次震后趋势判定会，对此次地震序列类型做出了准确的判断。

2014 年以来新疆中强以上地震形成了在时间上成组、在空间上集中的活动特征，2015 年皮山 6.5 级地震后，新疆中强地震进入相对弱活动状态，其后 2016 年 11～12 月新疆连续发生了 2 次 6 级和 3 次 5 级地震，该组活动后，新疆地震活动再次减弱，特别是天山中段出现了大面积、长时间的地震平静和小震群活跃的活动状态，虽然发生了 2017 年 8 月 9 日精河 6.6 级地震，但该地震后多数异常仍然持续，库车 5.7 级地震即发生这种状态下，震后天山中段地震活动逐步恢复背景状态。

在相关文献、资料整理的基础上，本报告梳理了此次地震前出现的各类异常、分析了异常发震特征。由于此次地震发生的位置较为特殊，震中位于多条断裂构造交会部位，因此发展构造的判定较为困难；其次，由于此次地震发生在自 1999 年拜城 5.0 级地震后形成的拜城—库车 5 级地震空段内，该空段中强地震持续平静 18 年，此次地震的发生打破了该区的平静状态，这种平静状态结束后该区中强以上地震后续活动情况值得进一步研究；再次，由于该地震发生后余震衰减速度较快，且没有开展与之相关的科考，也没有与该地震相关的论文发表，因此本震例编写之前没有新的进展。此外，此次地震前 1 个多月发生了精河 6.6 级地震，因此对震前异常的认定亦是值得讨论的问题。

一、测震台网及地震基本参数

图 1 给出库车 5.7 级地震附近的测震台站分布情况。震中 100km 范围内有 2 个测震台站，分别为轮台台和库车台；100～200km 范围内有 6 个测震台站，分别是拜城台、库尔勒台、新源台、尼勒克台、巩留台和巩乃斯台。根据台站仪器参数及环境背景噪声水平，理论计算得到该区地震监测能力为 $M_L \geqslant 2.2$ 级，定位精度 0～5km[2]。震后该区未架设临时台站，监测能力未发生改变。

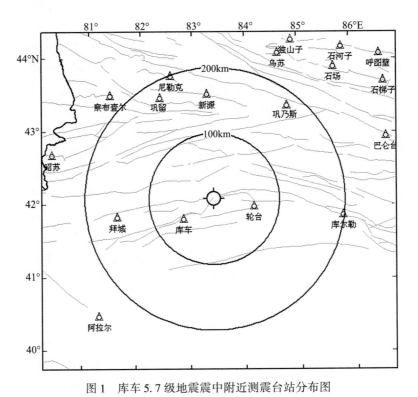

图 1　库车 5.7 级地震震中附近测震台站分布图

Fig. 1　Distribution of earthquake-monitoring stations around the epicenters

of the M_S5.7 Kuche earthquake

此次地震采用中国地震台网中心目录给出的基本参数，同时表 1 还列出了其他不同地震机构给出的库车 5.7 级地震的结果。

表 1 库车 5.7 级地震基本参数

Table 1　Basic parameters of the M_S 5.7 Kuche earthquake

编号	发震日期	发震时刻	震中位置 (°)		震级		震源深度	震中地名	结果来源
	年.月.日	时：分：秒	φ_N	λ_E	M_S	M_W	（km）		
1	2017.09.16	18：11：32	42.11	83.43	5.7		6	库车	CENC
2	2017.09.16	18：11：31	42.12	83.42	5.7		6	库车	新疆局
3	2017.09.16	18：11：33.5	42.205	83.516		5.4	16	库车	USGS
4	2017.09.16	18：11：34.7	42.14	83.45	5.4	5.5	20	库车	GCMT

二、地震地质背景[3)]

2017 年 9 月 16 日库车 5.7 级地震发生南天山山前库车坳陷内部，库车坳陷位于塔里木盆地北缘南天山造山带与塔北隆起之间，是一个中、新生代发育起来的前陆盆地，属典型的山前逆冲推覆构造。它西起温宿，东至库尔楚，长约 450km，南界在轮台—库车—阿克苏公路一线，南北宽约 20~60km，面积约 16000km²[1]。渐新世以来，南天山强烈隆升并向前陆盆地大幅冲断，库车坳陷内的中、新生代地层自北向南逐渐卷入变形，并发育了 4 排近 EW 向展布的逆断裂—背斜带，自北向南依次为山麓逆断裂—背斜带、喀桑托开逆断裂—背斜带、秋里塔格逆断裂—背斜带、亚肯盲逆断裂—背斜带。地震震中位于库车坳陷内第二排逆断裂喀桑托开逆断裂—背斜带东段，晚第四纪以来，断裂仍有较强的活动。根据断错地貌测量以及年代学研究，得到喀桑托开逆断裂—背斜晚第四纪以来的地壳缩短速率在 1.0~2.0mm/a 左右[2,3]。

库车 5.7 级地震震中位于多条断裂构造交会部位，以近 EW 向为主，震中以西有库木格热木断裂、喀桑托开断裂等断裂，以东有北轮台断裂、依奇克里克断裂等断裂，同时震中附近还分布规模相对较小的 NE 向断裂—阿其切克断裂（图 2）。其中北轮台断裂为天山构造系与塔里木地块的分界断裂，呈 NWW—近 EW 向展布，长度 >300km，断面 N 倾为主，局部 S 倾，倾角 50°~80°，为长期继承性活动断裂。该断裂从焉耆盆地南缘向西沿霍拉山山麓地带延伸。沿断裂多处可见古生界逆冲到更新统之上、局部切割全新统地层的现象。该断层西段可见断错小冲沟台地，台地顶面以下 1.8m 处的热释光年龄为距今 4860±360a。断层上覆有 45cm 厚全新世晚期坡积角砾层，其热释光年龄为 3410±360a，表明断裂的西段全新世时期仍在活动[4]。而与之相交的阿其切克断裂位于库车前陆盆地中部的库车河东侧，走向 N35°E，长约 50km。库车前陆盆地西部的库木格热木、喀桑托开和秋立塔格等逆断裂—背斜带的东端均终止于这条 NE 向的断裂，并与盆地东段的几条逆断裂—背斜不连续，二者之间有明显的右旋平移错动，估计水平断距 5km 以上[5]。断裂地表出露不明显，为一条隐伏走滑断裂，但断裂控制东、西两侧的晚更新世至全新世的活动断裂，据此推测也应为晚更新世以来的活动断裂。初步判定地震发震构造可能为北轮台断裂，此次地震位于该断裂西末端。

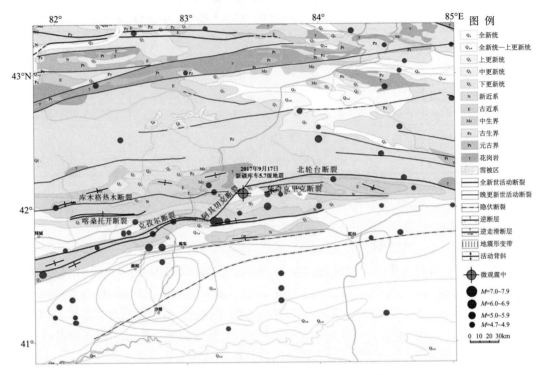

图 2　新疆库车 5.7 级地震震区地震构造图

Fig. 2　The seismo-tectonic map of the M_S 5.7 Kuche earthquake

震中周围相邻构造带历史地震活动强烈，1900 年以来发生 $M_S \geqslant 5.0$ 级地震 30 次，其中 6 级 4 次；7 级地震 2 次，分别为 1906 年 3 月 2 日和 1949 年 2 月 24 日库车 7.3 级地震，位于秋里塔格断裂。北轮台断裂上最近一次地震为 2012 年 6 月 15 日轮台 5.3 级地震。

三、地震影响场和震害[3)]

1. 地震影响场

震区主体位于库车县和轮台县，对灾区 2 个县 74 个调查点实地调查结果显示，震区周围调查点未出现明显破坏现象，无法确定震区烈度（图 3）。

新疆强震台网共有 13 个强震台站触发，获得记录的强震台站震中距分布在 36.1~236.0km 范围，其中距震中 100km 范围内，共有 7 个强震台站，100~150km 范围有 4 个强震台站，200~250km 范围有 2 个强震台站。13 个强震台中，距震中 46.2km 的二八台镇强震台峰值加速度最大，加速度峰值为 83.5Gal（EW 向）。按《中国地震烈度表》（GB/T 17742—2008），二八台仪器烈度达到了Ⅵ度标准，群巴克台达到了Ⅴ度标准，除此之外的其他 11 个台烈度均≤Ⅳ度。此次地震周围强震台站加速度记录分析结果见表 1、图 4。

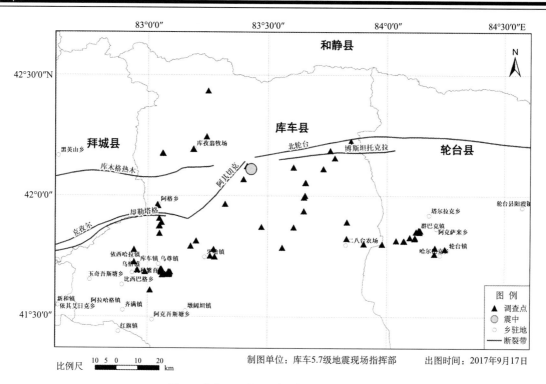

图 3   库车 5.7 级地震现场调查点分布图

Fig. 3   Distribution of site survey points for the M_S5.7 Kuche earthquake

表 2   库车 5.7 级地震强震加速度记录

Table 2   Seismic acceleration records of the M_S5.7 Kuche earthquake

台站名称	台站代码	东经(°)	北纬(°)	高程(m)	场地类型	震中距(km)	最大峰值加速度/Gal			记录长度
							东西	北南	垂直	
阿格	65AGE	83.03	41.96	1307	土层	36.10	13.4	-15.9	-11.6	62″
二八台	65EBT	83.23	41.74	969	土层	46.20	83.5	-57.3	24.7	73″
和什里克	65HSK	85.89	41.74	845	土层	208.0	-14.6	-15.9	-10.6	67″
库车	65KUC	82.95	41.72	1009	土层	58.30	14.2	11.6	-10.4	69″
赛里木	65SLM	82.20	41.79	1159	土层	107.0	-8.9	8.4	-5.8	45″
沙雅	65SYA	82.77	41.24	923	土层	112.2	-14.3	-11.9	5.7	57″
塔什店	65TSD	86.23	41.84	991	土层	236.0	-15.0	12.6	-4.0	60″
新和	65XHE	82.61	41.55	949	土层	92.20	-10.4	-11.2	8.8	55″
牙哈	65YAH	83.23	41.74	969	土层	44.30	18.2	16.3	-13.5	70″
尤鲁都斯	65YDS	82.43	41.54	959	土层	104.3	-15.6	16.0	6.7	51″
野云沟	65YYG	85.07	42.01	983	土层	136.6	-18.5	16.4	-12.2	67″
群巴克	65QBK	84.14	41.86	978	土层	64.80	-26.2	20.2	12.7	67″
阳霞	65YXA	84.58	41.95	965	土层	96.20	13.5	-24.0	12.2	73″

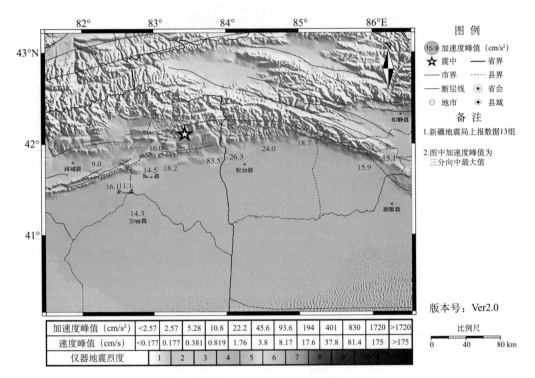

图4　库车5.7级地震峰值加速度分布图
（地震动台站与峰值加速度位置基本一致）
（据中国地震局工程力学研究所）

Fig. 4　Seismic acceleration records of the M_S5.7 Kuche earthquake

2. 地震灾害

库车5.7级地震震中区周边人口较少（50km范围内约3.9万人，100km范围内约58万人），但经济较为发达，2011年以来修建的安居富民房抗震性能良好，覆盖率较高，地震时未出现明显的破坏，仅个别房屋出现轻微裂缝；此外，地震对少量老旧房屋造成了墙体裂缝等轻微破坏，震区未发现有严重损坏、毁坏、倒塌等破坏情况。因此，此次地震未进行损失计算。

3. 震害特征

此次地震的灾害特征主要有以下几点：

（1）由于人口密集区处于断层活动以南的下盘，地震时相对稳定，故地震未造成人员伤亡。

（2）2004年以来，自治区持续推进安居富民（抗震安居）工程建设，抗震设防水平较高，安居富民房的覆盖率接近70%，因此，震区绝大多数房屋基本完好，少量老旧房屋有老缝加宽、个别安居富民房有轻微裂缝等破坏现象，地震灾害较轻。

（3）此次地震震级相对较大、有感范围广，但影响不大。由于震区地震部门坚持常态化防震减灾知识宣传教育和应急疏散演练，特别是此次地震前3天，库车县人民政府举行了地震应急演练，因此震后震区社会稳定、群众生产生活井然有序，各级政府震后救助、灾民安置等工作难度不大。

（4）库车县二八台镇周围区域仪器烈度达到Ⅵ度，少量房屋有破坏现象，可能与建筑物场地条件有关。

四、地震序列[4)]

1. 地震序列时间分析

由于新疆地震台网在该区域的监测能力较差，仅 $M_L \geqslant 2.2$ 级地震具有较好的完整性，故序列记录结果中完整性震级以下的地震数量偏少，在计算频度占比和主震能量时所得结果较实际值偏高，但对地震序列总体判定影响较少。

截至 2017 年 12 月 31 日，新疆地震台网共记录到余震 90 次，其中 $M_L 1.0 \sim 1.9$ 地震 35 次，$M_L 2.0 \sim 2.9$ 地震 44 次，$M_L 3.0 \sim 3.9$ 地震 10 次，$M_L 4.0 \sim 4.9$ 地震 1 次。最大余震为 9 月 16 日 $M_L 4.2$ 地震，发生在主震后 18 分钟。表 3 给出了新疆地震台网定位的 $M_L \geqslant 3.0$ 级地震序列目录。

表 3　库车 5.7 级地震序列目录（$M_L \geqslant 3.0$ 级）

Table 3　Catalogue of the $M_S 5.7$ Kuche earthquake sequence（$M_L \geqslant 3.0$）

编号	发震日期	发震时刻	震中位置		震级	震源深度	震中地名	结果来源
	年．月．日	时：分：秒	φ_N	λ_E	M_L	（km）		
1	2017.09.16	18：11：31	42°07′	83°25′	6.0	19	库车	
2	2017.09.16	18：21：32	42°13′	83°30′	3.0	10	库车	
3	2017.09.16	18：29：04	42°06′	83°25′	4.2	8	库车	
4	2017.09.16	18：31：30	42°13′	83°32′	3.1	10	库车	
5	2017.09.16	19：32：35	42°03′	83°18′	3.3	7	库车	
6	2017.09.16	19：32：44	42°03′	83°26′	3.2	34	库车	
7	2017.09.16	20：48：34	42°00′	83°23′	3.4	12	库车	新疆地震台网[4)]
8	2017.09.20	00：39：39	42°02′	83°28′	3.7	11	库车	
9	2017.09.30	01：02：25	42°06′	83°29′	3.7	22	库车	
10	2017.10.08	10：08：11	42°03′	83°25′	3.3	10	库车	
11	2017.10.13	21：11：32	42°07′	83°28′	3.0	6	库车	
12	2017.10.13	23：17：05	42°08′	83°28′	3.6	6	库车	

由图 5 可以看出，该余震序列 9 月 16 日至 10 月 13 日序列强度以 $M_L \geqslant 3.0$ 级地震为主，10 月 14 日后，序列强度以 M_L2 地震为主，后续地震时间间隔明显增大，地震活动强度表现出阶段性衰减特征。该序列最后一次地震为 2017 年 12 月 3 日，其后震区未有余震发生。

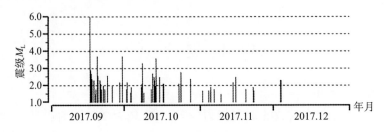

图 5　库车 5.7 级地震序列 M-T 图

Fig. 5　M-T plot of the $M_S5.7$ Kuche earthquake sequence

由 N-T 图可知（图 6），震后 2 天频次分别 19 次和 16 次，占序列总量的 38.9%；之后 4 日频次迅速衰减至每日 2~5 次；震后 7~32 天余震频度平均为每日 1 次；震后 33 天后余震偶有发生。序列频度总体处于阶段性衰减状态，衰减迅速。截至 2017 年 12 月 31 日，该序列基本结束。

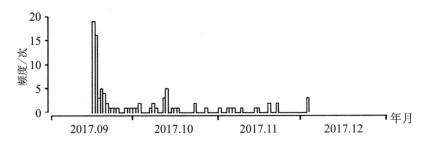

图 6　库车 5.7 级地震序列 N-T 图

Fig. 6　N-T plot of the $M_S5.7$ Kuche earthquake sequence

库车 5.7 级地震释放（图 7）的能量 E_M 与整个序列释放的能量 $E_总$ 之比 $E_M/E_总$ 为 99.86%。

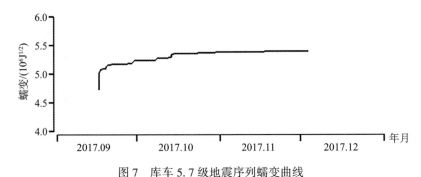

图 7　库车 5.7 级地震序列蠕变曲线

Fig. 7　Creep curve of the $M_S5.7$ Kuche earthquake sequence

1）地震序列参数及类型判定[4]

根据震级–频度关系和该区域监测能力确定的序列最小完整性震级为 M_L2.2，5.7 级地震序列震级分布不均匀，缺少 $M_L \leqslant 2.1$ 级和 $M_L \geqslant 3.8$ 级地震。按起算震级 $M_L \geqslant 2.2$ 级，计算序列早期参数，得到 h 值为 1.5（图 8a）；衰减系数 p 值为 0.35。根据震级–频度关系得到序列 b 值为 0.6787（图 8b），小于该区 0.74 的背景值；最大截距震级为 M_L4.6，略高于最大强余震 M_L4.2 震级。

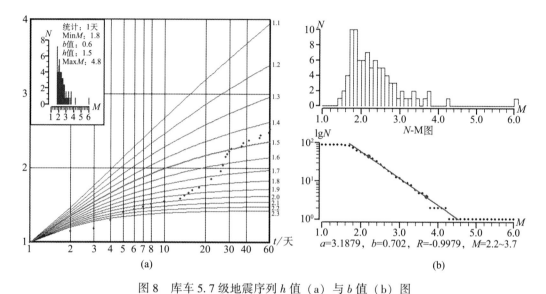

图 8　库车 5.7 级地震序列 h 值（a）与 b 值（b）图

Fig. 8　The h-value and the b-value of the M_S5.7 Kuche earthquake sequence

该序列最大余震为 3.7（M_L4.2）级地震，与主震震级差为 2.0，主震与次大地震的震级差 ΔM 满足主余型序列类型判定标准 $0.6 < \Delta M \leqslant 2.4$ 级，且库车 5.7 级地震释放的能量 E_M 与整个序列释放的能量 $E_总$ 之比 $E_M/E_总$ 为 99.86%，满足 $80\% < E_M/E_总 < 99.9\%$。分析认为，2017 年 9 月 16 日库车 5.7 级地震序列属于主——余型。

2）P 波初动[4]

库车 5.7 级地震发生后，对距离震中 56km 的库车台记录到的余震波形的 P 波初动符号进行读取。由于此次地震强度不大，波形信噪比较差，截至 2017 年 12 月 31 日，共读取到具有清晰 P 波初动的地震 9 次，其中初动向上的 5 个，占总数的比例为 55.6%；初动向下的 4 个，占总数的比例为 44.4%（图 9）。根据以往震例，地震序列发展前期出现 P 波初动符号较为一致的现象，对后续发生较强余震具有一定预测意义[6]。而该序列初动一致性较差，与后期未发生强余震一致。

3）应力降[4]

以往的研究表明，中强地震的发生时间与该区小震应力降在时间进程上呈现的连续高值状态有一定的相关性，大多数中强震发生在高值状态形成并开始渐衰的过程中[7]。采用轮台单台记录的波形资料计算了库车 5.7 级地震序列应力降值。由于震级对应力降的影响较

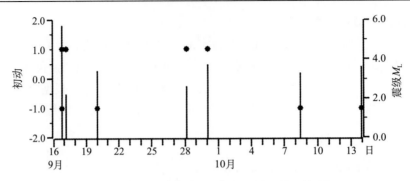

图 9　库车 5.7 级地震序列 P 波初动和震级时间进程

Fig. 9　P wave initial movement of the M_S5.7 Kuche earthquake sequence

1：初动向上；-1：初动向下；0：初动不清晰

大，计算时选用震级为 $2.5 \leqslant M_L \leqslant 4.9$ 级的余震，截至 12 月 31 日，符合计算条件的余震 14 个。图 10 显示，主震发生后最大余震应力降值较高，其后迅速衰减，保持在低应力状态，表明主震应力释放较完全，与后续未发生较强余震的特点一致。

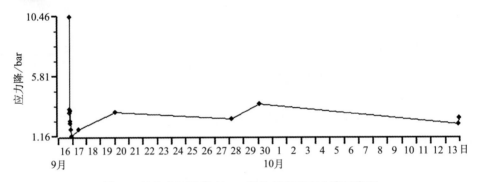

图 10　轮台台记录库车 5.7 级地震序列应力降时序图

Fig. 10　Stress drop curve of the M_S5.7 Kuche earthquake sequence recorded by Luntai station

4）振幅比[4)]

振幅比方法在新疆中强以上地震序列跟踪过程中应用较为广泛，类似的振幅比异常特征对序列早期较强余震的预测具有较好的效能[6]。采用新源台记录的波形资料，计算了库车 5.7 级地震序列振幅比值。由于该台记录波形信噪比较差，可以量取到振幅比值的地震较少，截至 2017 年 12 月 31 日，仅量取了 11 次地震的振幅比值。图 11 显示，序列前期振幅比值波动较大，一致性较差，而该时段亦未发生强余震，可能反映了早期震源区应力释放较完全；后期地震活动逐步减弱，振幅比虽然呈现较好的低值一致性，但与强余震的相关性也较差。

2. 余震空间分布[4,5)]

图 12a 给出了新疆区域地震台网定位的库车 5.7 级地震序列震中分布情况，可以看出，主震位于北轮台断裂和阿其切克断裂交会地区，余震主要分布在主震南北两侧。为进一步分析余震分布情况，采用双差定位方法[8]，得到可重新定位的地震 18 次，利用线性拟合的方

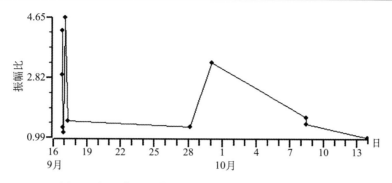

图 11　新源台记录库车 5.7 级地震序列振幅比时序图

Fig. 11　Amplitude ratio curve of the M_S5.7 Kuche earthquake sequence recorded by Xinyuan station

法，获得了余震分布的最佳走向 45°，得到的主震震源深度为 11.4 km。沿走向 AB 和垂直于走向 CD 建立余震分布剖面（图 12b、c），可以看出，地震序列震源深度主要分布在 5～15km 范围。从沿走向的剖面看，余震由南向北展布约 20km，深度则由深至浅，表现出明显的南倾特征。

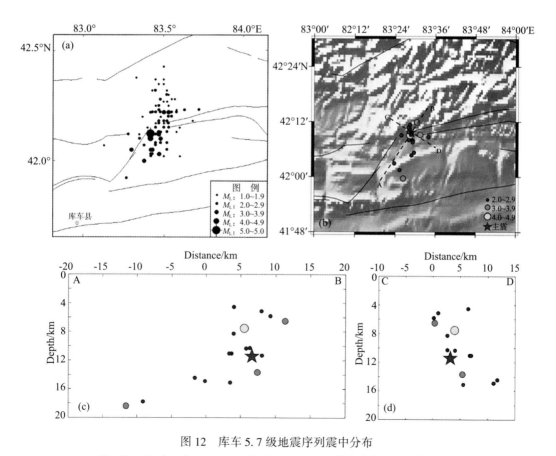

图 12　库车 5.7 级地震序列震中分布

Fig. 12　Earthquake sequence distribution of the M_S5.7 Kuche earthquake

3. 小结

此次地震的序列类型为主—余型，序列衰减较快，余震区长轴呈 NE 方向展布，与震中周围的阿其切克断裂走向一致，与北轮台断裂垂直。相比该区历史地震，此次地震序列整体衰减较快，目前序列基本结束。

五、震源参数和地震破裂面

新疆地震局利用新疆及周边清楚初动的 76 个台站资料，解算了此次地震震源机制（表 4 中序号 2），得到的结果矛盾比为 0.145，其中节面 I 参数：走向为 114°，倾角 85°，滑动角 159°；主压应力 P 轴方位为 162°，仰角 11°；主张应力 T 轴方位 68°，仰角 19°。

采用 CAP 方法解算 5.7 级主震的震源机制，得到的最佳矩心深度为 12km，矩震级为 5.5，P 轴方位 181°，最佳双力偶机制解节面 I：走向 272°，倾角 39°，滑动角 91°；节面 II：走向 90°，倾角 51°，滑动角 89°（表 4、图 13）。该结果与其他几个研究机构给出的结果较为接近。

表 4　库车 5.7 级地震震源机制解

Table 4　Focal mechanism solutions of the M_S5.7 Kuche earthquake

编号	节面 I （°）			节面 II （°）			P 轴 （°）		T 轴 （°）		N 轴（°）		矛盾比	结果来源
	走向	倾角	滑动角	走向	倾角	滑动角	方位	仰角	方位	仰角	方位	仰角		
1	272	39	91	90	51	89	181	6	353	84	91	1		新疆（CAP）
2	114	85	159	206	69	6	162	11	68	19	280	68	0.145	新疆（P 波初动）
3	260	29	70	103	63	101	185	17	35	70	278	10		球所（CAP）
4	256	44	54	122	56	120	191	6	87	65	284	24		球所（P 波初动）
5	263	28	79	96	62	96	181	17	19	72	273	5		CMT
6	272	20	96	86	70	88	177	25	352	65	86	2		USGS
7	235	29	46	103	70	111	177	22	43	60	275	20		CENC

新疆局利用 P 波初动解算的库车 5.7 级地震震源机制结果为走滑型，而其他方法和机构给出的结果均为逆冲型，存在明显差别。造成这种结果的原因可能由于该地震发生在塔里木盆地北缘，震区以南地区台站分布较少，距离较远，能够使用的台站较少，P 波初动计算结果时台站四象限分布存在较大差异。

综合以上资料最终采用新疆局 CAP 算法得到的结果为此次地震的最终结果，认为库车 5.7 级主震的断错性质为逆冲。震源机制解所得到的两个节面走向均为近 EW 项，与余震分布长轴垂直，而这符合逆冲断裂的特性。节面 I 走向为 272°，与附近走向为 NWW，倾角较陡，逆冲性质的北轮台断裂断层性质最为接近，由此确定节面 I 为地震破裂面。

精定位结果显示，余震序列由南向北深度呈现逐步由深变浅，结合北轮台断裂的产状，综合震源机制节面走向，分析认为，此次地震的发震断层为北轮台断裂。

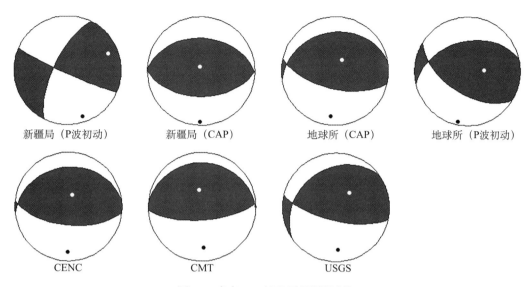

新疆局（P波初动）　　　新疆局（CAP）　　　地球所（CAP）　　　地球所（P波初动）

CENC　　　　　　　CMT　　　　　　　USGS

图 13　库车 5.7 级地震震源机制解

Fig. 13　Focal mechanism solutions of the M_S5.7 Kuche earthquake

六、地震前兆观测台网及前兆异常

1. 地震前兆观测台网

震中附近定点前兆观测台站及观测项目分布见图 14。震中 200km 范围内有 7 个定点前兆台站，包括地倾斜、应变 2 个观测项目，共 9 个观测台项。震中 0~100km 范围仅有库车钻孔倾斜 1 个观测项目；100~200km 范围有 6 个前兆台，有地倾斜、应变共 8 个观测台项。库车 5.7 级地震发生在中国地震局划定的 2017 年度地震重点危险区，在危险区的跟踪过程中共对 19 个前兆观测台站，41 个测项的观测资料进行跟踪，分析认为库车 5.7 级地震前前兆背景性异常有 6 项，中短期异常较少，共有 4 项。异常项均为震前提出。

震中 200km 范围内除库车钻孔倾斜 1998 年开始观测，轮台阳霞钻孔倾斜 2011 年开始观测，2 套资料观测时间较长外，其他均为天山中段项目或地州地震局架设项目，观测资料时间较短，有些仪器观测不正常，且阳霞钻孔倾斜观测精度不高。总体而言，该地区定点前兆监测能力较弱（图 14）。

新疆流动前兆观测网由流动重力、GPS 和地磁 3 个子网组成。震中附近区域（73°~84°E，36°~42°N）共有流动重力观测点 84 个，流动 GPS 观测点 32 个以及流动地磁观测点 32 个（图 15）。

2. 地震前兆异常

此次震例总结，重点分析和梳理了 5 个测震学、1 个流动观测异常以及震中 200km 范围内及危险区跟踪的 41 个测项资料的定点前兆异常（表 5）。测震学异常包括了 5 级地震空段、4 级地震平静、3 级地震增强、异常增强区、小震群累积频度（地震增强、异常增强

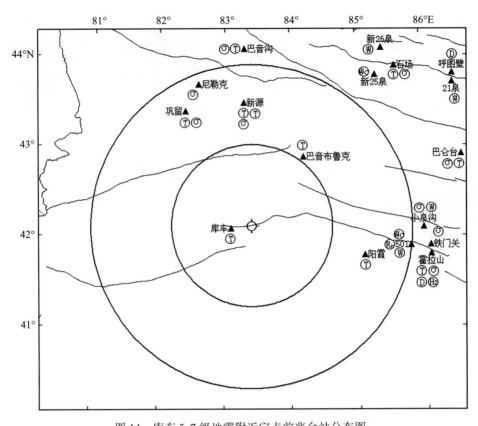

图 14　库车 5.7 级地震附近定点前兆台站分布图

Fig. 14　Distribution of precursory-monitoring stations around the M_S5.7 Kuche earthquake

区、小震群累积频度都应归为增强）加速和地震窗，其中异常增强区为中期异常，4 级地震平静、3 级地震增强和小震群累积频度为中短期异常，地震窗为短期异常。定点前兆梳理出背景性异常 4 条，中短期异常 4 条，均在 200km 范围之外（图 16）。

1）5 级地震空段

2000～2008 年天山中段 5 级以上地震主要分布在北天山西段—中天山，在天山东段和库车坳陷地区形成了明显的地震空段，天山东段空段在平静 11.5 年后，2011 年以来连续发生了 7 次 5 级和 2 次 6 级地震，中强地震进入成组活动状态；而库车坳陷空段自 1999 年拜城5.0 级地震后平静时间长达 18 年（图 17），在天山中段中强以上地震整体活跃的背景下，该区仍保持平静。2017 年度会商报告中提出，2017 年或稍长时间库车坳陷存在发生 6 级地震的可能（见附件四）。2017 年 9 月 16 日库车发生 5.7 级地震，打破了该区长达 18 年的平静，与年度预测基本相符。

表 5　库车 5.7 级地震异常情况登记表

Table 5　Anomalies catalog of the M_S5.7 Kuche earthquake

序号	异常项目	台站（点）或观测区	分析办法	异常判据及观测误差	震前异常起止时间	震后变化	最大幅度	震中距 Δ/km	异常类别及可靠性	图号	异常特点及备注
1	地震空段	库车凹陷	M_S≥5.0 级地震时空分布	平静≥6.5 年	1999.10~2017.09	打破	18.3 年		L_1	16	震前发现
2	地震平静	昭苏—库尔勒	M_S≥4.0 级地震空间分布	M_S≥4.0 级地震平静超过 2.5 倍均方差（即 410 天）	2016.02.11~2017.09.16	正常	583 天		M_1	17	库车 5.7 级地震直接打破；震前发现1)
3	地震增强	库尔勒—轮台	M_S≥3.0 级地震频度和空间分布	2°×2°，3 个月内发生≥4 次 M_S≥3.0 级地震，必须包含 1 次以上 4 级地震	2014.11~2015.05	正常	11 次 3 级，3 次 4 级		M_1	18	震前发现
4		库车—轮台			2017.05~2017.08	正常	8 次 3 级，1 次 4 级		M_1	19	震前发现
5		天山中段	M_S≥3.0 级地震频度	1 月步长，3 月窗长，N≥12，持续时间≥2 个月	2017.01~2017.09	正常	N=21 次		M_1	20	震前发现
6	小震群	天山中段	累积月频度	加速	2016.08~2017.09	正常			M_1	21	震前发现
7	库米什窗	库米什台周围 80km	月频度	N≥54 次	2017.08	正常	N=54 次		S_1	22、23	震前发现
8	地倾斜	库尔勒水平摆	日值曲线图	趋势 W 倾	2013.01	异常持续		230	M_1	24	背景异常震前发现
9		温泉水平摆	日值曲线	年变畸变中期异常		异常持续		373	S_2	25	震前发现

续表

序号	异常项目	台站（点）或观测测区	分析办法	异常判据及观测误差	震前异常起止时间	震后变化	最大幅度	震中距 Δ/km	异常类别及可靠性	图号	异常特点及备注
10	地应变	巴仑台台分量应变	分钟值曲线	四分量的快速压缩	2017.07.31	异常持续	1.0×10^{-6}	280	S_2	27	短期异常 震前发现
11		乌什台洞体	日值曲线图	NS分量趋势压缩 EW趋势拉张	2012.08.29	异常持续		365	M_1	28	震前发现
12		榆树沟洞体	日值曲线图	趋势压缩背景异常	2012.09.01	异常持续		395	M_1	29	震前发现
13				中期异常	2017.05.17~09.24	发震后异常结束	0.46		M_3	30	震前发现
14	氢气	新10泉		中短期异常	2017.04.01~07.31	短期异常结束后发震	1.20%	383	S_2	31	震前发现
15	水位	新43泉	日值曲线图	测值持续偏低	2017.08.10	异常持续	0.015m	230	S_2	32	震前发现
16	流磁		dF、dh 变化 矢量	年度异常						33	震前发现

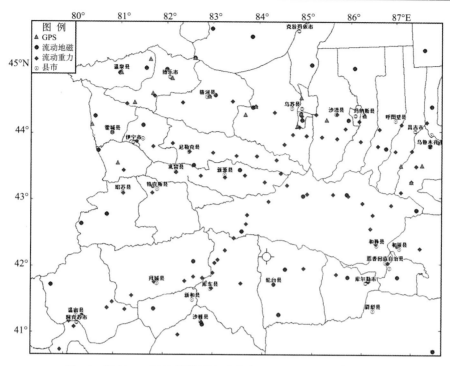

图 15　库车 5.7 级地震附近流动重力、GPS、地磁测点分布图

Fig. 15　Distribution of roving observation sites around the $M_S 5.7$ Kuche earthquake

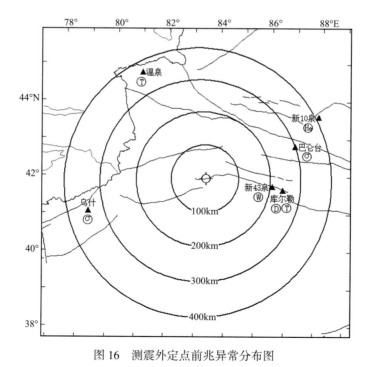

图 16　测震外定点前兆异常分布图

Fig. 16　Precursor anomaly distribution of seismic abnormalities

2）4级以上地震平静[4]

2016年12月8日至2017年7月24日，天山中段 $M_S \geq 4.0$ 级地震出现228天的平静，远远超过了该区历史平均水平（47天）（图18）。2017年7月25日托克逊发生4.0级地震，打破了该平静，其后平静区内发生了2017年8月9日精河6.6级地震。精河6.6级震后该平静未完全结束，仅仅是平静区收缩至昭苏—库尔勒地区，而该区4级地震平静起始自2016年2月11日新源5.0级地震，平静持续时间为583天。由历史资料得到的该异常预测指标显示，1970年以来昭苏—库尔勒4级地震平静超过2.5倍方差（即410天）的共有5组，其后平静区内均发生了5级地震，优势发震时间为3个月（3/5）。周月会商分析认为，其后天山中段仍存在发生中强地震的可能（见附件三至附件五），库车5.7级地震的发生直接打破了该平静，震后该区4级地震活动恢复历史平均水平。

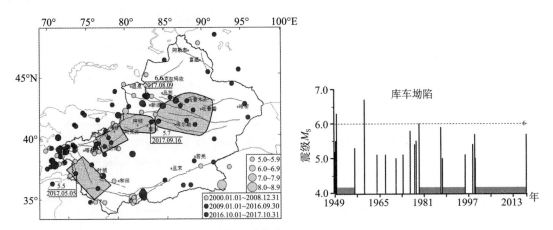

图 17　库车坳陷5级地震空段分布及 M-T 图

Fig. 17　Distribution and M-T Diagram of the M_S5.0 seismic cavity in Kuqa depression

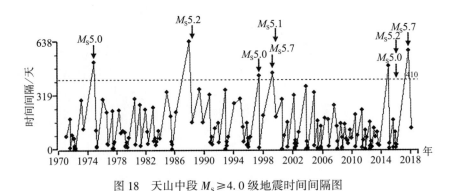

图 18　天山中段 $M_S \geq 4.0$ 级地震时间间隔图

Fig. 18　An Interval of $M_S \geq 4.0$ earthquakes in the middle Tianshan mountains

表 6　天山中段 M_S≥4.0 级地震平静与平静区内后续中强以上地震相关性

Table 6 Correlation between M_S≥4.0 earthquakes quiescence in the middle Tianshan mountains and subsequent moderate or strong earthquakes in the quiet area

序号	平静时段	平静间隔/天	后续平静区中强震	时间间隔/天
1	1973.06.05～1974.11.03	516	1974.11.03 伊宁 5.0	0
2	1986.03.20～1987.12.17	637	1988.05.26 库尔勒 5.2	160
3	1996.03.20～1997.05.27	433	1997.06.04 新源 5.0	8
4	1997.12.20～1999.03.15	450	1999.03.15 库车 5.7 1999.06.17 拜城 5.1	0 94
5	2013.09.17～2015.01.20	490	2015.06.25 托克逊 5.4	156
6	2016.02.11～2017.09.16	583	2017.09.16 库车 5.7	0

3）异常增强区[4]

根据王筱荣等[9]研究结果，在 2°×2°范围内，3 个月内发生 4 次以上 3 级地震，且必须包含 1 次以上 4 级地震即构成增强异常。在 2016 年 12 月 8 日呼图壁 6.2 级和 2017 年 8 月 9 日精河 6.6 级地震前 3 个月，震区在前期增强区的基础上均再次出现了叠加的增强区。2014 年 11 月至 2015 年 5 月在库车—库尔勒形成 3、4 级地震异常增强区；精河 6.6 级地震后，在库车—轮台地区再次形成异常增强区，与前期异常区重叠于库车地区（图 19）。会商认为，异常增强及周围存在发生中强地震的可能（见附件三至附件五）。库车 5.7 级地震发生在 2 个增强区交汇地区，震后该区地震活动恢复到历史背景活动水平。

4）天山中段 3 级地震增强[4,6]

2017 年 1 月以来，天山中段 3 级以上地震（删除余震）以 1 月为步长，3 月为窗长的累积频度出现高值异常，4 月异常略有恢复，但 5 月后再次出现高值异常，7 月达到最高值，其后发生了 2017 年 8 月 9 日精河 6.6 级地震。根据天山中段 3 级以上地震（删除余震）累积频度预测指标，该区连续 2 个月以上累计月频度>12 次，则后续发生中强以上地震的比例为 8/12，其中成组发生的 5 组。精河 6.6 级地震后，天山中段 3 级以上地震累积频度仍然保持高水平活动状态（图 20）。会商认为，该异常尚未结束，中强地震成组活动的可能性较大，天山中段仍存在发生中强地震的可能（见附件三至附件五）。库车 5.7 级地震即发生在这种高值成组活动状态下。震后该区 3 级地震活动逐步恢复背景水平。

5）小震群[4]

2016 年 9 月以来，天山中段小震群活跃，累积月频度出现加速现象，根据天山中段小震群累积月频度预测指标，该区小震群累积月频度出现加速活动后，该区存在发生≥5.5 级地震的可能，对应比例为 4/5。2016 年 12 月 8 日呼图壁发生 6.2 级地震，震后加速现象明显仍然持续（图 21），2017 年 8 月 9 日精河再次发生 6.6 级地震，该地震后天山中段震群活动活跃状态未发生改变。会商结果认为，精河 6.6 级地震后小震群活动仍然持续，后续仍存在发生中强地震的可能（见附件三、四）库车 5.7 级地震即发生在这种显著加速活动的状态下。震后该区小震群活动明显减弱。

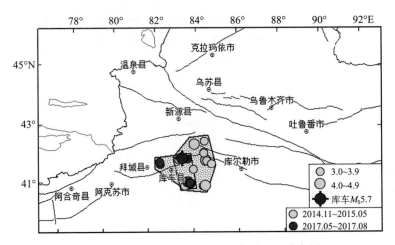

图19　天山中段3、4级地震异常增强区分布图

Fig. 19　Abnormal enhancement area in Mid-Tianshan

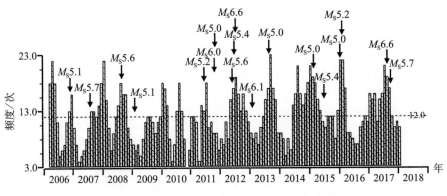

图20　天山中段 $M_S \geqslant 3.0$ 级地震累积频度图

Fig. 20　The cumulative frequency of $M_S \geqslant 3.0$ earthquakes in Mid-Tianshan

6）库米什地震窗[4)]；[10]

通过 Molchan 方法对库米什窗进行检验（图22），确定以库米什台为中心，选取 S-P≤10s 范围内的 $M_L \geqslant 1.0$ 级地震的月频度，当小震月频度≥54，表明该地震窗出现异常。2008年有数字记录以来，该地震窗共出现超限异常6次，其后天山中段发生5.4级以上地震的5组（83.3%），其中6.0级以上地震4组（80%），均发生在北天山西段，5级地震1组，发生在南天山东段，优势发震时段为异常结束后6个月以内（5/5）。库米什窗于2017年4月出现月频度为55次的异常现象（图23），2017年8月9日精河发生6.6级地震。2017年8月库米什窗再次出现了54次月频度异常现象，会商分析认为，天山中段仍存在发生中强地震的可能（见附件三、四）。2017年9月16日库车5.7级地震发生在地震窗异常后的16天。震后地震窗恢复正常水平。

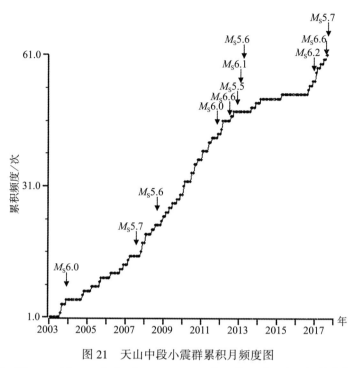

图 21 天山中段小震群累积月频度图

Fig. 21 The monthly cumulative frequency map of small earthquakes in Mid-Tianshan

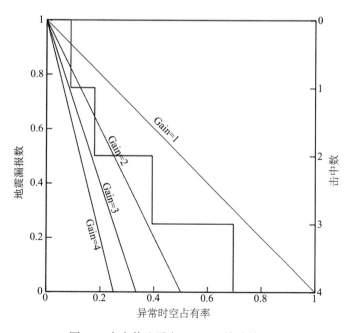

图 22 库米什地震窗 Molchan 检验效果图

Fig. 22 Kumish seismic window Molchan test results

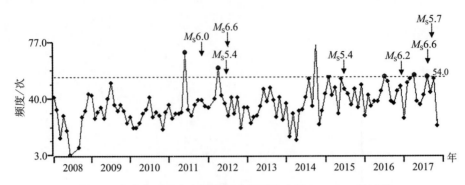

图 23　库米什地震窗小震月频度与天山中段 $M_S \geqslant 5.5$ 级地震

Fig. 23　The small earthquake frequency of the Kumysh earthquake

window and $M_S \geqslant 5.5$ earthquakes in Mid-Tianshan

7) 地倾斜——库尔勒水平摆

库尔勒水平摆 2001 年开始正式观测，距离此次地震 230km。最初为"九五"数字化观测模式，2006 年底改造为"十五"模式。EW 向 2011 年底新的趋势转折之后，周边相继发生了轮台 5.4 级、新源—和静 6.6 级、乌昌 5.6 级和乌鲁木齐的 5.1 级地震，EW 向仍保持 2013 年以来的趋势 W 倾加速，虽然近年来周边发生了轮台 5.3 级、托克逊 5.4 级、呼图壁 6.2 级地震，但趋势依然没有发生变化（图 24），因此认为库车 5.7 级地震前库尔勒水平摆 EW 向存在趋势 W 倾的背景异常。

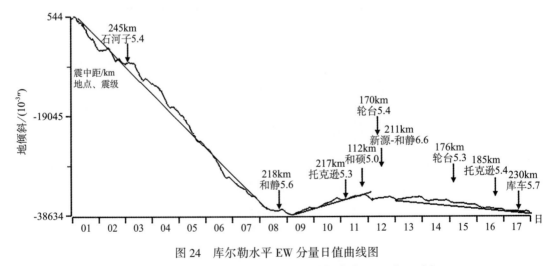

图 24　库尔勒水平 EW 分量日值曲线图

Fig. 24　The curve of EW-day mean value of Korla horizontal pendulum

8）地倾斜——温泉水平摆

温泉水平摆 2006 年 12 月 19 日架设完毕，2008 年年初正式观测，距离此次地震 373km。2015 年 10 月 29 日起 NS 向 N 倾停滞，改变了上升趋势状态，2016 年 2 月 18 日转为 S 倾，与往年同期倾斜方向相反，5 月 21 日 S 倾速率恢复背景变化，异常有恢复的迹象；2016 年 6 月 16 日 S 倾速率再次出现减慢现象，年变形态发生畸变（图 25），8 月 14 日曲线恢复 N 倾；2017 年 2 月该资料未出现应有的 N 倾转向，曲线持续 S 倾，分析认为 2015 年 11 月以来的 NS 向存在年变畸变异常，在异常持续的过程中发生精河 6.6 级与库车 5.7 级地震。

温泉水平摆 EW 分量 2016 年 5 月以来速率减慢，年变幅度减小，统计其年变幅度发现，2016 年度 E 倾变幅较小，幅度为 0.48″，与 2011 年年变幅度相当，该时段年变幅度减小后发生了精河 5.0 级地震和尼勒克—巩留 6.0 级地震。2016 年 9 月异常结束，但 2016 年底速率再次出现减慢，与前期异常形成一组异常，即年变畸变异常，异常结束对应期内发生了精河 6.6 级与库车 5.7 级地震。

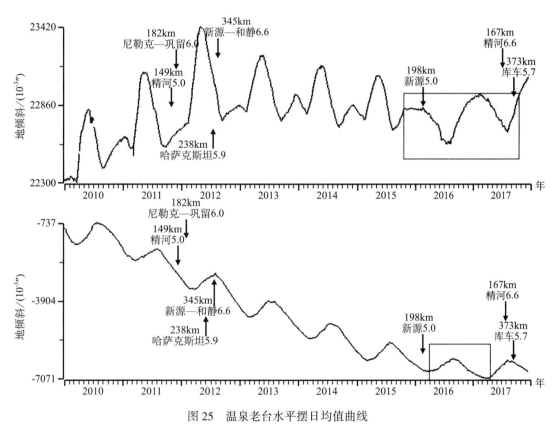

图 25　温泉老台水平摆日均值曲线

Fig. 25　Daily value curve of the horizontal pendulums in Wenquan

9）地应变——巴仑台分量应变

巴仑台分量钻孔应变型号为 RZB-2 型，距离此次地震 279km 。2016 年 12 月 8 日在呼图壁 6.2 级地震前一天巴仑台分量钻孔应变四分量均记录到一压性台阶变化，地震之后数据曲线很快恢复正常，分析认为该压性台阶是呼图壁 6.2 级地震临震异常。2017 年 1～4 月，巴仑台分量钻孔应变资料变化较为稳定；5 月 19 日至 7 月 30 日，四分量同步出现拉张（压缩）速率发生变化，其中 NW 分量最为明显，拉张速率基本停滞；7 月 31 日开始出现快速压缩变化，在压缩变化过程中先后发生 8 月 9 日精河 6.6 级地震和 9 月 16 日库车 5.7 级地震，9 月 21 日开始数据逐渐恢复正常趋势。此次快速压缩异常幅度分别为：NS 分量 10516×10^{-10}、EW 分量 5138×10^{-10}、NE 分量 8823×10^{-10} 和 NW 分量 8101×10^{-10}，其中 NS 分量变化幅度最大（图 26），分析认为此次巴仑台分量钻孔应变快速压缩异常可能是精河 6.6 级和库车 5.7 级地震的叠加异常。

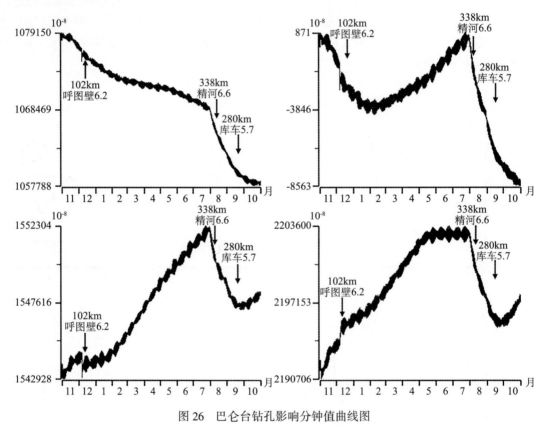

图 26　巴仑台钻孔影响分钟值曲线图

Fig. 26　Minutes value curve of the borehole strain in Baluntai

10）地应变——乌什洞体应变

乌什洞体应变于 2006 年 10 月开始正式观测，距离此次地震 365km。2011 年 5 月开始乌什洞体应变 NS 分量由趋势性拉张转为压缩，2014 年后趋势性压缩异常仍然持续，但压缩速率明显减慢。EW 分量自 2012 年下半年开始由趋势性压缩转为拉张（图 27），库车 5.7 级地震就发生在两分量的背景异常变化中。目前该背景异常依然持续。

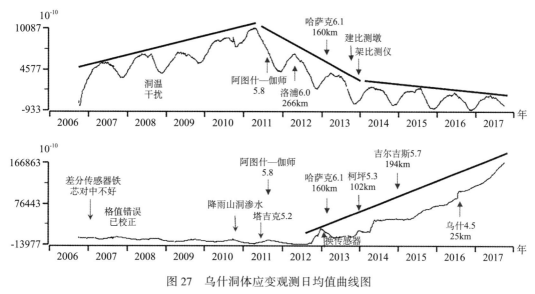

图 27 乌什洞体应变观测日均值曲线图

Fig. 27 Daily mean value curve of strain component of Wushi cave

11）地应变——榆树沟洞体应变

榆树沟洞体应变架设于 2007 年，距离此次地震 395km，其观测数据具有固定的周期性年变。NS 分量自 2008 年有资料以来，呈现拉张趋势，在 2012 年新源、和静 6.6 级地震后，存在一定的趋势转折异常变化，NE 分量也存在类似趋势转折变化。2012 年 9 月出现趋势转折（图 28），呼图壁 6.2 级、精河 6.6 级、库车 5.7 级地震发生在该趋势转折之后，目前背景异常持续。

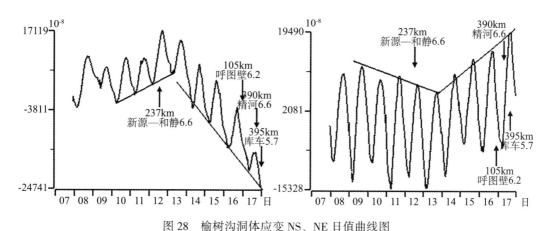

图 28 榆树沟洞体应变 NS、NE 日值曲线图

Fig. 28 Daily mean value curve of strain NS、NE component of elm cave

榆树沟洞体应变 NS 分量 2017 年波谷至波峰的年变幅度为 $4872×10^{-10}$，为历年最小，以往该分量变化最大幅度为 $13702×10^{-10}$，最小幅度为 $5538×10^{-10}$，2008～2016 年平均幅度是

10678×10^{-10}，相比以往，2017 年仅为历史均值的 0.46 倍，明显偏小。2008 年以来年变幅偏小的异常变化共出现 5 次，2 次对应地震，有一定地震前兆显示（图 29 和表 7）。

表 7　榆树沟洞体应变 NS 分量波谷—波峰历年年变幅统计特征

Table 7　Statistics of NS annual variation of the component of elm cave

时间	2008	2009	2010	2011	2012	2013	2014	2015	2016	2017
幅度/（$\times 10^{-10}$）	13597	5538	11862	9267	13702	9154	11789	10969	10223	4872

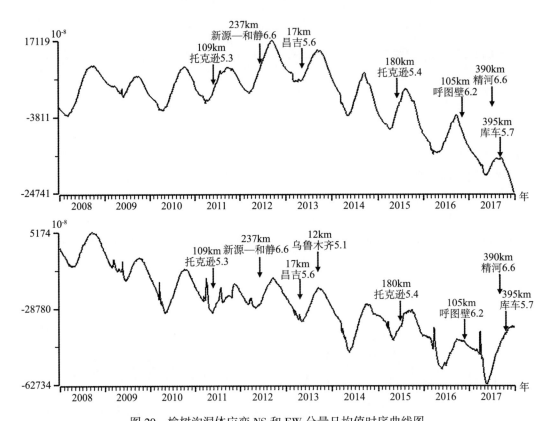

图 29　榆树沟洞体应变 NS 和 EW 分量日均值时序曲线图

Fig. 29　Daily mean value curve of strain NS、NE component of elm cave

12）新 10 泉氦气

新 10 泉氦气正常状态下一般在背景值范围内小幅波动变化，基本不受地表因素影响，出现高值异常结束后，多对应新疆地区 $M_S \geqslant 5.0$ 级地震。2017 年 4~7 月，新 10 泉氦气在背景异常持续过程中出现了短期异常变化，其变化速率较快，最大异常幅度约为 1.20%（图 30，表 8），认为该变化可能与精河 6.6 级和库车 5.7 级地震有关。

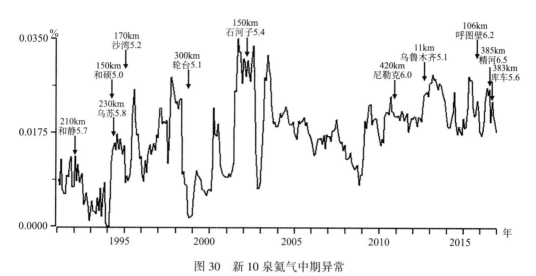

图 30　新 10 泉氦气中期异常

Fig. 30　Mid-term anomaly of Xin 10-spring Helium gas

表 8　新 10 泉氦气异常特征统计表

Table 8　Xin 10-spring Helium gas anomaly statistics table

发震时间	地点	震级 M_S	震中距/km	转折距发震时间/天	最大异常幅度/%
1992.11.28	托克逊	5.4	150	38	1.32
1993.02.03	和静	5.7	210	33	1.32
1995.03.19	和硕	5.0	140	78	1.29
1995.05.02	乌苏	5.8	240	140	1.29
1996.01.09	沙湾	5.2	180	21	1.26
1999.01.30	托克逊	5.6	240	84	2.12
1999.09.23	轮台	5.1	270	64	5.45
2003.02.14	石河子	5.4	150	134	3.67
2013.08.30	乌鲁木齐	5.1	11	30	1.27
2015.03.24	托克逊	5.4	240	15	1.34
2016.03.10	呼图壁	6.2	106	274	1.10
2016.08.09	精河	6.6	385	119	1.20

13）新 43 泉水位

该泉的动水位自 2009 年 5 月开始正常观测，距离库车 5.7 级地震 230km。2017 年 1 月 19 至 2 月 4 日，水位受融雪干扰出现一组高值变化，之后下降恢复前期测值。2017 年 8 月 10 日 12 时－23 时出现幅度 0.015m 的阶升变化，之后水位开始下降恢复（图 31），8 月 15

日库尔勒地震台和巴州地震局技术人员赴现场进行了异常核实，排除观测环境和观测系统干扰，将此次变化认定为地震前兆异常。在水位下降恢复的过程中发生库车5.7级地震。

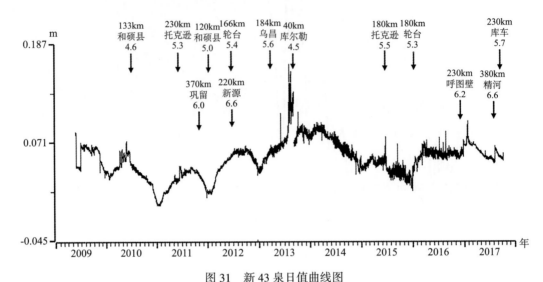

图31　新43泉日值曲线图

Fig. 31　Xin 43–Spring Daily Value Graph

14）流磁

2016年新疆流动地磁观测在新疆地区根据 dF、dH 变化矢量认为库车—拜城区域岩石圈磁场存在局部异常变化（图32）。而库车5.7级地震发生在异常区域内。

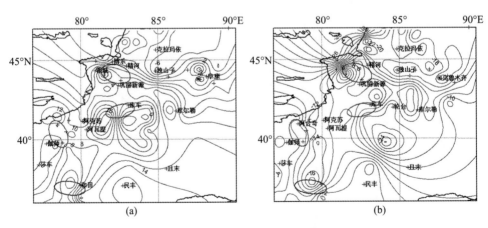

图32　流动地磁2017年度异常图

Fig. 32　Mobile geomagnetic 2017 anomaly chart

（a）岩石圈磁场局部变化分布图 dF 变化矢量；（b）岩石圈磁场局部变化分布图 dH 变化矢量

七、地震前兆异常特征分析

库车 5.7 级地震前，地震前兆异常呈现如下特征：

1）震区及周边测震学异常较多，短期异常突出

库车 5.7 级地震前测震学异常较为突出，2017 年度报告中天山中段仅存在 5 级空段和异常增强区 2 项异常，2017 年以来，天山中段测震学异常显著增加，包括 4 级地震平静、3 级地震围空、中等地震异常增强、3 级地震增强、震群活跃、地震窗超限、小震调制比等一系列异常，5 月 22 日后，新疆境内 4 级地震再次出现异常平静，其后异常最为集中的区域发生了 2017 年 8 月 9 日精河 6.6 级地震；该地震后，天山中段 4 级平静区域收缩，但未瓦解，震群活动未结束，3 级地震增强仍然持续，中等地震在库车附近形成新的异常增强区域，地震窗在震后再次出现了超限异常。从时间上看，异常包括了长、中、短期；从异常特征看，异常从平静向活跃发展；从异常性质看，背景异常较少，中期异常较为较多，短期异常较突出。

2）定点前兆异常监测能力较弱，200km 范围内无定点前兆异常

定点前兆异常均分布于震中周围 200km 以外，而 200km 范围内的 7 个定点前兆台站，2 个观测项目，9 个观测台项均未出现异常。200~300km 范围中短期异常有巴仑台分量应变、新 43 泉水位 2 项，背景异常有库尔勒水平摆、跨断层 2 项。其余异常均在 300km 范围以外，异常与震中距离较远。

造成震中周围定点前兆资料无异常主要原因可能为，首先，该区除库车钻孔倾斜和轮台阳霞钻孔倾斜具有较长的观测时间外，其他均为天山中段项目或地州地震局架设项目，观测时间较短；部分仪器观测不正常，观测精度不高。其次，此次库车 5.7 级地震前 1 个月，精河发生了 6.6 级地震，由于两次地震时间间隔较短，空间间距不大，而异常多为背景异常和中短期异常，无临震异常（图 33），因此很难区分异常属于哪次地震，因此对后续库车地震的判定较为困难。

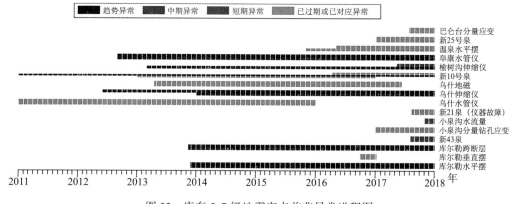

图 33 库车 5.7 级地震定点前兆异常进程图

Fig. 33 Time course of earthquake weak activity before the $M_S 5.7$ Kuche earthquake

八、震前预测、预防和震后响应

1. 震前预测、预防

2016 年 11 月，新疆地震局年度会商报告给出了 2017 年度"天山中段拜城—库车—轮台地区存在发生 6.0 级左右地震危险"的预测意见；中国地震局 2017 年度会商于库车—拜城地区划定了 6 级左右地震危险区。为了加强对该地区的震情跟踪研判，根据《2017 年度新疆震情跟踪工作方案》（新震测发〔2017〕20 号）及《年度新疆地震重点危险区震情监视跟踪管理实施细则（试行）》（新震测发〔2017〕43 号），新疆地震局预报中心安排专人负责，成立了危险区跟踪小组，对危险区及周边地震活动和前兆数据进行实时跟踪。

由于震情的变化，为了加强南天山东段震情跟踪研判工作，落实自治区领导批示和局党组工作部署，结合当时震情形势，新疆地震局于 2017 年 7 月 31 日在阿克苏地区库车县组织召开了南天山东段震情研判会。通过地震活动和定点前兆的短期异常变化分析认为，"近期天山中段发生 6 级左右地震的危险性进一步增强"，2017 年 8 月 9 日精河 6.6 级地震发生后，2017 年 9 月 14 日，全国视频会商会上，新疆地震局根据震后异常发展情况和新增异常的出现，提出了"精河 6.6 级地震后，天山中段短期内仍存在发生 5 级地震的可能"。

并对下一阶段的震情跟踪提出了 6 条强化措施，分别为：①加强研判；②加强"三网一员"宏观测报和培训工作；③加强宏微观异常现场核实工作；④提升地震监测能力；⑤做好地震宣传和应急演练工作；⑥做好信息服务。2017 年 9 月 13 日，库车县在伊西哈拉镇科克拱拜孜社区举行地震应急实战演练，消防、公安、电力等全县 11 个成员单位共 200 余人参加。

新疆地震局测绘院、预报中心前兆组、测震组和北天山西段危险区跟踪组在 2017 年 6 月和 7 月相继填报了短期预报卡，8 月 9 日预测区域内发生了精河 6.6 级地震，该震后根据异常的发展变化分析认为，天山中段短期内的地震活动水平为 5~6 级。

2. 震后响应

地震发生后，新疆维吾尔自治区地震局迅速启动地震应急Ⅳ级响应，先后派出阿克苏地区地震局、阿克苏中心地震台、巴音郭楞蒙古自治州地震局、库尔勒地震台以及局机关 25 人组成现场工作队前往震区开展震害调查等现场应急工作。在震区政府及相关部门的支持下，现场工作队对阿克苏地区库车县、巴州地区轮台县 2 个县 9 个乡（镇）74 个调查点开展实地调查，顺利完成了现场灾情调查工作。由于该地区属新疆测震学监测能力较强地区，且震后破坏情况很轻，因此未架设临时台站。此外，中国地震局局长在震后两次电话询问震情和灾情，并指示做好震情研判等应急处置工作；自治区副主席及时对应急工作提出要求并于 9 月 17 日赶赴震区了解灾情，看望慰问灾区群众，并指导地震应急处置工作。

库车 5.7 级地震后，新疆地震局预报中心立即召开了震后趋势会商会，综合分析发震构造、震区历史地震活动、震源机制、序列类型和余震活动等情况，判定该地震可能为主余型。同时，召开加密会商会，密切跟踪和动态研判序列的发展变化，较为准确地把握了 5.7 级地震震区的余震活动水平。

九、结论与讨论

1. 结论

2017 年 9 月 16 日 18 时 11 分在新疆库车县发生 5.7 级地震，震中位于多条断裂构造交会部位，以近东西向为主，震中以西有库木格热木断裂、喀桑托开断裂等断裂，以东有北轮台断裂、依奇克里克断裂等断裂，同时震中附近还分布规模相对较小的北东向断裂——阿其切克断裂。其中北轮台断裂为天山构造系与塔里木地块的分界断裂，呈 NWW—近 EW 向展布，长度>300km。初步判定地震发震构造可能为北轮台断裂。

此次地震序列为主震—余震型，最大余震震级为 $M_L 4.2$；序列呈 NE 方向展布，垂直于北轮台断裂走向，与阿其切克断裂走向一致；序列衰减较快，余震主要发生在震后 6 天，$M_L \geq 3.0$ 级余震于震后 1 个月结束。地震震源机制解结果显示，该地震为逆断型地震，主压应力 P 轴方位为 NNE 向（181°），倾角 6°；断层面 I 走向 272°，倾角 39°。结合余震、烈度等震线分布，推测节面 I 为主破裂面，与北轮台断裂走向一致，与余震展布方向垂直，符合逆冲断裂破裂特征，分析认为，节面 I 可能为此次地震的破裂面，判定北轮台断裂可能为此次地震的发震构造，是近 NS 向作用力下挤压产生的逆冲运动的结果。

库车 5.7 级地震，测震学共梳理了 5 项（7 条）异常，包括了 5 级地震空段、4 级地震平静、3 级地震地震增强、异常增强区（2 个区域）、小震群累积频度加速和地震窗，其中异常增强区为中期异常，4 级地震平静、3 级地震增强和小震群累积频度为中短期异常，地震窗为短期异常。从前兆方面来说，库车 5.7 级震中 200km 范围内监测能力较弱，无异常测项，该地震前共有 5 项背景异常，5 项中短期异常，均位于 200km 以外。该地震发生在2017 年度天山中段重点地震危险区内，在震前新疆地震局预报中心测震室、预报中心前兆室、新疆地震局测绘院均填报了短临预测卡，其中预报中心测震室与测绘院填报的预报卡发生了精河 6.6 级与库车 5.7 级地震。

此次地震震害具有以下特点：①地震未造成人员伤亡；②震区房屋抗震设防水平高，绝大多数房屋基本完好，少量老旧房屋有老缝加宽、个别安居富民房有轻微裂缝等破坏现象，地震灾害较轻；③地震震级相对较大、有感范围广、但影响不大。震后震区社会稳定、群众生产生活井然有序，各级政府震后救助、灾民安置等工作难度不大；④库车县二八台镇周围区域仪器烈度大于Ⅵ度，少量房屋有破坏现象，可能与建筑物场地条件有关。

2. 讨论

（1）库车 5.7 级地震前测震学异常较多，既包含了地震平静、地震增强等背景异常又包含了异常增强区、地震窗等中、短期异常；定点前兆虽然分别包含了 5 项背景异常和中短期异常，但这些异常均位于此次地震200km 以外。该地震前 1 个多月精河县发生了 6.6 级地震，这 2 次地震在空间和时间上均较为接近，故地震前异常的认定存在一定的困难。

（2）测震学梳理的中短期异常主要以天山中段大区域异常测项为主，南天山东段构造区内存在的 5、6 级地震平静均为背景异常。震群、库米什地震窗等短临异常对北天山西段的地震具有较好的响应，此次地震的发生对这几项异常的历史震例有较好的补充。

（3）库车 5.7 级地震前存在 7 项定点前兆观测异常项，这些异常均位于震中 200km 范围以外，200km 范围内仅有的库车钻孔倾斜震前无异常。这种现象产生的原因①对震源区现有前兆资料的异常认识不足，未能发现异常；②前兆异常反应的区域不一定仅限于震源区附近地区，可能区域更大；③需要增加有效的定点前兆观测台站。

参 考 文 献

[1] 邓起东、冯先岳、张培震等，天山活动构造. 北京：地震出版社，2000

[2] 吴传勇、沈军、陈建波等，新疆南天山库车坳陷晚第四纪以来地壳缩短速率的初步研究，地震地质，28（2）：279~288，2006

[3] 尹光华、蒋靖祥、杨继林等，黑滋尔水库地区先进构造运动特征，内陆地震，19（2）：105~112，2005

[4] 贾承造，中国塔里木盆地构造特征与油气，北京：石油出版社，1997

[5] 王春镛、楼海、魏修成等，天山北缘的地壳结构和 1906 年玛纳斯地震的地震构造，地震学报，23（5）：460~470，2001

[6] 国家地震局预测预防司，地震短临预报的理论与方法，北京：地震出版社，1997

[7] 秦嘉政、邬成栋、钱晓东，2001 年永胜 6.0 级地震的余震序列应力降研究，地震研究，27（2）：146~152，2004

[8] 黄媛、吴建平、张天中等，汶川 8.0 级大地震及其余震序列重定位研究，中国科学（D 辑）：地球科学，38（10）：1242~1249，2008

[9] 王筱荣，新疆强震前地震活动增强研究，华南地震，25（1）：17~23，2005

[10] 张琳琳、敖雪明、聂晓红，2017 年精河 6.6 级、库车 5.7 级地震前"库米什地震窗"异常特征分析，中国地震，33（4）：721~727，2017

参 考 资 料

1）新疆维吾尔自治区地震局，新疆维吾尔自治区 2017 年度地震趋势研究报告，2016

2）国家地震科学数据共享中心，http：//www.csi.ac.cn/manage/eqDown/05LargeEQ/201709161811M5.7/zonghe.html

3）新疆维吾尔自治区地震局，新疆库车 5.7 级地震灾害损失评估报告，2017

4）新疆维吾尔自治区地震局，2017 年 9 月 16 日库车 M_S5.7 地震序列及后续地震趋势分析，2017

5）新疆维吾尔自治区地震局，新疆维吾尔自治区 2018 年度地震趋势研究报告，2017

6）新疆维吾尔自治区地震局，新疆维吾尔自治区 2017 年年中地震趋势会商会部分震情研究报告汇编，2017

The M_S 5.7 Kuche Earthquake on September 16, 2017 in Xinjiang Uygur Autonomous Region

Abstract

At 6: 00 pm on September 16, 2017, an M_S 5.7 earthquake occurred in Kuche county, Xinjiang Uygur Autonomous Region. The microseismic center measured by the China Seismological Network Center was 42.11°N and 83.43°E, and the focal depth was 6km. The earthquake area was more than 2000 meters above sea level. According to the results of the scientific investigation, because the earthquake-proof buildings in the epicentral area have high earthquake-resistance levels and the earthquake disasters are relatively light, seismic intensity assessment, disaster loss, and evaluation work have not been carried out, so the position of the epicenter of macro can not be determined. The maximum instrument record intensity of this earthquake is Ⅵ degrees, with a wide range of sensations, and the earthquake did not cause any casualties.

The earthquake sequence is mainly the main shock—aftershock type, and the largest aftershock magnitude is the M_L 4.2 earthquake on September 16, 2017. The sequence is in the direction of NE, perpendicular to the north Luantai fault, and is consistent with the Achiecek strike. sequence decreases rapidly, major aftershocks occurred six days after the earthquake, $M_L \geqslant 3.0$ aftershocks was end of a month. The results of the earthquake focal mechanism solution show that the earthquake is an retrograde earthquake. The P—axis orientation of the main compressive stress is NNW (357°), dip angle is 26°, fault plane Ⅱ strikes 283°, and dip angle is 60°. Combined with the distribution of aftershock and intensity, it is supposed that junction plane Ⅱ is the main rupture plane, which is consistent with the trend of Beiluntai fault and is perpendicular to the direction of aftershock distribution, and is consistent with the characteristics of thrust rupture. It is considered that joint plane Ⅰ may be this time. The rupture surface of the earthquake determines that the Beiluntai fault may be the seismogenic structure of this earthquake, and is the result of the thrust earthquake, produced by the extrusion under near-NS forces.

There are 8 seismic stations within the range of 200km epicenter, 7 point and mobile stations precursor GPS, gravity flow, flow geomagnetism observation, including site-directed inclined deformation, strain 2 observation projects, a total of 9 observation stations item. Before the earthquake, there were 17 anomalies such as seismic intervals, seismic quiescence, anomalous enhancement, seismic enhancement, small earthquake swarms, Cuomis windows, ground tilt, ground strain, cross fault, water level, helium, and magnetic flow. There were 6 seismological abnormalities, accounting for 35.3% of the total anomalies, 10 fixed—point precursors, 58.8% of the total, and 1 mobile observation, accounting for 5.9% of the total. There was no imminent earthquake anomaly.

Before the Kuche 5. 7-magnitude earthquake, China Seismological Bureau and Xinjiang Seismological Bureau made better mid-term and short-term predictions. The earthquake occurred in the 2017 seismic hazard zone delineated by the China Seismological Bureau; the Seismological Bureau of Xinjiang Earthquake Prediction Center measured earthquakes. Chambers, precursors, and surveying and mapping institutes all filled out short-term and impending weather forecast cards. On September 13, 2017, Kuche county held an earthquake response drill in the community of Cork Arch, in the town of Isishara, and 11 members and members of the masses, teachers and students participated in the drill. The townships, streets, and counties directly took part in the exercise. A total of more than 200 leaders of the equal leadership have observed. After the earthquake, the Xinjiang Seismological Bureau and the Local Seismological Bureau formed a field work group to conduct disaster investigations and scientific investigations. After the earthquake, earthquake agency of Xinjiang Uygur Autonomous Region made a relatively accurate judgment on the type of earthquake sequence.

In this earthquake case report, there were no macroscopic epicenters, epicentral intensity, extreme seismic intensity, economic loss, etc. mainly because the team did not carry out seismic intensity assessment and disaster loss and assessment work. Because the Jinghe 6. 6 earthquake is relatively close in time and space, and some of the relevant research results have not been completed or published, the data collected in this paper will inevitably be omitted. Therefore, the conclusions drawn are based on the data collected.

报 告 附 件

附件一：

附表 1 固定前兆观测台（点）与观测项目汇总表

序号	台站（点）名称	经纬度（°）		测项	资料类别	震中距 Δ/km	备注
		φ_N	λ_E				
1	库车东风煤矿	83.10	42.10	钻孔倾斜	I 类	27	库车地震局资料
2	轮台阳霞	85.10	41.80	钻孔倾斜	III 类	142	巴州地震局资料 库尔勒地震台管理
3	尼勒克马场	82.61	43.73	分量式应变	III 类	188	伊犁州地震局资料
4	新源	83.25	43.60	分量式应变	III 类	145	天山中段项目
				钻孔倾斜	III 类		
5	巩留头道湾	82.43	43.41	分量式应变	III 类	165	伊犁州地震局资料
				钻孔倾斜	III 类		
6	那拉提	83.30	43.40	钻孔倾斜	III 类	132	天山中段
7	巴音布鲁克	84.16	42.92	钻孔倾斜	III 类	108	天山中段项目

分类统计	0km<Δ≤100km	100km<Δ≤200km	总数
测项数 N	2	14	
台项数 n	2	12	
测震单项台数 a	2	6	
形变单项台数 b	1	8	
电磁单项台数 c			
流体单项台数 d			
综合台站数 e			
综合台中有测震项目的台站数 f			
测震台总数 $a+f$			
台站总数 $a+b+c+d+e$	3	14	17
备注			

附表 2　测震以外固定前兆观测项目与异常统计表

序号	台站（点）名称	测项	资料类别	震中距 Δ/km	按震中距 Δ 范围进行异常统计															
					0<Δ≤100km					100<Δ≤200km					200<Δ≤300km					300<Δ≤500km				
					L	M	S	I	U	L	M	S	I	U	L	M	S	I	U	L	M	S	I	U
1	库车	钻孔倾斜	I类	27	—	—	—	—	—															
2	轮台	阳霞钻孔倾斜	Ⅲ类	142										—										
3	尼勒克马场	分量应变	Ⅲ类	188										—										
4	新源	分量应变	Ⅲ类	145										—										
		钻孔倾斜	Ⅲ类							—														
5	巩留头道湾	分量应变	Ⅲ类	165										—										
		钻孔倾斜	Ⅲ类							—														
6	那拉提	钻孔倾斜	Ⅲ类	132										—										
7	巴音布鲁克	钻孔倾斜	Ⅲ类	108						—				—										
8	库尔勒	水平摆倾斜	I类	230											—	∨	—	—	—					
9		垂直摆	Ⅱ类	230											—	—	—	—	—					
10		水管仪	I类	230											—	—	—	—	—					
11		伸缩仪	I类	230											—	—	—	—	—					
12		重力	Ⅱ类	230											—	—	—	—	—					
13		断层氢	Ⅲ类	230											—	—	—	—	—					
14		水位	Ⅱ类	230											—	—	∨	—	—					
15	铁门关	体应变	Ⅱ类	228											—	—	—	—	—					

续表

序号	台站（点）名称	测项	资料类别	震中距 Δ/km	0<Δ≤100km L	M	S	I	U	100<Δ≤200km L	M	S	I	U	200<Δ≤300km L	M	S	I	U	300<Δ≤500km L	M	S	I	U
16	巴伦台	分量应变	II类	280											—	—	∨	—	—	—	—	—	—	—
17	温泉	水平摆倾斜	II类	373																∨	—	—	—	—
18	乌什	洞体应变	II类	365																∨	∨	—	—	—
19	乌鲁木齐	洞体应变	II类	395																∨	∨	—	∨	—
20	乌鲁木齐	氡气	I类	383																—	—	∨	∨	∨
分类统计	台项	异常台项数			0	0	0	0	0	0	0	0	0	0	0	2	2	0	0	3	2	1	0	0
		台项总数			1	1	1	1	1	8	8	8	8	8	9	9	9	9	9	16	16	16	16	16
		异常台项百分比/%			0	0	0	0	0	0	0	0	0	0	0	22.2	11.1	0	0	18.7	12.5	6.25	—	—
	观测台站（点）	异常台站数			0	0	0	0	0	0	0	0	0	0	0	2	2	0	0	3	2	1	0	0
		台站总数			1	1	1	1	1	6	6	6	6	6	3	3	3	3	3	3	3	3	3	3
		异常台站百分比/%			0	0	0	0	0	0	0	0	0	0	0	66.7	33.3	0	0	100	66.7	33.3	—	—
	测项总数						1					8					9					16		
	观测台站总数						1					6					3					3		

附件二：短期预报卡 1

填卡须知

1. 预测等级标准的确认，只需将○涂为●。
2. 预测内容请参考确认的级别所规定的等级标准填写：

等级标准	震级（M_S）	时间（天）	地域（半径）（公里）
一级	≥7.0	≤90	≤200
二级	6.0~6.9	≤60	≤150
三级	5.0~5.9	≤30	≤100
余震	≥5.0	≤5	≤50

注：表中余震预测是指对中强震发生 10 天以后的 5 级与余震所作出的预测。

3. 单位或集体的预测应填全称。个人的预测应填所在单位全称、本人姓名、通讯地址和邮政编码。
4. 地震预测意见应向预测地的县级以上地方人民政府负责管理地震工作的部门或者机构报告，也可向所在地的县级以上地方人民政府负责管理地震工作的部门或者机构、或国务院地震工作主管部门受理机构（北京市西城区三里河南横街 5 号中国地震台网中心，邮编：100045）报告。
5. 预测意见应明确、详细。
6. 本卡片可以复制，保密期满后予以公布。
7. 预测意见评价：
   ①完全正确：实发地震发生在预测时间段内，预测意见的地点、震级与实发地震完全符合；
   ②部分预测要素对应：实发地震发生在预测时间段内，预测意见的地点、震级至少有 1 个与实发地震一致，即地点误差不超过 300 公里（西藏地区不超过 500 公里），或者震级误差不超过 1 级。
   ③无对应：不满足①、②条件的。

地震短临预测卡片

预测等级：○一级　●二级　○三级　○余震
预测内容：
1. 时间：<u>2017</u> 年 <u>7</u> 月 <u>27</u> 日至 <u>2017</u> 年 <u>9</u> 月 <u>26</u> 日
2. 震级（M_S）：<u>5.5</u> 级至 <u>6.4</u> 级
3. 地域：用封闭图形绘于下面经纬网内，并标注其图形拐点的经纬坐标。

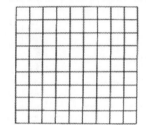

网距单位：（）度
84.2E,43.3N，150km

上述预测内容的依据和方法：
（要求文字简明，图件清晰，提供定量公式，可填写在背面及附页）

预测的单位或集体签章
或个人预测签字字　所在单位签章
通讯地址：　填报时间：
邮政编码：

预测依据描述及附图：
1、流动重力：半年尺度

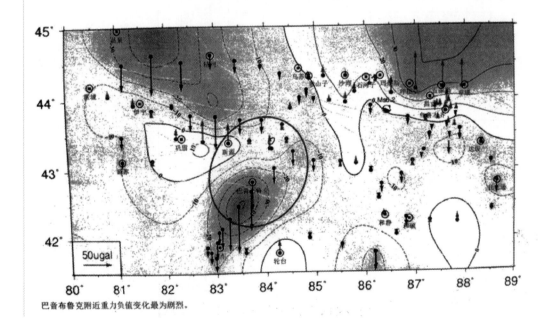

巴音布鲁克附近重力负值变化最为剧烈。

2、流动重力：1 年尺度

BJ201605-201705

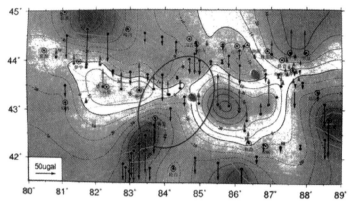

201605-201705 年重力变化：1）测区东部出现四象限重力变化特征，呼图壁地震发生在四象限中心附近；2）测区中西部重力变化也较为剧烈，并在新源、和静、独山子、巴音布鲁克地区出现四象限分布特征。

3、重力数据段差表示法

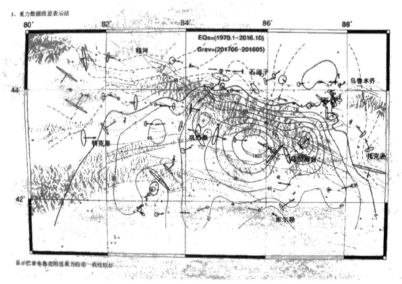

显示巴音布鲁克附近重力收缩一致性较好

3、GNSS 块体应变

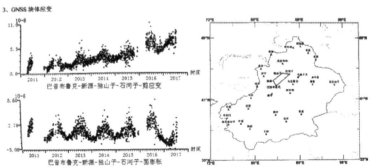

该区域面膨胀自 2016 年 7 月初开始下降，该时间序列曲线与往年相比出现不一致的变化，2012 至 2016 年 1 月至 2 月基本完成年变转向，2017 年 1,2 月份并未转向，而是 4 月份开始转向。该区受挤压持续时间较以往要久。

预测预报情况登记表

序号	数据项中文名	填入项	备注
1	地震编号		
2	主震编号		
3	预报单位名称	新疆维吾尔自治区地震局	
4	预报人	地震活动性室	
5	预报依据	异常增强区、3 级地震平静、3 级地震增强、小震群累积月频度加速、4 级地震平静、小震调制比、库米什地震窗	
6	预报时间开始	2017 年 7 月 28 日	
7	预报时间结束	2017 年 9 月 28 日	
8	预报最大震级	6.1	
9	预报最小震级	5.1	
10	预报地点	以东经 82.4°，北纬 43.6° 为圆心，150km 未半径的圆形区域	
11	预报区南界纬度		
12	预报区北界纬度		
13	预报区东界经度		
14	预报区西界经度		
15	提出预报时间	2017 年 7 月 28 日	
16	预报效果	预测时间和震级正确、地点小偏差	
17	证明附录名称	附件四	

附件三：短期预报卡 2

填卡须知

1. 预测等级标准的确认，只需将○涂为●。
2. 预测内容请参考确认的级别所规定的等级标准填写：

等级标准	震级（M_S）	时间（天）	地域（半径）（公里）
一级	≥7.0	≤90	≤200
二级	6.0—6.9	≤60	≤150
三级	5.0—5.9	≤30	≤100
余震	≥5.0	≤5	≤50

注：表中余震预测是指对中强地震发生 10 天以后的 5 级以上余震所作出的预测。

3. 单位或集体的预测应填全称。个人的预测应填所在单位全称、本人姓名、通讯地址和邮政编码。
4. 地震预测意见应向预测地的县级以上地方人民政府负责管理地震工作的部门或者机构报告，也可向所在地的县级以上地方人民政府负责管理地震工作的部门或者机构、或国务院地震工作主管部门受理机构（北京市西城区三里河南横街 5 号中国地震台网中心，邮编：100045）报告。
5. 预测意见应明确、详细。
6. 本卡片可以复制，保密期满后予以公布。
7. 预测意见评价：
   ①完全正确：实发地震发生在预测时间段内，预测意见的地点、震级与实发地震完全符合。
   ②部分预测要素对应：实发地震发生在预测时间段内，预测意见的地点、震级至少有 1 个与实发地震一致，即地点误差不超过 300 公里（西藏地区不超过 500 公里），或者震级误差不超过 1 级。
   ③无对应：不满足①、②条件的。

地震短临预测卡片

预测等级：○一级 ●二级 ○三级 ○余震

1. 预测时间：__2017__ 年 _7_ 月 _28_ 日至 _2017_ 年 _9_ 月 _28_ 日
2. 震级（M_S）：_5.1_ 级至 _6.1_ 级
3. 地域：用封闭图形绘在下面经纬网内，并标注其图形拐点的经纬坐标。

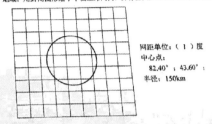

网距单位：（1）度
中心点：
82.40°；43.60°；
半径：150km

上述预测内容的依据和方法：
（要求文字简明，图件清晰，提供定量公式，可填写在背面或附页）

预测的单位或集体签章：

或个人预测签字：

通讯地址：

所在单位盖章：
填报时间：2017 年 7 月 27 日
邮政编码：

预测依据描述及附图：

1、2014 年 11 月—2016 年 1 月，在库车—库尔勒地区、新源—温泉地区形成了 3、4 级地震的异常增强区。（图 1）

2、2016 年 9 月 17 日后霍城—拜城—精河地区 3 级以上地震出现平静，其后 2017 年 1 月开始，平静区内 3 级地震活动逐步活跃，并形成 3 级地震围空，2017 年 3 月 10 日空区内部边缘发生 3 级地震，6 月 9 日空区内再次发生 3 级地震，空区完全打破。2017 年 7 月以来空区周围地震活动明显增加。（图 2）

3、2017 年 1 月以来天山中段 3 级以上地震显著增强，该异常指标显示，当累积频度超过 12 次，则后续存在发生中强以上地震的比例为 7/11（图 3）。

4、2016 年 10 月以来，库车周边地区连续发生多次震群活动，以往震例显示中强震前小震群积月频度出现加速现象（图 4）。

5、2016 年 12 月 8 日呼图壁 6.2 级地震后，天山中段 4 级地震平静 228 天，2017 年 7 月 25 日托克逊 4.0 级地震打破该平静。预测指标显示，天山中段 4 级地震平静 2 倍均方差（即 165 天），其后发生中强以上地震的比例为 82.3%（图 5）。

6、小震调制比 Rm 值空间扫描显示，自 2017 年 4 月开始，北天山西新源-乌苏地区出现高值异常（图 6）。

7、库米什地震窗 2017 年 4 月出现异常，震例显示，其后中强地震优势发震时段为 6 个月内，优势地区为北天山西段。（图 7）

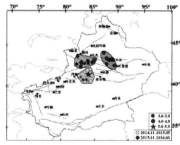

图 1 天山中段 3、4 级地震异常增强区

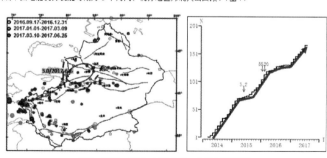

图 2 霍城—拜城—精河地区 3 级以上地震平静

附件四：

震情监视报告

单 位	新疆地震局预报中心	会商会类型	周震情跟踪监视例会
期 数	（2017）第 69 期	会商会地点	局五楼会商室
	（总字）第 1412 期	会商会时间	2017 年 9 月 13 日 11 时 00 分
主持人	王琼	发送时间	09 月 13 日 17 时 30 分
签发人	王海涛	收到时间	月 日 时
Apnet 网络编码	AP65	发 送 人	李金

2017 年 9 月 13 日，新疆地震局围绕近期新疆地震活动和前兆观测资料异常变化，召开周震情跟踪监视例会，意见如下：

1. 测震学资料跟踪分析

1.1 地震活动概况

2017 年 9 月 4 - 9 月 10 日，全疆共定位 Ms≥1.0 地震 99 次。震级分档统计如下：Ms1.0-1.9 地震 85 次；Ms2.0-2.9 地震 9 次；Ms3.0-3.9 地震 4 次；最大地震为 9 月 9 日阿克陶 4.1 级地震。边境地区共定位 Ms≥1.0 地震 7 次。分区统计情况如下：

西准噶尔地区 2 次（Msmax=1.4）；乌鲁木齐地区 7 次（Msmax=1.5）；北天山西段 13 次（Msmax=3.8）；中天山地区 6 次（Msmax=2.3）；南天山东段 14 次（Msmax=3.0）；柯坪块体 11 次（Msmax=3.2）；乌恰地区 16 次（Msmax=4.1）；西昆仑地区 13 次（Msmax=3.3）；阿尔金地区 8 次（Msmax=2.4）；其它地区 8 次（Msmax=2.3）。

本周地震活动水平高于上周，同时高于历史平均地震活动水平。本周 2 级以上地震主要分布在乌恰地区和北天山西段。北天山西段、中天山、柯坪、西昆仑地区地震活动水平高于上周；富蕴地区活动水平低于上周；西准噶尔山地、南天山东段、阿尔金地区、乌鲁木齐、乌恰和其他地区地震活动水平与上周相当。

1.2 显著事件跟踪

①2017 年 8 月 9 日精河 6.6 级地震

由于新疆区域台网提供的单台序列目录截止时间为 8 月 23 日 18 时，故此后统计数据采用新疆地震台网综合定位目录。截止 9 月 3 日 12 时，新疆区域地震台网共记录 ML＞0 级余震共 392 次，其中 ML0.0-0.9 地震 19 次，ML1.0-1.9 级地震 250 次；ML2.0-2.9 级地震 83 次；ML3.0-3.9 级地震 30 次，ML4.0-4.9 级地震 6 次，ML5.0-5.9 级地震 3 次，最大余震为 Ms4.7 地震（综合定位结果）。余震序列总体处于起伏衰减过程中，9 月 9 日余震区再次发生 Ms3.8 级地震，目前精河 6.6 级地震序列中 3 级以上地震偏多，2 级地震偏少，序列 b 值为 0.53，与以往 6 级地震序列相比偏低；h 值为 2.0。精河单台共记录到清晰初动 60 次，其中向上 16 次，向下 44 次，序列初动目前显示较为一致。新源台单台序列振幅比目前处于低值波动状态；余震序列应力降计算结果显示，震后余震应力衰减迅速，9 月 9 日的 3.8 级余震应力降值偏高。

②2017 年 9 月 9 日阿克陶 4.1 级地震

2017 年 9 月 9 日 15 时 48 分，克孜勒苏州阿克陶县发生 4.1 级地震。1970 年以来震中周围 50km 范围内 5 级以上地震以主余和孤立型为主。截至 9 月 10 日，新疆区域台网共记录到 3 次余震，其中 ML1.0-1.9 级 2 次，ML2.0-2.9 级 1 次，最大余震为 9 月 9 日 17 时 34 分发生的 ML2.6 级地震。本次 4.1 级地震应力降为 16.7bar，与该区历史 4 级地震的应力降相比偏低。

综合分析认为，本次 4.1 级地震序列为主余型的可能性较大，密切跟踪后续震情的发展变化。

1.3 测震学跟踪分析

近期存在异常项有：

①2017 年 5 月-2017 年 8 月，在库车-轮台地区形成了 3、4 级地震的异常增强区。②2016 年 8 月 13 日阿合奇 4.7 级地震后，柯坪块体 4 级地震平静已达到 13.1 个月，目前处于弱活动状态，统计结果显示，平静打破后 6 个月内发生 6 级左右地震的对应率为 66.7%。③天山中段 4 级地震平静：天山中段自 2016 年 12 月 8 日呼图壁 6.2 级地震后，4 级地震平静达 228 天，2017 年 7 月 25 日托克逊 4.0 级地震打破该平静。历史震例统计显示，1970 年以来该区平静时长超过 165 天有 17 次，其中 6 次异常结束后 3 个月内平静区里有 5 级以上地震

发生，对应率为35.2%（6/17）；精河6.6级地震发生在天山中段4级地震平静打破后的预测时段内。精河6.6级地震后，天山中段4级地震平静区缩小，1970年以来该区曾出现5次4级地震超过405天（2.5倍均方差）的平静，其后在平静区周围均有5级以上地震发生，优势时间为1个月内。④2017年1月以来天山中段3级地震显著增强，统计结果显示，增强结束3个月内发生6级以上地震的对应率为54.5%。以往震例显示，3级地震增强活动对5级地震成组活动具有预测意义，关注该区后续再次发生5级地震的可能性。⑤阿勒泰地震带5级地震平静1255天，1970年以来曾出现6次5级地震超过1117天（1倍均方差）的平静，打破后6个月内4次有6级地震对应，其中有3次发生在平静打破后3个月内；与此同时阿勒泰地区4级地震平静已持续1566天（与5级地震平静区域不同），1970年以来曾出现过5次4级地震超过1000天的平静，打破后9个月内多数有6级地震对应，目前该区危险性有所增强。⑥9月9日阿克陶4.1级地震打破了南天山西段4级地震平静264天的状态，统计结果显示，1970年以来，南天山西段4级地震平静超过97天的38组，其中22组平静打破后3个月内南天山西段有5级以上地震发生，对应率为62.9%（22/38）；⑦2017年5-8月，拜城-库车地区和乌恰西南地区分别出现一个3、4级地震形成异常增强区。

2. 前兆观测资料跟踪

本周新增异常项：新源钻孔应变8月27日后两分量出现快速变化。

前兆学科近期存在异常变化的测项：①新源台钻孔分量应变自2017年8月27日出现NS、EW、NE三个分量同步的异常变化，截至8月29日，幅度分别为$12×10^{-9}$、$102×10^{-9}$、$6×10^{-9}$，EW分量幅度最大，NE分量幅度最小。经现场异常核实，认为该测项仪器工作稳定，无环境干扰，属前兆异常；②巴仑台分量钻孔应变资料自2017年7月31日开始NS、EW、NE、NW四分量出现快速压缩变化，33天的最大压缩幅度达$8443×10^{-10}$，最小压缩幅度达到$4674×10^{-10}$，变化幅度显著。截止9月10日该异常持续。目前该测项变化持续时间和幅度均大于呼图壁6.2级地震前。③和田金属摆（B）NS向2016年变幅变大，是前4年平均值的1.8倍；EW向年变幅变小年平均值的1/3，异常结束，待对应。④南疆地磁逐日比、加卸载响应比7月18日和8月5日超阈值异常。

地下流体学科近期存在异常变化的测项：①阿克苏断层氢浓度自2017年8月30日14点起出现快速上升变化，截止9月3日16点，浓度值由1.18上升至4.476，为正常背景值3.8倍。②库尔勒新43泉动水位2017年8月10日12时-23时出现0.015m的台阶变化。③新04泉氦气自2017年6月26日出现测值明显增大现象。④鄯善新41井水位自2017年3月开始上升变化，与往年正常年变不一致，存在破年变异常。现场异常核实工作结果显示，新41井水位年变畸变可能为前兆异常，但无法排除油田注水的影响，需要继续跟踪资料变化。⑤新10号泉氦气测值自2017年4月13日开始加速上升，上升幅度逐渐增大，目前测值维持在高值附近波动变化。⑥伽师55井深层水温于3月4日开始持续波动下降变化，3月31日后出现转折上升，累计下降0.0014℃，目前处于波动变化中。⑦伊犁州伊宁巴彦岱1井240m中层水温在2017年1月-6月，出现多次较大幅度下降-上升变化。

3. 综合分析

（1）精河6.6级地震后，新疆地区3级以上地震主要分布在天山中段和喀什-乌恰交汇区，发生了2次4级以上地震，分别为8月14日库车4.5和9月9日阿克陶4.1级地震，近期地震活动与历史平均水平相当。

（2）精河6.6级地震发生后，认为前期存在的新疆境内4级地震平静、天山中段4级地震平静、天山中段3、4级异常增强区、霍城-拜城-精河3级地震围空打破、天山中段3级地震增强这5项地震活动性中短期异常可以交代给精河6.6级地震。目前地震活动性存在拜城-库车地区3、4级地震增强、天山中段4级地震平静、天山中段3级地震显著增强等中短期异常；前兆学科存在新源台钻孔分量应变、巴仑台分量钻孔应变、库尔勒新43泉动水位、鄯善新41井水位、新10号泉氦气、伊犁州伊宁巴彦岱1井240m中层水温等中短期异常。

（3）南天山西段至西昆仑地区测震学存在较显著的平静异常。南天山西段（柯坪块体和喀什-乌恰交汇区）存在4级地震平静264天打破、柯坪块体4级地震平静长达13.1个月和喀什-乌恰交汇区南至西昆仑中段4级地震平静打破。此外9月9日阿克陶4.1级地震也位于2017年5-8月乌恰西南地区出现的3、4级地震形成异常增强区内，研究认为，该增强区对未来强震具有地点预测意义。目前定点前兆存在伽师55井深层水温、地磁逐日比、加卸载响应比等4项中短期异常。

（4）统计1900年以来新疆及周边100km范围内6级以上地震成组活动情况，显示新疆地区6级地震发生时间间隔小于100天的共计23组，其中7组为震群，23组中有5组天山中段、南天山西段6级地震出现成

附件五：

组活动现象。分析认为，需密切关注南天山西段的震情发展。

（5）阿勒泰地震带存在4、5级地震显著平静，统计分析显示，平静打破对该区中强地震具有中短期预测意义。定点前兆目前存在阿勒泰水管仪两分量趋势异常和近期NS分量S倾加速变化。

（6）本周过期新增3张短临预报卡，目前在期的预报卡7张。

综合分析认为：

1、精河6.6级地震序列类型为主余型，继续关注震区后续余震活动。

2、新疆地区中强地震具有一定成组活动特征，精河6.6级地震后，需重点跟踪南天山中西段发生中强地震的可能性，关注阿勒泰资料的发展变化。

预测预报情况登记表

序号	数据项中文名	填入项	备注
1	地震编号		
2	主震编号		
3	预报单位名称	新疆维吾尔自治区地震局	
4	预报人	地震活动性室	
5	预报依据	异常增强区、3级地震平静、3级地震增强、小震群累积月频度加速、4级地震平静、小震调制比、库米什地震窗	
6	预报时间开始	2017年7月28日	
7	预报时间结束	2017年9月28日	
8	预报最大震级	6.1	
9	预报最小震级	5.1	
10	预报地点	以东经82.4°，北纬43.6°为圆心，150km未半径的圆形区域	
11	预报区南界纬度		
12	预报区北界纬度		
13	预报区东界经度		
14	预报区西界经度		
15	提出预报时间	2017年7月28日	
16	预报效果	预测时间和震级正确、地点小偏差	
17	证明附录名称	附件四	

西昆仑地震带

1970 年以来西昆仑地震带 $M_S \geqslant 5.0$ 地震出现 3 组活跃时段（图 4－8、表 4－5），具体特征如下：①活跃时段持续时间相当，均为 12 年；②活跃时段内均有 6 级和 7 级地震发生；③活跃时段内地震的最大时间间隔约为 1.7 年左右。1998 年 5 月 29 日墨玉 6.2 级地震后，西昆仑地震带进入了 64 个月的中强地震平静期，2003 年 9 月 2 日公格尔山 5.6 级地震打破了该平静，5 级以上地震进入活跃时段。

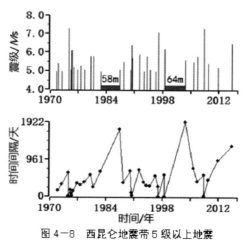

图 4－8　西昆仑地震带 5 级以上地震
M－t 和时间间隔图

截止 2015 年 7 月皮山 6.5 级地震，该活跃时段持续时间为 12 年，与前 2 组活跃时段的持续时间相当。本次活跃时段内发生了 5 次 5 级、1 次 6 级和 1 次 7 级地震，与前 2 组活跃时段相比，5、6 级地震频度明显偏低，但强度相当。分析认为，该组活跃时段仍可能持续一段时间，2017 年度仍存在发生中强地震的可能。

表 4－5　西昆仑地震带 5 级以上地震成组活动统计表（删除余震）

序号	活跃时段	持续时间/年	成组活动间隔最长时间/天	地震总数/次	地震个数/次 5.0—5.9	6.0—6.9	7.0—7.9	最大地震/M_S
1	1971—1982	12	618	16	13	2	1	7.3
2	1987—1998	12	689	12	9	2	1	7.1
3	2003—2015	12	1045	7	5	1	1	7.3

4.1.3　地震活动图像和地震学参数时空扫描跟踪分析

（1）地震活动空间异常图像

5 级地震空段

2000－2008 年新疆境内 5 级以上地震在天山东段、库车坳陷、乌什－巴楚地区和西昆仑中段形成明显的地震空段（图 4－9）。天山东段自 2011 年中强地震连发以来已经发生了 7 次 5 级和 1 次 6 级地震，空段已经瓦解；西昆仑中段发生了 2015 年皮山 6.5 级地震，为 1949 年以来该区发生的最大地震，再次发生强震的可能性不大；库车坳陷空段自 1999 年拜城 5.0 级地震后，目前平静已长达 17 年，为 1949 年以来最长平静时长；乌什－巴楚空段 2009 年以来发生了 4 次 5 级地震，但该区以往成组活动期间均有多次 6

级地震发生，且活动时段持续时间为 8－9 年，目前该活动已持续 8 年。分析认为，2017 年或稍长时间库车坳陷和乌什－巴楚空段存在发生 6 级地震的可能。

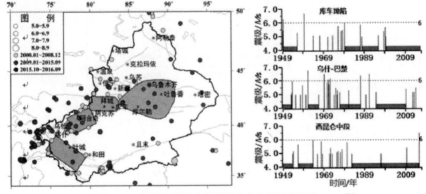

图 4－9　新疆 5 级以上地震震中分布图及各空段 M－t 图

地震平静

①　乌恰－伽师地区 5 级地震平静

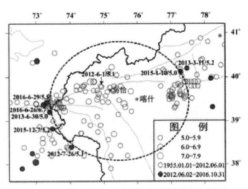

图 4－10　乌恰－伽师 5 级地震平静区域示意图

2011 年新疆地区 5、6 级地震连发活动过程中，南天山西段发生了 9 次 5 级地震，2012 年 6 月 1 日阿克陶 5.0 级地震后，5 级地震主要集中在柯坪块体东部地区，乌恰－伽师地区 5 级以上地震则处于平静状态，截止 2016 年 10 月 31 日，该区 5 级以上地震平静持续了 1614 天，远远高于该区 5 级地震 200 天的平均时间间隔（图 4－10）。该区 5 级地震平静异常指标分析显示（表 4－6），5 级以上地震出现超过 524 天的平静（即平均时间间隔的 1 倍均方差）后 1 年，该区发生 6 级以上地震的比例为 11/13，其中 6.5 级以上地震的比例为 6/11；优势发生时段为 5 个月内（9/11），优势发生区域为喀什以西地区。

表 4－6　乌恰－伽师地区 5 级地震平静预测指标

序号	交汇区 5 级地震平静时段	平静时间/天	后续 1 年平静区内 6 级以上地震	时间间隔/天	期间境外强震
1	19580219-19590829	556	1959-11-15 6.4 阿克陶	78	
2	19630829-19670202	1253	1967-05-11 6.3 乌恰	98	1963-10-16 6.6 阿克陶

3	19680122-19690914	601			
4	19700329-19730611	1169	1974-08-11 7.3 乌恰	426	
5	19750212-19770729	898	1978-10-08 6.0 乌恰	436	
6	19781008-19800801	662			
7	19800801-19820927	788	1983-02-13 6.7 乌恰 1983-04-05 6.1 乌恰	139	
8	19830821-19850823	734	1985-08-23 7.1 乌恰 1985-09-12 6.8 乌恰	0	1985-07-29 7.1 阿富汗
9	19850912-19870430	595	1987-04-30 6.0 乌恰	0	
10	19910307-19931201	1000	1993-12-01 6.2 疏附	0	1991-07-14 6.5 阿富汗
11	19941003-19960319	534	1996-03-19 6.7 阿图什 1997 年伽师震群	0	
12	20000327-20021225	1004	2003-02-24 6.8 伽师	61	
13	20040321-20081005	1659	2008-10-05 6.8 乌恰	0	
14	20120601-20161031	1614			2015-12-07 7.4 塔吉克斯坦 2016-06-26 6.7 吉尔吉斯斯坦

目前，该平静区外围发生了塔吉克斯坦 7.4 级和吉尔吉斯斯坦 6.7 级地震。对比以往震例，平静期间平静区外围边缘发生 6.5 级以上地震的共计 3 组，其后平静区内仍然有 6 级以上地震活动。分析认为，目前该区 5 级地震平静时长已接近历史极值，2017 年存在发生 6 级地震的可能。

② **柯坪块体 4 级地震平静**

柯坪块体自 2015 年 8 月 30 日阿图什 4.0 级地震至 2016 年 7 月 10 日巴楚 4.1 级地震发生，该区 4 级地震先后出现了 5.1 个月和 5.3 个月的平静状态，期间仅于 2016 年 2 月 2 日发生了阿图什 4.1 级地震。统计分析显示，柯坪块体 4 级地震平静超过 4 个月即可作为其后发生 5 级以上中强地震的预测指标，异常对应比率达 63%（不含 5 级地震直接打破），优势发震地点为南天山西段柯坪块体和喀什-乌恰交汇区（见附表 2-2）。目前异常结束处于等待对应状态，2017 年南天山西段存在发生中强地震的可能。

异常增强

根据王筱荣等（2005）关于新疆各构造区异常增强的判定标准：北天山地区 2°×2° 范围内，3 个月内发生 4 次以上 3 级地震，且必须包含 1 次以上 4 级地震即构成增强异常。历史震例分析显示，北天山地区 14 次 5 级以上地震有 11 次震前出现中等地震增强

2017年度新疆地震趋势研究报告

活动。

2014年11月－2015年5月库车－库尔勒地区3、4级地震形成异常增强，2016年1月轮台5.3级地震发生在该增强区；2015年1月－2015年3月新源－精河地区形成3、4级地震异常增强区，2015年11月－2016年1月该区3、4级地震再次出现增强活动，2016年2月该区发生了新源5.0级地震。2015年11月－2016年1月在乌鲁木齐－呼图壁地区形成3、4级

图4－11　3、4级地震异常增强区空间分布

地震异常增强区，该增强区内发生了3次3级和1次4级地震（图4－11）。震例分析认为，类似异常增强区对中强地震成组活动具有一定地点指示意义，因此，这3组异常增强区及其附近仍可能是未来中强地震活动的危险区域。

（2）地震学参数时空扫描图像

地震学参数空间扫描分析

近几年实践工作表明，A值、地震频次、b值和GL值在地点预测方面具有较好的映震效果。2015年10月－2016年9月新疆地区地震学参数空间扫描结果如下（图4－12）：

2016年A值异常区主要集中于南天山西段乌什－乌恰地区，较上年度异常面积明显增大，天山中段在2016年2次5级地震发生后异常消失；GL值异常区主要分布在乌什－乌恰地区和乌恰－叶城南地区，较上年度异常面积明显增大，新源地区的异常在新源5.0级地震发生后消失，库车－轮台地区异常面积在轮台5.3级地震后明显收缩；频度高值异常主要分布在库车附近和喀什－乌恰交汇区至西昆仑地区，与上年度相比，库车附近异常面积有所增大；b值异常区主要集中在新源－乌苏地区、轮台－库车地区、阿合奇地区、乌恰－叶城以西－和田西南地区。

总体来看，目前地震学参数空间扫描异常区域主要集中在乌什－乌恰地区、乌恰－叶城南、库车－轮台周围地区。

地震学参数时间扫描分析

地震学参数时间扫描分析表明，目前仍存在异常的分区有阿勒泰－富蕴、库尔勒区、库车－拜城区、阿克苏－巴楚区、巴楚－阿图什区、喀什－乌恰交汇区及和田地区（表

附件六：2017 年度中国地震局地震危险区预测图（新疆部分）

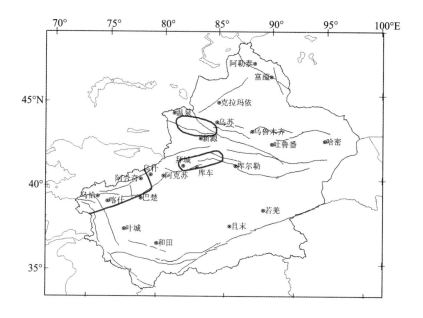

附件七：2017 年度新疆地震局地震危险区预测图

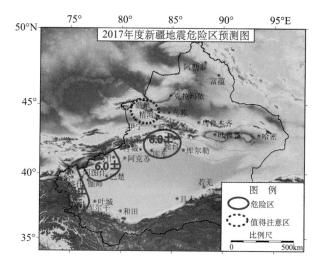

2017 年 11 月 18 日西藏自治区米林 6.9 级地震

西藏自治区地震局

土登次仁　　益西拉姆　　次仁多吉　　朱德富

周丰森　　杨　文　　高锦瑞　　旦　增

摘　　要

2017 年 11 月 18 日 06 时 34 分，西藏自治区米林县发生 6.9 级地震。微观震中为 29.75°N、95.02°E，震源深度为 10km。宏观震中与微观震中基本重合，位于派镇。极震区地震烈度为Ⅷ度，等震线呈椭圆形，长轴方向为 NW 走向。此次地震灾区涉及林芝市巴宜区、米林县、墨脱县、波密县和工布江达县 5 个县，地震受灾面积 1.28×10⁴km²，地震造成 2992 户房屋不同程度受损，无人员伤亡，直接经济损失约 2 亿元。

此次地震序列为主震余震型，最大余震 $M_L5.4$。余震主要集中发生于震后 10 天，占总频次的 82.2%，之后衰减较快。余震序列展布方向呈现 NW 走向，与烈度图的长轴展布方向基本一致，此次地震的震源机制为逆冲型，节面Ⅰ走向 127°、倾角 39°、滑动角 92°，结合余震及烈度等震线分布，推测节面Ⅱ为主破裂面。发震断裂为西兴拉断裂，该断裂位于雅鲁藏布江大拐弯顶部。

此次地震震中 300km 范围内，共有测震台站 6 个，定点前兆台站 1 个；在震中附近 300~400km，有定点观测台站 1 个；观测项目有测震、地倾斜、钻孔应变、地磁、地电场、水位、水温等。震前仅出现热红外异常，震后总结发现存在 4 级地震平静异常。米林 6.9 级地震发生在西藏自治区 2017 年度地震趋势会商报告划定的波密—墨脱危险区内。2017 年 8 月 24 日青海省地震局填写短临预测卡片，预测 2017 年 8 月 30 日到 11 月 11 日，在西藏昂仁至米林一带可能发生 $M_S5.6~6.5$ 地震，米林 6.9 级地震震中距离预测区域东边界约 100km。

前　　言

2017 年 11 月 18 日 06 时 34 分，西藏自治区米林县发生 6.9 级地震。中国地震台网中心测定的微观震中为 29.75°N、95.02°E，震源深度为 10km。宏观震中与微观震中基本重合，位于派镇，主要涉及巴宜区鲁朗镇，米林县派镇。极震区地震烈度为Ⅷ度，等震线呈椭圆形,长轴走向 NW。此次地震灾区涉及林芝市巴宜区、米林县、墨脱县、波密县和工布江达县 5 个县,地震受灾面积 $1.28 \times 10^4 km^2$,地震造成 2992 户房屋不同程度受损,直接经济损失约 2 亿元。

米林 6.9 级地震发生在西藏自治区 2017 年度地震趋势会商报告划定的波密—墨脱危险区内,震前定点前兆未发现显著异常。2017 年 7 月初在青藏高原东南部出现卫星热红外异常,2017 年 8 月 24 日青海省地震局填写短临预测卡片,预测 2017 年 8 月 30 日到 11 月 11 日,在西藏昂仁至米林一带可能发生 $M_S 5.6 \sim 6.5$ 地震,米林 6.9 级地震震中距离预测区域东边界约 100km。地震发生后,中国地震局启动地震应急Ⅲ级响应,派工作组开展了震情趋势判定、烈度评定、灾害调查评估、科学考察等现场应急工作。西藏地震局组织专家召开多次震后趋势判定会,对此次地震序列类型做出了准确的判断。

藏东南地区存在发生强震的地震地质背景,一直是西藏地震局重点关注和跟踪分析研究的区域。米林地震发生后,关于该区域未来发生更大地震的可能性以及此次地震的精定位和震源机制解研究不断开展,为震例总结提供了参考资料,本震例按照《震例总结规范》(DB/T 24—2007)要求,参考有关文献和资料,结合震前预测以及震后梳理的相关工作编写完成震例总结报告。

一、地震地质背景

米林 6.9 级地震附近强震活动较为频繁,震中 300km 范围内,有历史地震记录以来共发生 $M_S \geqslant 5.0$ 级地震 146 次,其中 5.0~5.9 级 116 次,6.0~6.9 级 27 次,7.0~7.9 级 2 次,8.0~8.9 级 1 次,最大地震为 1950 年 8 月 15 日西藏察隅 8.6 级地震(表 1,图 1)。该地震是有记录以来中国记录到的最大地震,震中最大烈度Ⅺ度,断层长度约 250km,产生了约 7~8m 的断层滑移,造成近 400 人死亡,整个青藏高原及毗邻的印度平原均有明显震感。

表 1 米林 6.9 级地震震中附近历史地震目录(*M*≥6.0 级)

Table 1 The historical earthquakes catalogue in the vicinity of the M_S6.9 Milin earthquake

编号	发震日期	震中位置(°)		震级	震中地名	结果来源
	年.月.日	φ_N	λ_E	M_S		
1	1642	30.80	95.60	7	西藏洛隆西北	
2	1791	30.80	95.00	6¾	西藏边坝	
3	1845	29.50	94.30	6¾	西藏林芝附近	
4	1847	28.50	92.50	6	西藏隆子南	
5	1878.12	28.50	97.50	6½	西藏察隅	
6	1911.07	28.50	97.50	6½	西藏察隅	
7	1938.11.21	29.90	95.30	6	西藏波密西	
8	1947.07.29	28.60	93.60	7.7	西藏朗县东南	

编号	发震日期	震中位置（°）		震级	震中地名	结果来源
	年 . 月 . 日	φ_N	λ_E	M_S		
9	1950.02.23	29.80	95.30	6.0	西藏波密西	
10	1950.08.15	28.40	96.70	8.6	西藏察隅、墨脱	
11	1950.08.16	28.70	96.60	6.0	西藏察隅附近	
12	1950.08.16	28.70	96.60	6.0	西藏察隅附近	
13	1950.08.16	28.70	96.60	6.0	西藏察隅附近	
14	1950.08.16	28.70	96.60	6.0	西藏察隅附近	
15	1950.08.16	28.70	96.60	6.0	西藏察隅附近	
16	1950.08.16	28.70	96.60	6.0	西藏察隅附近	
17	1950.08.18	28.70	96.60	6.2	西藏察隅附近	
18	1950.09.13	27.50	96.40	6.0	西藏察隅西南	
19	1950.09.30	28.70	94.20	6.5	西藏米林南	
20	1950.10.08	29.20	95.10	6.2	西藏墨脱附近	
21	1950.12.03	29.00	96.00	6.0	西藏墨脱东南	
22	1951.03.17	30.90	97.40	6.0	西藏昌都附近	
23	1951.04.15	28.40	93.80	6.5	西藏米林西南	
24	1964.10.22	28.00	93.80	6.6	西藏米林西南	
25	1967.03.14	28.40	94.40	6.2	西藏米林南	
26	1970.02.19	27.58	94.13	6.1	西藏米林南	
27	1971.04.03	32.20	95.10	6.3	青海杂多南	
28	1971.04.03	32.20	95.40	6.5	青海杂多东南	
29	2013.08.12	30.00	98.00	6.1	西藏左贡芒康交界	

　　米林6.9级地震震区位于雅鲁藏布江大拐弯地区，为印度板块向欧亚板块插入的东北犄角，是喜马拉雅造山带地壳缩短和构造旋转变形最为强烈的部位。南迦巴瓦构造结NE向的逆冲推覆和青藏高原东南向逃逸的侧向挤出是该地震发生的主要构造背景。近东西向的欧亚大陆边缘在东构造结碰撞后发生了90°的顺时针突然偏转，是两个板块碰撞作用和地表侵蚀作用最为强烈的地区之一。

　　雅鲁藏布江大拐弯地区构造背景及构造形迹复杂，构造以NE向为主。褶皱构造主要是南迦巴瓦岩群中的NE向、NW向及NS向褶皱，以不同方式叠加，不同方向（NE向、NS向、NW向及EW向）、不同性质（如脆性断层和韧性断层）、不同规模及不同活动性的断裂构造比较发育，控制性断裂为NE向雅鲁藏布江缝合带。除了形成规模巨大的雅鲁藏布江断

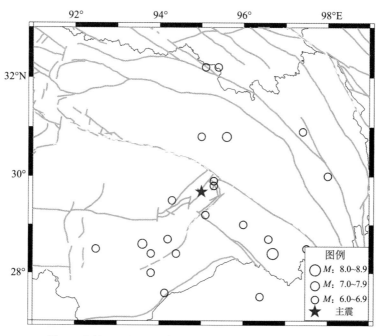

图 1　米林 6.9 级地震附近区 6 级以上历史地震分布图

Fig. 1　The historical earthquakes distribution above $M6$ in the vicinity of the $M_S6.9$ Milin earthquake

裂带外，同时形成了一系列伴生和派生的 NW 向、NE 向、EW 向和 NS 向断裂，在区域上构成了明显的 "米" 字形构造格局。在这一复杂的断裂构造系统中，不同规模、不同方向、不同性质的断层所处的部位不同，形成的时期有异，形成的机制也不相同，其活动性也有差异。

雅鲁藏布江缝合带是青藏高原南部一条规模巨大的大地构造边界，是印度板块向亚欧大陆俯冲—碰撞的演化结果。该构造带规模巨大，西段呈 NW 向展布，沿噶尔河向西延出国境与印度河结合带相接；中、东段大体沿雅鲁藏布江近 EW 向延展，向东至米林，然后绕过雅鲁藏布江大拐弯转折向南东一直延伸至缅甸境内，缝合带主要由南、北两边界断裂及内部一系列断裂组成。马蹄形的雅鲁藏布江缝合带的不同部位由于变形边界条件的不同而显示为不同的运动形式，西部以 NE—NW 走向的左旋韧性走滑为主，北东前缘部位为高角度由 NE 向 SW 的韧性逆冲，东部为 NW—SE 走向的右旋韧性走滑；这些不同部位的韧性剪切运动格式总体体现了南迦巴瓦结晶基底沿雅江缝合带向 NE 方向俯冲于欧亚板块之下，反映了印度板块与欧亚板块碰撞和碰撞后的 NE—SE 向压缩或转换压缩变形。

震区附近主要包括 NW—SE 走向的嘉黎断裂、西兴拉断裂和 NE—SW 走向的东久—米林断裂、墨脱—阿尼桥断裂（图 2）。距离地震最近为西兴拉断裂，该断裂位于雅鲁藏布江大拐弯顶部，南部与雅鲁藏布江缝合带相互交会，北部止于右旋走滑型嘉黎断裂，西部与加拉白垒峰及山间谷地发育的大型冰川相邻，是青藏高原向东南逃逸的南边界。西兴拉断裂可能是此次地震的发震断裂。

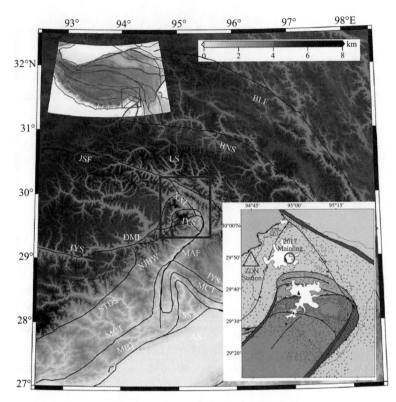

图 2 米林 6.9 级地震附近地质构造图

Fig. 2 The tectonic map around the M_S6.9 Milin earthquake

蓝线为主要缝合带和断层，分别是：LS. 拉萨地块，NJBW. 南迦巴瓦构造结，SS. 桑构造结，
AS. 阿萨姆构造结，IYS. 雅鲁藏布江缝合带，BNS. 班公—怒江缝合带，STDS. 藏南拆离带，
BLF. 巴青—类乌齐走滑断裂带，JSF. 嘉黎走滑断裂带，XXL. 西兴拉断裂带，MAF. 墨脱—阿尼桥
走滑断裂带，DMF. 东久—米林走滑断裂带，MCT. 主中央逆冲断层，MBT. 主边界俯冲断层
右下角插图为区域地质图，红色圆圈为震中位置，红色三角形为藏东南台站位置

　　地表 GPS 形变观测表明，在东构造结周边地区，地表形变方向相对于稳定的欧亚大陆
呈现绕构造结顺时针旋转的环形变化特征，与 SKS 波分裂和 Pn 波成像所揭示的上地幔各向
异性方向基本一致。利用 P 波接收函数和波形反演等方法研究该地区的地壳结构，发现东
构造结地区 MOHO 面深度呈现自 SW 向逐渐变深的趋势，SW 侧印度大陆的 MOHO 面深度在
53~58km 范围，其周围的拉萨地块的 MOHO 面深度为 60km 以上。东构造结周边的拉萨地
块内普遍存在低速层，分布在 20~40km 深度范围，厚度约为 5~15km。基于宽频带地震台
阵资料和面波与体波成像方法获得的研究区 S 和 P 波速度结构研究，同样发现东构造结地
区 25~50km 的中下地壳存在低速层，平均速度降约为 1%~2%。在 1o×1o 布格重力异常图
上米林 6.9 级地震发生在重力异常等值线密集和拐弯区域，布格重力异常为−430mGal。喜
马拉雅东构造结及以北地区的重力异常等值线呈向 NNE 突出的弧形展布，显示出南迦巴瓦
楔形体向 NNE 向的推挤作用。

二、地震影响场与震害

中国地震局现场工作队依照《地震现场工作：调查规范》（GB/T 18208.3—2011）、《中国地震烈度表》（GB/T 17742—2008），通过灾区震害调查、地震观测记录分析、卫星和航空遥感影像震害解译等科技手段，确定了此次地震的烈度分布。此次地震的最大烈度为Ⅷ度（8 度），等震线长轴总体近 NW 走向（图 3），Ⅵ度（6 度）区及以上总面积约 12870km²，涉及林芝市巴宜区、米林县、墨脱县、波密县和工布江达县 5 个县（区）。此外，位于Ⅵ度（6 度）区之外的部分乡镇也受到波及，造成部分老旧房屋破坏。

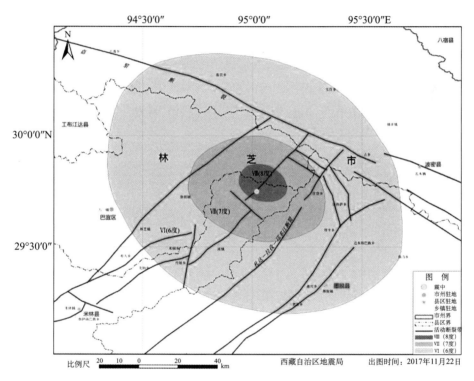

图 3　米林 6.9 级地震烈度图

Fig. 3　Seismic intensity map of the M_S6.9 Milin earthquake

Ⅷ度区：为无人区，主要涉及巴宜区鲁朗镇，米林县派镇，面积约 310km²。发育一定数量的滑坡、滚石等地震地质灾害。

Ⅶ度区：主要涉及巴宜区鲁朗镇，米林县派镇，墨脱县甘登乡、帮辛乡，共 4 个乡镇，面积约 2050km²。多数石木、土木结构墙体开裂，少数砖混结构承重墙体开裂明显，个别框架房屋墙、柱结合部位开裂。

Ⅵ度区：主要涉及巴宜区八一镇、林芝镇、米瑞乡、鲁朗镇，米林县丹娘乡、羌纳乡、派镇，波密县八盖乡、扎木镇、易贡乡、玉许乡、倾多镇、古乡，墨脱县墨脱镇、背崩乡、德兴乡、达木珞巴族乡、加热萨乡、帮辛乡、甘登乡、格当乡，工布江达县错高乡，共 22 个乡镇，面积约 10510km²。少数石木、土木结构墙体开裂，个别砖混结构墙体发现裂纹。

　　由于震中位于大峡谷地区，人口密度低；近年来震区基础设施建设不断加强，新建民居质量过关；震后应急措施及时，救援指挥到位，此次地震灾害损失较轻。地震造成 2992 户房屋不同程度受损，其中严重损坏 127 户、一般损坏 2865 户，无人员伤亡，无次生灾害发生（据人民日报网站报道）。直接经济损失约 2 亿元。

三、测震台网及地震基本参数

　　米林 6.9 级地震震中周围 300km 范围内共有 6 个固定测震台，其中 0~100km 范围有林芝与波密 2 个台站；100~200km 范围有丁青与八宿 2 个台站，200~300km 范围有昌都与察隅 2 个台站（图 4）。该区域地震台网分布极不均匀且密度较稀，监测能力薄弱，为提高余震监测能力、强化震情监视跟踪工作及后期地震工程研究、工程抗震设防资料积累，震后充分利用了在主震范围内 0~100km 内共架设的 5 个临时流动台，保障 $M_S \geqslant 1.0$ 级地震不遗漏。其中，林芝、巴宜地区 5 个流动台为 2016 年中国地震局地球物理研究所架设，波密流动台为广东局架设（图 4）。

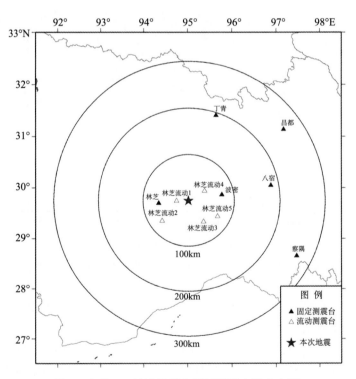

图 4　米林 6.9 级地震震中附近测震台站分布图

Fig. 4　Distribution of earthquake-monitoring stations around the epicenters

of the M_S 6.9 Milin earthquake

根据西藏地震台网、中国地震台网中心、青海地震台网、四川地震台网、USGS 和 HVR 对该地震的定位结果，西藏台网震级与青海地震台网、四川地震台网定位结果较为一致，米林 6.9 级地震基本参数见表 2。本震例研究报告主震的三要素参数采用的是中国地震台网中心测定的参数。

表 2 米林 6.9 级地震基本参数表
Table 2 Basic parameters of the M_S6.9 Milin earthquake

编号	发震时期 年.月.日	发震时刻 时：分：秒	震中位置(°) φ_N	λ_E	震级 M_S	M_W	震源深度 （km）	震中地名	结果来源
1	2017.11.18	06：34：14	29.69	95.11	6.6	6.4	7	西藏林芝市米林县	西藏地震局[1]
2	2017.11.18	06：34：20	29.75	95.02	6.9	6.5	10	西藏林芝市米林县	中国地震台网中心[2]
3	2017.11.18	06：34：20	29.92	95.08	6.6		9	西藏林芝市巴宜区	青海地震局[3]
4	2017.11.18	06：34：18	29.83	95.05	6.4		8	西藏林芝市巴宜区	四川地震局[4]
5	2017.11.18	06：34：19	29.83	94.98	6.9	6.4	8	西藏林芝市巴宜区	USGS[5]
6	2017.11.18	06：34：26	29.70	95.14	6.9	6.5	12	西藏林芝市米林县	HRV[6]

四、地震序列

1. 米林 6.9 级地震余震序列基本特征分析

2017 年 11 月 18 日 06 时 34 分，在西藏米林（29.75°N，95.02°E）发生 6.9 级地震，震源深度 10km，截至 2018 年 1 月 16 日，共记录记录到 3589 次余震，其中 M_L0.0~0.9 地震 182 次 M_L1.0~1.9 地震 2290 次，M_L2.0~2.9 地震 1016 次，M_L3.0~3.9 地震 94 次，M_L4.0~4.9 地震 5 次，M_S5.0~5.9 地震 2 次，最大余震为 2017 年 11 月 18 日 M_S5.0（图 5，表 3）。

由于米林 6.9 级地震邻区地震监测能力较弱，3589 次余震中有 2646 次为单台记录，单台记录仅仅给出了发震时刻和震级，在地震活动性参数 b 值、p 值、h 值计算及地震时间序列分析采用全部目录，余震序列震中分布图仅采用具有经纬度参数的余震序列。

从西藏台网给出初始定位结果的震中分布图来看（图 5），地震序列展布方向呈现 NW 走向，与烈度图的长轴展布方向基本一致，也与西兴拉断裂的 NW 走向[1]一致。该序列余震较为发育，截至 2018 年 1 月 6 日，共记录到 3589 次余震，主要集中发生于震后 10 天，占总频次的 82.2%，之后衰减较快（图 6）。最大余震发生在震后 2 小时，震级为 M_S5.0，与主震的震级差为 1.9，震后 32 天（12 月 20 日）再次发生 M_S5.0 余震，余震日频度出现起伏，米林 6.9 级主震所释放的能量占总序列的近 99.6%，因此，从余震序列衰减情况、主震能量释放比及主震与最大余震震级差来看，可判断米林 6.9 级地震序列属于主震—余震型。

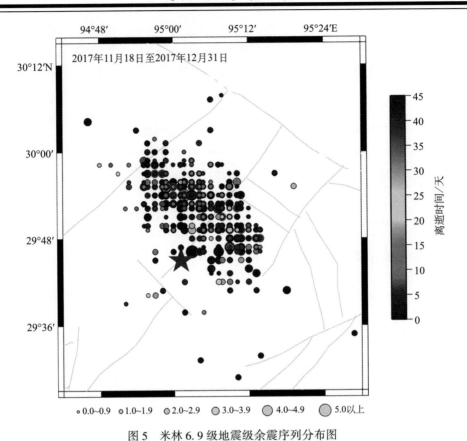

图 5　米林 6.9 级地震级余震序列分布图

Fig. 5　The aftershock distribution of the M_S6.9 Milin earthquake

表 3　米林 6.9 级地震 M_L≥3.5 级以上序列目录（西藏地震台网）

Table 3　The sequence catalogue of the M_S6.9 Milin earthquake above M_L3.5（Tibet Seismic Network）

序号	发震时间	位置（°）		震级 M_L
		北纬	东经	
1	2017. 11. 18	29. 77	95. 12	4. 8
2	2017. 11. 18	29. 88	95. 00	3. 6
3	2017. 11. 18	29. 92	94. 98	5. 4
4	2017. 11. 18	29. 92	94. 98	3. 7
5	2017. 11. 18	29. 82	95. 12	3. 9
6	2017. 11. 18	29. 90	95. 05	4. 8
7	2017. 11. 18	29. 93	95. 00	3. 5
8	2017. 11. 18	29. 90	94. 97	3. 6
9	2017. 11. 19	29. 90	94. 98	3. 8
11	2017. 11. 19	29. 82	95. 08	3. 6

续表

序号	发震时间	位置 （°）		震级 M_L
		北纬	东经	
12	2017. 11. 23	29.78	95.15	4.1
13	2017. 11. 23	29.82	95.15	3.6
14	2017. 11. 23	29.87	95.12	4.6
15	2017. 11. 23	29.88	95.07	3.9
16	2017. 11. 25	29.85	95.08	3.5
17	2017. 11. 25	29.98	94.92	3.5
18	2017. 11. 27	29.88	95.00	3.5
19	2017. 12. 11	29.92	94.98	4.0
20	2017. 12. 20	29.90	95.03	5.4
21	2017. 12. 20	29.90	95.03	3.7
22	2017. 12. 31	29.82	95.15	3.7
23	2018. 02. 26	29.87	95.05	3.5

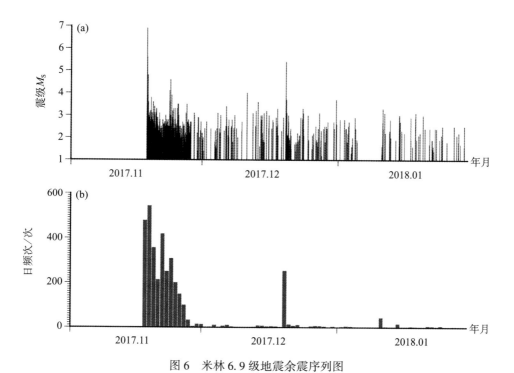

图 6　米林 6.9 级地震余震序列图

Fig. 6　The distribution of the aftershock sequence of the M_S 6.9 Milin earthquake

（a）余震序列 M-T 图；（b）余震序列频度图

从震级频度关系来看（图7），米林6.9级地震序列的完整震级 M_C 为 $M_L 2.0$，在地震活动性参数计算时，取 $M_L 2.0$ 作为起算震级，得到米林6.9级地震序列 b 值为1.15（图7），p 值为1.13（图8），h 值为1.27（图9），根据序列类型判别指标，序列衰减基本正常，米林6.9级地震为主震—余震型。

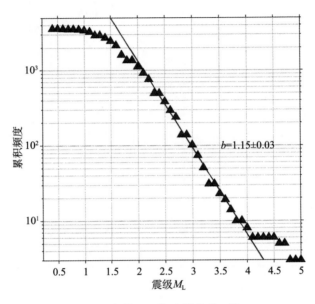

图7　米林6.9级地震序列 b 值

Fig. 7　The b-value diagram of the $M_S 6.9$ Milin earthquake sequence

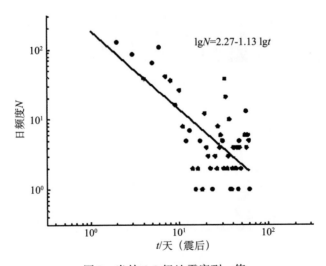

图8　米林6.9级地震序列 p 值

Fig. 8　The p value of the $M_S 6.9$ Milin earthquake sequences

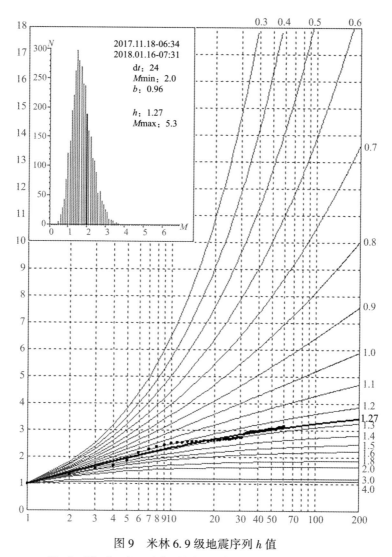

图 9 米林 6.9 级地震序列 h 值

Fig. 9 The h value of the M_S6.9 Milin earthquake sequences

2. 米林 6.9 级地震震源机制

米林 6.9 级地震后，国内外不同地震科研机构给出了地震的震源机制解（表 4，图 10），不同研究机构测定结果基本一致。据已有研究结果，米林 6.9 级地震的发震断裂为西兴拉断裂，该断裂位于雅鲁藏布江大拐弯顶部，以大规模挤压和右旋侧向挤出为主[1]，震源机制解反演结果表明，北倾的界面可能为发震断层面。

表 4　米林 6.9 级地震震源机制解

Table 4　The focal mechanism solutions of the M_S 6.9 Milin earthquake

序号	矩震级 M_W	节面 I （°）			节面 II （°）			最佳拟合深度 （km）	结果来源
		走向	倾角	滑动角	走向	倾角	滑动角		
1	6.4	285	47	70	133	46.6	110	19	西藏局
2	6.5	127	39	92	304	51	88	17	地球所
3	6.4	303	36	83	132	55	95	8	USGS
4	6.5	328	66	108	109	29	56	12	HARV
5	6.4	130	27	90	310	63	90	—	梁建宏

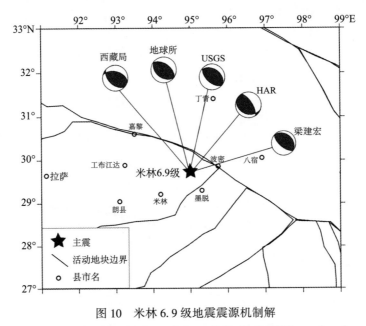

图 10　米林 6.9 级地震震源机制解

Fig. 10　The focal mechanism solutions of the M_S 6.9 Milin earthquake

3. 米林 6.9 级地震序列重新定位

西藏地震局利用米林 6.9 级地震邻区 6 个固定台站（XZCHY、XZIIZ、XZBAS、XZCAD、XZDQI、GDBOM）和 5 个流动台站（OCL0230、OCL0231、OCL0232、OCL0233、OCL0234），产出了余震序列的观测报告资料（起止时间为 2018 年 11 月 18 日至 12 月 31 日），采用 HYPODD 相对定位方法，开展了震后序列重新定位工作，获得了 691 次精定位结果，走时残差为 0.25S。重新定位结果在空间分布上更加集中，沿西兴拉断裂走向分布的特征更明显（图 11），由余震序列精定位结果可以推测米林 6.9 级地震的发震断裂为西兴拉断裂。

根据震源机制解反演结果和西兴拉断裂的性质，推断主震断层面可能是北倾，余震分布应该主要分布在西兴拉断裂的 NE 向，但是，实际结果余震主要分布在断层的 SW 向，这可能与断层位置（断层位置根据已有研究结果重新绘制）[1]和精定位结果的精度有关，还需要进一步开展更精细的深入研究工作。

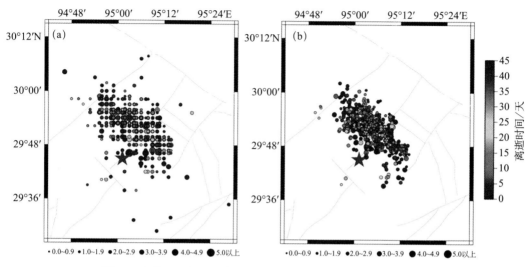

图11　米林6.9级地震序列重新定位前（a）后（b）震中分布

其中五角星表示主震，色标表示发震时间

Fig. 11　The spacial distribution of the $M_S6.9$ Milin earthquake sequence before（a）and after（b）relocation,

in which the star indicates the main event and the color bar refers to the lapse time of the sequence

五、地震前兆异常特征及综合分析

1. 地震前兆异常概述

西藏米林6.9级地震发生在前兆台网较为稀疏的地区，距震中300km范围内，共有测震台站6个，定点前兆台站1个；在震中附近300~400km，有定点观测台站1个；观测项目有测震、地倾斜、钻孔应变、地磁、地电场、水位、水温等。震中附近定点前兆观测台站见图12及表5。

表5　米林6.9级地震定点前兆观测项目登记表

Table 5　Summary table of precursory monitoring items on the observation stations

near the epicenter of the $M_S6.9$ Milin earthquake

编号	前兆观测台站	观测项目
1	拉萨	石英摆、体应变、宽频带倾斜仪、水位、水温、地磁、磁偏角、地电场
2	察隅	地磁、磁偏角

2. 地震活动性异常

地震活动性方面，米林6.9级地震前，地震空区、地震条带、震群活动、b值等都未发现明显的异常。西藏及邻区地震学指标空间扫描结果，震前也未出现显著异常变化。通过震

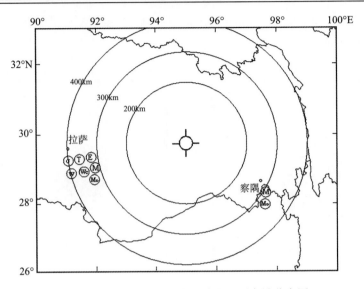

图 12　米林 6.9 级地震定点前兆观测台站分布图

Fig. 12　Distribution of the precursor observation stations around the epicenter of M_S6.9 Milin earthquake

后总结，地震活动性异常共 1 条，为西藏 M_L4.0 地震平静异常。

以西藏 M_L4 地震平静（月频次≤5）持续 4 个月以上为阈值，2014 年以来共出现两次平静异常。包括尼泊尔 8.1 级地震前持续 7 个月的平静异常（2014 年 9 月至 2015 年 3 月），米林 6.9 级地震前持续 12 个月的平静异常（2016 年 11 月至 2017 年 10 月）（图 13，表 6）。

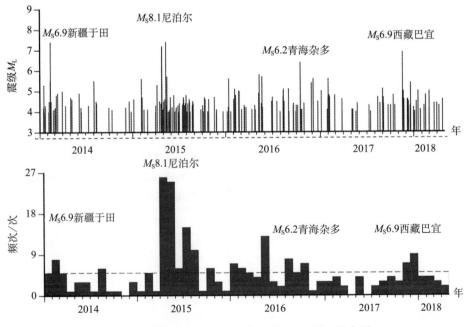

图 13　西藏及邻区 M_L≥4.0 级地震 M-T 图、频度图

Fig. 13　The M-T and N-T diagrams of earthquakes in Tibet and adjacent area with M_L≥4.0

表6 西藏及邻区 $M_L4.0$ 以上地震平静与后续 $M_S \geqslant 6$ 级地震相关性

Table 6 The correlation between Tibet above $M_L4.0$ earthquakes quiescence and $M_S \geqslant 6.0$ earthquakes in Tibet

序号	平静时段	平静间隔/月	后续 6 级以上地震	平静结束至发震/月	对应情况
1	2014.09~2015.03	7	尼泊尔 8.1	1	√
2	—	—	青海杂多 6.2	—	×
3	2016.11~2017.10	12	西藏米林 6.9	1	√

3. 前兆观测异常

1) 定点观测异常分析

震中 300km 范围内仅 1 个定点前兆观测台站，为察隅台，该台地磁、磁偏角等观测在震前未出现显著异常变化；震中 300~400km 范围仅有 1 个定点前兆观测台站，为拉萨台，该台的石英摆、体应变、宽频带倾斜仪、水位、水温、地磁、磁偏角、地电场等测项在震前也未出现显著异常变化。

2) 热红外异常

米林 6.9 级地震前出现热红外异常，根据热辐射相对功率谱的整个演化过程（图 14），可以看出异常出现在 2017 年 7 月初，呈条带状分布在活动断裂之上；随时间的推移，范围逐渐扩大，在 8 月 10 日左右面积达到最大，约 $20×10^4km^2$，8 月底西部异常收缩，东部稍有扩展，趋向震中，异常相当显著；在 9 月初已开始呈减弱状态，9 月 20 日左右异常消失。根据 28.6°~29.1°N、90.3°~90.8°E 小区域 2017 年的相对功率谱时序曲线分析（图 15），在 8 月 12 日达到峰值，为平均值的 20 倍，地震发生在峰值出现后 98 天，这与以往震例总结得出地震多发生在峰值出现后 3 个月内的结论基本一致[2]。此外还分析了 10 年数据（2008~2017 年）的相对功率谱背景值及标准差，计算结果表明 2017 年 7 月 4 日相对功率谱出现明显偏离背景值和标准差的现象，直到 9 月 7 日持续偏离结束，偏离时间为 65 天，与以往震例热红外异常的持续时间相对应。

4. 宏观异常

米林 6.9 级地震震前及震后未收集到明显的宏观异常。

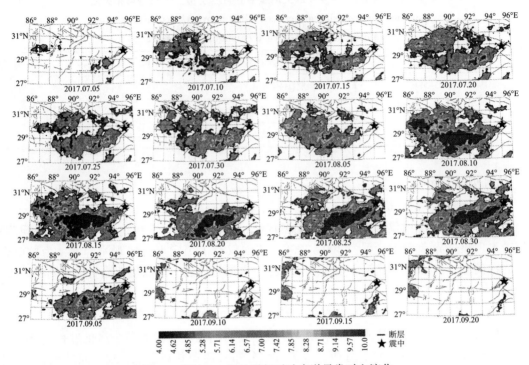

图 14 米林 6.9 级地震相对功率谱异常时空演化

Fig. 14 Spatio-temporal evolution of relative power spectrum of the M_S6.9 Milin earthquake

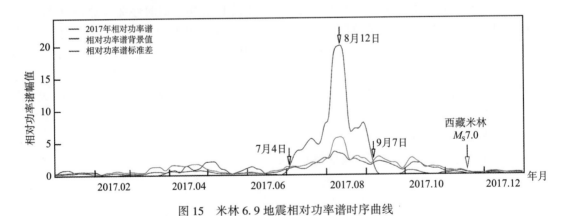

图 15 米林 6.9 地震相对功率谱时序曲线

Fig. 15 Time-series curves of relative power spectrum of the M_S6.9 Milin earthquake

六、震前预测回顾总结

2017 年米林 6.9 级地震前，西藏地震局做出了一定程度的年度和中期预测。在西藏自治区 2017 年度地震趋势会商报告年度预测意见中，指出"2017 年及稍长时间波密—墨脱地区存在发生 6 级左右地震可能"，为第一危险区，2017 年 11 月 18 日米林 6.9 级地震发生在该危险区内（图 16）。2017 年 5 月，西藏自治区地震局召开 2017 年度年中西藏地震趋势会商会形成的"2017 年年中西藏地震趋势会商研究报告"中，指出"2017 年下半年或稍长时间西藏察隅—墨脱（28.40°～30.75°N，93.41°～97.15°E）存在发生 6 级左右地震可能，11 月 18 日发生的米林 6.9 级地震比预测震级偏高。

　　该区域位于东喜马拉雅构造结附近，主要活动断裂有嘉黎—察隅断裂、雅鲁藏布江断裂带、马尼翁断裂、怒江断裂带。该区历史地震较多，1900 年以来，该区域（100 km 范围）周边发生 5.0 级以上地震 108 次，其中 5.0～5.9 级地震 89 次，6.0～6.9 级地震 17 次，7.0～7.9 级地震 1 次，8.0～8.9 级地震 1 次，1950 年墨脱 8.6 级地震发生在该区域附近，但 1970 年米林 6.1 级地震后，6.0 级以上地震已平静 47 年；从时间上看，该地区 5.0 级以上地震活动大体分为 5 个活动时段，每个活动时段活动周期约 10 年，2013 年墨脱 5.1 级地震后，该地区 5.0 级持续平静；近几年的地震活动，2015 年该区发生了波密 4 级震群，2016 年以来该区 $M_L3.0$ 地震活动集中，主要沿阿帕龙断裂和马尼翁断裂分布。西藏地震局根据地震活动特点和地震前兆异常进行了年度和中期震情判定和预测，时间、地点对应较好，但预测震级偏低。

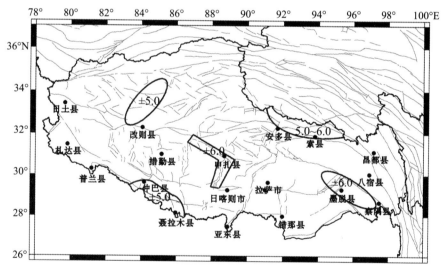

图 16　2017 年度西藏地震危险区

Fig. 16　Seismic hazard zone of Tibet in 2017

　　2017 年 8 月 16 日，青海省地震局预报中心根据热红外资料跟踪处理结果（资料更新至 8 月 13 日）在周会商中首次提出热红外异常并作为重点跟踪异常，在周会商小结中指出："异常出现于 7 月初，已开始衰减收缩，同以往资料及震例对比，认为该区域具有发震危险性，其优势发震时间为 8 月底到 9 月初，映震时间到 11 月 11 日，震级为 $M_S5.6～6.6$"。8 月 24 日张丽峰填写预报卡片一份至青海省地震局预报中心，预测时间为 2017 年 8 月 30 日到 11 月 11 日，预测震级为 $M_S5.6～6.5$，预测区域为西藏昂仁至米林一带（附件二）。米林

6.9 级地震震中距离预测区域东边界约 100km，发震时间比最终预测时间晚了 7 天，对于震级的预测主要是以 2008 年西藏当雄 6.6 级地震震级作为参考依据，预测震级较实际发震震级偏低。

七、结论与讨论

（1）根据震源机制、余震定位结果、等震线分布，分析认为此次地震发震断裂为西兴拉断裂，但雅鲁藏布江大拐弯地区构造背景较为复杂，不同规模及不同活动性的断裂构造比较发育，加之该区域较为详细的断裂研究开展仍不足，不同研究者给出的区域断裂不尽相同，震区地震构造仍需深入研究。

（2）此次地震位于西藏自治区 2017 年度及 2018 年度地震趋势会商报告中提出的波密—墨脱危险区内。由于震区监测能力较弱，没有明确的前兆异常和宏观异常，震前未做出明确的短临预测。

（3）藏东地区历史地震活动较为频繁，但 1950 年西藏察隅 8.6 级地震后，藏东地区出现了非常显著的 6 级地震平静，此次地震发生在藏东 6 级平静区域内，未来需持续关注藏东地区震情发展。有必要持续强化该区的震情监视跟踪工作，不断提升地震监测能力，为该区的震情判定提供有力的技术支撑。

致谢：米林地震震例总结是在安徽省地震局王行舟同志援藏期间指导完成的，该项工作得到了云南局邬成栋，甘肃局冯建刚，青海局王培玲、张丽峰，河北局马栋，辽宁局贾晓东的支持和指导，安徽省地震局预报研究中心的领导和专家提供了技术支持，在此一并表示最诚挚的感谢！

参 考 文 献

［1］白玲、李国辉、宋博文，2017，2017 年西藏米林 6.9 级地震震源参数及其构造意义［J］，地球物理学报，（12）：4956~4963

［2］张丽峰，2016，卫星中波红外遥感资料在地震预测中的应用研究［D］，兰州：中国地震局兰州地震研究所

参 考 资 料

1）西藏地震局，西藏地震速报目录（区域台网），2017

2）中国地震台网中心，地震速报目录，2017

3）青海省地震局，青海地震速报目录（区域台网），2017

4）四川省地震局，四川地震速报目录（区域台网），2017

5）USGS，Search Earthquake Archives，http：//earthquake.usgs.gov/earthquakes/search/

6）HRV，http：//seismology.harvard.edu/

7）西藏自治区 2017 年度地震趋势研究报告，西藏自治区地震局预报研究中心，2016

8）西藏自治区 2017 年年中地震趋势研究报告，西藏自治区地震局预报研究中心，2017

The M_S 6.9 Milin Earthquake on November 18, 2017 in Tibet Autonomous Region

Abstract

An earthquake of M_S6.9 occurred in Milin county, Tibet Autonomous Region on November 18th, 2017. The microscopic epicenter was 29.75° N, 95.02° E, and the focal depth was 10km. The macroscopic epicenter, which located in the town of Pi, basically coincides with microscopic epicenter. The intensity in the meizoseismal area was Ⅷ, whose direction of long axis is NW. The earthquake disaster area, which is about 12800km^2, involves 5 counties, including Nyingchi Bayi district, Milin, Motuo, Bomi and Gongbujiangda county. Up to 2992 houses were damaged by the earthquake in different degrees. It was estimated that the direct economic loss caused by the earthquake was about 200 million Yuan.

The earthquake was of the mainshock-aftershock type, and the largest aftershock was a M_L5.4 earthquake. Aftershocks mainly occurred in 10 days after the main earthquake, accounting for 82.2% of the total sequence number, and then attenuated faster. Aftershock distribution direction was NW, which was consistent to the direction of long axis of intensity. The focal mechanism was thrust type, with strike angle 127°, dip angle 39° and sliding angle 92° for section 1, and 304°, 51° and 88° for section 2. According to the isoseismal line of seismic intensity and the distribution of aftershocks, section 2 is speculated to be the fracture surface.

There are 6 earthquake monitoring stations and 1stationay precursor station within 300km of the epicenter, beyond which another stationary precursor station locates nearby, which has multidisciplinary items, including seismography, ground tilt, borehole strain, geomagnetism, geomagnetic field, water level, water temperature and so on. There was only one thermal infrared anomaly found before the earthquake, but after that a seismic quiescence anomaly with minimum magnitude of M_S4.0 was found. The Milin M_S6.9 earthquake occurred in the Bomi-Motuo seismic risk zone, which was stated in the 2017 Annual Seismic Trend Report of Tibet Autonomous Region. A short imminent forecast card, which forecasted that a M_S5.6-6.5 earthquake might occur in the area near Angren and Milin, Tibet from August 30 to November 11, 2017, was filled by seismologists of Qinghai Earthquake Agency on August 24, 2017. The epicenter of Milin 6.9 earthquake is about 100km to the eastern boundary of the predicted area.

报 告 附 件

附件一：

附表 1　米林 6.9 级地震异常情况登记表

序号	异常项目	台站（点）或观测区	分析方法	异常判据及观测误差	震前异常起止时间	震后变化	最大幅度	震中距 Δ/km	异常类别及可靠性	图号	异常特点及备注
1	M_L4 地震平静		月频度		2016.11~2017.10	异常结束				2	震后总结
2	热红外		小波变换和功率谱估计		2017.07.04~09.07	出现、增强、消失都在震前	20	震中在异常东边缘		3、4	在 7 月初异常沿断裂曾条带分布，8 月中旬面积达最大，9 月中旬消失。（震前提出）

附件二：青海省地震局地震短临预测卡片

请玉虎同志，回执，并将须报卡扫描后上传到APHOL网
由驿境觉得向西藏局尼玛江长通告知——已打电话告知 马玉虎
8.24
请派刚峰向西藏局须报预测卡片。 马玉虎
8.24

编号 20170 630002

填卡须知

1. 预测等级标准的确认，只需将○涂实为●。
2. 预测内容请参照确认的级别所规定的等级标准填写；

等级标准	震级（Ms）	时间（天）	地域（半径）（公里）
一级	≥7.0	≤90	≤200
二级	6.0—6.9	≤60	≤150
三级	5.0—5.9	≤30	≤100
余震	≥5.0	≤5	≤50

注：表中余震预测是指对中强地震发生 10 天以后的 5 级以上余震所作出的预测。

3. 单位或集体的预测应填全称，个人的预测应填所在单位全称、本人姓名、通讯地址和邮政编码。
4. 地震预测意见应向预测地的县级以上地方人民政府负责管理地震工作的部门或者机构报告，也可向所在地的县级以上地方人民政府负责管理地震工作的部门或者机构、或国务院地震工作主管部门受理机构（北京市西城区三里河南横街 5 号中国地震台网中心，邮编：100045）报告。
5. 预测依据应明确、详细。
6. 本卡片可以复制，保密期满后予以公布。
7. 预测意见评价：
①完全正确：实发地震发生在预测时间段内，预测意见的地点、震级与实发地震完全符合。
②部分预测要素判对：实发地震发生在预测时间段内，预测意见的地点、震级至少有 1 个与实发地震一致，即地点误差不超过 300 公里（西藏地区不超过 500 公里），或者震级误差不超过 1 级。
③无对应：不满足①、②条件的。

地震短临预测卡片

预测等级：○ 一级　● 二级　○ 三级　○ 余震

预测内容：
1. 时间：2017 年 8 月 30 日至 2017 年 11 月 11 日
2. 震级（Ms）：5.6 级至 6.5 级
3. 地域：用封闭图形绘于下面经纬网内，并标注其图形拐点的经纬坐标。

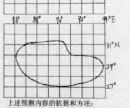

网距单位：（1）度

上述预测内容的依据和方法：
（文字简明，图件清晰，提供定量公式，可填写在背面或附页）

预测的单位或集体签章：
或个人预测签字：张兴峰

所在单位签章：
填报时间：2017 年 8 月 24 日

通讯地址：青海省西宁市城西区岔海　邮政编码：810001
苏倩

2017年11月23日重庆市武隆5.0级地震

重庆市地震局

黄世源　李翠平　高　见　贺曼秋　巩浩波　龚丽文　郭卫英

摘　要

2017年11月23日17时43分，重庆市武隆区发生5.0级地震，震源深度10km，微观震中107.99°E、29.39°N，宏观震中位于武隆区火炉镇车坝村（107.93°E，29.39°N）。此次地震有感范围较大，波及重庆市25个区、县（自治县），其中武隆、彭水、黔江等区县震感明显。地震震区烈度Ⅵ度，等震线长轴总体呈北北东走向，长轴20.9km，短轴11.8km，总面积194km^2，主要涉及重庆市武隆区和彭水苗族土家族自治县，共计造成武隆、彭水两区县10人受伤，10947人受灾，直接经济损失约4079.39万元。

此次武隆5.0级地震序列比较丰富，截至2018年5月31日共记录到震区余震235次，最大为11月29日M_L3.1，为主震—余震型序列。震中200km范围内震前有38个测震台，包括重庆市、湖北省、贵州省、四川省地震台网31个固定台站和7个流动台，余震记录下限为M_L0.5。地震精定位结果显示，余震密集区紧缩为沿长约5km，宽约3km的NE向分布，深度集中在5~8km，绝大多数余震位于主震震源上部，主震下部余震稀少。

主震震源机制解节面Ⅰ走向223°，倾角75度，滑动角-85°；节面Ⅱ走向24、倾角16°、滑动角-108°；P轴方位角为140°，倾角60°；T轴方位角309°、倾角30°；B轴方位角41°、倾角5°。矩震级为M_W4.8，震源深度为9.5±1km，震源机制解为带有左旋分量的高倾角正断性质，与P波初动震源机制解结果基本一致。综合重定位后震源分布情况和主震震源机制解的结果以及区域地震构造，分析认为节面Ⅰ为此次地震主破裂面，推测走向NE、断层面倾向SE、正断性质的文复断裂带可能为武隆5.0级地震的发震构造。

武隆5.0级地震前共出现5个测项、12条前兆异常，均为定点前兆异常，测震学未发现明显异常，震前无年度及短临预测预报意见。异常主要集中在震中周围200km范围内，异常测项主要有地磁谐波振幅比长短周期变化不一致、水位破年变和洞体应变张性速率加大、垂直摆倾斜趋势转平、钻孔应变转向后变化速率增快等异常。其中，0~100km范围3个前兆观测台共计6个观测项目中，出现异常台站有 3 个，异常台项 4 个，异常台站和异常台项百分比分别为 100% 和 66%；101~200km 范围 11 个前兆观测台共计 18 个观测项目中，出现异常台站有 6 个，异常台项 6 个，异常台站和异常台项百分比分别为 54% 和 33%。

前　　言

据中国地震台网（CENC）测定，北京时间 2017 年 11 月 23 日 17 时 43 分 33 秒，在重庆市武隆区（29.39°N，107.99°E）发生 5.0 级地震，震源深度 10km，宏观震中位于武隆区火炉镇车坝村（29.39°N，107.93°E）。此次武隆 5.0 级地震距武隆城区 20km，距离重庆市中心城区 136km。地震发生时，重庆市 25 个区、县（自治县）有震感，其中武隆、彭水、黔江等区县震感明显，地震震区烈度Ⅵ度，等震线长轴总体呈 NNE 走向，长轴 20.9km，短轴 11.8km，总面积 194km²。此次地震共计造成 10 人受伤，2610 余间房屋受损，10947 人受灾，直接经济损失约 4079.39 万元。

这是重庆近 20 年来震级最高的一次地震，受到党中央、国务院和地方党委政府的高度重视。国务院对应急救援工作作出重要批示，中国地震局、重庆市委、市政府作出工作指示，要求迅速了解核实灾情，研判震情趋势，确保人民群众生命财产安全，科学组织救援行动，严防次生灾害。

武隆 5.0 级地震震中位于历史少震、弱震区，历史地震活动水平不高。有记录以来，震中 100km 范围内发生 4.7 级以上地震 3 次，均是通过相关历史资料记载和考查收集得到，仅记载了相关地震的震害特征，缺少详细的震例研究资料。

此次 5.0 级地震发生前，重庆前兆手段共存在 12 条异常。震中 100km 范围内有 5 项，分别是武隆仙女山和涪陵江东台地磁、黔江台洞体应变仪、黔江台垂直摆倾斜仪、黔江台水管仪。其中震前出现的地磁谐波振幅比和加卸载响应比异常较为可靠，且异常台站大多集中在震中 100km 范围内。武隆 5.0 级前震区附近地震活动较弱，小震活动无明显变化。因此没有针对该区域的地震趋势填写预测卡片和做出明确的短临预测意见。

本研究报告系统清理了重庆前兆各项异常，并在有关文献和报告资料的基础上，经过重新整理和分析总结完成。

一、测震台网及地震基本参数

1. 测震台网情况

重庆武隆 5.0 级地震发生在重庆地区地震监测能力相对高的区域。震中 200km 范围内包括重庆市、湖北省、贵州省、四川省地震台网共有 31 个固定台站（包括彭水水电站企业台 6 个），震中 100km 范围内有 13 个，100~200km 有 18 个。台站对震中区形成很好的包围，为 I 类定位精度，震中定位误差≤5km。此外，重庆市地震局资助的"涪陵页岩气开采与地震活动关系研究"项目需要，项目组在震中附近于 2016 年还架设有 4 个流动台（图 1蓝色）。台站分布情况见图 1。

地震发生后，为了进一步提高余震监测与定位能力，重庆市地震局于 11 月 23 日 19 时

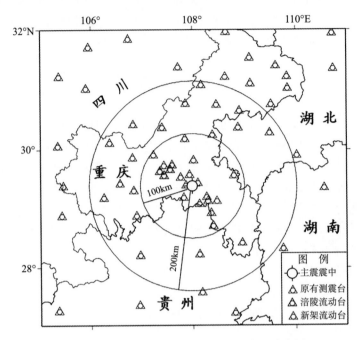

图 1　武隆 5.0 级地震震中附近测震台站分布图

Fig. 1　Distribution of seismic stations around the M_S5.0 Wulong earthquake

30 分先后派出 2 支现场流动架设队伍，在震区增设了 3 个流动台（图 1 红色），并于震后 18 个小时开始正式进行监测。这 3 套设备均运行稳定，数据质量符合规范要求，震区监测能力由震前的 M_L0.7 提升至 M_L0.5。

2. 地震基本参数

地震发生后，重庆市地震监测台网准确测出地震"三要素"。表 1 列出了不同地震台网给出的武隆 5.0 级地震的基本参数。本文后面讨论中关于震中位置选用重庆市地震台网记录的结果，因为对地震序列定位而言，近震台网记录的资料更好，同时该结果与宏观震中也比较接近。

表 1　武隆 5.0 级地震基本参数

Table 1　Basic parameters of the M_S5.0 Wulong earthquake

编号	发震时刻 时：分：秒	震中位置（°） φ_N	震中位置（°） λ_E	震级	震源深度（km）	震中地名	结果来源
1	17：43：33	29.39	107.99	M_S 5.0	10	重庆武隆	①
2	17：43：34.69	29.398	107.981	M_S 5.2	10	重庆武隆	②
3	17：43：34.78	29.362	108.104	M_b5.1	10	重庆武隆	③
4	17：43：33.97	29.381	107.959	M_L5.1	6	重庆武隆	④

编号	发震时刻			震级	震源深度（km）	震中地名	结果来源
	时：分：秒	震中位置（°）					
		φ_N	λ_E				
5	17：43：35.95	29.497	108.042	M_S 5.6	10	重庆武隆	⑤

注：①CENC：中国地震台网中心（China Earthquake Networks Center, http：//www.cenc.ac.cn/）。
　　②重庆市地震台网。
　　③USGS（U. S. Geological Survey, https：//www.usgs.gov/）。
　　④湖北省地震台网。
　　⑤四川省地震台网。

二、地震地质背景

1. 区域地质构造

重庆地域属扬子准地台的二级构造单元—四川台拗东南侧的川东陷褶束三级构造单元内，属相对稳定的区域。区域的构造基底出露褶皱基底地层（板溪群），大部分地区为双层结构，仅石柱—涪陵—垫江为隐伏结晶基底单层结构。自 1854 年以来重庆地区及其邻区内共记录到 $M_S \geq 4.7$ 级地震 20 多次，最大为 1856 年黔江 6¼级地震。从历史上中强地震的空间分布来看，地震多发生在二、三级构造单元的边界断裂带附近及其北东向背斜褶皱的轴部附近。

武隆 5.0 级震中区域位于四川盆地的东南缘，华南地震区的长江中游地震带内，属于相对稳定的地块。区域主要构造特点是发育隔挡式褶皱，地质构造复杂，断裂较为发育。区内构造按其走向特征大致可分三类：NE 向的华蓥山断裂、七曜山—金佛山断裂、方斗山断裂、彭水断裂等，呈 NWW 向的城口深断裂等，以及 NS 向的长寿—遵义断裂等。总体上，震中及周边区域的褶皱轴向和断层走向多为 NE 向，少数为 NNE、NWW 向。在西部地区来说，地震强度虽不高，但中等地震频度较高，可能易受川滇强震应力扰动。通过统计川滇 7 级以上地震与重庆地区 4 级地震的对应关系（震中距 600km 范围内），发现自 2008 年以来川滇 7.0 级地震后 1~2 年内，重庆至少发生一次 4.0 级左右地震（图 2）。2008 年汶川地震后 2 年内，4 级平静已 8 年的荣昌地区发生了 3 次 4 级以上地震；2013 年芦山 7.0 级地震后 3 个月，4 级平静已 8.4 年的石柱地区发生了 4.3 级地震；2017 年九寨沟 7.0 级地震 3 个月后，重庆武隆发生 5.0 级地震。

2. 地球物理场基本特征

震区附近重力异常走向以 NNE、NW 向为主，异常幅度和梯度较小，重力异常变化平稳，无大的重力梯级带和异常变化带，重力异常变化范围为 0~ −160mGal，反映了深部构造比较简单，是一个构造相对稳定的地区（图 3a）。区域地壳厚度在 42~48km，也反映出莫霍面变化十分平缓的特点。震区磁场面貌比较清晰，等值线变化小，数值较低，而震区北侧的大足和石柱附近磁场异常，反映这些地区结晶基底早期的强烈褶断和岩浆活动特征及基底岩石磁性的差异。航磁 ΔT 上拓 10km 异常分析，震区附近的南川—武隆、黔江—秀山则形

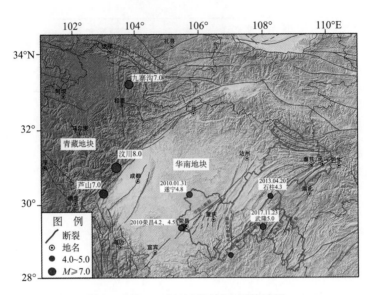

图2 武隆5.0级地震区域主要构造图

Fig. 2 Seismogeological tectonic of the M_S5.0 Wulong earthquake

成0~100 nT的低负异常封闭区，反映其褶皱基底由板溪群浅变质岩系组成的磁性特征。航磁 ΔT 异常上拓20km异常与航磁 ΔT 上拓10km的异常图像大体相似，震区附近的七曜山—金佛山基底断裂和彭水基底断裂相互平行地展布在磁梯度急变狭窄带上，仍表现出突出的规模，更加突出了结晶基底和褶皱基底的介质磁性差别，也显示了基底断裂的具体走向和规模（图3b）（丁仁杰等，2004）。

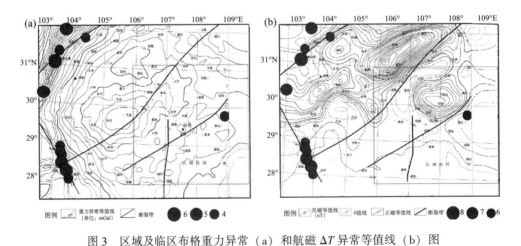

图3 区域及临区布格重力异常（a）和航磁 ΔT 异常等值线（b）图

Fig. 3 The bouguer gravity (a) and aeromagnetic ΔT (b) anomalies contour map
of regional and adjacent area

3. 震区附近主要断裂

武隆 5.0 级震中处于七曜山—金佛山、彭水两条基底断裂夹持的武隆凹陷褶皱束中，新构造运动微弱，表现为整体间歇性的微弱隆升。该区域除了存在三条年代较老的深大基底断裂外，还发育一系列中等规模断续分布的断层（表 2），长度上多在几十千米，年代学研究表明这些断层大多为早—中更新世断层。震中距离金佛山断裂老场段和彭水基底断裂带在地表显示的郁山正断层均约 24km，距离七曜山—金佛山马武段约 10km，距离文复正断层约 5km。在震中的南部还发育一系列 NNE 向的逆断层，如自西而东有三会冲、芙蓉江、火石垭断层等逆断层形成叠瓦式构造（丁仁杰等，2004）。

在地貌上七曜山—金佛山基底断裂构成四川盆地的东南边界，从最高一级夷平面的分布高程来看，南东侧比北西侧高出约 600~700m。七曜山—金佛山基底断裂两侧的垂直差异运动是形成区域由西北至东南呈由低至高的阶梯状地形地貌特点的直接原因。且在武隆 5.0 级震区附近广泛发育石灰岩地层和岩溶地貌。从构造地貌表明，新生代以来该区域基底断裂的垂直差异运动较为明显，广泛发育深切河谷和岩溶地貌。

七曜山—金佛山作为四川盆地的东南边界，其中段老场段倾向 SE，倾角 60°~70°，断裂早期活动为正断性质，晚期活动性质转为挤压逆冲。该断裂带晚更新世以来没有明显活动，仅在与长寿遵义基底断裂交会处曾发生 1854 年南川 5½ 级地震，综合判断其具有发生最大 6.5 级地震的能力（王赞军等，2016）。文复断层距离主震震中最近，约 5km。据地表露头考察获知，文复断层位于武隆 5.0 级地震东南部，是一条走向 NE、倾向 NW、倾角为 60°~73° 的正断层，历史地震活动较弱。而距离较近的断裂七曜山—金佛山马武段倾向 SE、倾角 50°，为正断性质，活动较弱，仅在邻近地区发生 4 级左右地震。彭水基底断裂主要由郁山断层和龙嘴河等断层组成，大地电磁测深上反映出顶部（深 15km 左右）倾向 SE，表现为正断层性质。下部倾向 NW，为逆冲性质特征，形成特殊的地表（顶部）正断，实质逆冲的力学性质特征，在 NE 向的郁山断层和 NNW 向横断层交切部位曾发生 1855 年彭水 4¾ 级地震。除此之外，三会冲、芙蓉江及火石垭断层均为逆断层性质，断层地表剖面表明为第四纪活动断层，但在晚第四纪时期没有明显活动（表 2）。

表 2　武隆震区及邻区断层性质

Table 2　The fault properties in the epicenter of the M_S 5.0 Wulong earthquake

断层名称	简称	长度（km）	力学性质	走向（°）	倾向	倾角（°）	断层距震中距离（km）	最新活动时期
七曜山—金佛山	QYS	>350	正断	230	NW	70~80	24	Qp_2
老场断裂	LC	20	逆冲	45	SE	75	21	Qp_2
马武断层	MW	64	正断	30	SE	88	11	Qp_2
彭水断裂	PS	>200	逆冲	220	NW	60~70	27	$Qp_1 \sim Qp_2$
郁山断层	YS	98	正断	220	NW	60~70	23	Qp_3
方斗山断裂	FDS	>130	逆冲	210	NW	70	35	$Qp_1 \sim Qp_2$

续表

断层名称	简称	长度 (km)	力学性质	走向 (°)	倾向	倾角 (°)	断层距震中距离 (km)	最新活动时期
火石垭断层	HSY	60	逆冲	215	NW	60	9	QP_2
文复断层	WF	18	正断	220	NW	60~73	5	$QP_2 \sim QP_3$
芙蓉江断层	FRJ	80	逆冲	190	NW	60~70	9	$QP_2 \sim QP_3$
三会冲断层	SHC	48	逆冲	190	NW	35~40	13	$QP_2 \sim QP_3$

据地表露头考察获知，文复断层位于武隆5.0级地震东南部，距离主震震中最近，约5km。

文复断层是一条走向NE、倾向NW、倾角为60°~73°的正断层，与主震震源机制解节面Ⅰ走向223°，倾角75°，滑动角-85°和地震序列重定位结果相吻合。因此，结合区域构造、震源机制、余震序列以及烈度分布对武隆地震的发震构造进行综合分析，推测认为文复断裂层可能为武隆5.0级地震的发震构造。

4. 震区附近历史地震活动

有记录以来，武隆5.0级震中100km范围内发生4.7级以上地震3次（图4a）。分别是1854年12月24日重庆南川5½级（$\Delta = 97km$）、1855年8月8日重庆彭水4¾级（$\Delta = 20km$）和1856年6月10日重庆黔江小南海6¼级（$\Delta = 90km$）地震。其中重庆黔江6¼级地震形成的小南海堰塞湖，是国内外罕见的典型地震遗址。

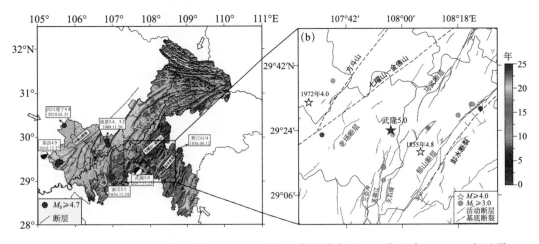

图4　（a）武隆5.0级地震区域构造，（b）震中区断层分布及1993年以来$M_L \geqslant 3.0$级地震

Fig. 4　（a）Seismogeological tectonic of the M_S5.0 Wulong earthquake,

（b）Fault distribution and $M_L \geqslant 3.0$ earthquakes from 1993

震中区域近现代以来地震记录较少，地震活动水平较弱（图 4b）。自 1993 年重庆地震监测台网建成以来，共记录到武隆区 $M_L \geqslant 2.0$ 级地震 49 次（不含此次武隆 5.0 级地震以及余震），其中 $M_L 2.0 \sim 2.9$ 地震 45 次；$M_L 3 \sim 3.9$ 地震 4 次，最大为 2003 年 1 月 26 日 $M_L 3.5$，距离此次 5.0 级地震约 20km。最近的一次 $M_L \geqslant 2.0$ 级地震是 2017 年 4 月 23 日 $M_L 2.2$（$\Delta = 21km$）地震。由 M-T 和频度显示（图 5），除 2013 年年频度达 10 次外，年频度均值约 4 次，以 $M_L 2.0$ 档地震活动为主。2016 下半年到 2017 年仅发生 1 次 $M_L \geqslant 2.0$ 级地震，即 2017 年 4 月 23 日 $M_L 2.2$ 地震（距此次主震约 21km），属于重庆地区少震弱震区。

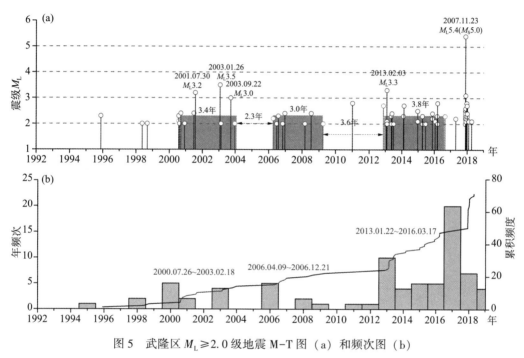

图 5　武隆区 $M_L \geqslant 2.0$ 级地震 M-T 图（a）和频次图（b）

Fig. 5　M-T（a），frequency diagramand Cumulative frequency（b）of $M_L \geqslant 2.0$ earthquakes in Wulong

三、地震影响场和震害

1. 地震烈度分布

重庆市强震动观测台网共有 4 个固定台站，武隆 5.0 级地震震中 200km 范围内仅有 1 个，即忠县强震台，震中距约 100km，其他 3 个台站位于渝东北的奉节、巫山、巫溪等地，距离较远。由于目前重庆市强震台网没有强震接收处理软件，未对武隆 5.0 级地震的峰值加速度和地震动参数进行分析处理。因此，此次分析数据仅来源于现场烈度调查结果。现场调查主要由重庆市地震工程研究所联合武隆区国土局，采用抽样、单项和填表调查等方式进行现场核实。依据国家标准 GB/T 18208.3—2011《地震现场工作：调查规范》和 GB/T 17742—2008《中国地震烈度表》等有关规范，开展了震害调查工作。现场调查组调查了武隆区的巷口镇、江口镇、火炉镇、桐梓镇、土地乡、沧沟乡、文复乡以及彭水县的鹿鸣镇、高谷镇、靛水街道共10个镇乡，完成了烈度调查点50个，使用手机终端上传调查表单35份，照片400余张，经资料交会分析、讨论，初步勾画出Ⅵ度区范围，最后按照规范要求绘制烈度图。确定此次地震宏观震中位于武隆区火炉镇车坝村（107.93°E，29.39°N）。灾区只有一个烈度区，即Ⅵ度区。地震烈度等震线形状呈椭圆形，等震线长轴总体呈北北东走向，长轴20.9km，短轴11.8km，Ⅵ度区总面积194km²，主要涉及重庆市武隆区和彭水苗族土家族自治县。

2. 震害情况

通过灾情科考组对武隆5.0级地震开展现场烈度调查工作显示，烈度区内砖木结构、土木结构房屋出现少量墙体裂缝，部分房屋墙体出现明显裂缝，多数房屋梭瓦、掉瓦。砖混结构房屋极个别墙体出现贯通性裂缝，装饰性墙体脱落，年久失修的围墙倒塌，部分墙体出现裂纹，多数基本完好，框架结构房屋完好。Ⅵ度区总面积194 km²，主要涉及重庆市武隆区火炉镇、江口镇、沧沟乡、文复苗族土家族乡，彭水苗族土家族自治县高谷镇、鹿鸣乡。宏观震中位于重庆市武隆区火炉镇车坝村。震区以砖混结构房屋为主、少量框架、砖木结构，极少数土木结构。Ⅵ度区土木、砖木房屋少数中等破坏，砖混房屋少数轻微破坏，框架房屋基本完好。此次现场调查未对武隆5.0级地震开展地震灾害损失评估工作，因此未获得烈度区的破坏程度与比例数据。武隆5.0级烈度分布和烈度调查点见图6。

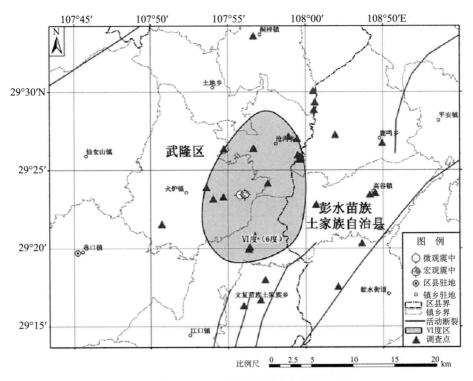

图6　武隆5.0级地震烈度分布和调查点图

Fig. 6　Isoseismal map and investigation point of the M_S5.0 Wulong earthquake

四、地 震 序 列

1. 地震序列基本情况

武隆 5.0 级地震发生在重庆地区地震监测能力相对高的区域，震级监测下限为 $M_L0.5$。自 2017 年 11 月 23 日至 2018 年 5 月 31 日，重庆市地震台网共记录到武隆地震序列 $M_L \geqslant 0.5$ 级地震 235 次，其中，$M_L0.5 \sim 0.9$ 地震 110 次，$M_L1.0 \sim 1.9$ 地震 103 次，$M_L2.0 \sim 2.9$ 地震 20 次，$M_L3.0 \sim 3.9$ 地震 1 次，$M_L5.0 \sim 5.9$ 地震 1 次，即 11 月 23 日主震 $M_L5.4$（$M_S5.0$），最大余震为 11 月 29 日 $M_L3.1$（序列目录见表 3）。

武隆 5.0 级地震序列 M-T、N-T、N-M 和蠕变图（图 7）显示，此次序列余震活动大致可以划分为两个时段：①余震集中活动阶段，主震后 8 天，余震集中活动，$M_L0.5$ 以上余震最大日频次出现在主震当日，达 51 次。其后余震频次开始衰减，且余震活动强度在震后有所起伏，最大余震（11 月 29 日 $M_L3.1$）出现在震后第 7 天，$M_L2.0$ 以上地震在此阶段集中发生。②余震衰减阶段，进入 2017 年 12 月份后，余震频次迅速降低，余震衰减明显，在 12 月下旬余震活动强度略有起伏，仍呈正常衰减水平，截至 2018 年 5 月份，余震活动基本结束。

表 3　武隆 5.0 级地震序列目录（$M_L \geqslant 2.0$ 级）

Table 3　Catalogue of seismic sequence in the M_S Wulong earthquake warm（$M_L \geqslant 2.0$）

| 序号 | 发震日期 | 发震时刻 | 震中位置（°） | | 震级 | 震源深度 | 震中地名 | 结果来源 |
	年.月.日	时：分：秒	φ_N	λ_E	M_L	（km）		
1	2017.11.23	17：43：33	107.98	29.40	5.4	10	武隆区	重庆市地震台网
2	2017.11.23	18：59：34	107.96	29.40	2.0	9	武隆区	重庆市地震台网
3	2017.11.24	00：00：29	107.96	29.37	2.2	10	武隆区	重庆市地震台网
4	2017.11.25	18：08：37	107.95	29.40	2.5	10	武隆区	重庆市地震台网
5	2017.11.26	00：08：29	107.94	29.40	2.3	7	武隆区	重庆市地震台网
6	2017.11.26	13：10：48	107.98	29.39	2.5	2	武隆区	重庆市地震台网
7	2017.11.28	13：32：05	107.97	29.38	2.5	6	武隆区	重庆市地震台网
8	2017.11.28	14：32：57	107.95	29.39	2.4	2	武隆区	重庆市地震台网
9	2017.11.29	10：34：08	107.96	29.39	3.1	5	武隆区	重庆市地震台网
10	2017.11.30	13：48：12	107.95	29.37	2.1	6	武隆区	重庆市地震台网
11	2017.11.30	14：46：30	107.97	29.40	2.6	6	武隆区	重庆市地震台网
12	2017.11.30	15：08：36	107.96	29.38	2.4	2	武隆区	重庆市地震台网
13	2017.12.4	21：19：02	107.95	29.40	2.1	10	武隆区	重庆市地震台网
14	2017.12.21	01：52：25	107.98	29.40	2.8	3	武隆区	重庆市地震台网
15	2017.12.26	09：59：55	107.94	29.39	2.2	5	武隆区	重庆市地震台网

续表

| 序号 | 发震日期 | | 发震时刻 | 震中位置（°） | | 震级 | 震源深度 | 震中地名 | 结果来源 |
	年．月．日		时：分：秒	$\varphi_N°$	$\lambda_E°$	M_L	（km）		
16	2017.12.26		10：39：39	107.93	29.38	2.2	5	武隆区	重庆市地震台网
17	2017.12.30		21：12：21	107.96	29.39	2.3	3	武隆区	重庆市地震台网
18	2017.12.30		21：28：25	107.97	29.39	2.7	2	武隆区	重庆市地震台网
19	2017.12.31		23：30：27	107.96	29.39	2.4	5	武隆区	重庆市地震台网
20	2018.02.03		06：18：48	107.94	29.37	2.1	12	武隆区	重庆市地震台网
21	2018.04.09		10：04：47	107.93	29.38	2.1	5	武隆区	重庆市地震台网
22	2018.04.10		04：46：27	107.93	29.38	2.1	2	武隆区	重庆市地震台网

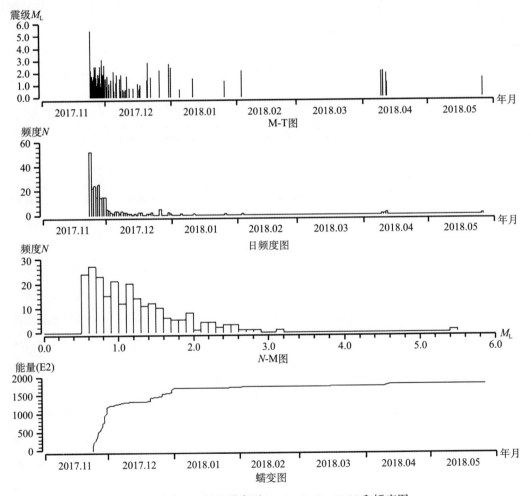

图 7   武隆 5.0 级地震序列 M-T、N-T、N-M 和蠕变图

Fig. 7   M-T, frequency diagram, accumulated N-M and creep curve of the M_S5.0 Wulong earthquake sequence

资料：2017.11.23~2018.05.31，$M_L \geq 0.5$

2. 地震序列判定

此次武隆地震序列中最大地震为 $M_S 5.0$，与次大地震 $M_S 2.5$（$M_L 3.1$）地震之间的震级差为 2.5；最大地震占整个序列能量的 99.98%，介于 90%≤R_E<99.99% 范围内。根据区域地震台网监测能力和此次序列震级–频度关系（图 8a），取序列最小完整性震级 $M_L 0.5$ 为起算震级、时间步长 12 小时，利用 2017.11.23~2018.05.31 序列资料，h 值 1.27（图 8b），表明武隆序列不属于前震序列（刘正荣等，1979），原震区后续发生更大地震的可能性较小；计算武隆地震序列早期参数 p 值和 h 值，计算结果为：p 值 0.8162（图 9），显示序列衰减正常。序列类型早期判定参数计算结果为：U 值 0.0008，F 值 0.0013，ρ 值 0.5010，K 值 0.0012，b 值 0.9219，其中 ρ 值和 b 值异常，根据前兆震群参数异常的识别标准，该序列不属于前兆震群。以序列最小完整性震级 $M_L 0.5$ 为起算震级，武隆序列震级–频度关系图给出的序列最大余震期望震级为 $M_L 4.4$，高于当前最大余震震级 $M_L 3.1$。

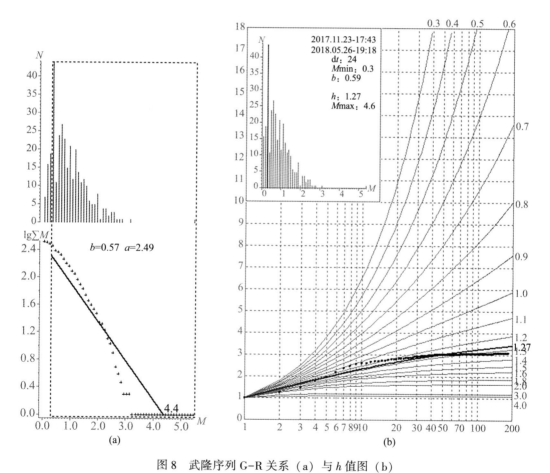

图 8　武隆序列 G-R 关系（a）与 h 值图（b）

Fig. 8　G-R（a）and h value（b）of the $M_S 5.0$ Wulong earthquake sequence

资料：2017.11.23~2018.05.31，$M_L \geqslant 0.5$

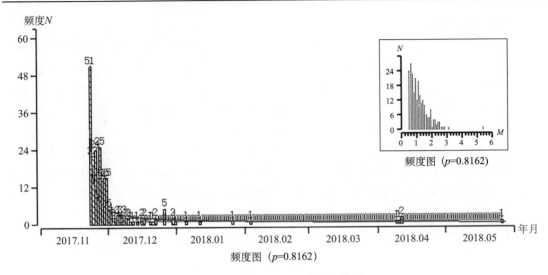

图 9　武隆 5.0 级地震序列 p 值图

Fig. 9　Calculations of p in divided period

资料：2017 年 11 月 23 日至 2018 年 5 月 31 日，$M_L \geqslant 0.5$

3. 历史地震序列类比

此次武隆 5.0 级地震发生在四川盆地东南缘，位于华南块体内，是重庆历史少震弱震区。由于周边 5 级地震较少，统计了此次地震序列周边 200km 半径范围内以及重庆地区有历史地震记载以来的所有 5 级以上历史地震序列类型及后续最大余震，结果见表 4。此次武隆地震序列周边 200km 半径范围内以及重庆地区历史地震中，绝大多数属于主—余型序列的地震，仅有 1989 年重庆渝北 5.2、5.4 级震群这一次地震特例。

表 4　有历史记录以来武隆及邻区 $M_S \geqslant 5.0$ 级地震余震与序列类型统计（200km 范围内）

Table 4　The statistical types of historical strong earthquakes（$M_S \geqslant 5.0$）and its

aftershock sequence in the Wulong and surrounding area（$\Delta \leqslant 200km$）

序号	发震日期 年.月.日	震中位置（°）		震级	参考地名	烈度	最大余震	与主震间隔时间	震型	距此次地震震中距（km）
		北纬	东经							
1	1854.12.24	29.10	107.00	5.5	重庆南川	Ⅶ			主—余	97
2	1856.06.10	29.70	108.80	6¼	重庆黔江	Ⅷ			主—余	90
3	1931.07.01	30.00	109.00	5.0	湖北利川				主—余	122
4	1941.02.07	28.00	108.50	5.0	贵州印江				主—余	165
5	1989.11.20	29.92	106.88	5.2、5.4	重庆渝北	Ⅵ		当天	震群	117
6	1997.08.13	29.45	105.55	5.2	重庆荣昌	Ⅶ	$M_L 3.2$	28 天	主—余	231
7	1999.08.17	29.42	105.55	5.0	重庆荣昌	Ⅶ	$M_L 3.8$	7 天	主—余	231

注：历史地震信息来源于中国 5 级地震目录（公元前 23 世纪—公元 1992 年）和 1993 年以来重庆地震台网目录。

4. 数字地震资料在序列判定中的应用

1) 重新定位分析结果

据重庆地震台网资料分析，武隆 5.0 级余震分布呈长轴约 16km，短轴约 7km 的 NE 展布区域内，其深度的优势分布较模糊。选取了观测报告中震后一个月内，震级在 $M_L0.5$ 以上、至少有 4 个台站完整记录的 201 个地震事件，采用双差定位方法（Waldhauser and Ellsworth，2000）对这些地震进行重新定位。图 10a 显示了重新定位后的武隆地震序列震中分布，用色标给出了震中随时间的变化，可以看出，震后 3 天内余震主要呈现出 SW 方向的单侧破裂模式，多集中在主震附近，余震密集区紧缩为长约 4.7km，宽约 2.4km 平行于附近断裂走向的条带。震后 4 天以后，余震呈现出向 SE 方向扩展模式，且震源较为集中呈丛集状，包括最大 $M_L3.1$ 余震。

图 10b、c 分别给出了沿 NE 走向（A—B）和 SE 走向（C—D）的 2 个震源深度剖面。图 10b 图中可以看出自西向东的 A—B 深度剖面显示余震沿 NE 向展布约 12km，分布在 2~16km 深度范围内，但余震密集区深度集中在 5~8km。绝大多数余震位于主震震源上部，主震下部余震稀少。图 10c 为自北向南的深度剖面 C—D，显示余震向展布总长约 5km，密集区长度约 3km，最小二乘拟合得出倾角约为 63°，与主震震源机制解节面 I 基本一致，推测该余震条带对应发震断层。

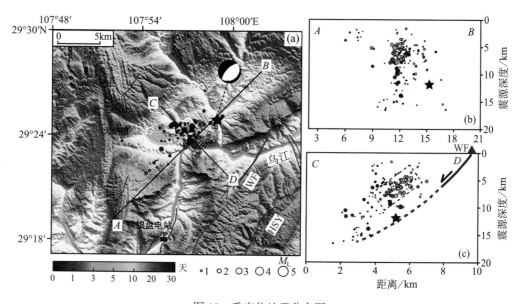

图 10　重定位地震分布图

Fig. 10　The distribution map of relocated earthquake

（a）震中及其邻区断层与余震分布图；黑色五角星表示主震，WF：文复断层，HSY：火石垭断层；

（b）平行于主震震源机制走向震源深度剖面 AB；（c）垂直于主震震源机制走向震源深度剖面 CD

2）地震视应力水平分析

利用震中距 200km 范围内的固定台站波形记录，计算了武隆 5.0 地震震中附近区域内 $M_L \geqslant 2.0$ 级地震的视应力 σ_{app} 值，资料截至 2018 年 2 月 3 日。经过视应力计算，得到 2017 年 11 月 23 日武隆 5.0 级地震的视应力，参与计算的台站共 22 个台站，计算得到地震视应力为 28.510bar，应力降为 95.7bar。

图 11 给出了武隆及附近区域的地震视应力与震级的分布，为便于对比分析，分别用黑色和红色区分主震前地震及余震。图中显示，该区域地震视应力值随震级的增加而增大，线性拟合相关系数 R 为 0.8301。该区内 $M_S 4 \sim 5$ 地震数据为空白，对拟合直线会有一定的影响。武隆 5.0 级主震（黄色五角星）的视应力位于趋势拟合线上方，其余震（红色圆）视应力值基本位于趋势拟合线上或其上方，视应力偏高，表明武隆地震震源区背景应力水平相对较高。

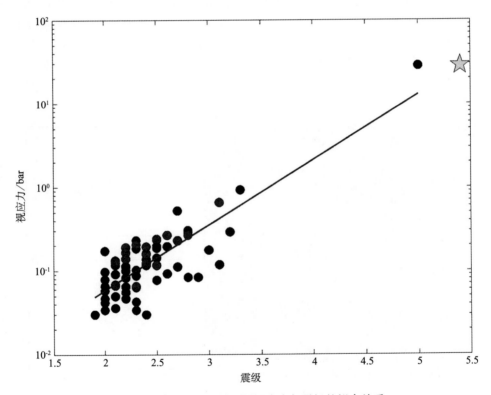

图 11　武隆及周边区域地震视应力与震级的拟合关系

Fig. 11　The scaling relationship between apparent stress and magnitude

in Wulong and its surrounding area

黄色五角星为武隆 5.0 级地震，红色实心圆为武隆地震及其余震；黑色实心圆为武隆地震前的地震

图 12 为研究区域内 $M_L 2.0 \sim 2.9$ 地震视应力随时间的变化特征，可看出该区内视应力于 2016 年初开始上升，且高于区域平均水平，此次 $M_S 5.0$ 地震前视应力有升高变化，并持续高值波动变化，可能反映了区域应力水平的一种增强状态。

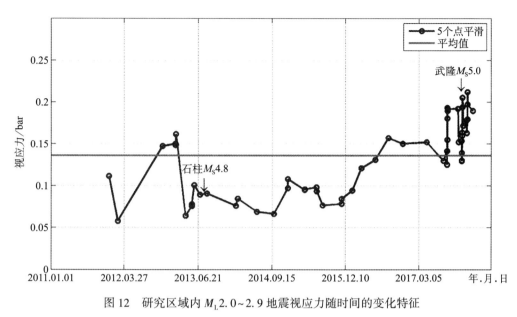

图 12　研究区域内 $M_L2.0~2.9$ 地震视应力随时间的变化特征

Fig. 12　Variation of apparent stress over time of earthquaeks with $M_L2.0~2.9$ in the research area

3）库仑应力变化与余震活动

本文采用远田晋次（Shinji Toda）等开发的 Coulomb3.3 软件计算武隆 5.0 级地震的库仑破裂应力变化，其中武隆 5.0 级地震震中位置参考精定位结果，发震断层产状参考利用 CAP 计算得到的主震震源机制解结果，源断层的破裂长度和宽度采用 Coulomb3.3 软件自带的 Well and Coppersmith（1994）的经验公式进行计算，选择节面 I（strike = 222°，dip = 83°，rake = −97°）作为接收断层参数，计算深度为 10km，有效摩擦系数取 0.4。

武隆地震所导致的同震库仑应力变化分布计算结果如图 13a 所示，在主震破裂面 NE 和 SW 两端为库仑应力增强区。重定位后的余震序列主要发生在 SW 端应力增强区，应力变化范围在 0.1~5bar。在 NW 和 SE 两端的应力影区也分布少量极微震，但大多靠近断层破裂面，未见余震的扩展。当投影到断层面上时，70% 以上的余震（包括序列中最大余震 $M_L3.1$）均位于应力增加区。从垂直断层面方向的两条深度剖面表明，75% 以上的余震分布在断层面上端和下端的库仑应力增加区，特别是断层面向上延伸的部分（图 13b、c）。因此，重定位后的余震分布能够较好地由应力触发理论所解释。

5. 地震序列特征总结

根据序列早期参数计算结果，该序列不是前震序列，也不属于前兆震群。序列震级-频度关系图显示序列最大余震期望震级 $M_L3.7$，与目前发生的最大余震震级 $M_L3.1$ 接近，可能表明序列最大余震已经发生。根据序列最大地震与次大地震的震级差以及最大地震占序列总体释放能量的比例综合判断，此次武隆 5.0 级地震序列属于主余型。

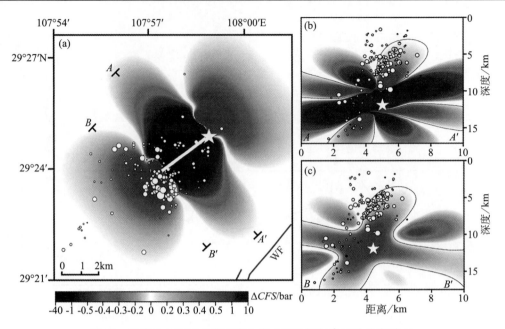

图 13　武隆 5.0 级地震静态库仑应力变化场与余震分布关系

Fig. 13　The Relationship between static coulomb stress variation field
and aftershock of the $M_S5.0$ Wulong earthquake

五、震源参数和地震破裂

1. 震源机制解

收集了来源于不同的研究者或相关单位利用 P 波初动、CAP（Zhao and Helmberger, 1994）等不同方法计算的武隆 5.0 级地震的震源机制解结果，以供后续研究者参考。结果列于表 5。

（1）利用重庆、四川和贵州台网 23 个区域测震台记录的 P 波初动符号，求得的此次地震的 P 波初动解，参数为：节面 I 走向 200°、倾角 70°、滑动角-89°，节面 II 走向 20°、倾角 20°、滑动角-93°；P 轴方位角 110°、倾角 65°，T 轴方位角 290°、倾角 25°；B 轴方位角 20°、倾角 0°，矛盾比为 0.042，震源机制解显示为正断错动（图 14）。

（2）CAP 方法计算的震源机制解结果，节面 I 走向 223°，倾角 75 度，滑动角-85°；节面 II 走向 24、倾角 16°、滑动角-108°；P 轴方位角为 140°，倾角 60°；T 轴方位角 309°、倾角 30°；B 轴方位角 41°、倾角 5°。矩震级为 $M_W4.8$，震源深度为 9.5±1km，震源机制解为高倾角正断性质，与 P 波初动震源机制解较为一致（图 15）。

（3）上述 P 波初动和 CAP 方法得到的震源机制结果与中国地震局地球物理研究所利用 12 个台的矩张量解和全国 72 个台的 P 波初动解结果接近，均显示左旋正断性质。其中节面 I 走向 NE 与地震序列精定位和宏观烈度长轴分布结合较为符合，初步判定 NE 走向、倾向 SE、具有正断性质的节面 I 为此次地震的破裂面。

表 5　武隆 5.0 级地震震源机制解

Table 5　Focal mechanism solutions of the M_S5.0 Wulong earthquake

No.	震级	深度 (km)	节面 I （°）			节面 II （°）			P 轴 （°）		T 轴 （°）		B 轴 （°）		资料来源
			走向	倾角	滑动角	走向	倾角	滑动角	方位	仰角	方位	仰角	方位	仰角	
1	M_W4.9	12	223	66	−95	55	24	−79	124	68	316	21	225	4	①
2	M_W4.8	9.5	223	75	−85	24	16	−108	140	60	309	30	42	5	②
3	M_S5.0	10	224	76	−94	60	15	−75	129	59	318	30	225	4	③
4	M_S5.0	−	200	70	−89	20	20	−93	110	65	290	25	20	0	④
5	M_W5.1	12	213	60	−103	57	32	−68	92	72	312	14	218	11	⑤

注：①CAP 方法（中国地震台网中心）。
　　②CAP 方法（据黄世源）。
　　③P 波初动（中国地震台网中心）。
　　④利用重庆、四川和贵州 23 个台 P 波初动（矛盾比 0.042，据高见）。
　　⑤Global Centroid Moment Tensor（GCMT）http：//www.globalcmt.org/CMTsearch.html

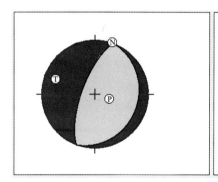

(1) 节面滑动方式：节面 A 为左旋正断，节面 B 为右旋滑动
(2) 构造应力方式：主要受张应力作用。
(3) P 轴压应力方位角：110°，方向为东东南向 EES；
(4) P 轴压应力倾角：65°，则较为倾斜。
(5) T 轴张应力方位角：290°，方向为北西丁向 NWW；
(6) T 轴张应力倾角：25°，则为近水平向。

图 14　P 波初动反演武隆 5.0 地震震源机制解

Fig. 14　Focal mechanism solutions of the M_S5.0 Wulong earthquake using P

2. 发震构造的判断

此次武隆 5.0 级地震震源机制解结果显示，节面 I 走向 223°，倾角 75°，滑动角−85°；节面 II 走向 24°，倾角 16°，滑动角−108°；P 轴方位角为 140°，倾角 60°；T 轴方位角 309°，倾角 30°；B 轴方位角 41°，倾角 5°。分析认为节面 I 走向 NE、断层面倾向 NW，具有高倾角正断性质，可能为此次地震主破裂面。根据重定位深度剖面结果上看，余震序列表现为 NW 倾向、倾角为 63°的条带，优势深度为 5~8km。综合断裂构造、余震空间分布和震源机制解认为，文复断裂可能是武隆 5.0 级地震的发震构造。

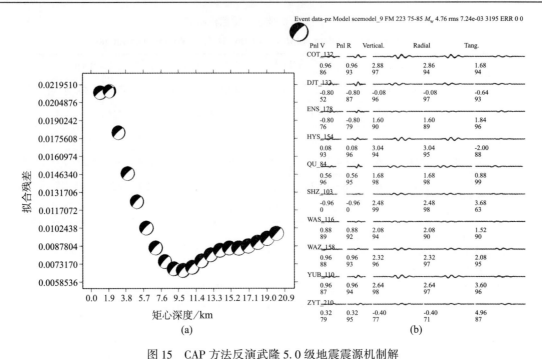

图 15　CAP 方法反演武隆 5.0 级地震震源机制解

Fig. 15　Focal mechanism solutions of the M_S5.0 Wulong earthquake by CAP method

（a）震源机制解反演残差随深度的变化；（b）理论地震波形（红色）与观测波形（黑色）对比

六、观测台网和前兆异常

1. 观测台网基本情况

武隆 5.0 级地震发生在渝东南地区，震中 200km 范围内有定点前兆观测台 14 个，观测项目有水位、水温、洞体应变、地倾斜、钻孔应变、地磁、地电等 7 个测项。其中 0～100km 范围，定点前兆观测台站 3 个，测项 6 个，其中地磁地电 3 项、定点形变 3 项，距震中最近的台站为武隆仙女山台（26.9km），有地磁、地电测项；101～200km 范围有 11 个前兆观测台，观测项目 18 个，其中地下流体 10 项、定点形变 6 项、地磁 2 项（图 16）。定点前兆观测台站观测项目震前都有长期连续可靠的观测资料。重庆辖区内无流动前兆观测项目。

武隆 5.0 级地震前共出现 5 种测项、12 条前兆异常，均为定点前兆异常，测震学未发现异常。异常主要集中在震中周围 200km 范围内，异常测项主要有地磁、水位、洞体应变、垂直摆倾斜仪、钻孔应变。其中，0～100km 范围 3 个前兆观测台共计 6 个观测项目中，出现异常台站有 3 个，异常台项 4 个，异常台站和异常台项百分比分别为 100% 和 66%；101～200km 范围 11 个前兆观测台共计 18 个观测项目中，出现异常台站有 6 个，异常台项 6 个，异常台站和异常台项百分比分别为 54% 和 33%；另外在震中距 220km 左右的奉节红土钻孔、奉节荆竹地磁也出现了异常。各项异常情况详见表 6 和图 17。

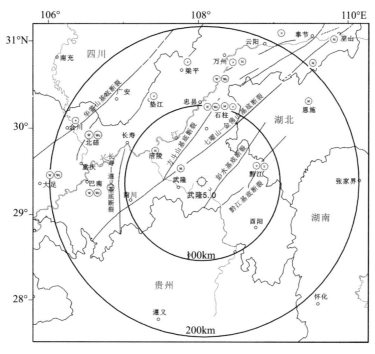

图 16 武隆 5.0 级地震震中附近前兆台站分布图

Fig. 16 Distribution of precursor stations around the M_S5.0 Wulong earthquake

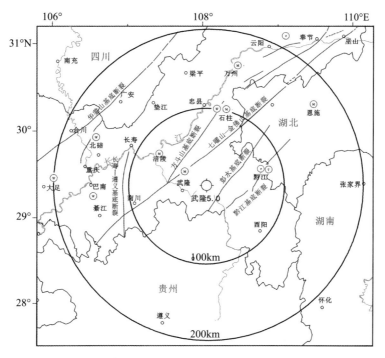

图 17 武隆 5.0 级地震前定点前兆观测异常分布图

Fig. 17 Distribution of precursory anomalies at the stations before the M_S5.0 Wulong earthquake

表6 地震前兆异常登记表

Table 6 Summary table of earthquake precursory anomalies

序号	异常项目	台站或观测区	分析方法	异常判据及观测误差	震前异常起止时间	震后变化	最大幅度	震中距 (km)	异常类别及可靠性	图号	异常特点及备注	震前提出/震后总结
1	地磁	涪陵江东	加卸载响应比	超阈值3.0	2017.07.04	正常	3.69	58	S_1	18、19	《异常核实——2017年07月13日重庆涪陵江东台、武隆仙女山台、石柱黄水台及万州天星台地磁》报告提出	震前
		武隆仙女山2测点					3.90	20	S_1			
		石柱黄水					3.47	105	S_1			
		万州天星					3.20	158	S_1			
2	地磁	涪陵江东	诸波振幅比	长短周期不一致	2014.01~	未恢复	0.11	58	M_1	20	《异常核实——2017年10月13日涪陵江东台地磁》报告提出	震前
3	地磁	石柱黄水	诸波振幅比	长短周期不一致	2014.01~	未恢复	0.054	105	M_1	21	《异常核实——2017年10月12日石柱黄水台地磁》报告提出	震前
4	地磁	武隆仙女山	诸波振幅比	长短周期不一致	2014.01~	未恢复	0.089	20	M_1	22	《异常核实——2017年10月11日重庆武隆仙女山台地磁》报告提出	震前
5	地磁	奉节荆竹	诸波振幅比	长短周期不一致	2014.01~	未恢复	0.049	214	M_1	23	《异常核实——2017年10月12日奉节荆竹台地磁》报告提出	震前
6	静水位	石柱鱼池	日均值分析	趋势上升	2015.04~	震后恢复	0.84m	100.5	M_2	24	趋势上升	震前
7	静水位	北碚柳荫	日均值分析	趋势上升	2010.04~	未恢复	2.0m	143.3	L_2	25	趋势上升	震前

续表

序号	异常项目	台站或观测区	分析方法	异常判据及观测误差	震前异常起止时间	震后变化	最大幅度	震中距(km)	异常类别及可靠性	图号	异常特点及备注	震前提出/震后总结
8	动水位	巴南安澜	日均值分析	上升后转折下降	2016.02~	未恢复	0.12m	131.2	M_3	26	鲁甸 6.5 级地震前有类似变化	震前
9	静水位	大足拾万	日均值分析	破年变	2016.02~	未恢复	0.68m	200.2	M_3	27	破年变及高值	震前
10	钻孔应变	奉节红土台	日均值分析	压性趋势异常	2014.10~	震后恢复	$6.4*10^{-5}$	219	M_3	28	趋势转折前后均有中强地震与之对应	震前
11	垂直摆倾斜仪	黔江仰头山台	日均值分析	北倾趋势异常	2014.07~	震后恢复	0.12ms	80.5	M_3	29	2017年长趋势由南倾转为缓慢北倾	震前
12	洞体应变仪	黔江仰头山台	日均值分析	快速张性变化	2017.01~	未恢复	$1.16*10^{-4}$	80.5	M_3	30	2017 年 1 月出现快速张性变化,九寨沟地震后转为压性,武隆地震前再次转为张性变化	震后

2. 前兆观测异常

本报告前兆观测分析资料截至 2018 年 3 月 20 日，主要分析了月均值、旬均值、五日均值和日均值完整资料，对地磁资料进行了加卸载响应比、日变幅逐日比、日变化相关系数、谐波振幅比等方法的计算，对突出的短期异常使用了整点值或分钟值资料。通过对前兆异常的逐项研究，提取了武隆 5.0 级地震前出现的 5 条地磁异常、4 条地下流体异常、3 条形变异常。各类异常叙述如下：

1）地磁学科异常

（1）2017 年 7 月 4 日重庆涪陵江东台、武隆仙女山台、石柱黄水台以及万州天星台地磁垂直分量 Z 日变幅加卸载响应比超阈值异常：异常出现后立即进行异常核实，结果认为 2017 年 7 月 4 日地磁垂直分量 Z 日变幅加卸载响应比异常客观存在，是异常台站附近地区地磁变化的真实反映（图 18）。

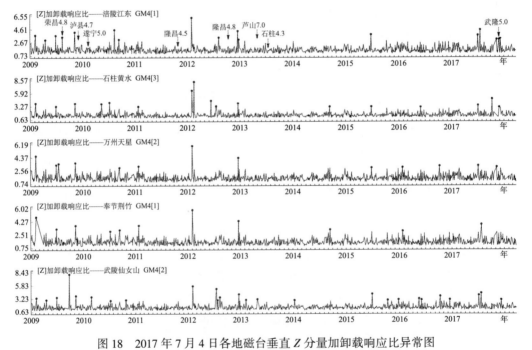

图 18　2017 年 7 月 4 日各地磁台垂直 Z 分量加卸载响应比异常图

Fig. 18　The Sequence diagram of load-unload response ratio abnormal on July 4, 2017

图 19 是重庆及周围省市范围内计算的加卸载响应比异常空间分布图（据湖北省地震局戴苗），图中显示除了重庆地区的 4 个台站出现异常外，在四川、陕西等省的部分台站也出现了加卸载响应比异常，而重庆地区的异常台站较为集中。对重庆地区的加卸载响应比异常震例研究表明，自 2009 年以来，3 个及以上台站出现异常的情况有 6 次，异常后均与重庆及周边地区 4 级以上地震有对应，对应率较高。在异常出现后约 4.5 月，发生武隆 5.0 级地震，震中在上述异常台站区域附近。

（2）涪陵江东、武隆仙女山、石柱黄水、奉节荆竹地磁谐波振幅比 4 项异常：自 2014

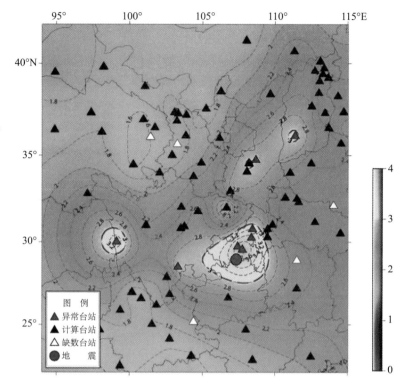

图 19　2017 年 7 月 4 日加卸载响应比空间等值线分布

Fig. 19　The contour space distribution of load-unload response ratio on July 4, 2017

年 1 月以来涪陵江东、武隆仙女山、石柱黄水、奉节荆竹台东西向出现了下降转折上升变化，北南向在 2015 年底至 2016 年初左右出现了长短周期不同步现象，详述如下：

涪陵江东台地磁谐波振幅比结果显示，在 2014 年 1 月左右出现了下降变化，并在转折回升过程中出现了不同步的变化，所有表现为：EW 向转折上升的时间不同步，20min 周期在 2016 年 8 月、30min 周期在 2015 年 6 月、40min 周期在 2015 年 11 月、50min 周期在 2015 年 8 月、60min 周期 2015.4 分别转折；NS 向 2015 年底至 2016 年初 20、30min 周期出现下降变化，40、50、60min 周期出现上升变化（图 20）。

石柱黄水台地磁谐波振幅比结果显示，在 2014 年 1 月左右出现了下降变化，并在转折回升过程中出现了不同步的变化，表现为：EW 向转折上升的时间不同步，20~40min 周期在 2016 年 1 月左右转折回升，50min 周期在 2015 年 7 月，60min 周期在 2015 年 4 月转折回升。NS 向 2015 年底至 2016 年初 20、30min 周期出现下降变化，40、50min 周期出现上升变化，60min 周期数据水平变化（图 21）。

武隆仙女山台地磁谐波振幅比结果显示，在 2014 年 1 月左右出现了下降变化，并在转折回升过程中出现了不同步的变化，表现为：东西向转折上升的时间不同步，20min 周期呈持续下降变化，30~50min 周期 2015 年 3 月左右转折回升，60min 周期在回升过程中出现了不一致的波动变化。北南向 2015 年底至 2016 年初 20、30min 周期出现下降变化，40、

50min 周期出现上升变化，60min 周期水平变化（图 22）。

　　奉节荆竹台地磁谐波振幅比结果显示，在 2014 年 1 月左右出现了下降变化（20、30min 周期下降时间为 2012 年 11 月，考虑到其余几个异常台站出现下降变化的时间较为同步，奉节台下降时间仍以 2014 年 1 月为准）。并在转折回升过程中出现了不同步的变化，表现为：北南向 2015 年底至 2016 年初 20min、30min 周期出现下降变化，40、50min 周期出现上升变化，60min 周期水平变化（图 23）。

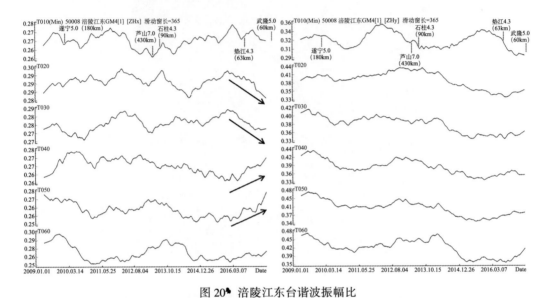

图 20　涪陵江东台谐波振幅比

Fig. 20　The harmonic amplitude ratio of Fuling Jiangdong station

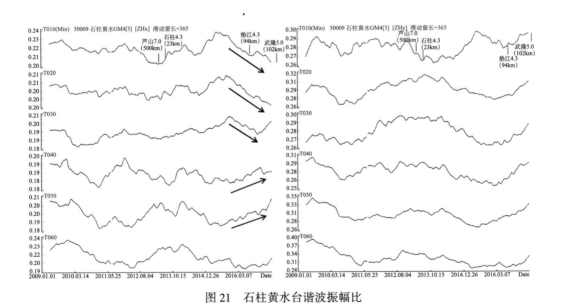

图 21　石柱黄水台谐波振幅比

Fig. 21　The harmonic amplitude ratio of Shizhu Huangshui station

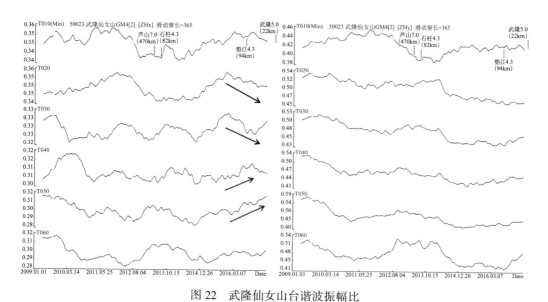

图 22　武隆仙女山台谐波振幅比

Fig. 22　The harmonic amplitude ratio of Wulong Xiannvshan station

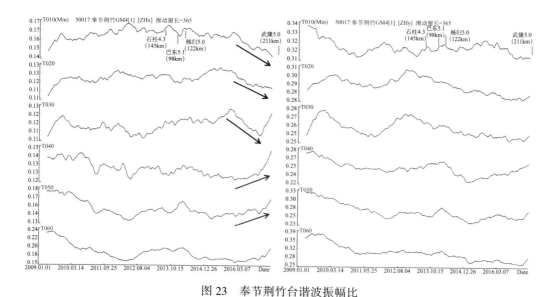

图 23　奉节荆竹台谐波振幅比

Fig. 23　The harmonic amplitude ratio of Fengjie Jingzhu station

针对上述异常进行了详细的异常核实，结论认为涪陵江东等四个台的谐波振幅比 2014 年以来出现的下降异常变化以及 2015 年 12 月北南向各周期不同步异常变化真实可靠，反应了台站附近区域深部电阻率的变化，结合震例分析认为，未来 1 年，重庆、湖北异常台站区域及附近地区有发生 4~5 级地震的可能。在出现不同步变化约 2 年时间，发生武隆 5.0 级地震，地震后异常仍呈持续状态。

2）地下流体异常

（1）石柱鱼池水位：自2008年7月开始观测，观测以来水位年变动态稳定。2015年4月以来趋势性上升，截止武隆5.0级地震前上升最大幅度约0.8m。武隆地震后20多天，12月14~18日水位快速下降约0.27m，下降幅度较大，持续时间较短，之后水位与2016年初持平（图24）。重庆市地震局于2016年8月18日进行了第一次现场异常核实，2017年8月16日进行了第二次异常核实，经两次核实认为水位趋势性上升可靠，定为B类异常。

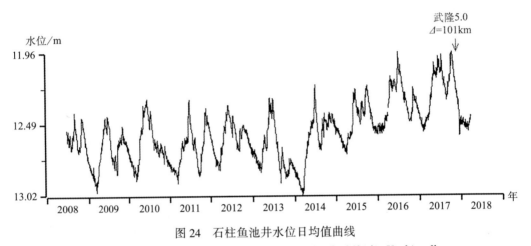

图24　石柱鱼池井水位日均值曲线

Fig. 24　The daily mean value curve of water level of Shizhu Yuchi well

（2）北碚柳荫水位：2010年4月以来呈现逐年上升的趋势变化，年上升幅度约0.22m，截至武隆5.0级地震前上升幅度约2.0m（图25）。重庆市地震局于2016年10月9日进行了第一次现场异常核实，2017年8月17日进行了第二次异常核实，经两次核实认为该水位趋势性上升异常可靠，定为B类异常。

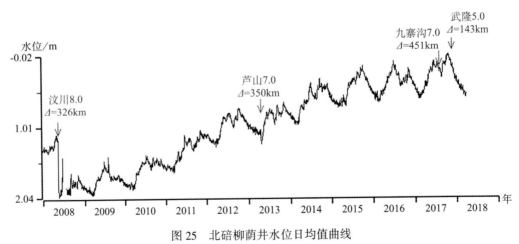

图25　北碚柳荫井水位日均值曲线

Fig. 25　The daily mean value curve of water level of Beibei Liuyin well

（3）巴南安澜动水位：2014、2016、2017 年均出现上升—下降异常变化，其中，2014 年水位下降过程中发生了云南鲁甸 6.5 级地震，2017 年水位下降过程中发生了武隆 5.0 级地震（图 26）。重庆市地震局于 2016 年 8 月 16 日进行了第一次现场异常核实，2017 年 8 月 17 日进行了第二次异常核实，经核实认为该动水位时常受泄流堵塞的影响，定为 C 类异常。

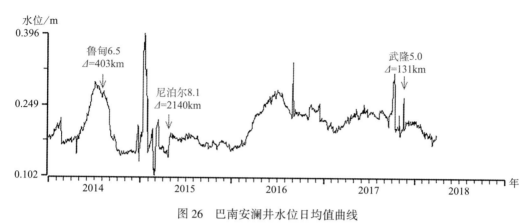

图 26　巴南安澜井水位日均值曲线

Fig. 26　The daily mean value curve of water level of Banan Anlan well

（4）大足拾万井水位：自 2016 年 2 月以来，其年变幅远低于往年同期，显示出破年变异常（图 27），重庆市地震局于 2016 年 12 月 29 日进行了第一次现场异常核实，2017 年 3 月 21 日进行了第二次现场异常核实，2017 年 8 月 18 日进行了第三次异常核实，经核实认为水位存在破年变异常，定为 C 类异常。

图 27　大足拾万井水位日均值曲线

Fig. 27　The daily mean value curve of water level of Dazu Shiwan well

3）形变学科异常

（1）重庆黔江台洞体应变仪 EW 分量异常。

自 2008 年开始观测以来，黔江台伸缩仪 EW 分量年变呈稳定的上升趋势，受降雨影响较小。2017 年 1 月开始出现快速张性变化，8 月 8 日九寨沟 7.0 级地震后转为压性，10 月再次转为张性变化，11月23日发生武隆5.0级地震，地震后张性速率再次增大，2018年2月26日进行异常落实，判定为前兆B类异常。武隆地震前后张性趋势加速变化，可能反映区域应力场的异常变化情况（图28）。

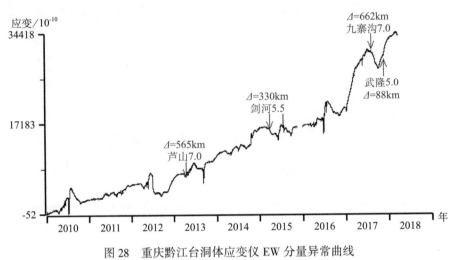

图28　重庆黔江台洞体应变仪EW分量异常曲线

Fig. 28　Abnormal curve of EW component of cave strain observation extensometer

at Qianjiang station（Chongqing）

（2）重庆黔江台垂直摆倾斜仪NS分量异常。

自2008年开始观测以来，黔江台垂直摆NS分量年变呈稳定的南倾趋势，2014年8月鲁甸6.5级地震后出现快速北倾变化，11月康定6.3级地震后逐渐转平，2015年3月30日剑河5.5级地震后逐渐恢复南倾状态，经过两次异常落实，均排除干扰异常，判定为前兆B类异常。2017年初该测项改变了长期的南倾趋势，逐渐出现平缓的北倾（图29）。

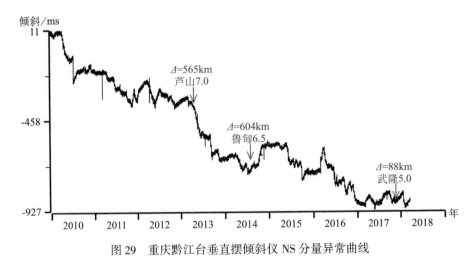

图29　重庆黔江台垂直摆倾斜仪NS分量异常曲线

Fig. 29　Abnormal curve of NS component of vertical pendulum inclinometer

at Qianjiang station（Chongqing）

（3）重庆奉节台钻孔应变仪 N30°W 分量异常。

重庆奉节钻孔应变 N30°W 分量自 2014 年 10 月提出异常以来，在持续压性趋势异常的基础上，又表现出周期性的波动变化，每次快速压性变化（幅度在 $4.0×10^{-5}-6.0×10^{-5}$）后均会发生中强地震（震级大小呈近小远大规律），如芦山 7.0 级、康定 6.3 级、兴都库什 7.8、垫江 4.4 级、九寨沟 7.0 级及武隆 5.0 级地震，经多次异常落实，均排除环境干扰和仪器故障，异常震例对应较好，判定为前兆 B 类异常。武隆地震前再次从出现趋势转折，可能反映区域应力场的异常变化情况（图 30）。

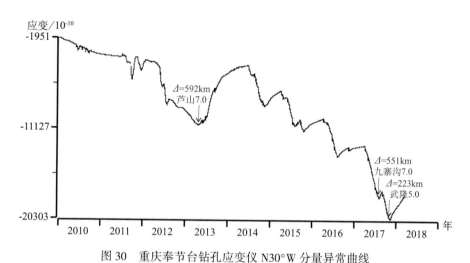

图 30　重庆奉节台钻孔应变仪 N30°W 分量异常曲线

Fig. 30　Abnormal curve of N30°W component of borehole strain
at Fengjie station（Chongqing）

七、前兆异常特征分析

1. 前兆异常特征总结

武隆 5.0 级地震前共有 12 条前兆异常，具有如下特征：

（1）前兆多学科出现不同程度的异常反应。地磁、流体、形变三个学科均有异常出现，其中地磁 5 条，流体 4 条，形变 3 条。地磁学科表现为中、短期异常；流体学科均为水位异常，表现为中、长期异常；形变学科变现为中期异常。

（2）地磁学科异常突出，预测效果明显。在空间分布上，地磁异常异常台站大多集中在震中 100km 范围内，对地点预测有指示意义；在时间分布上，武隆仙女山等 4 个台站地磁谐波振幅比自 2014 年 1 月出现中期异常变化，涪陵江东等台地磁垂直分量 Z 日变幅加卸载响应比在 2017 年 7 月 4 日出现短期异常变化，对时间和地点预测均有指示意义。

地磁谐波振幅比计算方法已经取得了一定的震例，且有较明确的物理基础，例如，在 2012~2013 年，武隆仙女山等地磁台也曾出现长短周期不同步变化，在不同步变化过程中发生了重庆石柱 4.3 级地震。武隆仙女山等 4 个台站地磁谐波振幅比自 2014 年 1 月出现不同步变化约 2 年时间发生了武隆 5.0 级地震。根据已有震例并结合其余地磁异常台站谐波比结果分析认为，重庆及邻区出现的谐波比异常可能对异常台站区域附近的重庆、湖北及交界地区 4~5 级地震有一定指示意义。

对重庆地区的地磁 Z 分量加卸载响应比异常震例研究表明，自 2009 年以来，3 个及以上台站出现异常的情况有 6 次（除去磁暴影响的异常），异常后均与重庆及周边地区 4 级以上地震有对应，对应率较高，例如，2009 年 8 月 8 日荣昌 M_L4.8 地震、2010 年 1 月 31 日遂宁 M_L5.2 地震、2013 年 7 月 18 日石柱 M_L4.8 等地震前均同时出现 3 个地磁台站加卸载响应比异常的现象。在 2017 年 7 月 4 日涪陵江东等台地磁垂直分量 Z 日变幅加卸载响应比超阈值异常出现后约 4.5 月，发生武隆 5.0 级地震，震中在异常台站区域附近。在重庆市地震局震前提交的异常核实报告《异常核实——2017 年 07 月 13 日重庆涪陵江东台、武隆仙女山台、石柱黄水台及万州天星台地磁》中明确提出"在该异常出现后的 9.5 月内，重庆及周边有发生 4 级以上地震的可能。"较好的对应了武隆 5.0 级地震。重庆地区地磁 Z 分量加卸载响应比异常对应重庆及周边 4 级以上地震较好，在时间和地点预测上有一定的指示意义。

（3）前兆异常变化具有一定同步性。在出现中长期异常的台站中，石柱鱼池水位在 2015 年 5 月出现趋势转折变化，北碚柳荫水位 2010 年 4 月趋势转折，2015 年 4 月在原来的趋势变化基础上发生新的转折变化，大足水位在 2016 年 2 月出现破年变变化，上述水位在变化时间上具有一定的同步性；涪陵、武隆、石柱、奉节地磁台谐波振幅比在 2014 年初 EW 向出现下降变化，2015 年底至 2016 年初，NS 向长、短周期出现不同步变化，另外湖北恩施台也出现类似变化，上述地磁台站出现异常时间同步，在空间上也较为集中，异常可靠性高；黔江仰头山垂直摆北南分量在前期呈压性变化，2017 年年初以来转平。黔江洞体应变 EW 向在 2017 年年初张性变化的速率加大，持续到 8 月九寨沟地震后转为压性变化，2017 年 10 月左右又重新变为张性。奉节红土钻孔应变北东向在 2017 年 3 月压性变化速率增大，九寨沟地震后由压性转张性，9 月再次由张性变为压性，持续 1 个多月的时间后发生武隆 5.0 级地震。上述形变异常中异常出现的时间较一致，出现转折变化的过程也较为同步。

（4）前兆异常数量多。武隆 5.0 级地震前重庆地区出现了较多的前兆异常项，跟以往多次辖区内 4~5 级地震前出现的异常数量相比明显增多，一方面前兆资料通过多年连续稳定的观测得到一定的积累，在认识前兆正常变化的基础上有利于预报人员识别异常；另一方面，近年来异常核实工作规范化，对出现的异常都在规定时间内进行现场异常核实提交核实报告和结论。

（5）重庆辖区内的部分中长期异常在震后仍持续，是否对西南地区的中强震仍有一定的指示意义，是今后待研究的问题。

2. 地震活动性未发现指标性异常

1993 年重庆地震台网建立以来，武隆 5.0 级地震震中 100km 半径范围内震前共记录到 M_L≥2.0 级地震 49 次，其中 M_L2.0~2.9 地震 45 次；M_L3~3.9 地震 4 次，最大为 2003 年 1 月 26 日 M_L3.5，距离此次 5.0 级地震约 20km。地震年频度均值约 4 次，以 M_L2.0 档地震活动为主，属于重庆地区少震弱震区。其中 2013 年震区及附近小震活动有所增多，以 1 级档地震活动为主，最大为 2013 年 2 月 3 日 M_L3.3，之后地震活动减弱，2016 下半年到 2017 年仅发生 1 次 M_L≥2.0 地震，即 2017 年 4 月 23 日 M_L2.2 地震（距此次主震约 21km）。

在武隆 5.0 级地震前，重庆及周边地区 4 级以上地震有所增多，分别发生了 2016 年 8

月 11 日重庆垫江 4.3 级和 2016 年 12 月 27 日重庆荣昌 4.9 级地震，以及邻区的湖北秭归 2017 年 2 月 23 日 4.5 级、2017 年 6 月 16 日 4.6 级和 2017 年 6 月 18 日 4.5 级地震。这些地震距离武隆 5.0 级地震较远，除垫江 4.3 级地震震中距约 110km，其他地震均发生在 200km 以外，空间跨度大，可能反应了重庆及周边区域的高应力状态，而在武隆震区附近未出现明显的地震活动异常变化。

　　因此，分析武隆 5.0 级震区及邻近地区地震活动性，认为武隆 5.0 级地震前未发现明显的测震学异常。

八、震前预测、预防和震后响应

1. 震前预测情况

　　《重庆市 2018 年度地震趋势研究报告》中对未来 1 年（2017 年 11 月至 2018 年 10 月）重庆市震情趋势进行了会商研究，认为重庆地区存在发生 4~5 级地震的可能，但年度重点关注地区未包含此次地震所在区域，中期预测不准确。但在武隆 5.0 级地震前，重庆地区前兆观测资料出现了形变、流体和地磁等多项异常变化，如黔江倾斜、洞体应变和奉节钻孔应变出现了较大幅度的转折变化，北碚柳荫、巴南安澜、大足拾万和石柱鱼池水位出现趋势性上升变化，地磁谐波振幅比和加卸载响应比等异常，可能反应了区域应力场和地壳介质的集中变化。上述均在震前进行了现场调查核实，并编写提交了异常核实报告，认为形变和流体出现的异常为中期异常，地磁学科异常较为突出。

　　在武隆 5.0 级地震前地磁出现了谐波振幅比和加卸载响应比异常，且异常台站大多集中在震中 100km 范围内。特别是涪陵江东等台在 2107 年 7 月 4 日出现的短期异常变化，对时间和地点预测均有指示意义。因此在震前提交的现场异常核实报告《异常核实——2017 年 07 月 13 日重庆涪陵江东台、武隆仙女山台、石柱黄水台及万州天星台地磁》中明确提出"在该异常出现后的 9.5 月内，重庆及周边有发生 4 级以上地震的可能。"2017 年 10 月分析发现重庆涪陵、武隆、石柱、武隆等四个台的地磁谐波振幅比出现中长期异常，在 2017 年 10 月 10~13 日完成并提交的 4 篇异常核实报告结论中均提出"未来 1 年，重庆、湖北异常台站区域及附近地区有发生 4~5 级地震的可能"。

　　但是，武隆 5.0 级地震震区属于历史少震、弱震区，地震活动水平不高。震前测震学科无异常，该区域地震活动较弱，小震活动无明显变化。尽管多个地磁台出现明显的异常变化，但在 2018 年年度会商报告的年度危险区中未提及本区域。同时综合西南地区的震情形势，认为重庆前兆资料的异常变化可能对重庆周边及川滇菱形块体东部地区 6 级以上地震有一定指示意义。因此并没有针对该区域的地震趋势填写预测卡片和做出明确的短临预测意见。重庆武隆 5.0 级地震发生后，重庆市地震局召开震情趋势会商，研判震情趋势，并向市委值班室和中国地震台网中心提交了"关于武隆 5.0 级地震及震情趋势的分析意见"的报告，震后趋势判定基本正确。

2. 地震应急

　　2017 年 11 月 23 日 17 时 43 分重庆武隆 5.0 级地震发生后，中国地震局局长第一时间做出重要批示，重庆市委、市政府领导对应急工作做出安排，并派出分管领导立即赶到位于重庆市地震局的市地震应急指挥中心，听取现场灾情报告，分析研判震情，对抢险救援工作作出调度和安排。

重庆市地震局立即成立了武隆地震现场应急指挥部，启动Ⅱ级应急响应，专题召开应急工作会议，加强震情值班和应急值守，加强余震监测，及时发布震情信息，及时收集上报灾情信息。同时，迅速与市抗震救灾指挥部成员单位展开联动。同时重庆市抗震救灾指挥部启动Ⅲ级应急响应，市委宣传部、市政府办公厅、市政府应急办紧急赴市地震应急指挥中心协调开展应急工作，市政府应急办、市民政局、市城乡建委、市国土房管局等单位第一时间派出工作队赶赴灾区开展应急工作。灾区党委、政府处置有力。武隆、彭水等受灾区县反应迅速、处置有力，立即按照相应预案，成立抗震救灾指挥部，开展各项应急工作。

3. 震后趋势判定

2017年11月23日重庆武隆发生5.0级地震，预报研究中心先后5次召开震后趋势会商会，对震情进行分析研判。地震发生后，预报中心迅速与中国地震台网中心进行联系，并开展联合视频会商会，对震情趋势进行研判，并于23日19时产出第一份震后趋势判定意见。

在震后趋势判定过程中，重庆市地震局预报中心严密监视观测资料的变化，开展震情滚动会商，密切跟踪后续震情的发展，综合分析震中及附近地区的地震地质构造、历史地震活动和地震序列发展情况，给出"震中附近地区近几日发生更大破坏性地震的可能性不大"的会商意见，正确预测了武隆5.0级地震的震后趋势。

九、结论与讨论

1. 武隆5.0级地震序列特点

1）震中监测能力高，记录地震序列丰富

武隆5.0级地震发生在重庆地区少震弱震区，但地震监测能力较高，震中100km范围内有17个测震台和震后架设的3个流动台，震区地震监测能力下限由震前的$M_L0.7$升至震后的$M_L0.5$，对此次地震序列监视起到了重要作用，截至2018年5月31日，共记录到0.5级以上余震235次，余震序列较丰富。

2）地震序列为主余型，余震序列呈起伏衰减特征

根据序列最大地震与次大地震的震级差以及最大地震占序列总体释放能量的比例综合判断，此次武隆5.0级地震序列属于主余型。根据序列早期参数计算结果，该序列不是前震序列，也不属于前兆震群。序列震级-频度关系图预测的最大余震期望震级$M_L4.4$，比实际发生的最大余震震级$M_L3.1$偏高。武隆5.0级地震序列M-T、N-T、N-M和蠕变图显示，余震活动大致可以划分为两个时段：$M_L0.5$以上余震最大日频次出现在主震当日，较大余震集中活动在主震后7~8天；进入2017年12月份后，余震频次衰减明显，截至2018年2月份，余震活动基本结束。

3）地震序列呈NE走向分布

武隆5.0级余震主要集中在主震附近，震后3天内余震主要呈现出SW方向的单侧破裂模式，多集中在主震附近，经重新精定位后余震密集区长约4.7km，宽约2.4km。震后4天

以后，余震呈现出向 SE 方向扩展模式，且震源较为集中呈丛集状，包括最大 $M_L3.1$ 余震。自西向东的 A—B 深度剖面显示余震沿 NE 向展布约 12km，分布在 2~16km 深度范围内，余震密集区 NE 向展布为 5km，深度集中在 5~8km。绝大多数余震位于主震震源上部，主震下部余震稀少。自北向南的深度剖面 C—D 显示余震向展布总长约 5km，密集区长度约 3km。此外 C—D 剖面显示主震发生 1 天内主要集中在其北侧，后续余震扩展并集中发生在其南侧，包括最大 $M_L3.1$ 余震。

4）主震震源机制解为高倾角正断性质，深度约 9.5km

采用 CAP 波形反演获得的此次 5.0 级地震的震源矩心深度和矩震级分别为 $9.5\pm2km$，$M_W4.76$。主震震源机制解节面 I 走向 223°，倾角 75 度，滑动角 -85°；节面 II 走向 24°，倾角 16°，滑动角 -108°；P 轴方位角为 140°，倾角 60°；T 轴方位角 309°，倾角 30°；B 轴方位角 41°，倾角 5°，与 P 波初动解基本一致。分析认为节面 I 走向 NE、断层面倾向 SE，具有高倾角正断性质，可能为此次地震主破裂面。据地表露头考察获知，文复断层位于武隆 5.0 级地震南部，是一条走向 NE、倾向 NW、倾角为 60°~73° 的正断层，与主震震源机制解节面 I 和地震序列精定位结果相吻合。因此，结合区域构造、震源机制、余震序列以及烈度分布对武隆地震的发震构造进行综合分析，推测认为文复断层可能为武隆 5.0 级地震的发震构造，但不排除震中附近存在隐伏断层的可能。

5）震前前兆异常多，以地磁短临异常为主

武隆 5.0 级地震前，重庆市地区前兆观测资料出现了形变、流体和地磁等多项异常变化，其中仅有地磁学科有一定的短临异常指向性，其他如黔江倾斜、硐体应变和奉节钻孔应变出现了较大幅度的转折变化，北碚柳荫、巴南安澜、大足拾万和石柱鱼池水位出现趋势性上升变化，这些异常的时空分布可能表现出周边区域应力场处于一种不稳定状态，也为今后指导该区的地震预测提供了借鉴和参考。由于武隆 5.0 级震中地处渝东南地区，属于历史上的少震、弱震区，地震前未出现明显的小震活动，加大了对异常地点和临震时间的捕捉难度，这也是这次地震未作出年度和短临预测的主要原因。

2. 加强少震弱震区异常总结，提高监测能力

相对多震省份，在少震区利用前兆资料分析研判震情形势显得更加困难。尽管此次震例总结工作中，对地震前兆异常作了较为详细的分析，取得了一些认识。但是由于震例少甚至没有，从出现异常到异常核实到最终确定为异常，进行相对准确的时间、地点的预测还是很困难。在武隆地震前，由于以往没有震例，很难对地点进行判定，只能大致判定在异常区域范围及附近有发生地震的可能。例如在武隆地震前，重庆提出了 4 个地磁台的谐波振幅比异常，空间主要分布在震区外围，而位于震中附近仅武隆仙女山 1 个地磁台，难以开展震中空间预测。而形变资料，仅凭借单台时序曲线变化判断该区域所处受力变形阶段实属不易。因此，建议可以加密前兆观测点，通过科学建模和深入开展前兆机理的研究，用更多约束条件来大致确定前兆异常的物理机制，并结合测震学科地震活动性资料，综合分析开展地震预测预报工作。

3. 武隆 5.0 级地震的发震成因仍需进一步研究

本文综合了区域构造、震源机制、余震序列以及烈度分布对武隆地震的发震构造进行分析讨论，认为"文复断层可能为武隆 5.0 级地震的发震构造，但不排除震中附近存在隐伏断层的可能"。另有资料显示，震中区西北 20km 附近存在一条基底深部断裂，即七曜山—金佛山基底断裂。此断裂走向 NE，倾角 60°～70°，断裂早期活动为正断性质，晚期活动性质转为挤压逆冲，与武隆 5.0 级地震震源机制特征有相似性，该断裂是否与武隆 5.0 级地震有关也值得深入研究。但由于该区域断裂研究资料相对较少，根据目前所掌握断裂性质及活动性尚不清楚，因此还需要进一步开展断裂活动性探测研究。另外，震区位于涪陵—南川大型页岩气田附近（震中距约 40km），该页岩气田于 2012 年开始开采，是中国首个大型页岩气田。由于页岩气的成藏与区域断裂构造紧密联系，页岩气开发水力压裂及其污水回注可能导致地下地应力场的改变，自开采以来重庆地震台网已记录到当地多次微、小振动。因此该区域页岩气的集中开采是否与少震区发生此次 5.0 级地震有一定关系，也有待进一步探讨。

4. 武隆地震对邻近区域地震趋势的可能影响

　　此次武隆 5.0 级地震发生在七曜山—金佛山断裂、彭水断裂和黔江断裂等多组 NE 向展布的断裂区域，同时此次地震打破了重庆地区持续 18 年 5.0 级地震平静，也是 150 多年以来渝东南地区首次 5 级地震。该区域历史上存在一年左右时间内连续发生多次中强地震的震例，如 1854 年 12 月 24 日重庆南川 5½ 级（距此次武隆 5.0 级 97km）、1855 年 8 月 8 日重庆彭水 4¾ 级（距 20km），1856 年 6 月 10 日重庆黔江小南海 6¼ 级（距 90km）。震中均分布在该区域 NE 走向的七曜山—金佛山断裂、彭水断裂带、黔江断裂带，发震时间也较为集中，前后间隔在 9 个月左右。加之在震中附近仍存在流体、形变和地磁等多项前兆观测资料的趋势性异常变化，因此此次武隆 5.0 级地震的发生可能预示着该区域多组断裂的新一轮活动，不排除在该区域及邻区未来几年再次发生中强地震的危险。

参 考 文 献

丁仁杰、李克昌等，2004，重庆地震研究暨重庆 1∶50 万地震构造图，地震出版社

蒋海昆、李永莉、曲延军等，2006，中国大陆中强地震序列类型空间分布特征，地震学报，28（4）：389～398

刘正荣、钱兆霞、王维清等，1979，前震的一个标志——地震频度的衰减．地震研究，（4）：3～11

王赞军、王宏超、何宏林等，2016，七曜山—金佛山断裂带武隆土坎段最后活动时代研判厘定，四川地震，（1）：25～29

周惠兰、房桂荣、章爱娣等，1980，地震震型判断方法探讨，西北地震学报，2（2）：45～59

Toda S, Stein R S, Richards-dinger K et al., 2005, Forecasting the evolution of seismicity in Southern California: Animations built on earthquake stress transfer [J], Journal of Geophysical Research, 110 (5): 1-17

Waldhauser F, Ellsworth W L, 2000, A double-difference earthquake location algorithm: method and application to th Northern Hayward Fault, California [J], Bull Seism Soc Amer, 90, 1, 353-368

Wells D L, Coppersmith K J, 1994, New empirical Relationships among magnitude, rupture length, rupture width, rupture area, and surface displacement [J], Bull. Seismol. Soc. Am., 84 (4): 974-1002

Zhao L S, Helmberger D V, 1994, Source Estimation from Broadband Regional Seismograms [J], Bull. Seismol. Soc. Amer., 84 (1): 91-104

The M_S 5.0 Wulong Earthquake on November 23, 2017 in Chongqing

Abstract

An M_S5.0 magnitude earthquake occurred in Wulong District of Chongqing at 17∶43 p. m., on November 23, 2017, with focal depth of 10km. The microcosmic epicentre was 107.99°E and 29.39°N, and the macroscopic epicenter was located in Cheba village, Huolu town, Wulong district (107.93°E, 29.39°N). The earthquake had a wide range of sensations and affected 25 districts and counties in Chongqing, among which Wulong, Pengshui, and Minjiang had a significant sense of tremor. The meizoseismal area had an intensity of Ⅵ degree, which was elliptic with the major axis in nearly NNE direction, the long axis is 20.9km, the short axis is 11.8km, and the total area is 194km². It mainly involves Wulong district and Pengshui Miao and Tujia Autonomous County in Chongqing. A total of 6 people were injured and 10947 were affected, causing direct economic losses of about 40729900 yuan (RMB).

The earthquake was of mainshock-after-shock sequence type, a total of 235 aftershocks were recorded by the end of May 31, 2018, and the maximum aftershock was M_L3.1 on November 29. Within the range of 200km around the epicenter, there were 38 seismic stations, including 31 fixed stations and 7 mobile stations of Chongqing, Hubei, Guizhou and Sichuan seismic networks. The stations formed a good surrounding of the epicentral area and recorded a complete earthquake sequence. The lower limit of the aftershock recording was M_L0.5. The results of precise earthquake location show that the intensive area of aftershocks is 5km long and 3km wide in NE direction, and the depth is 5~8km. Most of the aftershocks are located in, the upper part of the mainshock source, and the aftershocks are rare in the lower part of the mainshock.

The focal plane Ⅰ of the focal mechanism solution of the mainshock is 223°, the dip angle is 75°, the sliding angle is −85°, the nodal plane Ⅱ is 24°, the dip angle is 16°, the sliding angle is −108°, the P-axis azimuth is 140°, and the dip angle is 60°, T-axis azimuth 309°, dip 30°; B-axis azimuth 41°, dip 5°. The seismic moment magnitude is M_W4.8 and the focal depth is 9.5±1km. The focal mechanism solution is a high dip normal fault with left-handed component, which is basically consistent with the result of P-wave initial motion focal mechanism solution. Based on the results of the distribution of focal source and the solution of the main earthquake mechanism and regional seismic structure after repositioning, the analysis shows that the node Ⅰ is the main rupture plane of the earthquake. It is speculated that the Wenfu fault zone with strike NE, fault plane tendency SE and normal fault nature may be the seismogenic structure of Wulong earthquake with magnitude 5.0.

Before the Wulong M_S5.0 earthquake, there were 5 kinds of observation items and 12 precursory anomalies, all of which were fixed-point precursory anomalies. No obvious anomalies were found in seismology, and there were no annual and short-term prediction opinions before the earthquake. The anomalies are mainly concentrated in the range of 200km around the epicenter, and the anomaly items mainly include the inconsistency of long-term and short-term periodic variation of geomagnetic harmonic amplitude ratio, the increase of annual variation of groundwater level and strain tensility rate of cavern, the flattening trend of vertical pendulum, and the increase of variation rate of borehole strain after turning. Among them, there are 3 abnormal stations and 4 abnormal observation items in 6 observation items of 3 precursory stations within 0~100km, and the percentages of abnormal stations and abnormal observation items are 100% and 66% respectively; there are 6 abnormal stations and 6 abnormal observation items in 18 observation items of 11 precursory stations within 101~200km, and the percentages of abnormal stations and abnormal observation items are 54% and 33% respectively.

报 告 附 表

附表 1　固定前兆观测台（点）与观测项目汇总表

序号	台站（点）名称	经纬度（°）		测项	资料类别	震中距 Δ/km	备注
		φ_N	λ_E				
1	武隆仙女山	29.5289	107.7625	测震		26.9	
				大地电场	II		
				磁通门磁力仪 2 测点	I		
				电磁波	III		
				磁通门磁力仪 4 测点	I		
				磁通门磁力仪 5 测点	I		
				Overhuaser 磁力仪	I		
2	武隆	29.1881	107.8265	测震		27.4	
3	新田	29.1993	108.2709	测震		34.5	
4	朗溪	29.0801	108.1284	测震		36.9	
5	鹿角	29.1293	108.292	测震		41.2	
6	丰都龙河	29.8157	108.0152	测震		47.2	
7	鞍子	29.1276	108.4681	测震		54.8	
8	龚滩	28.9251	108.3571	测震		62.7	
9	涪陵江东	29.7250	107.4383	测震		65.1	
				磁通门磁力仪	I		
10	黔江仰头山	29.5639	108.7958	测震		80.5	
				洞体应变	I		
				水管倾斜仪	I		
				垂直摆倾斜仪	I		
11	后坪	28.7063	108.3968	测震		85.5	
12	忠县善广	30.1757	107.8514	测震		88.1	
13	长寿	29.905	107.2325	测震		92.9	
14	石柱鱼池	30.26	108.27	水位	II	101	
				水温	II		

序号	台站（点）名称	经纬度（°）		测项	资料类别	震中距 Δ/km	备注
		φ_N	λ_E				
15	石柱黄水	30.2444	108.3847	测震		102.1	
				磁通门磁力仪	I		
				分量钻孔应变	I		
				电磁波	III		
16	巴南石龙	29.3031	106.8507	测震		111.0	
				分量钻孔应变	III		
17	万盛	28.8735	106.908	测震		119.8	
18	垫江新民	30.3682	107.4035	测震		122.3	
				分量钻孔应变	II		
19	渝北	29.8583	106.8273	测震		123.9	
20	德江	28.2598	108.1305	测震		126.0	
21	巴南安澜	29.25	106.60	水位	II	131.2	
				水温2测点	II		
				水温5测点	II		
22	万州溪口	30.58	108.32	水位	II	135.8	
				水温	II		
23	重庆	29.4222	106.573	测震		137.5	
24	利川	30.37	108.88	测震		138.5	
25	秀山	28.4164	108.953	测震		143.0	
26	北碚柳荫	29.95	106.60	水位	II	143.3	
				水温	II		
27	梁平复平	30.77	107.863	测震		153.4	
				分量钻孔应变	I		
28	万州天星	30.752	108.4607	测震		157.6	
				磁通门磁力仪	I		
				分量钻孔应变	I		
29	华蓥山	30.4163	106.8402	测震		158.9	
30	桐梓	28.1983	106.976	测震		165.0	
31	云阳耀灵	30.6507	108.9025	测震		165.1	
32	江津麻柳	29.1821	106.2543	测震		170.2	

续表

序号	台站（点）名称	经纬度（°）		测项	资料类别	震中距 Δ/km	备注
		φ_N	λ_E				
33	恩施	30.28	109.49	测震		175.3	
				磁通门磁力仪	I		
				地磁 MINGEO-D	I		
				地磁 M15	II		
				地磁 G856-13F	II		
34	合川云门	30.1062	106.3673	测震		175.8	
				分量钻孔应变	I		
35	开县临江	31.078	108.1663	测震		187.8	
36	大足拾万	29.62	105.89	水位	II	200	
				水温	II		
37	石阡	27.5615	108.178	测震		203.4	
38	鹤峰	29.9	110.02	测震		204.5	
39	吉首	28.3181	109.7516	测震		208.9	
40	奉节荆竹	30.7574	109.5154	测震		211.1	
				磁通门磁力仪	I		
41	云阳文龙	31.2126	108.6301	测震		211.2	
42	奉节红土	31.1054	109.1188	测震		218.9	
				分量钻孔应变	I		
43	宣汉	31.3738	107.7175	测震		221.4	
44	荣昌华江	29.400	105.55	水位	II	232.0	
				水温	II		
45	荣昌	29.3793	105.443	测震		247.2	
46	泸州 13	28.9	105.5	水位	II	247.8	
47	遵义	27.3408	106.9609	测震		248.4	
48	张家界	29.3508	110.5565	测震		249.1	
				水位	II		
				水温	II		
49	巫山建坪	31.0241	109.8421	测震		254.1	
				磁通门磁力仪	I		
50	玉屏	27.2121	108.8132	测震		254.4	

续表

序号	台站（点）名称	经纬度（°）		测项	资料类别	震中距 Δ/km	备注
		φ_N	λ_E				
51	泸州	28.8724	105.4136	测震		257.1	
				钻孔线应变	I		
52	巫溪红池坝	31.5337	109.104	测震		260.5	
				大地电场	III		
53	安岳	30.0521	105.3365	测震		266.9	
54	巫山双龙	31.2196	109.8292	测震		269.0	
55	西充	31.0183	105.9016	测震		270.1	
56	巫溪	31.4001	109.6107	测震		271.8	
57	城口	31.9627	108.6461	测震		292.0	
58	巴中	31.8408	106.7445	测震		296.7	
				磁通门磁力仪2测点	II		
				磁通门磁力仪3测点	II		
				Overhuaser 磁力仪	II		

分类统计	0<Δ≤100km	100<Δ≤200km	200<Δ≤300km	总数
测项数 N	7	9	8	24
台项数 n	23	42	33	68
测震单项台数 a	10	11	13	34
形变单项台数 b	0	0	0	0
电磁单项台数 c	0	0	0	0
流体单项台数 d	0	0	1	1
综合台站数 e	3	12	8	23
综合台中有测震项目的台站数 f	3	7	7	17
测震台总数 $a+f$	13	18	20	51
台站总数 $a+b+c+d+e$	13	23	22	58
备注				

附表 2　测震以外固定前兆观测项目与异常统计表

序号	台站（点）名称	测项	资料类别	震中距 Δ/km	0<Δ≤100km					100<Δ≤200km					200<Δ≤300km				
					L	M	S	I	U	L	M	S	I	U	L	M	S	I	U
1	武隆仙女山 2 测点	地磁加卸载响应比	I	26.9	—	—	∨	—	—										
		谱波振幅比	I		—	∨	—	—	—										
2	涪陵江东	地磁加卸载响应比	I	65.1	—	—	∨	—	—										
		谱波振幅比	I		—	∨	—	—	—										
3	黔江仰头山	垂直摆倾斜	I	80.5	—	∨	—	—	—										
		洞体应变	I		—	∨	—	—	—										
		水管倾斜	I		—	—	—	—	—										
4	石柱鱼池	水位	II	101							∨			—					
		水温	II											—					
5	石柱黄水	地磁加卸载响应比	I	102.1								∨		—					
		谱波振幅比	I								∨			—					
6	巴南安澜	水位	II	131.2							∨			—					
		水温	II											—					
		水温	II											—					
7	北碚柳荫	水位	II	143.3						∨				—					
		水温	II											—					
8	万州天星	地磁加卸载响应比	I	157.6									∨	—					
9	恩施	谱波振幅比	I	175.3							∨			—					

续表

按震中距Δ范围进行异常统计

序号	台站（点）名称	测项	资料类别	震中距Δ/km	0<Δ≤100km					100<Δ≤200km					200<Δ≤300km				
					L	M	S	I	U	L	M	S	I	U	L	M	S	I	U
10	大足拾万	水位	Ⅱ	200						—	∨	—	—	—					
		水温	Ⅱ							—	—	—	—	—					
11	奉节荆竹	诸波振幅比	Ⅰ	211.1											—	∨	—	—	—
12	奉节红土	分量钻孔应变	Ⅰ	218.9											—	∨	—	—	—
分类统计	合项	异常合项数			0	4	2	0	/	1	5	1	0	/	0	2	0	0	/
		合项总数			7	7	7	7	/	13	13	13	13	/	2	2	2	2	/
		异常合项百分比/%			0	57.1	28.6	0	/	7.7	38.5	7.7	0	/	0	100	0	0	/
	观测合站（点）	异常合站数			0	3	2	0	/	1	5	1	0	/	0	2	0	0	/
		合站总数			3	3	3	3	/	7	7	7	7	/	2	2	2	2	/
		异常合站百分比/%			0	100	66.7	0	/	14.3	71.4	14.3	0	/	0	100	0	0	/
测项总数																			
观测合站总数																			
备注																			